Kerstin Müller

HeimtierSkills

Kerstin Müller

HeimtierSkills

Praxisleitfaden zu Diagnose und Therapie bei kleinen Heimtieren

Mit 96 Abbildungen und 49 Tabellen

Zusätzlich zum Download finden Sie Videos, Dosierungstabellen, Tabellen mit physiologischen Daten und das Literaturverzeichnis unter www.schattauer.de/3111

Schattauer

PD Dr. vet. med. Kerstin Müller
Klinik für Kleine Haustiere
Abteilung für Heim-, Zoo- und Wildtiere
Oertzenweg 19b
14163 Berlin

Ihre Meinung zu diesem Werk ist uns wichtig! Wir freuen uns auf Ihr Feedback unter www.schattauer.de/feedback oder direkt über QR-Code.

Bibliografische Information der Deutschen Nationalbibliothek
Die Deutsche Nationalbibliothek verzeichnet diese Publikation in der Deutschen Nationalbibliografie; detaillierte bibliografische Daten sind im Internet über http://dnb.d-nb.de abrufbar.

Durch Scannen der QR-Codes im Buch können Videos über Smartphone oder Tablet-PC direkt abgerufen werden. Qualität und Ladedauer können je nach QR-Code-Reader bzw. der Qualität der Internetverbindung variieren.

E-Mail: info@schattauer.de
Internet: www.schattauer.de
Printed in Germany

Lektorat: Dr. Nikola Schmidt, Berlin
Projektleitung: Dr. med. vet. Sandra Schmidt
Umschlagabbildung: © Edler von Rabenstein – Fotolia.com; © Anton Gvozdikov – Fotolia.com; © CallallooAlexis – Fotolia.com
Satz: Achim Theiß, 35305 Grünberg
Druck und Einband: AZ Druck und Datentechnik GmbH, Kempten/Allgäu

Auch als E-Book erhältlich: ISBN 978-3-7945-6926-7

ISBN 978-3-7945-3111-0

Vorwort

Heimtiere sind eine wichtige Patientengruppe in der tierärztlichen Praxis, die aber Tierärztinnen und Tierärzten häufig Kopfzerbrechen bereitet. Dieses Buch soll helfen, Heimtierpatienten angemessen tiermedizinisch zu versorgen. Zwar können aufgrund des Formats nicht alle Aspekte berücksichtigt werden, aber im Text wird auf Quellen für weiterführende Literatur verwiesen, die gegebenenfalls konsultiert werden kann.

Das Buch konnte nur entstehen, weil viele dabei geholfen haben. Ich danke dem Verlag für das Vertrauen, Frau Sandra Schmidt für die ausgezeichnete Unterstützung und dafür, dass sie die vielfältigen Ideen in eine passende Form brachte und auch zum Schluss noch den Überblick behielt. Danke auch an alle anderen Mitarbeiterinnen und Mitarbeiter des Verlags, die in das Projekt involviert waren.

Für das Korrekturlesen und für die fachliche Unterstützung danke ich vor allem Britta Schumann, Franziska vom Hagen und Shenja Loderstedt.

Viel Spaß beim Lesen und beim Behandeln von Heimtieren wünscht

Berlin, März 2017 PD Dr. med. vet. Kerstin Müller

Inhalt

1 Allgemeines

1.1 Untersuchungsmethoden bei Heimtieren

Heimtiere sind eine **heterogene Gruppe** verschiedener Tierarten, die sich anatomisch und physiologisch teilweise erheblich voneinander unterscheiden. Darum sollten dem behandelnden Tierarzt die tierartlichen Besonderheiten bekannt sein. Insgesamt gelten für Heimtiere jedoch die gleichen tierärztlichen Grundsätze wie für andere Tierarten. Um die Ursache für bestehende Symptome zu finden und eine Diagnose stellen zu können, sind eine ausführliche Anamnese und eine gründliche klinische Untersuchung notwendig. Erfahrungen aus der täglichen Praxis zeigen, dass genau das oft unterschätzt wird und nicht selten wichtige anamnestische Fragen unbekannt sind sowie relevante Befunde übersehen werden.

1.1.1 Anamnese

Neben den allgemeinen Fragen zu Haltung, Fütterung, Impfstatus (Kaninchen und Frettchen), Kot- und Harnabsatz, Futter- und Wasseraufnahme, Vorerkrankungen, Vorbehandlungen und deren Erfolg, Erkrankungen von Partnertieren etc. hat die **Beschreibung der Symptome** durch den **Tierhalter** eine große Bedeutung. Bedingt durch Stress und Aufregung sind nämlich die Symptome bei der klinischen Untersuchung in der tierärztlichen Praxis häufig nicht offensichtlich. Insbesondere Kaninchen und Nager zeigen Symptome oft erst im fortgeschrittenen Krankheitsstadium. Somit ist eine frühzeitige Erkennung von Problemen wichtig.

Tipp

Einen **Anamnesebogen** (z. B. aus Rijnberk und Sluijs[1]) kann der Patientenbesitzer während der Wartezeit ausfüllen. So wird verhindert, dass wichtige Fragen vergessen werden. Zudem gibt der Anamnesebogen die Möglichkeit, später eine ausführlichere Beratung durchzuführen und die Lebensbedingungen des Patienten nachhaltig positiv zu beeinflussen.

1.1.2 Handling

Die detaillierten Handling- und Probenentnahmemethoden werden bei den einzelnen Tierarten abgehandelt. Generell gilt: Bevor eine Untersuchung beginnt, sollten **alle Utensilien** bereit liegen. Ein ruhiger Umgang, ggf. unterstützt mit einem Handtuch oder Zellstoff, vermeidet Verletzungen des Untersuchers und des Patienten.

1.1.3 Klinische Untersuchung

Die allgemeine klinische Untersuchung der Heimtiere unterscheidet sich nicht maßgeblich von der Untersuchung bei Kleintieren. Wichtig ist, dass eine allumfassende klinische Untersuchung mit **Beurteilung von Verhalten** und **Allgemeinbefinden, Erhebung der Vitalparameter** sowie gründlicher **Adspektion, Palpation** und **Auskultation** vorgenommen wird. Das gilt für jedes Tier und jeden Besuch. Gerade bei Tieren, die regelmäßig, z.B. aufgrund von Zahnproblemen vorgestellt werden, wird oft auf die Allgemeinuntersuchung verzichtet und somit die Chance vergeben, frühzeitig Erkrankungen zu erkennen.

Verhalten und Allgemeinbefinden

Die Beurteilung von Verhalten und Körperhaltung erfolgt, wenn sich das Tier noch in der Transportbox befindet. Für die weitere Untersuchung wird das Tier aus dem Transporter genommen und bei größeren Arten (bis Rattengröße) der Transporter möglichst vom Untersuchungstisch entfernt, damit das Tier nicht ständig versucht, dorthin zu gelangen. Der **Transporter** sollte aber immer in Reichweite stehen, sodass im Notfall der Patient sofort zurückgesetzt werden kann.

Erhebung der Vitalparameter

Zu den Vitalparametern, die bei einer Allgemeinuntersuchung erhoben werden sollten, gehören Körpergewicht, Körpertemperatur, Herzfrequenz, Atemfrequenz, Atmungstyp und -tiefe, die Beurteilung des Ernährungszustands, des Hautturgors, der konjunktivalen Schleimhäute sowie die Palpation der Lymphknoten.
Referenzbereiche der Vitalparameter finden sich in den jeweiligen Tierartenkapiteln oder unter www.schattauer.de/3111

Tipp

Es sollten Thermometer mit entsprechend kleinen Messsonden verwendet werden.

- Bei kleineren Nagerarten wird meist auf die Bestimmung der **Körpertemperatur** verzichtet. Aufgrund der geringen Größe kann es bei kleinen Heimtierarten (ab Rattengröße) schwierig sein, die Körpertemperatur bei einem klinisch munteren Tier zu messen. Gegebenenfalls muss darauf verzichtet werden.
- **Fieber** wird v. a. bei Frettchen nachgewiesen. Bei den anderen Kleinsäugern stellt eine erhöhte Körpertemperatur eine Ausnahme dar.

Hypothermie ist oft ein Anzeichen für einen **vorliegenden Schock** und erfordert umgehend Therapiemaßnahmen!

- Die Messung des **Pulses** ist meist nur bei Frettchen und Kaninchen möglich.
- Das **Körpergewicht** wird mit einer entsprechend geeigneten Waage gemessen. Je nach Tierart kann das Tier direkt auf die Waage gesetzt werden (Kaninchen, Meerschweinchen, Chinchillas) oder es wird in einem kleinen Behältnis gewogen.
- Die **Herzfrequenz** kann bis 360 Schläge pro Minute meist noch gut erfasst werden. Es muss immer von beiden Seiten auskultiert werden. Herznebengeräusche sind bei hohen Frequenzen oft nur erfassbar, wenn sie laut sind. Gedämpfte Herztöne können Hinweise auf Thorax- oder Perikarderguss sowie auf präkardiale Massen sein.

Tipp

Um Herzfrequenzen bis 360 pro Minute auskultatorisch zu erfassen, zählt man am besten über 15 s die Schläge so, dass man immer nur von 1–9 zählt: 1 bis 9–1, 1 bis 9–2, 1 bis 9–3, 1 bis 9–4, 1 bis 9–5; 1 bis 9–6; 60 × 4 = 240.

- Viel wichtiger als das genaue Zählen der **Atemfrequenz** ist die Beurteilung des **Atemtyps** und der **Atemtiefe.** Nicht selten sind die Ursachen einer Dyspnoe nicht im Respirationstrakt lokalisiert (Kap. 1.9.2).
- Der Ernährungszustand wird durch Palpation des gesamten Körpers, v. a. im Bereich der Wirbelsäule beurteilt. Die Wirbelsäulenfortsätze sollten gut bemuskelt sein.

- Der **Dehydratationsgrad** ist bei Heimtieren am besten über den Hautturgor zu erfassen. Eine über dem Rumpf angehobene Hautfalte sollte unmittelbar verstreichen. Bei einigen gesunden (meist älteren) Individuen verstreicht die Hautfalte innerhalb von 1–2 s. Auch eine reduzierte Füllung der peripheren Gefäße und eingesunkene Bulbi können Hinweise auf eine Dehydratation sein.

> ! Der **Hautturgor** kann auch durch eine **starke Gewichtsabnahme** und bei **älteren Tieren** durch die Reduktion der Hautelastizität gelegentlich **reduziert** sein.

- Eine Beurteilung der **Schleimhäute** sollte erfolgen, Schleimhautfeuchtigkeit und die kapilläre Füllungszeit der Maulschleimhaut sind aber keine verlässlichen Parameter. Sie können auch bei stark dehydratisierten Tieren, Tieren mit Anämien und Tieren im Schock physiologisch erscheinen. Bei sehr kleinen Heimtieren, wie Mäusen, ist eine Beurteilung der Maulschleimhäute meist nur mithilfe eines Stieltupfers möglich.
- Bei kleinen Nagern sind die **Lymphknoten** erfahrungsgemäß so klein, dass sie nicht palpiert werden können.

Adspektion, Palpation

Neben der Erfassung der Vitalparameter, die einen ersten Eindruck vom Zustand des Patienten geben, sind eine gründliche Adspektion und Palpation von Kopf bis Schwanz wichtig, um alle relevanten Veränderungen zu erfassen.

> **Nager** weisen eine **separate Vaginal-** und **Urethraöffnung** auf (Abb. 1-1).

> **Tipp**
>
> Bei **weiblichen Nagern** sollte der **Vaginalbereich** einer genauen Adspektion unterzogen werden. Eine geöffnete Vaginalmembran kann Hinweis auf einen vorliegenden Östrus, einen vorausgegangenen Deckakt, eine Geburt oder aber eine pathologische Veränderung der Gebärmutter sein (Abb. 1-2).

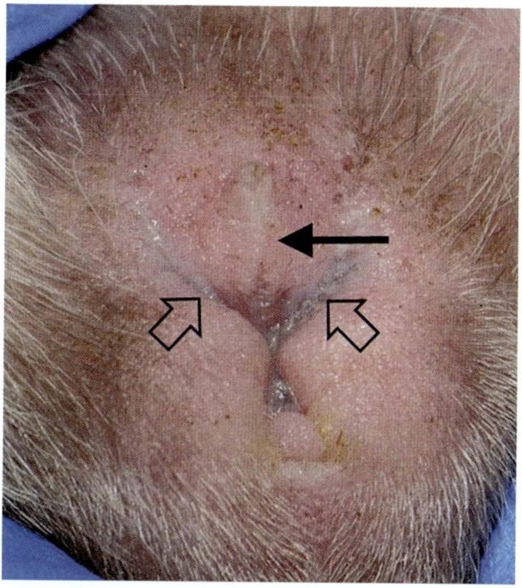

Abb. 1-1
Geschlossene Vaginalöffnung eines weiblichen Meerschweinchens: Urethraöffnung (schmaler Pfeil), Vaginalmembran (breite Pfeile)

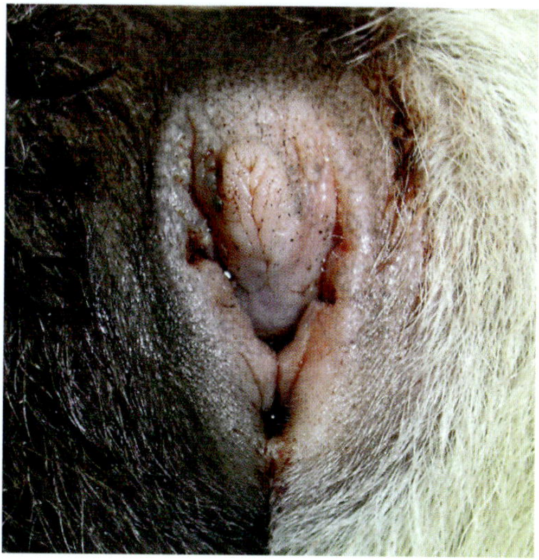

Abb. 1-2
Geöffnete Vaginalöffnung eines weiblichen Meerschweinchens mit einer Endometritis

- Eine zytologische Untersuchung des Vaginalsekrets kann herangezogen werden, um physiologischen und pathologischen Vaginalausfluss zu unterscheiden.
- Zur Allgemeinuntersuchung der Heimtiere gehören auch eine **Beurteilung der Schneidezähne**, bei Frettchen, Kaninchen, Meerschweinchen, Chinchillas und Degus zudem eine **Untersuchung der Maulhöhle** mit **Beurteilung der Backenzähne**.
  Ab Degugröße und kleiner kann die Beurteilung der Maulhöhle ohne Sedation problematisch sein. Für einen ersten Eindruck reicht bei den größeren Arten oft eine Untersuchung mit Wangenspreizer, einem Otoskop mit weitem Ohrtrichter oder einem Spreizspekulum. Liegen Anhaltspunkte für eine Zahnerkrankung bzw. eine Veränderung im Maul vor, muss ggf. nach Abklärung der Narkosefähigkeit, eine Anästhesie/Sedation vorgenommen werden.

1.1.4 Spezielle Untersuchungen

Spezielle Untersuchungen, wie z. B. **dermatologische und neurologische Untersuchungen**, werden auch bei Heimtieren analog zu den Untersuchungen bei Kleintieren durchgeführt.
Tierartspezifische Besonderheiten machen jedoch insbesondere bei der neurologischen Untersuchung eine Interpretation manchmal schwierig.

Tipp

Für die bessere **Erkennung neurologischer Symptome** ist es hilfreich, öfter auch **gesunde Tiere zu untersuchen**, um normale von abweichenden Befunden differenzieren zu können.

Die einzelnen speziellen Untersuchungen müssen an die Besonderheiten der einzelnen Heimtierarten angepasst werden. Einige Verfahren können nur bedingt angewendet werden.

! Bei der **dermatologischen Untersuchung** des **Meerschweinchens** sollte auf die Entnahme eines **tiefen Hautgeschabsels verzichtet** werden, da die Tiere bei *Sarcoptes*-Milbenbefall oft unter sehr starkem Juckreiz leiden und das Geschabsel für die Tiere höchst unangenehm ist.

1.1.5 Diagnostische Verfahren

Da viele Heimtierarten nur wenige spezifische Symptome zeigen und viele krankhafte Veränderungen nicht durch eine alleinige klinische Untersuchung zu erfassen sind, sollten **so oft wie möglich** weiterführende diagnostische Verfahren genutzt werden.
Vor allem bei **älteren Tieren** ist damit zu rechnen, dass mehrere Probleme zeitgleich vorliegen. Insbesondere vor Operationen bei älteren Tieren sind weiterführende Untersuchungen wie Blutanalyse und Röntgen ausdrücklich empfehlenswert.

Bildgebung

Röntgen

Tipp

Grundsätzlich sollten immer **zwei senkrecht zueinander stehende Ebenen** angefertigt werden. Gesamtaufnahmen, auf denen Thorax und Abdomen vollständig, einschließlich des vollständigen caudalen Bereichs (bis hinter den Körper) erfasst werden, helfen alle relevanten röntgenologisch sichtbaren Befunde zu erkennen.

- Bei speziellen Fragestellungen werden die **Körperregionen zusätzlich separat** dargestellt.
- Eine **Sedation** ist zum Röntgen in den seltensten Fällen notwendig. Eine ausführliche Darstellung zur Röntgendiagnostik findet sich bei Krautwald-Junghanns et al.[2]
- Eine **Myelografie** wird gelegentlich **bei Frettchen und Kaninchen** durchgeführt. Dazu ist eine Anästhesie notwendig. Punktiert wird mit einer 22G-Spinalnadel und ca. 0,3 ml/kg iodhaltiges Kontrastmittel werden injiziert.[3]

Ultraschall

- Die Sonografie kann insbesondere zur **Darstellung des Abdomens und des Herzens** einschließlich des präkardialen Bereichs eingesetzt werden und ist **ohne Sedation** möglich.
- Meist wird mit einem Schallkopf von **mindestens 12 MHz** für die relevanten Organe eine ausreichende Darstellung (v. a. bei den größeren Heimtierarten) erzielt. Ausführliche Informationen zum Heimtierultraschall finden sich bei Krautwald-Junghanns et al.[2]

Je **kleiner** die **Heimtierarten**, desto **höher** sollte der **Frequenzbereich** des Schallkopfs sein.

Computertomografie

Vor allem zur Darstellung des Kopfes, insbesondere der **Zähne** und des **Mittelohrs**, eignet sich die Computertomografie (CT). Sie ist Röntgenbildern bei dieser Indikation deutlich überlegen und sollte bei **Verdacht auf Zahnerkrankungen** als Diagnostikum erwogen werden.

Endoskopie

- Je nach Tierart und Größe kann zur Beurteilung der Gehörgänge einschließlich des Trommelfells, des Mauls, der Nasenhöhle und der Blase eine endoskopische Untersuchung durchgeführt werden.
- Auch hier ist meist eine **Sedation** notwendig. Bei sehr kleinen Arten ist diese Anwendung allerdings stark limitiert.

Magnetresonanztomografie

- Dieses Verfahren wird aufgrund der relativ hohen Kosten, der vergleichsweise langen Untersuchungszeit und der eingeschränkten Verfügbarkeit bei Heimtieren bisher **selten** eingesetzt.
- Die Indikationen entsprechen denen der Kleintiere.

Labordiagnostik

Blutprobenentnahme

- In Tabelle 1-1 werden die verschiedenen Blutentnahmestellen der verschiedenen Tierarten aufgeführt. Bei den meisten Heimtierarten ist die Blutentnahme an der **V. saphena lateralis** möglich.

Tipp

Ist beim **Kaninchen** über die peripheren Venen kein Blut zu gewinnen, kann die **zentrale Ohrarterie** genutzt werden. Darin sollte aber **kein Venenkatheter** platziert werden.

- Bei der Blutentnahme von **kleineren Arten** kann der **Konus der Kanüle** etwas **gekürzt** oder direkt hinter der Nadel **entfernt** werden. So bleibt nicht ein Teil des Blutes im Konus zurück.

Tab. 1-1 Mögliche Blutentnahmestellen verschiedener Heimtierarten

Tierart	V. saphena lateralis	V. cephalica antebrachii	V. jugularis/ V. cava cranialis	V. coccygealis lateralis	Vv. auriculares
Frettchen	+++	+++	++	–	–
Kaninchen	+++	++	+	–	+
Meerschwein	+++	+	+	–	+*
Chinchilla	++	+*	++	+*	+*
Degu	+	+*	+	–	–
Ratte	++	–	+	++*	–
Goldhamster	(+*)	–	(+*)	–	–
Gerbil	(+*)	–	(+*)	(+*)	–
Maus	(+*)	–	(+*)	(+*)	–

Anzahl der Kreuze = Wichtung der Blutentnahmestelle; Angaben in Klammern = Blutentnahme möglich, wird aber in der Praxis aufgrund der geringen Tiergröße, der geringen Blutmenge und der Kosten nicht als Standard vorgenommen; *Punktion sichtbarer Venen und Entnahme mit Kapillarröhrchen

- Es empfiehlt sich auch **heparinisierte Kapillarröhrchen** bereitzulegen. Sollte das Blut schlecht laufen und im Konus stehen bleiben, kann damit das im Konus befindliche Blut aufgenommen werden.
- Bei sehr kleinen Blutgefäßen kann das Blutgefäß mit einer **Kanüle lazeriert** und der austretende Blutstropfen in ein Kapillarröhrchen oder direkt mit dem Messstreifen des Messgeräts (z. B. Glukometer) aufgenommen werden.

Tipp

Bei **kleinen Arten** und bei Tieren, deren **schlechter Allgemeinzustand** eine konventionelle Blutentnahme unmöglich macht, können **Mikrokapillarröhrchen** verwendet werden, um das Blut aus dem Kanülenkonus zu gewinnen.

Hämatologie

- Die Hämatologie ist ein wichtiger Bestandteil der Diagnostik. Werden hämatologische Analysegeräte verwendet, ist sicherzustellen, dass eine **Software** für **die zu untersuchende Tierart** vorhanden und das Gerät möglichst für die Tierart validiert wurde.
- Hilfreiche Parameter, die in jeder Praxis erhoben werden können, sind der **Mikrohämatokrit** und das **Hämoglobin** (z.B. mittels Hämocue®). Ein Blutausstrich kann für die **Schätzung der Leukozyten** und der Anteile der verschiedenen Leukozytenarten hilfreich sein. Zudem können mithilfe des Blutausstrichs beim Vorliegen einer Anämie die **Erythrozyten** beurteilt werden und so regenerative und nichtregenerative Anämien differenziert werden.
- Besonderheit der meisten Heimtierarten (Ausnahme Frettchen) ist, dass sie bei **Infektionen** oft nicht mit einem **Anstieg der Leukozyten** reagieren. Eigene Untersuchungen zeigen, dass eine Verschiebung in Richtung Heterophile (Neutrophile) („**Pseudolinksverschiebung**") bei **Kaninchen** ein Hinweis auf eine **Infektion** sein kann.
- **Blutparasiten** wurden bei den Kaninchen, Frettchen, Meerschweinchen und Chinchillas in Heimtierhaltung bisher **nicht** beschrieben.

Referenzbereiche für die einzelnen Tierarten finden sich unter www.schattauer.de/3111

Diagnostische Aufarbeitung: Anämie

> Eine **Anämie** ist eine der **häufigsten hämatologischen Befunde** bei Heimtieren.

Die wichtigsten Differenzialdiagnosen sind Kapitel 1.7.18 aufgeführt. Zur Abklärung sind eine genaue Charakterisierung der Anämie (regenerativ, nicht-regenerativ) und das Finden der Anämieursache (Blutverlustanämie, Anämie aufgrund zu geringer Blutbildung, hämolytische Anämie) notwendig. Folgende diagnostische Schritte sind notwendig:

- **Anamnese** (Ursachensuche)
- Beurteilung eines **Blutausstrichs** (Charakterisierung der Anämie): Hinweise auf Regeneration (Polychromasie, Anisozytose)
- Bestimmung der **Retikulozytenzahl** (Charakterisierung der Anämie): > 3 % können ein Hinweis auf Regeneration sein, insbesondere bei weiterem Anstieg im Verlauf.

- Untersuchung auf **Agglutination** (Objektträgertest, Ursachensuche)
- Bestimmung von **Gesamtprotein** (Charakterisierung und Ursachensuche): Absinken des Proteins bei starken Blutungsanämien
- Bestimmung von **Bilirubin** (Ursachensuche)
- **Harnuntersuchung** (Ursachensuche)
- **Kotuntersuchung** (Ursachensuche)
- **Röntgen** (Ursachensuche)
- **Ultraschall** (Ursachensuche)

Blutchemie

Welche blutchemischen Parameter bestimmt werden, hängt neben den Symptomen nicht selten auch von den angebotenen Profilen der kommerziellen Labore ab, die leider nicht immer sinnvoll zusammengestellt sind. Leider fehlen für viele Parameter wissenschaftliche Studien über Spezifität und Sensitivität zur Erkennung von Organveränderungen bei Heimtieren.

Zum blutchemischen **Basisuntersuchungsprofil** gehört die Bestimmung folgender Parameter:

- Kreatinin
- Gesamtprotein
- Glucose
- Aspartat-Aminotransferase (AST)
- Freies Calcium (auch als ionisiertes Calcium bezeichnet). Kann kein freies Calcium bestimmt werden, sollte **Gesamtcalcium** in Kombination mit Albumin analysiert werden. Dabei ist zu bedenken, dass dies nur einen sehr eingeschränkten Rückschluss auf das freie Calcium gibt, da die übliche Albumin-Analysemethode (Bromkresolgrün) nicht zuverlässig ist und es bei verschiedenen Erkrankungen zu Verschiebungen der Calciumbindung kommt.
- Natrium und Kalium

> **!** Die in den Laboren **verwendeten Methoden** sind **unterschiedlich**. Dadurch können die Referenzbereiche teilweise deutlich voneinander abweichen.

Werden Veränderungen festgestellt, sind weiterführende Analysen sinnvoll.

- Für die blutchemische Analyse wird vorwiegend **Heparin-Plasma** verwendet.
- Nach Zentrifugation sollte das Plasma beurteilt werden.

- Insbesondere bei **Herbivoren** ist **lipämisches Plasma** ein Hinweis auf ein bereits etwas länger bestehendes Problem bzw. auf einen massiven Abbau körpereigenen Fetts und einer Acidose. Zudem beeinflusst die Lipämie einige Messmethoden erheblich (z. B. bei Bestimmung optischer Dichten). Dies muss vom Laborpersonal beachtet und entsprechend vermerkt werden. Bei **carnivoren Heimtieren** (z. B. Frettchen) spricht lipämisches Plasma entweder für eine kurz vorher stattgefundene Futteraufnahme oder ebenfalls für den massiven Abbau körpereigenen Fetts.
- **Hämolytisches Plasma** tritt i. d. R. bei Abnahme- bzw. Lagerungsfehlern auf (unzentrifugiert zu lange, zu warm, zu kalt gelagert). Auch hier müssen Einflüsse auf die Messungen (v. a. Kalium) beachtet werden (s. entsprechende labordiagnostische Literatur). Differenzialdiagnostisch kommt eine intravasale Hämolyse infrage, die aber sehr selten bei Heimtierpatienten beobachtet wird.
- **Gelb verfärbtes Plasma** kann durch einen hohen Carotinoidgehalt oder durch einen Anstieg von Bilirubin im Plasma verursacht werden. Die Bestimmung von Bilirubin hilft dies zu unterscheiden.

In Kapitel 1.7.18 werden Differenzialdiagnosen verschiedener Veränderungen von Laborparametern für wichtige bzw. häufige Erkrankungen aufgeführt. Für detailliertere Informationen ist v. a. das Buch von Stockham und Scout[5] empfehlenswert.
Referenzbereiche für die einzelnen Tierarten finden sich unter www.schattauer.de/3111

Diagnostische Aufarbeitung: Azotämie

- Zur Feststellung einer Azotämie (Anstieg der stickstoffhaltigen harnpflichtigen Stoffe im Blut) sollte v. a. **Kreatinin** bestimmt werden, da die Harnstoffplasmakonzentration von einer Reihe anderer Faktoren beeinflusst werden kann. Zudem steigt Harnstoff nicht immer bei renalen Azotämien an.
- Spätestens beim Nachweis von erhöhtem Kreatinin ist die **Bestimmung von Elektrolyten** (v. a. Kalium, Natrium, freies Calcium, anorganisches Phosphat) sinnvoll.
- Die **Differenzierung der Azotämieform** erfolgt anhand des spezifischen Harngewichts, der Klinik, radiologischer, sonografischer und weiterer Laborbefunde (v. a. Gesamtprotein, Hämatokrit, Kalium).
- Besonders für **Frettchen** gilt, dass bei einer **Nierenerkrankung** Kreatinin erst spät ansteigt.

Diagnostische Aufarbeitung: erhöhte Leberenzyme

- Nur wenige Publikationen geben Informationen zu Enzymen, die bei Lebererkrankungen von Heimtieren ansteigen. Geeignet erscheint v. a. die Bestimmung der **Aspartat-Aminotransferase (AST)** und/ oder der **Alanin-Aminotransferase (ALT)**. Da die ALT eine kürzere Halbwertszeit als die AST hat, ist sie u. U. kürzer erhöht.
- AST und ALT kommen neben der Leber auch in Muskelzellen vor, darum ist bei einer Erhöhung der AST/ALT-Aktivität die Bestimmung der **CK-Aktivität** sinnvoll, um Muskelzellverletzungen (durch Trauma, Entzündung etc.) zu erkennen. Aufgrund der kurzen Halbwertszeit der CK gilt dies nur für vor kurzem stattgefundene Schädigungen.
- Eine **erhöhte Aktivität** von **alkalischer Phosphatase (AP)** und **Bilirubin** kann in einigen Fällen ebenfalls auf eine Lebererkrankung, v. a. auf eine Erkrankung, die mit einer Obstruktion der Gallengänge einhergeht, hinweisen.
- **Albumin** und **Totalprotein** sollten ebenfalls bestimmt werden.
- Da die **Glutamatdehydrogenase (GLDH)** mitochondrial gebunden ist, steigt sie erst bei starker Leberschädigung einhergehend mit Leberzellnekrosen an.
- Bei **Leberfibrosen** ist oft **kein Enzymanstieg** mehr nachweisbar.
- Keine wissenschaftlichen Daten gibt es bisher zur Aussagekraft von **Gallensäuren** und **Plasmacholinesterasen** für die Diagnose von Lebererkrankungen.
- Auf **Gerinnungsparameter** haben Lebererkrankungen der Heimtiere kaum Einfluss.

Diagnose und diagnostische Aufarbeitung: Hyperglykämie

- Nach Feststellung einer Hyperglykämie muss neben einer mehrfachen Kontrolle der **Blutglucose** auch die **Fructosaminkonzentration** bestimmt werden. Nur wenn diese erhöht ist, besteht bereits für längere Zeit eine Hyperglykämie.
- Differenzialdiagnosen einer Hyperglykämie sind in Kapitel 1.7.18 dargestellt.

Diabetes mellitus tritt bei Heimtieren selten (Chinchilla, Degu) bis sehr selten (Kaninchen, Frettchen) auf.

Serologie

- Serologische Untersuchungen spielen vorwiegend bei **Kaninchen** eine Rolle. Es können Antikörper gegen *Encephalitozoon cuniculi, Toxoplasma gondii* und *Treponema paraluiscuniculi* bestimmt werden.
- Bei **Frettchen** kann die Bestimmung von Antikörpern gegen den Erreger der Aleutenkrankheit (Aleutian Mink Disease Virus) relevant sein. Momentan ist dafür in Deutschland aber kein Test verfügbar. Die für Hunde und Katzen verfügbaren Parvovirosetests sind nicht für den Nachweis von Aleutenkrankheit geeignet.
- Bei **Meerschweinchen** werden gelegentlich Antikörper gegen *E. cuniculi* bestimmt. Bisher ist unklar, inwieweit dieser Erreger bei klinischen Erkrankungen bei Meerschweinchen eine Rolle spielt. Zwar wurde vereinzelt bei pathologischen Untersuchungen *E. cuniculi*-ähnliche-Strukturen im Gehirn von Meerschweinchen als Zufallsbefund nachgewiesen, eine entsprechende klinische Symptomatik war vorher aber nicht auffällig.

> **!** Ein **positiver AK-Nachweis** der verschiedenen Infektionskrankheiten bedeutet lediglich, dass ein Kontakt mit dem Erreger stattgefunden hat, nicht aber, dass dieser Erreger für das Tier momentan relevant ist.

Hormonanalyse

- Klinisch relevante endokrine Erkrankungen spielen v. a. bei **Frettchen** und gelegentlich bei **Meerschweinchen** eine Rolle.
- Sollte der Verdacht einer Erkrankung mit Veränderungen im Hormonhaushalt vorliegen, sollten **Referenzbereiche aus der Literatur** mit guter Datenlage (möglichst aus Zeitschrift mit Peer-review-System und mit guter Methodik) als Vergleichswerte verwendet werden.
- **Angaben aus Büchern** müssen vorsichtig bewertet werden, insbesondere wenn sie nicht erkennbar aus Originalarbeiten stammen.
- Beim Vergleich ist auch darauf zu achten, dass die **gleiche Messmethode** verwendet wurde.

Referenzbereiche (soweit vorhanden) finden sich unter www.schattauer.de/3111

Hyperadrenokortizismus

- Er ist v. a. für **Frettchen** und **Meerschweinchen** relevant, gelegentlich beim Hamster, aber dann ist meist keine Diagnose über Blutuntersuchung möglich.
- **Frettchen:** Bei einem Hyperadrenokortizismus kommt es bei Frettchen zu einem **Anstieg von Geschlechtshormonen** (Kap. 2.8.11). Zur Diagnose eines Hyperadrenokortizismus bei kastrierten Frettchen kann eine Bestimmung von **Androstendion, 17-Hydroxyprogesteron** und **Estradiol** im Plasma zur Diagnosestellung verwendet werden. Die Spezifität der Bestimmung aller drei Hormone beträgt 96 %.[6]
- **Meerschweinchen:** Bei Meerschweinchen mit Hyperadrenokortizismus kommt es zu einem **Cortisolanstieg**. Symptome, Diagnose und Therapie werden in Kapitel 4.8.11 beschrieben.

Hyperthyreose

- Klinisch relevant wurde die Hyperthyreose bei **Meerschweinchen** beschrieben. Bei Frettchen wurden zwar Neoplasien der Schilddrüse in Einzelfällen erwähnt, aber ohne Bestimmung von Thyroxin.[7]
- Die **Thyroxinplasmakonzentration** (bestimmt mit Chemilumineszenz) klinisch gesunder Heimtiermeerschweinchen lag zwischen 14,2 und 66,9 nmol/l (1,1–5,2 mg/dl).[8] Ab wann genau eine therapierwürdige Hyperthyreose vorliegt, ist momentan nicht wissenschaftlich geklärt.
- Beim Vergleich mit Referenzbereichen ist unbedingt die **Messmethode** zu berücksichtigen, da diese einen Einfluss auf die Höhe von Thyroxin hat.

Hypothyreose

- Vergleichbar zu Kleintieren wird der **Schilddrüsenstoffwechsel** von **vielen Faktoren** beeinflusst. Bei verschiedensten Erkrankungen kann es zu einem Abfall von Schilddrüsenhormonen kommen (Euthyroid-Sick-Syndrom), darum ist eine alleinige Bestimmung von Thyroxin keine ausreichende Diagnostik.
- Nur ein **TSH-Stimulationstest** kann die Diagnose einer Schilddrüsenunterfunktion in vielen Fällen sichern. Bei **Meerschweinchen**[9] und **Frettchen**[10] kommt es durch das **rekombinante TSH** zu einer Schilddrüsenstimulation, sodass es als Diagnostikum eingesetzt werden kann.

Harn

Bei erkrankten Tieren sollte generell möglichst immer eine **Urinuntersuchung** durchgeführt werden. **Harnsticks** geben einen schnellen Überblick.

Harngewinnung

- Gelegentlich wird **Spontanharn** bei der klinischen Untersuchung abgesetzt. Durch **vorsichtigen Druck auf die Blase** kann manuell Harn gewonnen werden.

> **Tipp**
>
> Bei **Meerschweinchen** positioniert man für die Harngewinnung am besten den Daumen cranial der Blase und streicht mit dem Daumen und etwas Druck vorsichtig nach caudal (s. a. Abb. 4-4). Sollte dies auch nach 2–3 Versuchen nicht zum Erfolg führen, setzt man die Tiere für kurze Zeit in eine **Nierenschale**. Oft führt dies zum Erfolg.

- **Zystozenteseharn** ist notwendig, wenn **bakteriologische Untersuchungen** vorgenommen werden sollen. Dies ist **ohne Sedation** mit einer kleinlumigen Kanüle (24 G) meist unkompliziert bis Meerschweinchengröße und ausreichend gefüllter Harnblase möglich. Bei sehr unruhigen Tieren ist eine Sedation unumgänglich.
- **Harnkatheter** können bei männlichen und weiblichen Heimtieren gelegt werden. Je kleiner die Patienten, desto eher muss das Legen des Harnkatheters in Sedation erfolgen. Die Kathetergröße muss an die Tierart angepasst werden. Für **Kaninchen** eignen sich Ernährungssonden oder Katerkatheter, bei **Meerschweinchen** und **Chinchillas** Katerkatheter, bei **Ratten** können Braunülen verwendet werden.
- Da weibliche Nager eine separate Urethraöffnung haben (s. a. Abb. 1-1), ist das Legen eines Harnkatheters vergleichsweise einfach.

Harnanalyse

- Zur **Basisuntersuchung** des Harns gehören die Auswertung eines Harnsticks, die Bestimmung des spezifischen Gewichts sowie eine Nativ- und/oder Sedimentuntersuchung.
- Nicht alle Felder der kommerziell erhältlichen Harnsticks sind auswertbar. Nicht verwendet werden sollten Felder zur Beurteilung des spezifischen Gewichts, da sie keine verlässlichen Ergebnisse liefern.

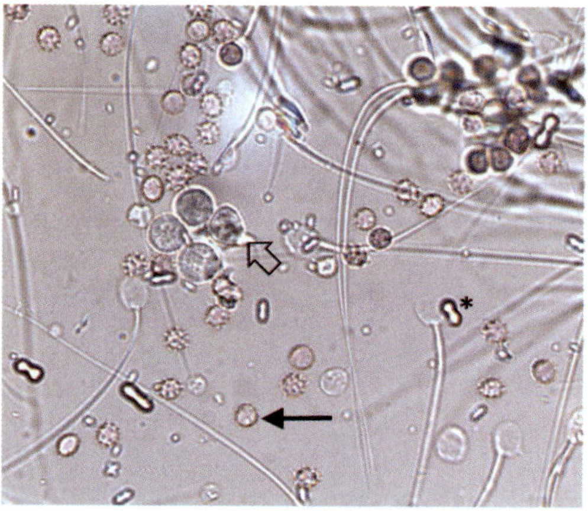

Abb. 1-3
Mikroskopisches Bild von Erythrozyten (schmaler Pfeil), Leukozyten (breiter Pfeil), Spermien und Kristallen (Calcium-oxalat-Monohydrat) (Sternchen) im Harn eines Meerschweinchens

> **!** **Leukozyten, Ketonkörper** und der **Nachweis von Bakterien** über das Auftreten von Nitrit im Harn sind nicht anhand des Sticks beurteilbar. Diese **Stickfelder** sind meist **falsch negativ!**

- Um **Leukozyten** nachzuweisen und, bei einem positiven Nachweis von Blut, **Erythrozyten** von **Hämoglobin** zu differenzieren, muss der Harn mikroskopisch untersucht werden (Abb. 1-3). Dafür reicht i. d. R. ein Harntropfen auf einem Objektträger (nativ). So können auch Kristalle differenziert werden. Mehrfache Versuche, Harn zu gewinnen, führen bei **Meerschweinchen** vergleichsweise schnell zu einem **positiven Blutnachweis im Harn**. Dies sollte bei der Interpretation berücksichtigt werden.
- Der **pH-Wert** des Harns liegt bei gesunden Herbivoren zwischen 8 und 9. Entwickelt sich eine Acidose, wird der pH-Wert sauer.
- Der Nachweis von **Glucose** im Harn kann ein Indiz auf eine Hyperglykämie sein (induziert durch Stress, Diabetes mellitus), tritt u. a. aber auch bei Nierenerkrankungen auf.
- Das **spezifische Gewicht** des Harns ist nur aussagekräftig, wenn es mit einem Refraktometer ermittelt wurde. Das spezifische Harngewicht ist ein wichtiger Parameter (möglichst von Harn vor Infusion!), um eine **prärenale Azotämie** von einer **renalen** zu unterscheiden (Tab. 1-2). Leider ist gerade bei Kaninchen und Meer-

Tab. 1-2 Spezifisches Harngewicht und andere Parameter, die Hinweise auf die Azotämieform geben können

	Spezifisches Harngewicht	Sonstige Hinweise
Prärenale Azotämie	ca. 1030 und höher	• Dehydratationsanzeichen (v. a. Hautfalte verstreicht verzögert) • Gering bis mittelgradig erhöhtes Kreatinin • Normales oder erhöhtes Gesamtprotein • Normaler oder erhöhter Hämatokrit • Unter adäquater Infusion schnelle Rückkehr zu normalem Kreatinin (und Harnstoff)
Akute renale Azotämie	ca. 1025 (kann etwas höher oder niedriger sein)	• Meist keine klinischen Dehydratationsanzeichen • Mittelgradig bis hochgradig erhöhtes Kreatinin • Normales bis erhöhtes Kalium • Normales bis erhöhtes anorganisches Phosphat • Normales, erhöhtes, erniedrigtes freies Calcium • Oft Oligurie oder Anurie • Azotämie verschlechtert sich, bleibt gleich oder bessert sich nur langsam unter Infusion.
Chronische renale Azotämie	ca. 1005–1020	• Dehydratation schwer beurteilbar, da Tiere teilweise in schlechtem Ernährungszustand • Normales bis erhöhtes Kalium • Normales bis erhöhtes anorganisches Phosphat • Normales, erhöhtes, erniedrigtes freies Calcium • Oft Polyurie • Azotämie bessert sich oft erst langsam unter Infusion.

schweinchen eine Unterscheidung der Azotämieformen zu Beginn der Diagnostik nicht immer gut möglich, da das spezifische Gewicht, Gesamtproteingehalt und Hämatokrit nicht in allen Fällen zuverlässige Parameter sind.

Tipp

Sollte der Harn durch **Kristalle** hochgradig **getrübt** und das spezifische Gewicht nicht ablesbar sein, wird der Harn für einige Zeit stehen gelassen oder zentrifugiert und der Überstand für die Messung verwendet.

- Die **Harnmenge** ist ein wichtiger Parameter für die Beurteilung, inwieweit bei einer akuten Niereninsuffizienz eine An- bzw. Oligurie vorliegt. Auch wenn Harn gewonnen werden kann, bedeutet dies nicht, dass zum Zeitpunkt der Harngewinnung noch Harn produziert wird.
- Der **Protein-Kreatinin-Quotient (UPC)** des Urins kann auch bei Heimtieren verwendet werden, um einen Verlust von Protein über die Nieren zu erkennen. Liegt eine ausgeprägte Hämaturie vor, ist der UPC nicht beurteilbar. Ein UPC unter 0,2 spricht gegen einen Proteinverlust über die Nieren. Ab wann der UPC bei Heimtieren als pathologisch anzusehen ist, wurde bisher nicht ausreichend wissenschaftlich untersucht, da dafür eine GFR oder andere Nachweisverfahren notwendig sind, die in der Lage sind, auch gering- bis mittelgradige Einschränkungen der Nierenfunktion zu erfassen.

Kot

- Eine native Kotuntersuchung kann **direkt in der Praxis** durchgeführt werden: Ausstrich von frischem Kot auf einem Objektträger, 1 Tropfen 0,9%ige NaCl-Lösung dazu, vorsichtig auf dem Objektträger mischen und Abdeckgläschen auflegen.
- Im Kot können neben **Hefen** (v.a. bei Kaninchen, Meerschweinchen und Chinchilla) bei starkem Befall auch **Kokzidien** nachgewiesen werden. Nicht selten werden Hefen und Kokzidien miteinander verwechselt (Abb. 1-4).
- Eine weiterführende **parasitologische Abklärung** kann über eine **Flotation** und **Sedimentation** erfolgen. Bei **Chinchillas** sollte das Auftreten von Giardien bedacht und bei klinischen Symptomen entsprechend untersucht werden (Nachweis von Koproantigen).
- Gelegentlich kommen bei **Meerschweinchen** und **Frettchen Kryptosporidien** vor.[11] Diese Parasiten können nur über spezielle Methoden (Karbolfuchsinfärbung, ELISA) nachgewiesen werden.

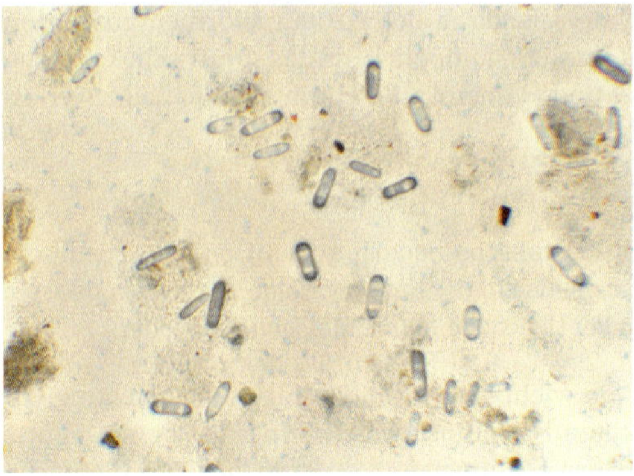

Abb. 1-4
Mikroskopisches Bild eines ausgeprägten Hefebefalls bei einem Kaninchen (100er Vergrößerung)

- Sollten ungeklärte Anämien auftreten, dann kann der Kot auch auf **okkultes Blut** untersucht werden. Bei **Frettchen** muss dabei auf eine fleischfreie Ernährung mehrere Tage vor der Untersuchung geachtet werden.
- Wird eine **bakterielle Ursache** für **Durchfall** vermutet, ist eine mikrobiologische Untersuchung sinnvoll. Diese sollte immer mit einem **Antibiogramm** erfolgen.

Mikrobiologie

> Es kann nicht genug betont werden, wie wichtig eine **bakteriologische Untersuchung** einschließlich **Antibiogramm** ist. Das gilt insbesondere für Abszesse, die nicht in toto entfernt werden können, sowie für rezidivierende Zystitiden und Otitiden.

- Auch bei Heimtieren werden zunehmend **multiresistente Keime** nachgewiesen, die zoonotisches Potenzial besitzen.
- Bei **Herbivoren** treten nicht selten **Anaerobier** auf, deren Kultivierung beim Labor extra beauftragt werden muss.

Zytologie

Die zytologische Untersuchung von **Umfangsvermehrungen, Blut, Harn** und **anderen Sekreten** ist sehr hilfreich, um bei Heimtieren eine genaue Diagnose zu stellen.

Zytologische Probenentnahme

- Die Punktion von Umfangsvermehrungen erfolgt, nachdem der Bereich **desinfiziert** wurde.
- Mit einer **kleinlumigen Kanüle** (24 G) und aufgesetzter 2-ml-Spritze wird eingestochen und durch mehrere Richtungswechsel Material aus der Umfangsvermehrung punktiert.
- **Aspiriert** wird v. a. bei sehr festen Veränderungen bzw. wenn ein Punktat gewonnen werden soll.
- Meist werden **mehrere Proben** entnommen. Es kann eine Punktion **mit Aspiration** und eine weitere **ohne Aspiration** vorgenommen werden.
- Nach der Punktion wird die Kanüle von der Spritze entfernt, Luft in die Spritze aufgezogen, die Kanüle wieder aufgesetzt und während die Kanüle über einen Objektträger gehalten wird, die Luft aus der Spritze entfernt. Das nun auf dem **Objektträger** befindliche Material wird **vorsichtig ausgestrichen und gefärbt** (z. B. mit Diff Quick®).
- **Sekrete** werden mit einem Stieltupfer entnommen und auf einem Objektträger ausgerollt.

Zytologische Analyse

- Die Beurteilung zytologischer Präparate entspricht dem **Vorgehen bei Kleintieren**.
- Zu beachten ist, dass tierartliche Besonderheiten im Aussehen verschiedener Zellen bestehen, die entsprechenden Lehrbüchern zu entnehmen sind.[12]

Sonstige diagnostische Verfahren

Bioptatentnahme

Bioptate können sehr hilfreich sein, um eine Diagnose zu stellen. Auch hier sind Indikation und Vorgehen vergleichbar zu Kleintieren.

Elektrokardiogramm

Ein EKG kann zur **Diagnose von Herzrhythmusstörungen** und **morphologischen Herzveränderungen**, aber auch zur Narkoseüberwachung eingesetzt werden.

Tipp

Da Heimtiere, insbesondere **Kaninchen**, vergleichsweise **kleine Amplitudenhöhen** aufweisen, sollte das EKG-Gerät auf 2 cm/mV eingestellt werden.

Blutdruckmessung

- Bei Heimtieren kann die Blutdruckmessung wie bei Katzen mit einem **Doppler** durchgeführt werden.
- Die Blutdruckmessung wird gelegentlich zur **Narkoseüberwachung** eingesetzt, da der Blutdruck aussagekräftiger ist als EKG und Kapnografie.
- Da die Manschettengröße einen erheblichen Einfluss auf die Messwerte hat, sollten immer **kleine Manschetten** für **Frettchen, Kaninchen** und **Meerschweinchen** verwendet werden.

Tipp

Die **Breite der Manschette** sollte ca. **40 % des Armumfangs** betragen.

Liquorgewinnung

- Da die Sensitivität der Liquoruntersuchung für die Diagnose verschiedener Erkrankungen bei Heimtieren schlecht ist (z. B. Nachweis von *E. cuniculi* bei Kaninchen) und meist nur sehr wenig Material gewonnen werden kann, spielt die Liquorgewinnung eine **untergeordnete Rolle**.
- Bei **Frettchen** und **Kaninchen** wird sie gelegentlich vorgenommen. Die Entnahme wird in Allgemeinanästhesie durchgeführt und das Vorgehen entspricht dem bei Kleintieren.

1.2 Medikamentöse Therapie

- Vor dem Einsatz von Medikamenten ist zu prüfen, inwieweit für die entsprechenden Tierarten zugelassene Medikamente verfügbar sind. Sollte dies nicht der Fall sein, muss ein Medikament, das für eine andere Tierart zugelassen ist, **umgewidmet** werden.
- Erst wenn keine für Tiere zugelassenen Medikamente verfügbar sind, dürfen **humanmedizinische Arzneimittel** umgewidmet werden. Bei der Umwidmung sind immer die physiologischen Besonderheiten der Heimtiere zu berücksichtigen.

! Bei einer **Umwidmung von Medikamenten** haftet der Tierarzt für die Nebenwirkungen.

- Insbesondere vor der Gabe von **Antibiotika** ist zu prüfen, ob wirklich eine Indikation für den Einsatz besteht. Eine prophylaktische Antibiotikagabe bei Operationen ist z. B. nicht angezeigt. Zudem sollten Antibiotika möglichst nur **mit Antibiogramm** eingesetzt werden. Das gilt ganz besonders für Reserveantibiotika. Eine Übersicht der Dosierungen häufig verwendeter Antibiotika findet sich in Tabelle 1-3.
- Antibiotika, die zu **schweren Nebenwirkungen** bei Kaninchen und einigen Nagerarten führen, sollten grundsätzlich nicht eingesetzt werden.

> **!** Insbesondere **Antibiotika** mit einem **gram-positiven Wirkungsspektrum** führen bei Meerschweinchen, Chinchillas und Degus unabhängig von der Applikationsart zum Tod.

- Bei **Kaninchen** werden in Ausnahmefällen, bei bestätigter Wirksamkeit gelegentlich Antibiotika mit grampositivem Wirkspektrum (z. B. Amoxicillin, Cefovecin, Clindamycin etc.) eingesetzt. Diese Antibiotika dürfen **nur parenteral** verabreicht werden. Trotzdem treten dabei immer wieder Todesfälle durch das übermäßige Wachstum von Clostridien und Hefen auf. Möglicherweise könnte die **simultane Gabe von Metronidazol** und **Nystatin** diese Todesfälle vermeiden.

PLACE-Regel

Folgende Antibiotika sollten **NIE** bei **Meerschweinchen, Chinchilla, Degu, Hamster** und **Mongolischer Rennmaus** sowie **NIE ORAL** bei **Kaninchen** gegeben werden:

- Penicilline
- Lincomycin
- Ampicillin
- Amoxicillin
- Cephalosporine
- Clindamycin
- Erythromycin

Tab. 1-3 Dosierungen für häufig eingesetzte Antibiotika bei Frettchen, Kaninchen und Nagern

Wirkstoff	Frettchen	Kaninchen	Nager (MS, C, D, H, R, M, MR)
Chloramphenicol	25–50 mg/kg p. o., s. c., i. m, i. v. BID	25–50 mg/kg p. o., s. c., i. m, i. v. BID	30–50 mg/kg p. o., s. c., i. m. BID–TID
Ciprofloxacin	5–15 mg/kg p. o. BID	5–20 mg/kg p. o. BID	5–20 mg/kg p. o. BID
Doxycyclin	–	2,5–4 mg/kg p. o. SID/BID	2,5–5 mg/kg s. c., p. o. BID
Enrofloxacin	10–20 mg/kg p. o., s. c., i. m. SID–BID	5–10–20 mg/kg s. c., i. v., p. o. SID/BID	5–20 mg/kg s. c., p. o. SID–BID
Marbofloxacin	2–5 mg/kg i. m., i. v., p. o. SID	2–5 mg/kg i. m., i. v., p. o. SID	4 mg/kg p. o., s. c. SID
Metronidazol	20 mg/kg p. o. BID	40 mg/kg p. o. SID	10–20 mg/kg p. o., s. c. BID
Sulfonamid/ Trimethoprim	15–30/4–8 mg/kg s. c., p. o. BID	30–40/6–8 mg/kg p. o., s. c. BID	15–30/4–8 mg/kg s. c., p. o. BID

1.2.1 Applikationsmöglichkeiten von Medikamenten

Die verschiedenen Applikationsarten sowie die maximal möglichen Mengen werden in Tabelle 1-4 beschrieben.

Legen eines venösen Zugangs

- Ein intravenöser Zugang ist die effektivste Möglichkeit, um Tieren im **Schock**, bei **Narkosezwischenfällen** und bei Tieren mit **anderen schweren Erkrankungen** Infusionen und Medikamente zu applizieren.
- Bei **Frettchen** (V. cephalica antebrachii, V. saphena) und **Kaninchen** (V. auricularis lateralis, V. cephalica antebrachii, V. saphena) teilwei-

Tab. 1-4 Möglichkeiten der Medikamentenapplikation bei Heimtieren

Applikationsart	Maximale Menge pro Lokalisation	Bemerkungen
oral	20 ml/kg	• Per Spritze • Mit Magen- bzw. Nasenschlundsonde ebenfalls möglich
subcutan	20 ml/kg	Applikationsort: seitliche Brust- oder Bauchwand
intramuskulär	0,1–0,3 ml/kg	• Meist für Narkosen • Kleinlumige Kanülen verwenden (24–30 G)
intraperitoneal	15 ml/kg	• Applikationsort: paramedian, 2 cm vor dem cranialen Schambeinrand • Ggf. Rasur und Desinfektion • Rückenlage und Anheben des Hinterteils, sodass Darm nach cranial fällt
intravenös	Limitation durch Größe und Verfügbarkeit der Gefäße	
intraossär	Limitation durch Größe und Verfügbarkeit	• Applikationsort: Tibia oder Femur • Ggf. Sedation • Chirurgische Vorbereitung und Lokalanästhesie immer notwendig

se bei **Meerschweinchen** (V. cephalica antebrachii) und Ratten (laterale Schwanzvene) können intravenöse Katheter gelegt werden.

- Eventuell ist bei **Meerschweinchen** und **Ratten** eine **Narkose** bzw. **Sedation** notwendig.

Legen eines intraossären Zugangs

- Ein intraossärer Zugang ist vergleichbar effizient wie ein venöser Zugang, um Patienten im **Schock** oder **schweren Erkrankungen** mit Infusionen zu versorgen. Die Applikationsgeschwindigkeit ist geringer, da der Abfluss über das venöse Abflusssystem des Knochens erfolgen muss.
- **Femur** und **Tibia** eignen sich am besten (Abb. 1-5). Je nach Größe des Tieres kann eine **Spinalkanüle** oder eine **Injektionskanüle** verwendet werden.
- **Unruhige Patienten** werden sediert bzw. anästhesiert, bei Tieren in Seitenlage ist dies meist nicht notwendig.
- Die Tiere werden auf die **Seite gelegt**. Die Haut über der Applikationsstelle wird chirurgisch vorbereitet (Rasur, Desinfektion) und Haut sowie Periost werden mit Lidocain (0,5–2 %ige Lösung, 2–4 mg/kg) umspritzt.
- Nach einem kleinen **Hautschnitt** wird eine **Spinalkanüle** (Frettchen, Kaninchen, Meerschweinchen, Chinchilla) oder eine **Injektionskanüle** (kleinere Nager) in den Knochen durch **leicht drehende Bewegungen** appliziert. Meist ist deutlich spürbar, wenn die Kanüle den Markraum erreicht hat. Sollte Unsicherheit bestehen, wird die

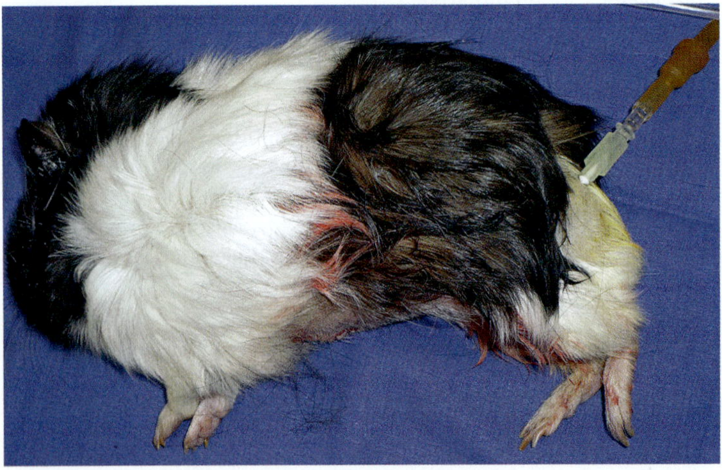

Abb. 1-5 Intraossäre Kanüle bei einem anästhesierten Meerschweinchen

Nadel hin und her bewegt. Ist dies leicht und in einem großen Winkel möglich, ist die Kanüle in der Muskulatur platziert.

Tipp

Röntgenaufnahmen in zwei Ebenen können ebenfalls helfen, den Sitz der Kanüle zu überprüfen.

- Aufgrund des schlechten Allgemeinzustandes der Patienten, die einen intraossären Katheter erhalten, ist oft **keine zusätzliche Fixierung** der **intraossären Kanüle** am Patienten notwendig. Bei Bedarf wird der Katheter an die Haut genäht oder mit Gewebekleber fixiert.
- Der **Katheter** wird über eine kurze Verlängerung an die Infusionslösung angeschlossen.
- Nach Beendigung der Infusion verschließt ein **Mandrin** die Kanüle. Ein **Verband** schützt den Bereich.
- Intraossäre Katheter sollten nach 2–3 Tagen entfernt werden.

1.2.2 Infusionstherapie

Die Grundlagen der Infusionstherapie von Heimtieren entsprechen denen der Kleintiere. Eine Infusionstherapie setzt sich zusammen aus Erhaltungsbedarf, Flüssigkeitsdefizit und den geschätzten laufenden Verlusten:

- Als **Erhaltungsbedarf** kann für alle Heimtierarten ca. 30–50 ml/kg/d angenommen werden. Die Infusionsmenge wird meist auf zwei Applikationen pro Tag aufgeteilt.
- Das **Flüssigkeitsdefizit** wird anhand des Hautturgors (Kap. 1.1.3) und anderer klinischer Parameter beurteilt (Tab. 1-5).
- Für die genaue Evaluierung des **Dehydratationsgrads** können labordiagnostische Parameter wie Hämatokrit, Gesamtprotein und das spezifische Gewicht des Urins herangezogen werden (Kap. 1.1.5). Das gilt besonders für Heimtierarten, bei denen das aufgrund der Größe möglich ist (ab Rattengröße). Um die labordiagnostischen Parameter interpretieren zu können, sollten die Parameter vor Beginn der Infusionstherapie ermittelt werden.
- Das **Flüssigkeitsdefizit** wird nach Feststellung des Dehydratationsgrads berechnet:
  Defizit in ml = Grad der Dehydratation (%) × KGW in kg × 10
- **Laufende Verluste** sind Verluste z. B. durch Erbrechen, Durchfall, Körperhöhlenergüsse, Verbrennungen. Die Menge über 24 h entspricht bei Kleintieren etwa der Hälfte des Erhaltungsbedarfs. Da

Tab. 1-5 Klinische Hinweise auf verschiedene Dehydratationsgrade bei Heimtieren[13]

Dehydratationsgrad	Klinische Symptome
< 5 %	klinisch nicht erkennbar
5–6 %	• Hautturgor geringgradig reduziert • Keine weiteren Veränderungen erkennbar
6–8 %	• Hautturgor deutlich reduziert • Geringgradiger Enophthalmus • Apathie • (Trockene Schleimhäute) • (Kapilläre Rückfüllungszeit [KFZ] verzögert)
10–12 %	• Hautfalte bleibt stehen. • Apathie • Hochgradiger Enophthalmus • Hypothermie • (Tachykardie) • (Trockene Schleimhäute)
12–15 %	• Schockanzeichen

in Klammern: bei Heimtieren meist unzuverlässige Parameter

diese Verluste bei Heimtieren meist nur gering sind, können sie meist vernachlässigt werden.

! Durch eine **regelmäßige engmaschige klinische Kontrolle** des Patienten (v. a. des Hautturgors, der Körpertemperatur, der Atemtiefe und des Atemtyps) sowie des Hämatokrits und des Gesamtproteins sollte der **Hydratationsstatus** im Verlauf der Therapie beurteilt und entsprechend angepasst werden.

- Die effizienteste Art eine **Dehydratation auszugleichen**, ist die intravenöse/intraossäre Applikation. Insbesondere hier ist eine **regelmäßige Reevaluierung** des Tieres notwendig, da die Gefahr von infusionsbedingten Anämien, Überinfusion und Dekompensation bei herzkranken Tieren gegeben ist.

- Die **Infusionsgeschwindigkeit** ist von verschiedenen Faktoren abhängig. Flüssigkeitsdefizite werden möglichst innerhalb der ersten 24 h ausgeglichen. Es muss aber eine regelmäßige Evaluierung der Patienten erfolgen, damit die Infusionstherapie angepasst werden kann. Befindet sich ein Patient im **Schock**, werden 10–15 ml/kg Infusionslösung über 15–20 min i. v. appliziert. Weitere Boli sind möglich. Kann das Tier so nicht stabilisiert werden, muss nach der Ursache gesucht und diese abgestellt werden.

> **!** Wird der Erhaltungsbedarf intravenös/intraossär verabreicht, sollte die **Infusionsgeschwindigkeit** nicht mehr als 2–4 ml/kg/h betragen, bei Tieren mit Verdacht auf Herzerkrankungen nicht mehr als 1 ml/kg/h.

- Bei Tieren mit Anzeichen einer **eingeschränkten Nierenfunktion** (erhöhtes Kreatinin, spezifisches Harngewicht um 1008–1025) und **Anzeichen einer Herzerkrankung** muss besonders vorsichtig infundiert werden.
- Liegen eine **Azotämie** ohne **Dehydratationsanzeichen** vor, wird von einer Dehydratation von 3–5 % ausgegangen und dieses Defizit über 1–2 h i. v. appliziert. Bei einem hohen Risiko für eine Volumenüberladung sollte diese Menge über einen Zeitraum von 4 h gegeben werden.
- Bei **oligurischen** oder **anurischen Tieren** sollte unabhängig vom Dehydratationsstatus ein initialer Bolus von 10 ml/kg i. v. über 10 min infundiert werden. Dabei muss kontrolliert werden, ob der Patient diese Menge auch gut toleriert.
- Ist die **Urinproduktion weiterhin unklar**, sollte erst einmal der halbe Erhaltungsbedarf infundiert und die Harnproduktion stetig kontrolliert werden. Gerade Tiere mit akuter Niereninsuffizienz sind oft olig- oder anurisch. In diesen Fällen muss durch eine klinische Untersuchung wirklich sichergestellt sein, dass die Tiere nicht dehydratisiert sind, denn bei einer Dehydratation wird ebenfalls wenig Harn produziert.
- Eine **Harnproduktion von 1–2 ml/kg/h** spricht für eine adäquate Urinproduktion. Die Infusionstherapie kann entsprechen angepasst werden. Erhaltungsbedarf und ggf. Defizit können mit normaler Geschwindigkeit appliziert werden.
- Als **Infusionslösung** eignen sich je nach Indikation und Elektrolytimbalancen des Patienten kristalloide Lösungen wie Ringerlaktat

und NaCl. Bei Blutungen können auch Plasmaexpander (5–10 ml/kg/d) eingesetzt werden.

- Bei hochgradigem **Blutverlust** kann, insbesondere bei Frettchen und Kaninchen, eine **Bluttransfusion** erwogen werden. Es sollte aber sichergestellt sein, dass die Anämieursache langfristig abstellbar ist, sonst ist diese Therapiemaßnahme wenig sinnvoll. Leider ist der künstliche Blutersatzstoff **Oxyglobin®** momentan nicht im Handel erhältlich.
- Vor einer **Bluttransfusion** muss in jedem Fall eine Kreuzprobe durchgeführt werden. Dem Spender können 7–10 ml/kg Blut entnommen werden, meist wird dies unter Sedation an der Jugularvene mit einer Butterfly-Kanüle vorgenommen. Als Gerinnungshemmer wird unter Praxisbedingungen Natriumcitrat (1 ml Na-Citrat 3,13 % auf 9 ml Blut) verwendet. Während der Abnahme wird die Spritze vorsichtig geschwenkt. Generell kann das so abgenommene Blut bei Lagerung im Kühlschrank maximal 24 h verwendet werden. Unter optimalen Bedingungen wird das gewonnene Blut in einen Transferbeutel verbracht und mit einem Transfusionsbesteck (mit Filter) appliziert. Es kann aber auch mit einem auf die Spritze aufgesetzten Blutfilter gegeben werden. Die Transfusionsgeschwindigkeit ist abhängig von der Indikation. Zu Beginn werden 0,5 ml langsam über 30 min gegeben, um Transfusionsreaktionen zu erkennen, dann kann die Geschwindigkeit auf 1–4 ml/kg/h erhöht werden. Die Transfusion muss innerhalb von 4 h abgeschlossen sein, da das Bakterienwachstum zunimmt. Die Tiere müssen gut auf Transfusionsreaktionen überprüft werden. Zu beachten ist, dass eine Spülung des Infusionsbestecks (um Blutreste an den Empfänger zu applizieren) nur mit NaCl-Lösung erfolgen darf (sonst Antagonisierung des Gerinnungshemmers).
- Intravenöse/intraossäre Infusionen sind am leichtesten über eine **Infusionsspritzenpumpe** (z. B. Perfusor®) zu applizieren, da so die Menge und die Infusionsgeschwindigkeit direkt eingestellt werden können. Vorteil ist auch, dass die Infusion mit leichtem Druck appliziert wird und angezogene Gliedmaßen meist keine Rolle spielen.
- Steht keine Spritzenpumpe zur Verfügung, wird die Infusionsmenge, die i. v./i. o. appliziert werden soll, über ein **Infusionsgerät** mit Dosierhilfe (z. B. Dosifix®) verabreicht. So können kleine Infusionsmengen leichter verabreicht werden.
- Bei einem herkömmlichen **Infusionsbesteck** für Erwachsene (z. B. Intrafix®) ist nur für Tiere von mehr als 3 kg eine Infusionsgeschwin-

digkeit von 2–4 ml/kg/h einstellbar, darum sind diese Bestecke nicht für kleinere Heimtierarten geeignet.

- Für experimentelle Studien sind **Infusionspumpen** im Handel verfügbar, die bis Mausgröße eingesetzt werden können, aber aufgrund des hohen Preises in der Kleintierpraxis meist nicht verwendet werden.

Tipp

Berechnung der Infusionsgeschwindigkeit

- Dosifix®: 60 Tropfen in der Minute entsprechen 1 ml.
  → Anzahl der Tropfen pro Minute entspricht Infusionsmenge in ml/h.
- Herkömmliches Infusionsbesteck für Erwachsene: 10–20 Tropfen entsprechen 1 ml.
  → Anzahl der Tropfen pro Minute = 20/60 × (ml/h) = 0,3 × (ml/h)
  z. B. 10 ml/h entsprechen ca. 3 Tropfen/min.

Infusion bei Patienten in Schock

- **Anzeichen** für Schock sind Apathie, Hypothermie, Dehydratation und Seitenlage. Erst in fortgeschrittenem Zustand kommt es zur Bradykardie.
- Zur **Schocktherapie** wird die Gabe von 10–20 ml/kg i. v./i. o. warmer Infusionslösung über 15 min (mit Spritzenpumpe oder Spritze) empfohlen.[14] Gleichzeitig muss Wärme zugeführt werden. Zwei bis drei weitere Boli können im Abstand von 30 min appliziert werden, wenn keine Besserung eintritt.
- Wurde der Schock ausreichend therapiert, erhält der Patient als weitere Infusion den **Erhaltungsbedarf**.
- Ist kein intravenöser/intraossärer Zugang vorhanden, kann die warme Infusionslösung auch **intraperitoneal** verabreicht werden.

Assistierte Fütterung

- Eine assistierte Fütterung sollte bei allen **inappetenten Heimtieren** sobald als möglich erfolgen. Ausnahmen sind Tiere mit Verdacht auf gastrointestinale Verlegungen (v. a. Kaninchen) bzw. Magendrehung (v. a. Meerschweinchen).
- **Frettchen** können mit einem schmackhaften Aufbaufutter, Hühnchen oder Ähnlichem gefüttert werden. Nimmt das Tier so überhaupt kein Futter auf, muss eine **Ernährungssonde** (Ösophagussonde oder Nasenschlundsonde) gelegt werden. Die Technik ent-

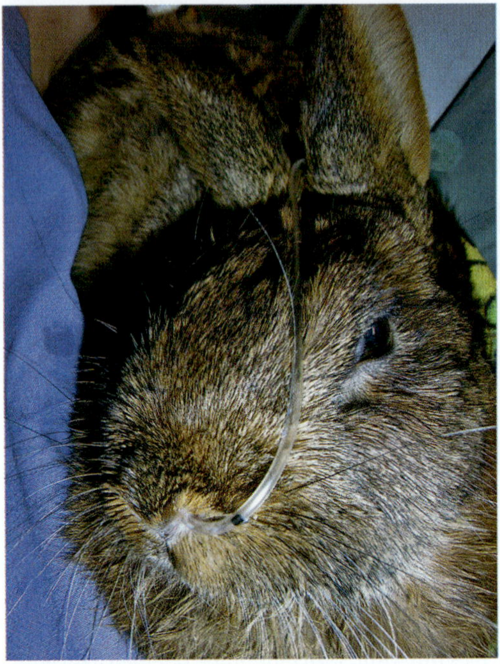

Abb. 1-6
Kaninchen mit Nasensonde

spricht der bei Kleintieren verwendeten. Über die Sonde können dann nur flüssige homogene Breie appliziert werden (z. B. Carnivore Care®, a/d®).

- **Kaninchen** und **Nager** können über eine Spritze mit einem Brei eines speziellen **Fertigfutters** gefüttert werden (CriticalCare®, Rodicare®). Auch eingeweichte und pürierte Grünmehlpellets können verwendet werden.
- Sollten die Tiere nicht schlucken, kann auch bei **Kaninchen** und **Meerschweinchen** für kurze Zeit eine **Nasenschlundsonde** (z. B. Rüsch®-Ernährungssonden Nr. 1–3) gelegt werden. Dazu sollten die Tiere mit etwas Midazolam oder Medetomidin sediert werden. Die Länge der Sonde sollte vor dem Legen ausgemessen werden. Eine Länge bis zur letzten Rippe hat sich bewährt. An die Nasenöffnung und die Sondenspitze sollte ein Lokalanästhetikum appliziert werden und die Sonde nach ca. 1 min im ventralen Nasengang medial vorsichtig nach caudal geschoben werden. Die richtige Lage wird

röntgenologisch mit einer seitlichen Aufnahme kontrolliert. Die Sonde wird mit Gewebekleber am Fell des Kopfes fixiert (Abb. 1-6). Das Tier erhält einen Halskragen.

- Der Einsatz von **Magensonden** (18–22 Fr) wird für **Kaninchen** und **Meerschweinchen** ebenfalls erwähnt, führte aber in einigen Fällen zum Tod von Tieren.[15] Zudem ist die Applikation der Sonden mit erheblichem Stress und einem Verletzungsrisiko verbunden, da für das Schieben der Sonde der Maulspreizer o. Ä. zum Schutz der Sonde verwendet werden müssen.

Tipp

Die Zugabe von **Möhrenbrei** erhöht oft die Akzeptanz des Futterbreis bei **Kaninchen** und **Meerschweinchen**.

- Die Fütterungsmenge richtet sich nach der Entwicklung des Körpergewichts des Patienten.

Bis zu 20 ml/kg 3–6 × täglich können notwendig sein, wenn Kaninchen bzw. Nager gar kein Futter selbstständig aufnehmen. Die Entwicklung des Körpergewichts hilft bei der Wahl der Fütterungsmenge.

1.3 Anästhesie/Analgesie

1.3.1 Analgesie

Grundsätze

- Eine Beurteilung von Schmerzen bei Heimtieren kann sehr schwierig sein. Verschiedene Methoden können verwendet werden. Neben allgemeinen Symptomen wie Inappetenz, Apathie, Bewegungsunlust, Zusammenkauern, reduziertem Komfortverhalten, Schonen von Gliedmaßen, reduziertem Kotabsatz bzw. reduzierter Kotmenge, teilweise Unruhe konnte bei Kaninchen, Ratten und Mäusen wissenschaftlich nachgewiesen werden, dass der **Gesichtsausdruck** einen Hinweis auf Schmerzen geben kann.[16-18] Aus der klinischen Erfahrung gilt das auch für Chinchillas.
- Nichtsdestotrotz ist es in der tierärztlichen Praxis aufgrund der Kürze der Zeit einer Konsultation und dem mit einer Vorstellung beim

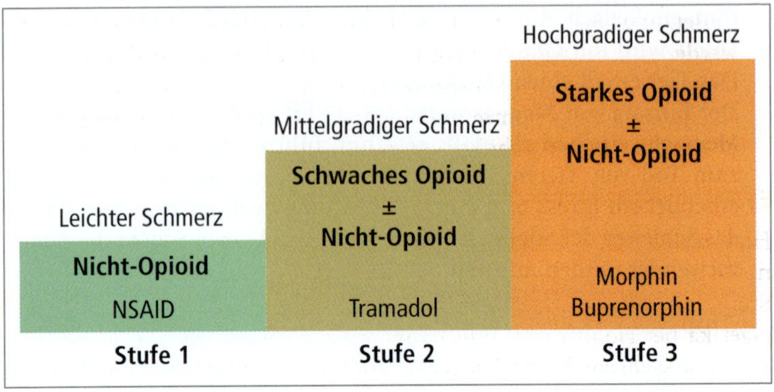

Abb. 1-7 Stufenschema der WHO zur Behandlung verschiedener Schmerzgrade

Tierarzt verbundenen Stress oft schwer, Schmerz bei Heimtieren eindeutig zu identifizieren.

> Heimtiere sollten bei allen Erkrankungen und Prozeduren, die bei Menschen mit **Schmerzen** verbunden sind, **analgetisch versorgt** werden

- Die WHO[19] hat für die Behandlung von Schmerzen ein **Stufenschema** aufgestellt, das auch für die Tiermedizin sehr gut einsetzbar ist. Darin werden Empfehlungen für den Einsatz von Analgetika für verschiedene Schmerzgrade gegeben (Abb. 1-7).
- Eine **multimodale Schmerztherapie** bedeutet den Einsatz **verschiedener Analgetika** mit **unterschiedlichem Wirkmechanismus**, um insbesondere bei starken Schmerzen eine ausreichende Analgesie zu erreichen. Diese Methode kann und sollte auch bei Heimtieren zum Einsatz kommen. Leider gibt es bisher nur wenig wissenschaftliche Daten zu dieser Therapieform. Aus der klinischen Erfahrung können die in Tabelle 1-6 aufgeführten Analgetika bei entsprechender Indikation kombiniert verwendet werden.
- **Unterstützende Maßnahmen** können dazu beitragen, die Schmerzwahrnehmung zu reduzieren. Dazu gehören neben Verbänden Ablenkung durch **Beschäftigung** mit dem Tier und der **soziale Rückhalt einer Gruppe** (gilt besonders für Meerschweinchen). Bei letzterem muss aber berücksichtigt werden, dass eine Erkrankung bzw.

Verletzung auch dazu führen kann, dass erkrankte Tiere isoliert werden oder gar die Rangordnung infrage gestellt wird und Rangordnungskämpfe ausgetragen werden. In diesen Fällen muss das Tier aus der Gruppe genommen und ggf. mit einem verträglichen Artgenossen zusammen gehalten werden.

Eingesetzte Analgetika

Häufig eingesetzte Analgetika in der Heimtiermedizin sind Metamizol, nichtsteroidale Antiphlogistika und Opioide (Tab. 1-6). Nur wenige Studien haben bisher die analgetische Wirkung der verschiedenen Analgetika bei Heimtieren untersucht. Zudem fehlen für alle Analgetika bisher wissenschaftliche Untersuchungen zum Langzeiteinsatz bei den verschiedenen Heimtierarten.

Tab. 1-6 Indikationen und Vorschläge für den Analgetikaeinsatz bei Heimtieren (Cave: Opioide sollten bei Hamstern grundsätzlich nicht eingesetzt werden!)

Erkrankung	Beispiele	Mögliche Analgetika
Erkrankungen des Urogenitaltrakts	Urolithiasis, Zystitis	• Metamizol • NSAIDs* • Bei Bedarf Kombination der 2 Komponenten möglich
Erkrankungen des Gastrointestinaltrakts	Magendilatation/-ileus, Enteritis	• Metamizol • Opioide** • Bei Bedarf Kombination der beiden Komponenten möglich
Otitis		• Metamizol • NSAIDs* • Bei Bedarf Kombination der beiden Komponenten möglich
Erkrankungen der Haut	Dermatitis	• Metamizol
Orthopädische Probleme	Prellung, Zerrung, Fraktur/Luxation, Arthritis/Arthrose	• Metamizol • NSAIDs* • Opioide • Bei Bedarf Kombination von 2–3 Komponenten möglich

Tab. 1-6 (Fortsetzung)

Erkrankung	Beispiele	Mögliche Analgetika
Erkrankungen am Auge	Keratitis	• NSAIDs in halber Dosierung (v. a. bei gleichzeitiger Uveitis) • Metamizol • Opioide (für kurze Zeit)
Chirurgische Eingriffe	Kastration männliches Tier	• Metamizol in Kombination mit einer Lokalanästhesie mit Lidocain
	Entfernung eines Hauttumors, -abszesses	• Metamizol • NSAIDs* (postoperativ) • Zusätzlich Lokalanästhesie der Haut (bes. MS)
	chirurgische Versorgung eines Zahnabszesses	• Metamizol • NSAIDs* • Opioide • Bei Bedarf Kombination von 2–3 Komponenten möglich
	Abdominalchirurgie (z. B. Zystotomie, Kastration weibliches Tier)	• Metamizol • NSAIDs* (postoperativ) • Opioide** • Bei Bedarf Kombinationen von 2–3 Komponenten möglich
	Enukleation	• Metamizol • NSAIDs* • Opioide • Bei Bedarf Kombinationen von 2–3 Komponenten möglich • Zusätzlich Lokalanästhesie

* wenn Kreatinin im Referenzbereich liegt

** Der Einsatz von Opioiden bei Erkrankungen des Gastrointestinaltrakts sollte gut abgewogen werden, da Opioide dessen Motilität senken können. Eventuell sollten simultan prokinetische Medikamente (Metoclopramid, Cisaprid) verabreicht werden.

Metamizol

- Dieses nichtsaure Nichtopioid-Analgetikum, wirkt **spasmoanalgetisch** und **antipyretisch**, besitzt aber nur eine gering ausgeprägte antiphlogistische Komponente.
- Der genaue **Wirkmechanismus** ist nicht bekannt. Es erzeugt eine sehr gute Analgesie, insbesondere bei chirurgischen Eingriffen.[20]
- Es hat **keine negativen Auswirkungen** auf den **Magen-Darm-Trakt** und die **Nierenfunktion**. Die mit sehr unterschiedlicher Inzidenz bei Menschen beschriebene Agranulozytose wurde bei Tieren bisher nicht nachgewiesen.
- Bei zu **rascher intravenöser Applikation** kann es zur Hypotonie kommen. Anaphylaktische Reaktionen treten gelegentlich bei Menschen auf.
- **Subcutan** appliziert kann es zu **lokalen Irritationen** führen, bei einer verdünnten Anwendung kommt dies aber scheinbar nicht vor.

Nichtsteroidale Antiphlogistika (NSAIDs)

- Sie haben eine analgetische, **antiphlogistische** und **antiinflammatorische Komponente**. In der Heimtiermedizin werden v. a. selektive COX 2-Hemmer wie **Meloxicam** und **Carprofen** eingesetzt.
- Für Heimtiere wurden bisher insbesondere pharmakokinetische Studien publiziert, aber nur sehr wenig Daten zur analgetischen Wirkung und möglichen Nebenwirkungen bei längerer Gabe veröffentlicht.
- In der Literatur werden für NSAIDs teilweise sehr **breite Dosierungen** angegeben (z. B. für Meloxicam 0,2–1 mg/kg, bis 3 × täglich). Die hohen Dosierungen und häufigen Dosierungsintervalle sind nicht empfehlenswert, da bisher ihre Unbedenklichkeit nicht nachgewiesen wurde.
- **Nebenwirkung** von NSAIDs (auch selektiven COX 2-Hemmern) sind die Entwicklung von **Magen-Darm-Ulcera** sowie **Nierenschädigung**. Gelegentlich tritt bei Kaninchen ein akutes Nierenversagen nach NSAID-Gabe auf. Inwieweit bei diesen Tieren bereits eine Vorschädigung der Nieren zum Zeitpunkt der Eingabe vorlag, bleibt oft unklar. Insbesondere bei älteren Tieren sollte vor der Applikation von NSAIDs eine Kontrolle des Kreatinins erfolgen.

> **!** **Kontraindiziert** sind NSAIDS bei Tieren im Schock, dehydratisierten Tieren, Tieren mit Einschränkung der Nierenfunktion und Tieren mit Magen-Darm-Erkrankungen.

Opioide

- Sie werden ebenfalls als Analgetika eingesetzt.
- Die Verteilung der Opioidrezeptoren ist abhängig von der Tierart, darum variieren die **Dosierungen** und **Dosierungsintervalle** zwischen den Tierarten teilweise erheblich.
- **Nebenwirkungen** der Opioide sind Reduktion der gastrointestinalen Motilität und Atemdepression. Bei **Ratten** kann eine Buprenorphinapplikation zur Exzitation und Allotriophagie führen. Auch bei **Hamstern** führen Opioide zur Übererregbarkeit, darum werden sie bei dieser Tierart nicht empfohlen.
- Um der Reduktion der Motilität des Gastrointestinaltrakts vorzubeugen, können bei Einsatz von Opioiden **prokinetische Medikamente** (Metoclopramid, Cisaprid) verabreicht werden.

> **!** Opioide sollten bei **Hamstern** nicht eingesetzt werden, da sie zur Übererregbarkeit führen können.

Lokalanästhetika

- Diese werden auch bei Heimtieren eingesetzt, z. B. bei der **Kastration** männlicher Tiere.
- Für die Unterspritzung des Inzisionsbereiches werden ca. 2–4 mg/kg verdünnte 0,5–2 %ige Lidocainlösung verwendet.

> **Tipp**
>
> Bei **Meerschweinchen** empfiehlt sich grundsätzlich eine Lokalanästhesie im Bereich von **Hautinzisionen**, da diese Tierart bei Hautverletzungen besonders schmerzempfindlich ist.

1.3.2 Anästhesie

Narkosevorbereitung

- Vor jeder Narkose muss anhand einer Allgemeinuntersuchung die **Narkosefähigkeit** des Patienten beurteilt werden. Insbesondere bei älteren Tieren und bei klinischen Abweichungen sollten über weiterführende Untersuchungen (Blutuntersuchung, Röntgen, Ultraschall) mögliche **andere Erkrankungen** abgeklärt werden. Gerade bei älteren Tieren empfiehlt sich eine **Blutuntersuchung** (v. a. die Bestimmung des Hämatokrits, des Gesamtproteins und des Kreatinins; Kap. 1.1.5).

Herbivore Heimtiere können aufgrund der dünnen Muskelschicht des Magens und des stark ausgeprägten Kardiasphinkters **nicht erbrechen**.

- Futter- und Wasserentzug ist bei **herbivoren Heimtieren** meist nicht notwendig, weil sie nicht erbrechen. Zudem kann eine Nahrungskarenz zu einer metabolischen Acidose führen. Bei **Frettchen** wird eine Nahrungskarenz von 4 bis maximal 6 h empfohlen.
- Je nach Schwere des Eingriffs sollte **präoperativ** bereits ein **venöser** oder **intraossärer Zugang** gelegt werden.

Prämedikation

- Die Prämedikation unterscheidet sich geringfügig bei den einzelnen Heimtierarten und je nach Eingriff.
- **Anticholinergika** (Atropin, Glykopyrrolat) werden meist nicht mehr standardmäßig als Prämedikation verwendet, sondern erst eingesetzt, wenn eine Indikation besteht, z. B. eine Bradykardie. Sollte in Ausnahmefällen Isofluran ohne sedierende Prämedikation eingesetzt werden, können Anticholinergika appliziert werden, um die starke Schleimhautsektion (Nase, Augen, Trachea) zu unterdrücken. Nachteil der Anticholinergika ist, dass die Sekrete eingedickt werden und so Tracheotuben verlegt werden können.
- Neben einer Analgesie sollte präoperativ auch **Flüssigkeit** zugeführt werden.
- Verwendete Analgetika und ihre Indikation finden sich in Tabelle 1-6.
- Ob eine **antibiotische Abdeckung** erfolgt, ist von vielen Faktoren abhängig, u. a. der Operationsindikation und der voraussichtlichen Operationsdauer etc. Gegebenenfalls kann eine Antibiose bei Bedarf auch intra- oder postoperativ appliziert werden.
- Eine **Sedation** bzw. **Narkoseeinleitung** kann auf verschiedenen Wegen erreicht werden. Ist ein i. v.-Zugang vorhanden, kann **Propofol** langsam verabreicht werden. Aufgrund der Gefahr einer Atemdepression bei Propofolgabe, sollte Zubehör für eine Intubation und Beatmung bereitliegen.

Anästhesie

- Konkrete **Narkoseprotokolle** finden sich bei den einzelnen Tierarten. Bei der Anästhesie ist zu bedenken, welche Dauer und welchen Schmerzgrad der Eingriff haben wird.
- Entsprechend sind **nur anästhesierende** (Zahnkorrektur ohne schmerzhaften Eingriff) oder **anästhesierende und analgetische** Protokolle zu wählen.
- Je nach Möglichkeiten erfolgt eine **Überwachung** mit EKG, Kapnografie, Pulsoxymetrie (Ohr, Zunge, Pfote, Schwanzspitze). Eine Blutdruckmessung wäre am verlässlichsten, ist aber oft nicht verfügbar.

Bei einem anästhesierten Heimtier sollte der **mittlere arterielle Blutdruck über 80 mm Hg** liegen.

Aufwachphase

- Die Körpertemperatur muss so lange kontrolliert und durch **Wärmezufuhr** unterstützt werden, bis der Patient sie selbstständig aufrechterhalten kann. Wärme kann durch Rotlicht, Wärmematten, Bair Hugger™ u. Ä. zugeführt werden. Sollte die Körpertemperatur sehr stark abgesunken sein, kann das Tier auch langsam mit einem Fön gewärmt werden. Einer Überhitzung bzw. Verbrennungen muss aber unbedingt vorgebeugt werden.

! **Hypothermie** ist eine häufige Ursache für postoperative Komplikationen.

- In der Aufwachphase muss vermieden werden, dass Tiere sich verletzen. Insbesondere zu Beginn der Aufwachphase werden die Tiere dafür in kleineren, gut gepolsterten **Aufwachboxen** (Transportbox oder ähnliches) untergebracht. Trinknäpfe werden entfernt, bis die Tiere selbstständig und sicher stehen können. Da viele Heimtiere in der Aufwachphase aber offensichtlich Durst haben, sollte über eine Spritze oder Nippeltränken Wasser angeboten werden. Die Tiere müssen aber bereits in der Lage sein selbstständig zu schlucken und sich mindestens in Brustbauchlage befinden, da sonst Aspirationsgefahr besteht.

- **Halskragen** sind meist nicht notwendig. Werden sie verwendet, müssen sie so angebracht sein, dass das Tier Futter und Wasser aufnehmen kann. Neben den herkömmlichen Halskragen aus Plastik können auch Kragen aus weichem Material verwendet werden. Eine passende Wundabdeckung kann evtl. ebenfalls einen Kragen ersetzen.

1.4 Chirurgie

- Häufige chirurgische Indikationen bei Heimtieren sind **Kastrationen** und **Entfernung von Neoplasien**. Grundsätzlich entspricht das Vorgehen dem bei Kleintieren.
- Für chirurgische Eingriffe an Heimtieren sind entsprechend **kleine** und **atraumatische Instrumente** und Nahtmaterialien notwendig.
- Der **Verschluss von Wunden** kann mit Nahtmaterialien, Gewebeklebern und Wundklammern erfolgen. Bei Nahtmaterialien empfehlen sich **Nadel-Faden-Kombinationen**, da sie atraumatischer sind.
- **Monofile Fäden** lassen sich zwar schlechter knoten, sind aber gewebeschonender und bewirken eine geringere Anheftung von Bakterien und organischem Material und damit eine geringere Infektionsgefahr des umliegenden Gewebes als polyfile Fäden. **Polyfile Fäden** verursachen einen sog. **Wick-Effekt**. Damit wird die Dochtwirkung beschrieben, die zum Eintreten von Bakterien, Sekreten und organischem Material in den Stichkanal und damit in tiefer gelegene Gewebeschichten führt. Dies begünstigt Infektionen.
- **Schneidende Nadeln** eignen sich besonders gut für die Naht von Haut, insbesondere bei Meerschweinchen. **Runde Nadeln** werden für Faszien, Muskulatur, Darm und Unterhaut verwendet.
- Auch **Gewebekleber** und **Hautklammern** (Hautstapler) werden bei Heimtieren eingesetzt. Die Adaptation der Geweberänder ist meist aber nicht so gut wie bei Nähten. Für die Entfernung der Klammern ist ein Hautklammerentferner notwendig.
- **Clips** (Hämoclips, Ligaclips) können zur **Gefäßligatur** eingesetzt werden. Der Durchmesser des zu verschließenden Gefäßes/Bereichs sollte nicht mehr als zwei Drittel und nicht weniger als ein Drittel des Cipdurchmessers betragen. Um ein Abrutschen des Clips zu verhindern, müssen mehrere Millimeter Gewebe über dem Clip zurückbleiben. Im Vergleich zu Standardligaturen besteht bei Clips eher die Gefahr des Abrutschens.[21] Sie sind zudem vergleichsweise teuer. Clips sind dauerhaft röntgenologisch nachweisbar.

1.4.1 Operationen

Die Grundsätze der chirurgischen Therapie gelten auch für Heimtiere. Für viele Eingriffe eignen sich feine Operationsbestecke aus der **Augenchirurgie**.

Kastration eines männlichen Tieres

Vorgehen

- Bei **Frettchen** wie bei Katerkastration. Unter Anästhesie in Rückenlage Längsschnitt zur Eröffnung der Skrotalhaut, Hoden und Nebenhoden mit Processus vaginalis vorlagern und Samenstrang und Gefäße mit resorbierbarem Faden abbinden (bedeckte Kastration). Es ist auch möglich den Processus vaginalis zu eröffnen und dann den Samenstrang abzubinden. Es können auch Hoden und Nebenhoden miteinander verknotet werden. So wird kein Fremdmaterial gebraucht. Hautverschluss mit Einzelheft, Gewebekleber oder Hautklammern; zweiten Hoden in der gleichen Art und Weise entfernen.
- Bei **Kaninchen** und **Nagern** unter Anästhesie in Rückenlage Längsschnitt zur Eröffnung der Skrotalhaut, Hoden und Nebenhoden mit Processus vaginalis vorlagern, den Processus vaginalis eröffnen, Hoden, Nebenhoden und insbesondere bei älteren Tieren vorhandenen Fettkörper vorlagern, Processus vaginalis, Samenstrang und Gefäße mit resorbierbarem Faden abbinden. Hautverschluss mit Einzelheft, Gewebekleber oder Hautklammern; zweiten Hoden in der gleichen Art und Weise entfernen.

Nachsorge

- Ruhighaltung am Tag der Kastration, Analgesie für 1–2 Tage postoperativ.
- Angeblich sollen kastrierte männliche Tiere bis 6 Wochen nach der Kastration noch fertil sein. Ein wissenschaftlicher Beweis für diese Aussage fehlt aber.

Kastration eines weiblichen Tieres

Vorgehen

- Bei weiblichen **Frettchen** wird eine Kastration meist im Alter von 6–8 Monaten durchgeführt. Das Vorgehen entspricht dem bei der Katze.
- Bei einer prophylaktischen Kastration junger **Kaninchen** und **Nager** ist eine ausschließliche Ovarektomie möglich. Dazu kann bei weiblichen **Nagern** der laterale Zugang direkt über den Ovarien ver-

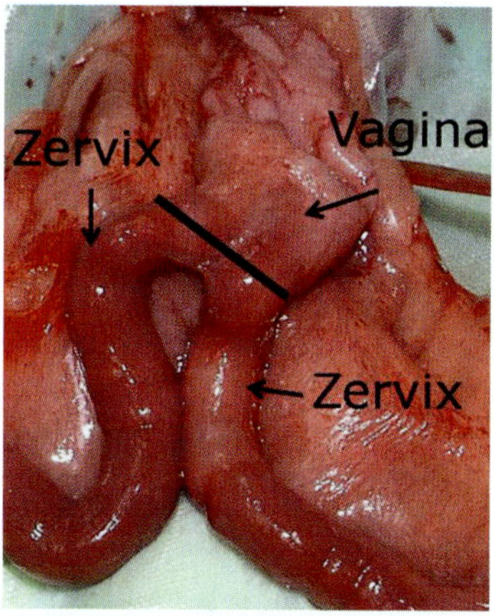

Abb. 1-8 Uteri eines weiblichen Kaninchens mit Darstellung (schwarzer Strich) des korrekten Ligaturbereichs.

wendet werden. Bei Kaninchen über 2–3 Jahren sollte eine Ovariohysterektomie vorgenommen werden, da Uterusveränderungen möglicherweise schon vorhanden sind. Bei **Kaninchen** Ovarektomie und Ovariohysterektomie über Linea alba. Zu beachten ist, dass bei Kaninchen im Bereich der Zervicen bzw. unmittelbar dahinter abgebunden wird und nicht im Bereich der Vagina. Meist wird die Vagina von Kaninchen für ein bei dieser Tierart nicht vorhandenes Corpus uteri gehalten (Abb. 1-8).

Nachsorge

Ruhighaltung am Tag der Kastration, Analgesie für 1–4 Tage postoperativ, ggf. assistierte Fütterung bei Herbivoren.

Weichteilchirurgie

Indikationen für weichteilchirurgische Eingriffe bei Frettchen, Kaninchen und Nagern sind **Entfernung von Neoplasien** und die **Versorgung von Wunden**. Gelegentlich werden Operationen am Magen-Darm-Trakt notwendig. Das Vorgehen entspricht dem bei Kleintieren.

> Bei einer Perforation im Bereich des Gastrointestinaltrakts sollte immer eine **histopathologische Untersuchung** des resezierten Gewebes erfolgen, da v. a. bei Frettchen nicht selten ein Lymphom die Ursache dafür ist.

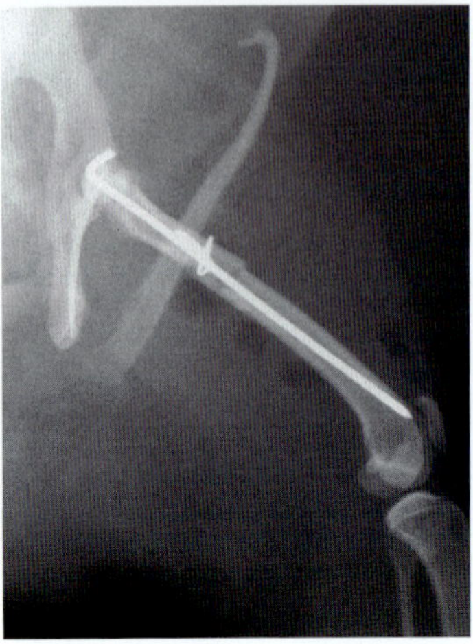

Abb. 1-9 Chirurgische Versorgung einer Femurfraktur bei einem Frettchen mit einem intramedullärem Pin und einer Drahtcerclage

Orthopädie

- Grundsätzlich ist das Vorgehen vergleichbar zu Kleintieren. Aufgrund der geringeren Größe ist bei Frakturen eine Plattenosteosynthese oft nicht möglich, sondern es werden meist **intramedulläre Nägel, Fixateur externe** oder eine **parakortikale Fixation** eingesetzt (Abb. 1-9).

Tipp

Bei **Hüftgelenksluxationen** empfiehlt sich eine **Femurkopfhalsresektion**. Die Tiere kommen damit meist sehr gut zurecht.

1.4.2 Postoperative Maßnahmen

- **Wärmezufuhr** und **Analgesie** sind Maßnahmen, die auch in der Aufwachphase sichergestellt sein müssen.
- **Futter** und **Wasser** sollten zur Verfügung gestellt werden, wenn das Tier **bei vollem Bewusstsein** ist, den Kopf selbstständig halten und schlucken kann. Gegebenenfalls kann Wasser vorsichtig mit einer Spritze angeboten werden.
- **Halskragen** sind meist **nicht notwendig**. Sie müssen so angebracht sein, dass das Tier Futter und Wasser unproblematisch aufnehmen kann.

1.5 Euthanasie

Eine Euthanasie sollte immer in einem **ruhigen** und **angemessenen Raum** mit ausreichend **Zeit für den Besitzer** durchgeführt werden.

- Ist ein **intravenöser Zugang** vorhanden, kann langsam **Pentobarbital** (50–60 mg/kg) verabreicht werden. Gegebenenfalls kann ein intravenöser Katheter gelegt werden, einige Besitzer empfinden dies aber als zusätzliche Belastung für das Tier.
- Ist kein Venenkatheter vorhanden, kann das Tier über eine **subcutane Injektion** von **herkömmlichen Anästhetika überdosiert** anästhesiert werden (z. B. mit Ketamin/Medetomidin oder Ketamin/Xylazin). Ist das chirurgische Toleranzstadium erreicht, wird **Pentobarbital** (200 mg/kg) **intraperitoneal oder intrakardial** appliziert. Eine direkte intraperitoneale Injektion ist ebenfalls möglich, wird aber von einigen Besitzern als für das Tier unangenehm empfunden.
- Wird **T61** verwendet, muss das Tier ebenfalls vorher anästhesiert werden.

1.6 Diagnostische Abklärung von Erkrankungen

Bei Heimtierpatienten empfiehlt sich eine **problemorientierte Aufarbeitung** der Patienten. Nach ausführlicher Anamnese und klinischer Untersuchung kann oft schon eine erste Problemliste mit **Wichtung der Befunde** erstellt werden. Danach wird ein **diagnostischer Plan** erstellt. Über eine erweiterte Problemliste kann in vielen Fällen die Diagnose bzw. gerade bei älteren Heimtieren die Diagnosen gestellt werden.

Es kann in einigen Fällen schwierig sein, insbesondere wenn mehrere Diagnosen vorliegen, zu beurteilen, welche der Diagnosen ursächlich für die klinische Symptomatik ist und zur Vorstellung des Tieres geführt hat.

Trotz gewissenhafter Aufarbeitung wird aber in einigen Fällen **keine endgültige Diagnosestellung** möglich sein.

Die Ursachen dafür sind vielfältig. Eine wichtige Ursache ist, dass viele Heimtiere klein sind und somit die Interventionsmöglichkeiten eingeschränkt. Zudem sind Besitzer nicht immer bereit oder in der Lage, die für eine Diagnosestellung notwendigen Untersuchungen durchführen zu lassen.

Diagnostische Aufarbeitung bei Heimtieren

- Ausführliche Anamnese
- Sorgfältige klinische Allgemeinuntersuchung einschließlich Untersuchung der Maulhöhle
- Blutchemie und Hämatologie
- Harnuntersuchung
- Röntgen: je nach Befunden der klinischen Untersuchung Gesamtaufnahme und zusätzlich Aufnahme veränderter Körperregionen
- Ultraschall
  - Thoraxsonografie bei gedämpften Herztönen und radiologischem Verdacht auf präkardiale Masse bzw. Herzerkrankungen
  - Abdomensonografie bei Verdacht auf Organveränderungen
- Computertomografie: bei entsprechender Indikation
- Gegebenenfalls weitere Diagnostik wie EKG, Punktion von Veränderungen, Knochenmarkpunktion, Laparotomie

1.7 Häufige Symptome und wichtige Differenzialdiagnosen

Die differenzialdiagnostische Aufarbeitung von Heimtieren sollte **möglichst breit** erfolgen. Heimtierbücher konzentrieren sich meist auf die scheinbar wichtigsten Erkrankungen und schränken somit die Liste der Differenzialdiagnosen bereits im Voraus erheblich ein. Darum ist eine erste Konsultation von Kleintier-Fachbüchern in jedem Fall sehr sinnvoll. Die im Folgenden aufgeführten Differenzialdiagnosen wurden u. a. nach Thompson[22], Gough[23], Schrey[24] sowie Neiger[25] erstellt. Die Relevanz der Erkrankungen wird in den Kapiteln bei den einzelnen Tierarten dargestellt. Nur die wichtigsten Differenzialdiagnosen können hier aufgeführt werden. Bei Diagnosen, die bei manchen Tierarten verhältnismäßig häufiger vorkommen, sind die entsprechenden Tierarten-Symbole (F K MS C D H R M MR) jeweils in der Liste zu finden.

1.7.1 Inappetenz/Anorexie

- Bei Heimtieren sind Inappetenz (reduzierte Futteraufnahme) bzw. Anorexie (Futteraufnahme vollständig eingestellt) **häufige Symptome**, hinter denen eine Vielzahl von Erkrankungen stecken kann.
- Über die Anamnese kann eine Inappetenz/Anorexie (kann, aber will nicht) von einer **Pseudoinappetenz/-anorexie** (will, aber kann nicht) differenziert werden.
- Beide Zustände führen im Verlauf zum **Gewichtsverlust**.
- Ein gutes Hilfsmittel, um bei Herbivoren festzustellen, inwieweit die Inappetenz/Anorexie schon länger besteht bzw. wie stark die metabolischen Veränderungen sind, ist die **Bestimmung des pH-Werts im Harn**.

Ein **saurer pH-Wert** im **Harn** deutet auf eine bereits **fortgeschrittene Erkrankung** hin, mit entsprechend schlechterer Prognose im Vergleich zu Tieren mit alkalischem Harn-pH.

- Nicht selten wird bei **Herbivoren**, die länger inappetent sind, **lipämisches Plasma** nachgewiesen.

Herbivore, die längere Zeit zu **wenig** oder **kein Futter** aufnehmen, haben oft **lipämisches Plasma** und einen **sauren Harn-pH-Wert**.

Wichtige Differenzialdiagnosen von Pseudoinappetenz/-anorexie

- **Sensorik beeinträchtigt:**
  - Blindheit
  - Geruchssinn beeinträchtigt
- **Orale Dysphagie (morphologisch):**
  - Erkrankungen der Zähne (K) (MS) (C) (D)
  - Erkrankungen der Kiefer (Luxation, Fraktur) (K)
  - Erkrankungen der Maulschleimhaut/Lippen (MS)
  - Fremdkörper
  - Neoplasie (K)

- **Orale Dysphagie (funktionell):**
  - Erkrankungen der Kaumuskulatur (Myositis)
  - Kopfnervenbeeinträchtigung (V, IX, XII)
  - Hirnerkrankung
- **Pharyngeale Dysphagie (morphologisch):**
  - Pharyngitis/Tonsillitis
  - Fremdkörper
  - Zubildung (Abszess, Neoplasie)
- **Pharyngeale Dysphagie (funktionell):**
  - Megaösophagus Ⓕ
  - (Polymyositis, Myasthenia gravis, Cricopharyngeale Inkoordination, Achalasie)

(in Klammern: seltene oder noch nicht erwiesene Differenzialdiagnosen)

- Bei **Angst, Stress** oder **dominanten Partnertieren** kann es ebenfalls zu einer Inappetenz/Anorexie kommen. Dies wird auch als **primäre Anorexie** bezeichnet. Auszuschließen ist dies nur durch eine ausführliche Anamnese.
- Zu bedenken ist, dass bei Erkrankungen eines ehemals dominanten Tieres nicht selten die **Rangordnung** neu geregelt wird und somit das ehemals ranghohe kranke Tier verdrängt wird. Dies ist aber eine Folge und nicht Ursache der Erkrankung.
- Auch **Futter- und Umgebungswechsel, Partnerverlust** können zu einer vorübergehenden Inappetenz/Anorexie führen.

Wichtige Differenzialdiagnosen von Inappetenz/Anorexie

- Systemerkrankung verursacht durch Entzündungen, Infektion, Toxine, endokrine und neoplastische Ursachen
- Erkrankung eines Organsystems
- Schmerz
- Dyspnoe
- Fieber
- Hypothermie
- Schock

1.7.2 Apathie

- Apathie ist eine **Bewusstseinseinschränkung**, die durch intra- und extrakranielle Erkrankungen verursacht werden kann. Viele Erkrankungen gehen mit Apathie einher.
- Bei der diagnostischen Aufarbeitung von Apathie sollte versucht werden zu unterscheiden, ob eine extrakranielle oder eine intrakranielle Ursache der Apathie vorliegt. Nicht immer gelingt dies sicher. Ist eine **intrakranielle Erkrankung** Ursache, ist zu erwarten, dass Einschränkungen der Gehirnnerven vorliegen. Zudem kann die Anamnese Hinweise auf ein Trauma, Aufnahme von Toxinen etc. geben.
- Bei einer **extrakraniellen Ursache** sind neben klinischen Veränderungen auch Abweichungen labordiagnostischer Parameter sowie bei der Bildgebung zu erwarten.

1.7.3 Fieber

Fieber ist bei **Kaninchen** und **Nagern selten**, bei **Frettchen** dagegen ein **häufigeres** Symptom.

Wichtige Differenzialdiagnosen von Fieber
- Bakterielle, virale, mykotische Infektionen
- Neoplasie
- Gewebsentzündung
- Disseminierte idiopathische Myofasziitis (F)

1.7.4 Dyspnoe

- Die Unterscheidung von **inspiratorischer** (oberer Atmungstrakt), **exspiratorischer** (unterer Atmungstrakt), und **asynchroner Atmung** (Erkrankung der Pleura einschließlich des Mediastinums) und **Kussmaul-Atmung** (metabolische Erkrankung, Acidose) kann helfen, die Lokalisation/Ursache der Erkrankung festzustellen.
- Aber nicht immer ist das sicher möglich. Zu bedenken ist, dass auch **Erkrankungen außerhalb des Respirationstrakts** zu Dyspnoe führen können.
- Die Differenzialdiagnosen und das diagnostische Vorgehen werden in Kapitel 1.9.2 (Notfälle) beschrieben.

1.7.5 Kardiovaskuläre Symptome

- Sie treten relativ selten als typisches Symptom auf.
- Da die **Herzfrequenz von Kleinsäugern physiologischerweise hoch** ist, ist Tachykardie kein hilfreiches Symptom.

Wichtige Differenzialdiagnosen kardiovaskulärer Symptome

- **Gedämpfte Herztöne:**
  - Sehr adipöses Tier
  - Thoraxerguss
  - Präkardiale Masse (K) (F) (C) (R)
  - Perikarderguss (MS)
- **Bradykardie:**
  - AV-Block (F)
  - Schock (fortgeschrittener Zustand)
- **Arrhythmien:**
  - Herzerkrankung/Herzversagen
  - Schmerzen
  - Fieber
  - Hypovolämie
  - Trauma

1.7.6 Neurologische Symptome

Neurologische Symptome können ein Hinweis auf eine **Erkrankung des Nervensystems** sein, aber auch durch Erkrankungen verursacht werden, die **außerhalb des Nervensystems** stattfinden, z. B. Elektrolytveränderungen, Hypoglykämien etc.

- Aus diesem Grund sind auch hier eine **gründliche Untersuchung** und **weiterführende Diagnostik** unerlässlich, um eine Diagnose zu stellen.
- Bei der neurologischen Untersuchung müssen **artspezifische Reaktionen** von **pathologischen Zuständen** unterschieden werden.
- Bei Veränderungen des Rückenmarks werden zur Beschreibung der neuroanatomischen Lokalisation die funktionellen Abschnitte mit C (cervical), T (thorakal), L (lumbal), S (sakral) bezeichnet.

- Die **funktionellen Rückenmarksbereiche** stimmen nicht unbedingt mit den Wirbelkörpern überein. Welche funktionellen Rückenmarksbereiche welchen Wirbelsäulenabschnitten entsprechen, ist für Kaninchen publiziert.[26]

Kopfschiefhaltung/Vestibularsyndrom

Wichtige Differenzialdiagnosen von Kopfschiefhaltung

Peripheres Vestibularsyndrom

- Otitis interna/media (K) (MS) (C)
- Ototoxische Medikamente (v. a. Aminoglykoside)
- Neoplasie (MR)

Zentrales Vestibularsyndrom

- **Erkrankung des Kleinhirns/Hirnstamms/Gehirns:**
  - Enzephalitis ((K): *E. cuniculi*)
  - Zubildung (Abszess, Neoplasie) ((R): Hypophysentumor)
  - Trauma
  - Infarkt
  - Hydrocephalus
  - Medikamente (Metronidazol)

Ataxie

Die Unterscheidung von **Ataxie** und **Parese** ist wichtig, um eine korrekte Diagnose stellen zu können.

Während eine **Parese** eine mehr oder weniger **ausgeprägte Schwäche der betroffenen Gliedmaße** darstellt, die nicht in der Lage ist, das Gewicht des Körpers aufzunehmen, ist eine **Ataxie** eine **Koordinationsstörung** bei **normal erhaltener Muskelkraft**.
Ataxie und Parese können auch **kombiniert auftreten**.

Wichtige Differenzialdiagnosen von Ataxie

Vestibuläre Ataxie

- s. Vestibularsyndrom

Zerebelläre/spinozerebelläre Ataxie

- **Kleinhirnläsion – mit Kopfbeteiligung (Tremor, Intensionstremor):**
  - Entzündung (F: Staupe, Aleutenkrankheit, systemische Frettchencoronavirusinfektion; K: *E. cuniculi*, Larva migrans von *Baylisascaris procynotis*, RHD), Neoplasie, intracraniale Druckerhöhung (Trauma etc.)
  - Intoxikation (Metronidazol, Schwermetalle, Organophosphate)
- **Cervicales Rückenmark – ohne Beteiligung des Kopfes:**
  - Bandscheibenvorfall, Trauma, Fraktur, Luxation im Bereich des cervicalen Rückenmarks
  - Cervicale Instabilität

Propriozeptive Ataxie (veränderte Propriozeption mit Parese)

- **Wirbelsäulenerkrankung:**
  - Trauma (Bandscheibenvorfall, Wirbelfraktur, -luxation, Hämatom etc.)
  - Infektiös (Myelitis (K: *E. cuniculi*), Disk-ospondylitis/Osteomyelitis)
  - Neoplasie (primär, Metastasten)

Metabolisch/Verschiedenes

- Hypoglykämie (Sepsis, Insulinom F MS)
- Anämie (z. B. Hyperöstrogenismus – F)

Parese

- Eine **Parese** ist die Unfähigkeit, das Gewicht auf einer Gliedmaße zu tragen und die Bewegung der Gliedmaße zu initiieren.
- Paresen können **eine Gliedmaße** (Monoparese), **beide Hintergliedmaßen** (Paraparese), **Vorder- und Hintergliedmaße** auf einer Seite (Hemiparese) und alle **vier Gliedmaßen** (Tetraparese) betreffen.

Eine unvollständige Lähmung heißt **Parese**, eine vollständige Lähmung **Paralyse**.

- Ist das **obere Motoneuron** (OMN) betroffen, treten spastische Parese, erhöhter Muskeltonus und normale bis gesteigerte segmentale Reflexe auf. Ist dagegen das **untere Motoneuron** (UMN) beeinträchtigt, sind schlaffe Parese, reduzierter Muskeltonus und reduzierte bis ausgefallene segmentale Reflexe die Folge (Tab. 1-7).

Wichtige Differenzialdiagnosen von Paresen

Tetraparese

- **Spastische Parese** – oberes Motoneuron beeinträchtigt:
  - Hirnstammläsion (K: *E. cuniculi*)
  - Rückenmarkläsion C1–C5, bei Beteiligung von C6–T2 schlaffe Parese der Vordergliedmaßen zu erwarten (Myelitis [K: *E. cuniculi*], Bandscheibenvorfall, Trauma, Neoplasie, Rückenmarksinfarkt)
- **Schlaffe Parese** – unteres Motoneuron beeinträchtigt:
  - Polyradikuloneuritis, Polyneuropathie, Polymyelopathie
  - Myasthenia gravis F
  - Myofasziitis F

Paraparese der Hintergliedmaßen

- **Spastische Parese** – oberes Motoneuron beeinträchtigt:
  - Läsion zwischen T3 und L3 ([K: *E. cuniculi*], Bandscheibenvorfall, Rückenmarkstrauma, Wirbelfraktur, -luxation, Tumor, Rückenmarksinfarkt)
- **Schlaffe Parese** – unteres Motoneuron beeinträchtigt:
  - Läsion zwischen L4 und S2 ([K: *E. cuniculi*], Bandscheibenvorfall, Tumor, Rückenmarksinfarkt)

Monoparese einer Vordergliedmaße

- **Schlaffe Parese** – unteres Motoneuron beeinträchtigt:
  - Läsion C6–T2
  - Läsion N. radialis K
  - Läsion Plexus brachialis
  - Aortenthrombose

Monoparese einer Hintergliedmaße

- **Schlaffe Parese** – unteres Motoneuron beeinträchtigt:
  - Läsion zwischen L4 und S2 (Bandscheibenvorfall, Rückenmarkstrauma, Tumor, Rückenmarksinfarkt)
  - Periphere Nervenläsion (Injektionsverletzung, Trauma)
- Aortenthrombose

Tab. 1-7 Neuroanatomische Lokalisation von Paresen (OMN – oberes Motoneuron, UMN – unteres Motoneuron)

Lokalisation	Vordergliedmaßen	Hintergliedmaßen
Gehirn	OMN	OMN
C1–C5	OMN	OMN
C6–T2	UMN	OMN
T3–L3	Normal	OMN
L4–S3	Normal	UMN
Polyradikulopathie Polyneuropathie	UMN	UMN

- Zur **Lokalisation der verschiedenen Läsionen** finden Sie Hilfestellung in Tabelle 1-7.[27]

Krämpfe

Die Differenzialdiagnosen und das diagnostische Vorgehen werden in Kapitel 1.9.3 (Notfälle) beschrieben.

1.7.7 Durchfall

- Durchfall muss differenzialdiagnostisch von **Verunreinigung der Anogenitalregion** mit **Harn** unterschieden werden. Nicht selten kommt es zu Verwechslungen.

Akuter Durchfall besteht seit bis zu 1 Woche, **chronischer Durchfall** seit mehr als 3 Wochen.

- Bei Kaninchen muss **Durchfall des normalen Kots** von **Durchfall des Blinddarmkots** unterschieden werden. Sehr adipöse Kaninchen, geschwächte Tiere oder Tiere mit Ataxie/Paresen der Hintergliedmaßen verschmieren nicht selten den Blinddarmkot in der Anogenitalregion. Dies sollte nicht mit Durchfall verwechselt werden.

- Ansonsten ist **Dickdarmdurchfall** meist nicht von **Dünndarmdurchfall** zu unterscheiden.

Wichtige Differenzialdiagnosen von Durchfall

Verursacht durch Störung im Verdauungstrakt

- Zahnerkrankung (K) (MS) (C) (D)
- Erkrankungen des Magen-Darm-Trakts:
  - z. B. Gastritis ((F) – *Helicobacter*), Magenulkus, Obstruktion, Fremdkörper, Neoplasie
  - z. B. Enteritis durch Parasiten, Viren, Bakterien, antibiotikaassoziiert ((K) (MS) (C) (D)), Neoplasien (v. a. Lymphom), Obstruktion, Invagination, Fremdkörper
- Diätetisch verursacht:
  - z. B. verdorbenes Futter, Intoleranz, Unverträglichkeit (F)
  - Inadäquate Fütterung (K) (MS) (C) (D)

Extraintestinal

- Metabolisch:
  - z. B. prärenale, renale und postrenale Azotämie, hepatobiliäre Erkrankung, Sepsis
- Endokrine Erkrankungen:
  - (Diabetes mellitus)
- Intraabdominale Erkrankungen:
  - z. B. Pyometra, Peritonitis, Pankreatitis, Neoplasien
- Herzerkrankungen:
  - Rechtsherzversagen
- Neurologische Erkrankungen:
  - z. B. vestibuläre Erkrankungen, Trauma, Meningitis
- Neoplasien
- Medikamente
- Intoxikation (z. B. (MS): Oleander)
- Hypovolämie:
  - Schock
  - Dehydratation
  - Anämie

(in Klammern: seltene oder noch nicht erwiesene Differenzialdiagnosen)

1.7.8 Erbrechen

Kaninchen und **Nager** können aufgrund der dünnen Muskelschicht des Magens und des stark ausgebildeten Kardiasphinkters **nicht erbrechen**.

- Darum spielt dieses Symptom nur bei **Frettchen** eine Rolle.
- Im Gegensatz zu Kleintieren sind **Fremdkörper selten** eine Ursache für Erbrechen bei Frettchen.

Wichtige Differenzialdiagnosen von Erbrechen (Frettchen)

Gastrointestinal

- Erkrankungen des Magens:
  - z. B. Gastritis (*Helicobacter*), Magenulkus (*Helicobacter*), Obstruktion, Fremdkörper, Neoplasie
- Erkrankungen des Darms:
  - z. B. Enteritis durch Parasiten, Viren, Bakterien, Neoplasien (v. a. Lymphom), Obstruktion, Invagination, Fremdkörper
- Diätetisch verursacht:
  - z. B. verdorbenes Futter, Intoleranz, Unverträglichkeit

Extraintestinal

- Megaösophagus (sehr selten)
- Metabolisch:
  - z. B. renale und postrenale Azotämie, hepatobiliäre Erkrankung, Sepsis, Elektrolytimbalancen
- Endokrine Erkrankungen:
  - Insulinom
  - (Diabetes mellitus)
- Intraabdominale Erkrankungen:
  - z. B. Pyometra, Prostataabszess, Peritonitis, Pankreatitis, Neoplasien
- Neurologische Erkrankungen:
  - z. B. vestibuläre Erkrankungen, Trauma, Meningitis, Neoplasie, Hydrocephalus
- Hyperthermie
- Medikamente:
  - z. B. NSAIDs, Antibiotika, Herzglykoside
- Intoxikation

(in Klammern: seltene oder noch nicht erwiesene Differenzialdiagnosen)

1.7.9 Symptome im Bereich des Urogenitaltrakts

- Erkrankungen des Urogenitaltraktes gehen häufig **ohne spezifische Symptome** einher. Neben **Inappetenz** und **Apathie** kann ein urinverschmutzter Anogenitalbereich auftreten.
- Das am häufigsten auftretende spezifische Symptom ist **Hämaturie**. Eine Hämaturie, verursacht durch eine Gerinnungsstörung, wurde bei Kleinsäugern bisher nicht wissenschaftlich beschrieben und kommt vermutlich sehr selten vor. Häufigste Ursachen einer Hämaturie sind Erkrankungen des Harn- und Fortpflanzungstrakts. Je nach anatomischem Aufbau kann eine Hämaturie ausschließlich auf Erkrankungen des Harntrakts (weibliche Nager) hinweisen.

Bei **männlichen Nagern** sowie bei **Frettchen** und **Kaninchen** beiderlei Geschlechts können auch **Erkrankungen des Fortpflanzungsapparats** eine Hämaturie verursachen.

- Die Differenzialdiagnosen und das diagnostische Vorgehen von Harnabsatzstörungen werden in Kapitel 1.9.5 (Notfälle) beschrieben.

Wichtige Symptome und Differenzialdiagnosen von Erkrankungen des Urogenitaltrakts

Hämaturie

- Östrus (F)
- Nieren- und Blasenerkrankung:
  - Zystitis (Urolithiasis) (K) (MS)
  - Nierenerkrankung (K)
- Erkrankung des Reproduktionstrakts:
  - Metrahyperplasie (K), Endometritis (K) (MS) (C), Pyometra (F) (C), venöses Aneurysma/Hämometra (K)
  - Uterusneoplasie/Hämometra (K) (MS) (R)
  - Prostataerkrankung (F)
  - Erkrankung der Samenblasendrüse (MS)
- Trauma
- Gerinnungsstörung:
  - Rodentizidintoxikation
  - Disseminierte intravasale Hämolyse

Strangurie/Dysurie

- Prostatitis/Prostataabszess, -neoplasie (F)
- Blasen-, Harnröhrenerkrankung (oft Urolithiasis) (K) (MS)

Vaginalausfluss

- Geburt, Geburtsstörung (MS)
- Pyometra, Endometritis, Hämometra (K) (MS) (C) (R)
- Hyperadrenokortizismus (F)

Geschwollene Vulva

- Östrus (Ranz/Dauerranz) (F)
- Restovar (F)
- Hyperadrenokortizismus (F)
- Vaginitis (F)
- *Treponema paraluiscuniculi* (K)
- *Myxomatose* (K)

Hodenschwellung

- Hoden-, Nebenhodenentzündung, -abszess (K) (MS)
- Neoplasie (K)
- Hodentorsion (K)

Geschwollener Anogenitalbereich

- Infektion ((K): Myxomatose, Spirochätose)
- Harnabsatzstörungen/Harninkontinenz (K) (MS)
- Durchfall (K) (MS) (H)
- Trauma (K)

1.7.10 Veränderungen von Fell und Haut

Alopezie

- Alopezie kann **mit und ohne Juckreiz** einhergehen. Es kann **individuell** und **tierartlich** sehr stark **differieren**, ob eine Erkrankung mit oder ohne Juckreiz verläuft.
- So fällt bei einem *Cheyletiellen*-Befall bei **Kaninchen** meist **kein Juckreiz** auf, während **Fellmilbenbefall** bei **Meerschweinchen** mit **starkem Juckreiz** einhergehen kann, der aber von Besitzern oft nicht wahrgenommen wird.
- **Ovarialzysten** bei **Meerschweinchen** gehen meist **ohne Juckreiz** einher, während bei **Ratten** in Einzelfällen **Juckreiz** nachgewiesen wurde.

- Bei einem **Hyperadrenokortizismus** bei **Frettchen** besteht oft **Juckreiz**, während diese Erkrankung bei **Meerschweinchen** und **Hamstern keinen Juckreiz** verursacht.

Wichtige Differenzialdiagnosen von Alopezie

- Saisonal/fortpflanzungsbedingt (F) (K) (MS)
- Durch Partnertiere verursacht (K) (R) (M)
- Mechanisch bedingt (Verhaltensstörung, Langeweile) (K) (M)
- Dermatitis durch Ektoparasiten, Bakterien, Viren, Dermatophyten
- Neoplasien der Haut (Lymphom (K), Mastzelltumor (F) etc.)
- Paraneoplastisch ((K): exfoliative Dermatitis)
- Endokrin:
  - Hyperöstrogenismus (F)
    - Ovarialzyste, -neoplasie (MS)
    - Hodenneoplasien
  - Hyperadrenokortizismus (F) (MS) (H)
- Stoffwechselstörung:
  - Telogenes Effluvium
  - Hepatitis (K)
- Immunmediiert:
  - Sebadenitis (K)
- Altersbedingt
- Durch Juckreiz bedingt

Juckreiz

- Wie bereits bei Alopezieursachen beschrieben, ist das Auftreten von Juckreiz **tierartlich** sehr **variabel**.
- **Allergien** wurden bisher wissenschaftlich nicht bei Heimtieren beschrieben, könnten aber möglicherweise auch eine Ursache für Juckreiz sein.

Wichtige Differenzialdiagnosen von Juckreiz

- Dermatitis durch Ektoparasiten (F) (MS) (M), Bakterien ((K): *Treponema paraluiscuniculi*), Dermatophyten, Viren ((F): Staupe, (K): Myxomatose), Dermatitis durch Endoparasiten (Oxyuren) (R) (M)
- Neoplasien (Lymphom, Mastzelltumor (F), ulzerierte Neoplasien, Sertolizelltumor)

- Endokrin:
  - Hyperöstrogenismus:
    - Ovarialzyste, -neoplasie (R)
    - Hodenneoplasien
  - Hyperadrenokortizismus (F)
- Idiopathisch (M)
- (Medikamente)
- (Allergie)

(in Klammern: seltene oder noch nicht erwiesene Differenzialdiagnosen)

1.7.11 Umfangsvermehrungen

Tipp

Die wichtigste diagnostische Maßnahme bei der Abklärung von Umfangsvermehrungen ist die **Punktion** (Kap. 1.1.5).

Röntgen- und **Ultraschalluntersuchung** werden häufig ergänzend angewendet.

Kopf

Wichtige Differenzialdiagnosen Umfangsvermehrungen am Kopf

- Abszess
- Lymphknotenvergrößerung:
  - Entzündung
  - Abszess
  - Neoplasie (Lymphom)
- Neoplasie
- Speicheldrüsenzyste
- Bandwurmzyste

Hals

Wichtige Differenzialdiagnosen Umfangsvermehrungen am Hals

- Abszess
- Lymphknotenvergrößerung:
  - Entzündung
  - Abszess
  - Neoplasie (Lymphom)
- Neoplasie (Schilddrüse oder anderer Strukturen)
- Speicheldrüsenzyste

Gesäuge

Wichtige Differenzialdiagnosen Umfangsvermehrungen am Gesäuge

- Mammadysplasie
- Mammaneoplasie
- Gesäugeinfektion bzw. -abszess

Umfangsvermehrtes Abdomen/Umfangsvermehrung im Abdomen

Wichtige Differenzialdiagnosen Umfangsvermehrungen Abdomen

- Aszites
- Gastrointestinaler Fremdkörper (K) (F)
- Tympanie (von Magen, Darm, häufig sekundär verursacht durch Ileus, Dyspnoe) (K) (MS) (C)
- Magendrehung (MS)
- Gebärmutterveränderung:
  - Trächtigkeit
  - Extrauterine Trächtigkeit (K)
  - Pyometra (C), Hämometra (K), Mukometra (K) (C)
  - Neoplasie (K) (MS)
- Ovarialveränderung
  - Ovarialzysten (MS)
  - Ovarialneoplasien (MS) (MR)
- Splenomegalie (F)

- Hepatomegalie:
  - Leberzysten (H)
- Urolithiasis (K) (MS), selten (C) (F)
- Intraabdominaler Abszess (K)
- Prostataabszess/-zyste (F)
- Neoplasie
  - Lymphom (F) (MS)
  - Milzneoplasie (MS)

1.7.12 Lahmheit

- Eine Differenzierung zwischen **orthopädischer** und **neurologischer Lokalisierung** ist nicht immer leicht möglich.
- Ergänzende diagnostische Maßnahmen sind neben der speziellen neurologischen und orthopädischen Untersuchung **Röntgen und Ultraschall**.

Wichtige Differenzialdiagnosen von Lahmheit

- **Orthopädisches Problem:**
  - Fraktur, Luxation, Kontussion
  - Osteomyelitis
  - Patellaluxation
  - Rachitis
  - Osteodystrophia fibrosa (MS)
  - Neoplasie
- **Gelenkerkrankung:**
  - Trauma
  - Arthritis/Arthrose (MS)
  - Neoplasie (K) (MS)
  - Vitamin-C-Mangel (MS)
- **Muskelerkrankung:**
  - Trauma
  - Entzündung
  - Infektion
- **Erkrankung der Bänder:**
  - Abriss
  - Lazeration
  - Durchtrennung

- **Erkrankung der Sehnen:**
  - Zerrung/Ruptur
  - Hyperextension
- Pododermatitis (K) (MS)

1.7.13 Abmagerung

Beim Leitsymptom Abmagerung ist eine **ausführliche Anamnese** besonders wichtig, um eine Diagnose stellen zu können.

Wichtige Differenzialdiagnosen Abmagerung

- **Ungenügende Futteraufnahme:**
  - Fütterungsbedingt (wenig, schlechtes Futter)
  - Dysphagie
  - Erbrechen
  - Anorexie
- **Ungenügende Futterverwertung:**
  - Malassimilation
  - Maldigestion
  - Malabsorption (Leber-, Niereninsuffizienz, Durchfall, Lymphom)
- **Nährstoffverlust:**
  - Glucosurie
  - Proteinurie
  - Proteinverlustenteropathie
  - Blutungen
- **Erhöhter Energieverbrauch:**
  - Trächtigkeit/Lactation
  - Entzündung/Infektion
  - Fieber
  - Tumorerkrankung
  - Trauma
  - Herzinsuffizienz

1.7.14 Aszites

- Der Befund Aszites kann nur sicher per **Sonografie** gestellt werden, da verschiedene Ursachen zu einem Detailverlust im Abdomen führen können.

- Zudem bestehen **tierartliche Unterschiede**. So weisen auch sehr gut genährte Meerschweinchen nie eine so gute Detailerkennbarkeit im Abdomen auf wie adipöse Kaninchen und Frettchen.
- Ist es möglich, etwas Flüssigkeit durch **Punktion** zu gewinnen, sollte sie weiterführend labordiagnostisch untersucht werden, um die Differenzialdiagnosen einzugrenzen.

Wichtige Differenzialdiagnosen Aszites

- **Transudat/modifiziertes Transsudat:**
  - Hypoalbuminämie (Proteinverlust über Nieren, Darm)
  - Lebererkrankungen
  - Vaskulitis
  - Erhöhter hydrostatischer Druck
  - Rechtsherzinsuffizienz (evtl. auch Linksherzinsuffizienz)
  - Abdominale Neoplasie:
    - Mesotheliom (F)
  - Lymphom/Karzinom
- **Exsudat:**
  - Lebererkrankungen
  - Ruptur/Perforation Magen-Darm-Trakt durch Fremdkörper, Verletzung, Ulcus, Neoplasie
  - Pankreatitis
  - Neoplasie
- **Blut:**
  - Gefäß- oder Organruptur
  - Störung der Hämostase
  - Neoplasie
- **Harn:**
  - Ureterabriss
  - Harnblasenruptur, -leck
  - Harnblasenhalsdefekt
- **Chylus:**
  - Lymphgefäßobstruktion
- **Galle:**
  - Gallenblasen-, Gallengangruptur

1.7.15 Pleuraerguss

- Geringgradige Pleuraergüsse können nur sonografisch nachgewiesen werden.
- Kann etwas Pleuralflüssigkeit gewonnen werden, sollte sie weiterführend labordiagnostisch untersucht werden, um die Differenzialdiagnosen einzugrenzen.

Wichtige Differenzialdiagnosen Pleuraerguss

- **Transsudat/modifiziertes Transsudat:**
  - Rechtsherzversagen
  - Perkarderkrankung
  - Hypoalbuminämie
  - Neoplasie
  - Zwerchfellhernie
- **Exsudat:**
  - Pyothorax
  - Neoplasie
  - Lungenlappentorsion
  - Zwerchfellhernie
- **Chylus:**
  - Wie Aszites
- **Blut:**
  - Wie Aszites
  - Lungenlappentorsion

1.7.16 Hypersalivation/Ptyalismus

Wichtige Differenzialdiagnosen Hypersalivation

- Übelkeit verschiedener Ursachen
- Erkrankungen des Mauls, der Zähne (K) (MS) (C) (D) und des Ösophagus
- Neurologische Erkrankung:
  - z. B. Enzephalitis ((F): Staupe, (K): Herpes simplex)
  - Hepatische Enzephalopathie
- Niereninsuffizienz
- Erbrechen (**nur** (F))

- Insulinom (F)
- Medikamente (z. B. Metamizol bei (F))

1.7.17 Augenveränderungen

Exophthalmus (permanent)

Wichtige Differenzialdiagnosen permanenter Exophthalmus

- **Retrobulbäre Prozesse:**
  - Abszesse (z. B. durch Zahnerkrankungen, Fremdkörper)
  - Neoplasien (z. B. Lymphom)
  - Speicheldrüsenzyste
  - Hämatom
  - Bandwurmzyste

Augenausfluss

Wichtige Differenzialdiagnosen Augenausfluss

- Trauma
- Fremdkörper
- Zahnerkrankungen
- Konjunktivitis
- Dakryozystitis
- Rhinitis
- Blepharitis
- Keratitis
- Entropium/Ektropium
- Distichiasis/Trichiasis
- Neoplasie

Konjunktivitis

Wichtige Differenzialdiagnosen Konjunktivitis

- Trauma, Fremdkörper
- Infektion (bakteriell, viral)
- Chemische Reizung
- Neoplasien (Lymphom)

Trübe Hornhaut

Wichtige Differenzialdiagnosen trübe Hornhaut

- Ödem
- Erosion, Ulcus
- Narbe
- Pigmentierung
- Vaskularisierung
- Dystrophie, Degeneration, Hyperlipidämie
- Calciumeinlagerung
- Neoplasie (Lymphom)

Trübe Linsen

Wichtige Differenzialdiagnosen trübe Linse

- Nukleosklerose
- Katarakt:
  - Trauma, Luxation
  - Diabetes mellitus (MS) (C) (D)
  - Uveitis ((K): *E. cuniculi*)
  - Angeboren

1.7.18 Splenomegalie

Wichtige Differenzialdiagnosen Splenomegalie

- Extramedulläre Hämatopoese unklarer Genese (F)
- Splenitis
- Hämatom
- Milzstauung
  - Herzerkrankung
  - Obstruktion im Bereich des Gastrointestinaltrakts
  - Milzdrehung
- Hyperplasie
- Neoplasie
  - Lymphom (F)
  - Milzneoplasie (MS)

1.7.19 Labordiagnostische Differenzialdiagnosen

Die diagnostische Aufarbeitung labordiagnostischer Befunde wurde bereits in Kapitel 1.1.5 (Labordiagnostik) ausführlich dargestellt. Darum werden im Folgenden nur die wichtigsten Differenzialdiagnosen aufgeführt.

Hämatologie

Hämatokrit/Hämoglobin

Differenzialdiagnosen Hämatokrit-/Hämoglobinanstieg

- Dehydratation
- Endotoxinschock
- Atemwegserkrankung
- Herzerkrankung
- Nierentumor, -zyste, -erkrankung
- Andere Neoplasien
- Polycythaemia vera

Differenzialdiagnosen Hämatokrit-/Hämoglobinabfall

- Anämie
  - **Regenerativ:**
    - Blutverlustanämie (Magenulcera, Neoplasien, Hämostasestörung, Parasiten, Trauma etc.)
    - Hämolytische Anämie (K, sehr selten)
  - **Nichtregenerativ:**
    - Frische Blutungsanämie
    - Entzündungen (Anämie der chronischen Entzündung)
    - Nierenerkrankung
    - Knochenmarkserkrankung (Lymphom, Östrogene F, Intoxikation etc.)
    - Eisenmangel

Blutchemie

- **Messfehler, inadäquates Probenmaterial** und viele verschiedene **Medikamente** können ebenfalls zu blutchemischen Veränderungen führen und müssen ebenso in Betracht gezogen werden.
- Nicht alle der hier aufgeführten Differenzialdiagnosen wurden für Heimtiere wissenschaftlich beschrieben.

- Differenzialdiagnosen, die in Klammern angegeben werden, weisen auf seltene Erkrankungen hin. Diese Differenzialdiagnosen wurden bisher auch nicht mit dieser Laborwertveränderung bei Heimtieren beschrieben.

Kreatinin

Differenzialdiagnosen Kreatininanstieg

- V. a. Azotämie:
  - Prärenal
  - Renal
  - Postrenal

Differenzialdiagnosen Kreatininabfall

- Nicht relevant

Glucose

Differenzialdiagnosen Hyperglykämie

- Ileus
- Diabetes mellitus (selten, v. a. MS C D)
- Glucocorticoidgabe
- Glucosegabe
- (Hyperadrenokortizismus)

Differenzialdiagnosen Hypoglykämie

- Inappetenz
- Malnutrition
- Sepsis
- Krämpfe
- Extreme Belastung
- Leberinsuffizienz
- Insulinom F MS
- Trächtigkeit/Lactation
- Neoplasien

Gesamtprotein

Differenzialdiagnosen Gesamtproteinanstieg

- Dehydratation (kann aber auch normal bleiben)
- Aleutenkrankheit (F)
- (Infektion)
- (Neoplasie)

Differenzialdiagnosen Gesamtproteinabfall

- Blutverlust
- Nierenerkrankung
- Darmerkrankung
- Hauterkrankung (großflächig)
- Malabsorption, -digestion
- Lebererkrankung
- Katabolie
- Blutverdünnung (Infusion, Herzerkrankung, Zirrhose)

Albumin

Differenzialdiagnosen Albuminanstieg

- Dehydratation
- Falsche Erhöhung durch Messmethode (Bromkresolgrün bindet auch an Globuline)

Differenzialdiagnosen Albuminabfall

- Wie Gesamtprotein
- Hypergammaglobulinämie

Aspartat-Aminotransferase (AST) und Alanin-Aminotransferase (ALT)

Differenzialdiagnosen AST/ALT-Anstieg

- Lebererkrankung
  - Lipidose (K) (MS) (C) (D)
  - Infektion (bakteriell, viral, parasitär)
  - Abszess
  - Neoplasie
- Muskelerkrankung/Hypoxie der Muskulatur

Differenzialdiagnosen AST/ALT-Abfall

- Nicht relevant

Alkalische Phosphatase (AP)

Differenzialdiagnosen AP-Anstieg

- Lebererkrankungen (v. a. Cholestasen)
- Erhöhter Knochenstoffwechsel (Wachstum, Frakturheilung, Osteomyelitis, Neoplasie)
- Cholestasen

Differenzialdiagnosen AP-Abfall

- Nicht relevant

Kreatinkinase (CK)

Differenzialdiagnosen CK-Anstieg

- Muskelerkrankung, -verletzung

Differenzialdiagnosen CK-Abfall

- Nicht relevant

Natrium

Differenzialdiagnosen Natrium-Anstieg

- Durchfall
- Erbrechen (nur für Ⓕ relevant)
- Nierenerkrankung
- Fieber
- Wasserentzug
- (Hyperaldosteronismus)

Differenzialdiagnosen Natrium-Abfall

- Durchfall
- Erbrechen (nur für Ⓕ relevant)
- Blutverlust
- Nierenerkrankung
- Third-space-Verluste (Ergüsse, Exsudation)

- Hyperglykämie
- Rhabdomyolyse
- Kaliumverlust
- Gastrointestinale Obstruktionen Ⓚ Ⓕ
- Natriumfreie Infusionslösung
- Pseudohyponatrium bei stark lipämischen Proben oder Hyperproteinämien

Kalium

Differenzialdiagnosen Kalium-Anstieg

- Messfehler durch Hämolyse, Verunreinigung der Probe mit Kalium-EDTA
- Azotämie (renal, postrenal)
- Acidose
- Massive Muskelschäden (Krämpfe, Gewebsnekrosen)

Differenzialdiagnosen Kalium-Abfall

- Durchfall
- Nierenerkrankung
- postobstuktive Diurese
- Hypothermie
- Glucoseinfusion
- Diuretika

Freies Calcium

Als zusätzliche Differenzialdiagnosen für das Gesamtcalcium müssen bei einem Anstieg ein **Anstieg des proteingebundenen Calciums** im Rahmen eines **Myeloms**, bei einem **Gesamtcalciumabfall** eine **Hypoalbuminämie** bzw. **Hypoproteinämie** berücksichtigt werden.

Differenzialdiagnosen Anstieg des freien Calciums

- Niereninsuffizienz
- Neoplasien (paraneoplastisches Syndrom)
- Granulomatöse Entzündungen
- Knochenneoplasien

Differenzialdiagnosen Abfall des freien Calciums

- Niereninsuffizienz
- Furosemidgabe
- Myopathien
- Verminderte Aufnahme

Anorganisches Phosphat

Differenzialdiagnosen Anstieg des anorganischen Phosphats

- Azotämie (prärenal, renal, postrenal)
- Myopathien

Differenzialdiagnosen Abfall des anorganischen Phosphats

- Gelegentlich unklar (bei klinisch gesunden Tieren)
- Anorexie
- Malabsorption
- Erhöhte Diurese
- Glucoseinfusion
- Phosphatbinder
- Respiratorische Alkalose
- Hyperinsulinismus (Insulinbehandlung/Insulinom)

1.8 Zoonosen

Nur wenige Erkrankungen kommen als Zoonose infrage. Im Folgenden werden die wichtigsten kurz beschrieben (weitere Zoonosen s. www.schattauer.de/3111.

1.8.1 Zooanthroponosen

Encephalitozoon cuniculi

- Dieser Parasit, der eine hohe **Prävalenz bei Heimtierkaninchen** hat, wird als potenzielle Zoonose angesehen.
- Insbesondere **immunsupprimierte Personen**, wie Aidskranke, Personen unter Chemotherapie oder Kleinstkinder gelten als gefährdet und sollten keinen Kontakt zu Kaninchen haben. Trotz der weit

verbreiteten Haltung von Kaninchen, scheint eine Übertragung über Kaninchen aber sehr selten zu sein.
- **Symptome beim Menschen** sind Keratitis, Konjunktivitis, disseminierten Infektionen mit Beteiligung von Nieren, Lungen, des Gehirns. Ein asymptomatischer Verlauf ist möglich.[28]

Milben

- Ein besonderes zoonotisches Potenzial besitzt die nur zeitweise auf dem Wirt lebende **Tropische Rattenmilbe** (*Ornithonyssus bacoti*), die oft in über infizierte Tiere oder Einstreu eingeschleppt wird.
- **Symptome bei Menschen** sind Hautläsionen mit Juckreiz. Die Milbe kann in der Umgebung der Tiere, bei starkem Befall auch auf den Heimtieren nachgewiesen werden.
- Heimtiere können potenziell auch andere Milben auf Menschen übertragen (Frettchen: *Sarcoptes scabiei*, Kaninchen: *Cheyletiella parasitovorax*; Meerschweinchen: *Trixacara caviae*).

Giardien

- Bei **Frettchen** und **Chinchillas** wurde *Giardia duodenalis* (Syn. *G. lamblia*, *G. duodenalis*) nachgewiesen, deren Sequenzen identisch mit den Sub-Assemblages (AI und BIV) waren[29], die bei Menschen zu Übelkeit, Durchfall und Erbrechen führen können.
- Somit könnten diese Heimtierarten als Überträger fungieren.

Dermatophytosen

- Auslöser der Zoonose ist meist *Trichophyton mentagrophytes*, der auch bei Heimtieren am häufigsten nachgewiesen wird. Aber auch *M. canis* und *T. verrucosum* weisen zoonotisches Potenzial auf.
- Überträger von *T. mentagrophytes* sind v.a. **Meerschweinchen**, aber auch **Kaninchen**, **Frettchen, Chinchillas** und andere Nagerarten kommen infrage. Nicht selten sind Heimtiere asymptomatische Träger.

Tipp

Bei einer **nachgewiesenen Dermatophytose** müssen eine **systemische Behandlung** der betroffenen Heimtiere sowie eine **Umgebungsbehandlung** durchgeführt werden. Zudem muss der Besitzer über die Zoonosegefahr aufgeklärt werden.

Influenza

- Insbesondere **Frettchen** sind gegenüber verschiedenen Influenzaviren, insbesondere auch humanpathogenen Stämmen, empfänglich und kommen als potenzielle Überträger einer Erkrankung auf den Menschen infrage. Bisher wurde aber kein Fall wissenschaftlich beschrieben.
- **Menschen** sind gelegentlich Ursache von Influenzaerkrankungen bei Frettchen.

Kuhpocken

- Bei einigen **Ratten** und deren **Besitzern aus Süddeutschland** wurden im Jahr 2009 Kuhpockeninfektionen nachgewiesen.[34,35]
- **Symptome beim Menschen** waren Hautläsionen im Bereich der Hände, Gesicht und Körperstamm, eine lokale Lymphadenopathie sowie Allgemeinsymptome wie Fieber und Apathie.

Lymphozytäre Choriomeningitis

- Reservoir des LCM-Virus sind **Nager**. Bei Hamstern und Meerschweinchen konnten Infektionen nachgewiesen werden.
- Erkrankungen bei Menschen wurden bisher v. a. nach **Kontakt mit Wildmäusen** beschrieben, vereinzelt auch **nach Organtransplantationen** von **infizierten Spenderorganen**.
- Die Prävalenz des Erregers bei Heimtiernagern, insbesondere bei als Heimtier gehaltenen Goldhamstern, ist unbekannt.
- Die Erkrankung verläuft **bei Menschen oft asymptomatisch**, kann aber auch bei **immunsupprimierten Menschen** zu einer akuten **Meningoenzephalitis** sowie in der zweiten Schwangerschaftshälfte zu **kongenitalen Fehlbildungen des ZNS** und der **Augen** des Embryos führen.

Weitere Zoonosen

- Bartonellen, Leptospiren, *Streptobacillus moniliformis*, *Francisella tularensis* (Tularämie), Rickettsien und Hantaviren gelten ebenfalls als Zoonoseerreger, spielen aber vorwiegend bei Wildnagern eine Rolle.[36] Ihre Prävalenz bei Heimtieren ist unbekannt.
- Ebenfalls als Zoonoseerreger kommen Kryptosporidien, Pasteurellen (v. a. als Bissverletzung), *Coxiella burnetii* (Q-Fieber), enterohämorrhagische *E. coli* (EHEC), Salmonellen, Campylobacter, Mykobakterien und Affenpocken infrage. Ihr Auftreten ist sehr selten beschrieben.

1.8.2 Anthropozoonosen

Eine Übertragung von Krankheiten vom Menschen auf Tiere wird selten beschrieben.

Kaninchen

- Kaninchen sind sehr empfindlich gegenüber Herpes-simplex-1-Viren.
- Eine Übertragung kann über eine Tröpfcheninfektion konjunktival erfolgen und zu einer schweren, meist **letalen Erkrankung** des Kaninchens führen.

! **Menschen** mit akuten **Herpes-simplex-Infektionen** sollten den engen **Kontakt** zu Kaninchen **meiden**.

Frettchen

- Frettchen sind empfindlich gegenüber **humanen Influenzaviren Typ A** und **B** und können sich bei Patientenbesitzern anstecken.
- Aus diesem Grund sollten Menschen mit Influenza den engen **Kontakt** mit Frettchen **vermeiden**.

1.9 Notfälle

Notfälle verlangen schnelles und überlegtes Handeln.
Damit in der tierärztlichen Praxis Notfälle optimal versorgt werden können, empfiehlt sich auch das **Anlegen einer Anleitung**, was wie wann in einem Notfall gemacht werden soll. Das hilft besonders bei seltenen Notfällen einen hohen und konstanten Standard aufrecht zu erhalten.

Die **Praxismitarbeiter** (einschließlich des Empfangsbereichs) sollten ein **regelmäßiges Training** dazu erhalten: Was ist wann ein Notfall und was ist zu tun?

1.9.1 Schock

- In der Literatur gibt es verschiedene Systematiken zur **Schockeinteilung**.
- Grundsätzlich wird das Stadium eines frühen, noch kompensierten Schocks bei Heimtieren meist übersehen.
- Erste Schockanzeichen eines **dekompensierten Schocks** sind v. a. Hypothermie, Apathie und Schwäche. Bei einigen Tieren fallen blasse Schleimhäute auf.
- Wenn möglich, sollte bei Tieren im Schock ein **intravenöser** oder **intraossärer Zugang** gelegt werden.

> **!** Bei Tieren im Schock sollten **verschiedene Medikamente vermieden** werden. Dazu gehören v. a. NSAIDs.

- Einzige Indikation für **Glucocorticoide** ist der **anaphylaktische Schock**. Bei den anderen Schockformen bringen sie keine Vorteile, sondern erhöhen das Risiko, dass sich eine Immunsuppression und/oder gastrointestinale Ulzerationen entwickeln.

Hypovolämischer Schock

Ursache Hypovolämie durch Flüssigkeitsverlust wie Blutungen, Durchfall, Erbrechen, Diurese, Verluste in den Körper (Aszites, Pleuraerguss), Vasodilatation (Anaphylaxie, neurogen bedingt, durch vasodilatatorisch wirkende Medikamente).

Symptome Hypothermie, Apathie, Schwäche, blasse Schleimhäute, verlängerte kapilläre Rückfüllungszeit (KFZ), reduziertes Bewusstsein.

> **!** Bevor eine **Schockinfusion** erfolgt, sollte sicher sein, dass **kein kardiogener Schock** vorliegt!

Diagnostik Anamnese, Klinik, Labor (Hämatokrit, Gesamtprotein, Elektrolyte, Kreatinin), Röntgen, Ultraschall.

Therapie 15 ml/kg kristalloide Lösung über 15–20 min. Parallel müssen Tiere mit einer Hypothermie vorsichtig aufgewärmt werden. Nach Reevaluierung des Patienten können bei Bedarf 1–2 weitere Boli appliziert werden.

Zusätzlich spezifische Therapie je nach Ursache (z. B. Glucocorticoide bei Anaphylaxie, Stillung von Blutungen, etc.)

Hämorrhagischer Schock

Ursache Der hämorrhagische Schock ist eine Form des hypovolämischen Schocks und wird durch einen **massiven Blutverlust** verursacht.
Diagnostik Anamnese, Klinik, Labor, Röntgen, Ultraschall.
Therapie In diesem Fall sollte eine **Bluttransfusion** verabreicht werden. Das ist besonders bei **Kaninchen** und **Frettchen** angezeigt, da bei diesen Tierarten ein intravenöser Zugang meist möglich ist. Konkrete Angaben finden sich im Kapitel Infusionstherapie (Kap. 1.2.2).

Kaninchen haben **verschiedene Blutgruppen** und präformierte Antikörper im Serum, sodass vor einer Transfusion immer eine **Kreuzprobe** durchgeführt werden muss.
Bei **Frettchen** wurden bisher keine Blutgruppen nachgewiesen, trotzdem sollte aus Sicherheitsgründen eine Kreuzprobe durchgeführt werden.

Kardiogener Schock

Ursache Dekompensierte Herzerkrankungen können zu einem kardiogenen Schock führen. Es ist wichtig, einen **kardiogenen** von einem **hypovolämischen Schock** zu unterscheiden, da größere Flüssigkeitsmengen u. U. kontraindiziert sind.
Diagnostik Anamnese, Klinik, Röntgen, EKG, ggf. Herzultraschall.

Tipp

Klinische Hinweise auf einen kardiogenen Schock bei Heimtieren

- **Anamnese:**
  - Reduzierte Belastbarkeit
  - Apathie
  - Schwäche
  - Atemnot
- **Klinische Untersuchung:**
  - Gedämpfte Herztöne
  - Arrhythmien
  - Herzgeräusche
  - Bradykardie
  - Ödeme (sehr selten)

- **Röntgen:**
  - Kardiomegalie
  - Thoraxerguss
  - Lungenödem
  - Aszites

Therapie Sauerstoff, zudem je nach Befund, Furosemid bei Volumenüberladung, ggf. Thoraxpunktion (abhängig von der Größe des Tieres und der Menge des Ergusses), Catecholamine (Dobutamin, ggf. Noradrenalin), Diltiazem bei supraventrikulären Tachykardien, Lidocain bei ventrikulären Tachykardien.

Septischer Schock

Ursache Infektion (lokal oder generalisiert) durch toxinbildende Mikroorganismen verursacht, die zu einer kardiovaskulären Dysfunktion führt.
Symptome Hypothermie, Apathie, Schwäche, blasse Schleimhäute, Erbrechen, Dyspnoe, Kollaps, Durchfall, blutiger Kot.
Diagnostik Anamnese, Klinik, Labor, Röntgen, Ultraschall.
Therapie Infusion, Antibiose, Analgesie, Glucoseinfusion bei Hypoglykämie, Magenschutz [Ranitidin (H_2-Antihistaminikum), Omeprazol (Protonenpumpenhemmer), Schleimhautschutz (Maaloxan®, Sucralfat®)]

Anaphylaktischer Schock

Ursache Diese Schockform tritt **bei Heimtieren scheinbar selten** auf. Bei bestimmten Impfstoffen kam es bei Frettchen gelegentlich zu Reaktionen, die aber mittlerweile sehr selten sind.
Symptome Generalisierte Hyperämie, Hypersalivation, Erbrechen, gelegentlich Dyspnoe, Zyanose, Kollaps, Durchfall, blutiger Kot.
Diagnostik Anamnese, Klinik.
Therapie Infusion, H_1-Antihistaminika (Diphenhydramin 1 mg/kg s. c., i. v.) meist ausreichend, wenn nicht: kurzwirksame Glucocorticoide.

> **!** **Nur** ein **anaphylaktischer Schock** ist eine Indikation für den Einsatz **kurzwirksamer Glucocorticoide** bei Heimtieren.

Distributiver Schock

- Unter diesem Begriff werden **verschiedenen Schockformen** zusammengefasst, die zu einer ausgeprägten Vasodilatation führen und dadurch eine reduzierte Gewebedurchblutung mit nachfolgender Hypoxie verursachen.
- Dazu gehören der **septische**, der **neurogene** und der **anaphylaktische Schock** (s. dort).

1.9.2 Dyspnoe

Ursachen und Differenzialdiagnosen

Wichtige Differenzialdiagnosen von Dyspnoe

Erkrankung des Respirationstrakts

- **Erkrankung des oberen Respirationstrakts:**
  - Schwellungen im Bereich des oberen Atmungstraktes (Ⓚ: Myxomatose)
  - Erkrankung der Nasenhöhle:
    - Rhinitis (K), Neoplasie, granulomatöse Entzündung Ⓚ, Fremdkörper Ⓚ, Zahnerkrankung Ⓚ MS Ⓒ Ⓓ
  - Erkrankungen des Pharynx/Larynx:
    - Zubildung (Abszess, Neoplasie), Trauma, Fremdkörper
  - Erkrankung der Trachea:
    - Stenose Ⓚ, Kollaps, Verletzung, Hypoplasie, Neoplasie, Fremdkörper, extraluminale Kompression
- **Erkrankung des unteren Respirationstrakts:**
  - Erkrankungen der Bronchen und des Lungenparenchyms:
    - Infektionen Ⓕ Ⓚ MS Ⓡ, Abszesse Ⓡ, Fremdkörper, Neoplasien (Primärtumore, Metastasen) Ⓚ
  - Rauchvergiftung
  - Lungenödem Ⓕ
  - Pulmonäre Thromboembolie
  - Trauma
- **Erkrankung des Pleuraraums:**
  - Pleuraerguss Ⓕ Ⓚ MS
  - Pneumothorax
  - Pleuritis
  - Zubildung (v. a. präkardial; Neoplasie, Abszess, Zyste) Ⓚ
  - Zwerchfellhernie Ⓚ/-ruptur

Erkrankung eines Organsystems außerhalb des Respirationstrakts

- Anämie
- Herzerkrankung (F) (MS)
- Metabolisch:
  - Urämie
  - Metabolische Acidose
- Abdominale Raumforderung (Tympanie, Abszess, Neoplasie etc.)
- Neurologische Erkrankung
- Schmerz
- Hyperthermie/Fieber
- Adipositas
- Schock/Hypovolämie
- Acute respiratory distress syndrome
- Medikamente

! Dyspnoe ist ein **hochgradig lebensbedrohlicher Zustand**, der unmittelbar therapiert werden muss.

Symptome

Dyspnoe bei Heimtieren äußert sich insbesondere bei **Kaninchen** und **Nagern** nicht durch eine erhöhte Atemfrequenz, sondern durch einen **veränderten Atmungstyp**.

Bei Dyspnoe wird die normale flache **kostoabdominale Atmung** deutlich **vertieft** und oft **abdominal** (Video 1-1, Video 1-2, Video 1-3)

Video 1-1 Kaninchen mit physiologischer Atmung auf dem Untersuchungstisch
www.schattauer.de/3111

Video 1-2 Meerschweinchen mit inspiratorischer Dyspnoe aufgrund der Verlegung der Nasenhöhle durch einen Zahn und einen damit assoziierten Abszess
www.schattauer.de/3111

Video 1-3 Kaninchen mit einer exspiratorischen Dyspnoe aufgrund einer Pleuritis (ca. 25 sek)
www.schattauer.de/3111

Bei Tieren mit Dyspnoe:

- Erst stabilisieren:
  - Sauerstoff (1–5 l/l)
  - Ggf. Infusion
  - Schmerzmittel (kein NSAID)
- Dann fraktionierte Diagnostik!

Diagnostik

- Anamnese, Klinik, Labor, Röntgen, Ultraschall
- Vor einer ausführlichen Anamnese und klinischen Untersuchung sollte der Patient mit **Sauerstoff stabilisiert** werden. Das kann entweder über eine direkte Sauerstoffgabe (1–5 l/min) über die Nase oder über die Unterbringung in einer Sauerstoffbox erfolgen.

Tipp

Bei Verwendung einer **Sauerstoffbox ohne Temperaturregulierung** muss die **Temperatur** regelmäßig **kontrolliert** und die **Box gelüftet** werden, da es zur Überhitzung kommen kann.

- Sobald als möglich sollten die **Vitalparameter** erhoben werden, damit eine Einschätzung des Patienten und eine weitere Therapie erfolgen können.
- In einigen Fällen kann eine **Sedierung** mit Midazolam (0,25 mg/kg) und Butorphanol (0,2 mg/kg) oder Buprenorphin (0,04–0,06 mg/kg) i. m. Stress und Angst reduzieren.
- Die weitere Diagnostik sollte überlegt und fraktioniert erfolgen und dem Tier immer wieder **Gelegenheit zur Erholung** gegeben werden. Es sollte die Diagnostik gewählt werden, die am wenigsten belastend für die Patienten ist (z. B. Röntgen: keine vd-Projektion, sondern dv oder nur ll).
- Der kritische Zustand des Tieres muss auch mit dem **Besitzer kommuniziert** werden. Heimtiere mit Dyspnoe werden meist in fortge-

schrittenem Krankheitsstadium vorgestellt. In einigen Fällen kann das Tier schnell versterben.

Therapie

Sauerstoff, Infusion, Analgesie, ggf. Antibiose, ggf. Bronchodilatatoren, ggf. Furosemid

1.9.3 Krämpfe

> ! Ein krampfendes Tier ist immer ein **Notfall**, bei dem sehr schnell reagiert werden muss, da die Schädigungen des Gehirns mit zunehmender Dauer des Krampfanfalls zunehmen.

Ursache

Wichtige Differenzialdiagnosen von Krämpfen

- Intrakranielle Erkrankung:
  - Entzündlich
    - Bakteriell
    - Viral (F: Staupe, Aleutenkrankheit, systemische Frettchen-Coronavirus-Infektion; K: Infektion mit Herpes simplex, RHD)
    - Parasitär (K: *E. cuniculi*, Larva migrans von *Baylisascaris procynotis*)
  - Trauma
  - Blutungen (Koagulopathie, Hypertension)
  - Intoxikation
  - Anomalie (Hydrocephalus)
  - Neoplasie
- Extrakranielle Erkrankung:
  - Hypoglykämie (Sepsis, Insulinom F M)
  - Elektrolytimbalancen (Hyper-, Hypo-Natriämie, Hypokalzämie)
  - Nephropathie
  - Hepatopathie
  - Hypoxie (Lungen-, Gefäß- (K: Arteriosklerose), Herzerkrankungen F MS)
  - Intoxikation/Medikamente (z. B. Blei, Metronidazol, Fipronil, Permethrin K)

  - Hyperviskosität (multiples Myelom, Polyzythämie)
  - Hyperosmolarität
  - Hitzschlag
  - Hochgradiger Juckreiz (MS) (M)
  - Agonie
- **Idiopathisch** ((F): Disseminierte idiopathische Myofasziitis)

Eine **Besonderheit bei Meerschweinchen** ist, dass bei dieser Tierart **Krämpfe durch Juckreiz** ausgelöst werden können (treten in diesem Zusammenhang oft bei Berührung auf und halten nur kurze Zeit an; Video 1-4).

Video 1-4 Meerschweinchen mit Krampfanfall ausgelöst durch Juckreiz, der durch einen Milbenbefall verursacht wurde
www.schattauer.de/3111

Diagnostik

- Da tierartspezifisch **viele Differenzialdiagnosen** infrage kommen, muss eine auf die Tierart angepasste Diagnostik durchgeführt werden.
- Anamnese (Trauma, Intoxikation, Infektion, Hitzschlag etc.), Klinik, Labor (v. a. Glucose, Kreatinin, AST, CK, Hämatokrit, Gesamtprotein, Elektrolyte – v. a. ionisiertes Calcium, Kalium, Natrium), Röntgen, Ultraschall, Suche nach Ektoparasiten bei Meerschweinchen

Tipp

Die wichtigste diagnostische Maßnahme ist die **Messung der Glucose**, da nicht selten **Hypoglykämien** (v. a. bei Frettchen und Meerschweinchen) die Krampfursache sind.

Therapie

- Je nach Ursache.
- Als erstes sollte **Glucose** appliziert werden, auch wenn eine Messung der Glucosekonzentration nicht möglich ist. 50 %ige Glucose verdünnt i. v. oder unverdünnt oral (auf Schleimhaut träufeln) sollte verabreicht werden. Subcutan dürfen nur 5 %ige und niedriger konzentrierte Glucoselösungen appliziert werden. Diese Applikationsart

und Konzentration hat aber bei einem Krampfanfall nicht die erwünschte Wirkung.

- **Diazepam** (0,5–1 mg/kg i. m., i. v.), mehrmalige Gabe möglich, wenn schwere Krämpfe und ausbleibende Besserung Propofol i. v.; Phenobarbital
- **Infusion:** je nach Befunden Schockinfusion, Infusion von Defizit und Erhaltungsbedarf
- **Antibiose** bei Verdacht auf Sepsis/Infektion
- **Fenbendazol** bei Verdacht auf *E. cuniculi* (Kaninchen)
- **Diphenhydramin** bei Verdacht auf Schwindel/Übelkeit
- Metoclopramid bei Gefahr von Erbrechen (Frettchen)

1.9.4 Hypothermie

Ursache

- Kalte Umgebung/Feuchtigkeit
- Jungtiere, die noch keine Wärmeregulation aufweisen
- Narkose/Sedation
- Schwere Erkrankungen
  - z. B. Sepsis, Herzinsuffizienz, Hypoglykämie
  - Schock – bei kleinen Heimtieren ein häufiges Anzeichen
- Kachexie
- Alte Tiere
- Medikamente (z. B. Ivermectin, Sedativa, Benzodiazepine)

Diagnostik

Korrekte Messung der Körpertemperatur

Therapie

Aufwärmen mit Bair Hugger®, Fön, Wärmematte, Rotlicht etc. (**Cave:** Hyperthermie!)

1.9.5 Harnabsatzstörungen

Ursache

Wichtige Differenzialdiagnosen von Harnabsatzstörungen

- **Erkrankung des Harntrakts:**
  - Zystitis
  - Urolithiasis/Verlegung durch Fibrin/Eiter
  - Überlaufblase nach massiver Dehnung
  - Blasenruptur/Harnleiterabriss/Harnröhren-, Harnleiterverlegung
  - Oligurie/Anurie in Folge von Nierenversagen
  - Neoplasien
- **Erkrankungen der Prostata:**
  - Prostatahyperplasie in Folge von Hyperadrenokortizismus (F)
  - Prostataabszess, -zyste
- **Neurologische Erkrankungen:**
  - Oberes Motoneuron (Blase schwer zu entleeren):
    - Intrakranielle Erkrankungen
    - Läsion des Rückenmarks vor S1 (Trauma, Neoplasie, Bandscheibenvorfall, Myelitis etc.)
  - Unteres Motoneuron (Blase leicht zu entleeren):
    - Läsion des Rückenmarks oder der Nervenwurzeln im Bereich S1–S3 (Trauma, Neoplasie, Bandscheibenvorfall, Myelitis etc.)

Diagnostik

Anamnese (Trauma), Klinik, Labor (Kreatinin, Hämatokrit, Gesamtprotein; Harnanalyse), Röntgen, Ultraschall

Therapie

- Je nach Ursache: Analgesie, Harnblasenkatheter oder regelmäßige manuelle Blasenentleerung
- Antibiose bei Verdacht auf Infektion
- Fenbendazol bei Verdacht auf *E. cuniculi* (Kaninchen)

Literatur zu diesem Kapitel finden Sie unter
www.schattauer.de/3111

2 Frettchen

2.1 Allgemeines

- Die **obligat carnivoren** Frettchen (*Mustela putorius furo*) gehören zur Familie der Mustelidae und stammen vermutlich vom Europäischen Iltis (*Mustela putorius*) oder dem Steppeniltis (*Mustela eversmanii*) ab.
- Die **Lebensweise** und das **Sozialverhalten** von Frettchen unterscheiden sich in einigen Punkten deutlich von den wilden Urformen.
- Frettchen sind **soziale Tiere, tagaktiv** und auch als adulte Tiere sehr **verspielt**.

Frettchen haben einen **kurzen Darmtrakt**, wenig intestinale Mikroorganismen und können deshalb **kaum Kohlenhydrate** oder **Rohfasern** verdauen.[1]

- Es wird vermutet, dass ein hoher Anteil an **Kohlenhydraten** im Frettchenfutter das Auftreten von **Insulinomen** fördert.[2]

Steckbrief Frettchen

Lebenserwartung	5–11 (meist 6–8) Jahre
Körpergewicht	w: 0,6–0,95 kg m: 1–2 kg
Körpertemperatur	38,0–39,2 °C
Herzfrequenz	200–400/min
Atemfrequenz	33–36/min
Geschlechtsreife	6–12 Monate
Trächtigkeitsdauer	40–44 Tage
Jungtiertyp	Nesthocker
Säugeperiode	6–8 Wochen

F

Geeignetes Kastrationsalter	w: 6–8 Monate m: >4 Monate
Uterus	Uterus bicornis
Mammakomplexe	5 Paare
Urin-pH	neutral bis sauer
Schirmer-Tränen-Test	5,3 ± 1,3 mm/min

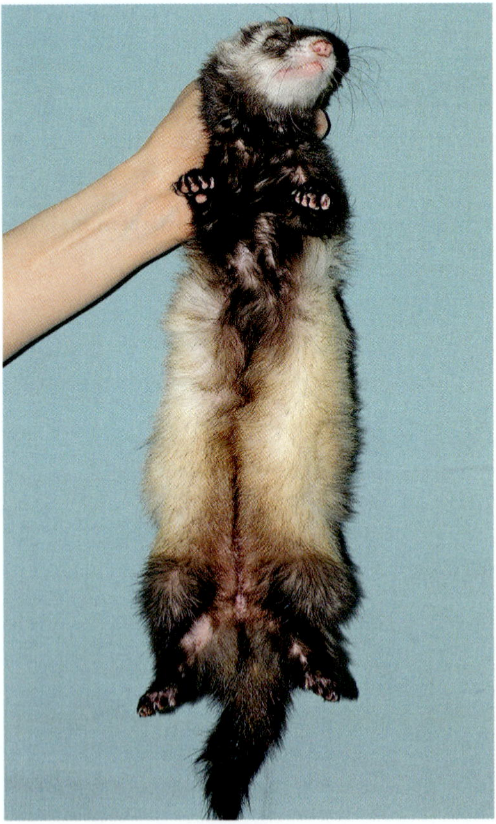

Abb. 2-1
Nackengriff bei einem Frettchen zum Auslösen der Tragestarre

2.2 Handling

- Das Handling von Frettchen kann **anspruchsvoll** sein, insbesondere wenn die Tiere klinisch gesund sind.
- **Abwehrstrategien** sind neben sich Herauswinden aus dem Fixierungsgriff auch Kratzen, Beißen, Schreien, Absetzen von Kot und Harn. Umso wichtiger ist ein umsichtiges Vorgehen.
- Zur Ruhigstellung kann eine schmackhafte **Multivitaminpaste** (am besten vom Besitzer mitzubringen, damit die Marke stimmt) verwendet werden. Darauf muss aber verzichtet werden, wenn eine Blutentnahme mit Analyse der Blutglucosekonzentration durchgeführt werden soll.
- Ist eine Untersuchung trotzdem nicht möglich, kann über den **Nackengriff** das Tier für einige Zeit ruhig gestellt werden (Abb. 2-1). So kann es beispielsweise auskultiert oder ein EKG angefertigt werden.
- Für die **Blutentnahme** kann eine **Fixierung**, wie in Abbildung 2-2 dargestellt, verwendet werden.

Abb. 2-2 Fixierung eines Frettchens zur Blutentnahme

F

- Sollte eine Untersuchung bzw. Probennahme trotzdem nicht gelingen, muss eine **Sedierung** z.B. mit Medetomidin bzw. Butorphanol und Midazolam erwogen werden (Kap. 2.7.2).

2.3 Klinische Untersuchung

- Vor einer Fixierung zur klinischen Untersuchung sollte das Frettchen **unauffällig beobachtet** werden. Zudem geben Besitzerbeschreibungen oft sehr gute Hinweise auf die Art des Problems.
- Zu einer gründlichen klinischen Untersuchung gehört neben der **Ermittlung der Vitalparameter** auch eine sorgfältige **Adspektion, Palpation und Auskultation**.

Tipp

Im Vergleich zu anderen Heimtieren und zu Kleintieren liegt das **Herz von Frettchen** weiter caudal. Darum sollte das Stethoskop relativ **nah am Processus xiphoideus** plaziert werden.

Die für eine klinische Untersuchung notwendigen Parameter wurden bereits in Kapitel 1.1.3 dargestellt. Die Referenzbereiche der klinischen Parameter werden im Kasten „Steckbrief" (s. oben) oder unter www.schattauer.de/3111 aufgeführt.
Das **Körpergewicht** schwankt saisonal, im Winter ist es höher als im Sommer, insbesondere bei nicht kastrierten Tieren.

- Die rektale **Körpertemperatur** sollte zu Beginn der Untersuchung gemessen werden, damit sie nicht durch Aufregung ansteigt. Frettchen versuchen sich dem meist zu entziehen und wehren sich entsprechend.

Die **physiologische Körpertemperatur** von Frettchen liegt zwischen 38,0 °C und 39,2 °C (Mittelwert 38,8 °C, Minimum/Maximum: 37,8–40,0 °C).[1]

- **Atem-** und **Herzfrequenz** können ebenfalls durch Aufregung erhöht sein. Oft steigt bei krankhaften Veränderungen nicht die Frequenz der Atemzüge, sondern der Typ der Atmung verändert sich von costoabdominal zu abdominal und die Tiefe der Atemzüge erhöht sich.

- **Schleimhäute** und **kapilläre Rückfüllungszeit (KFZ)** sind bei Frettchen gut untersuchbar und in vielen Fällen hilfreich.
- Auch das **Haarkleid** zeigt saisonale Veränderungen, insbesondere, wenn die Tiere draußen gehalten werden. Im Winter ist das Haarkleid viel dichter als im Sommer.
- Die **Lymphknoten** sind bei ausgewachsenen Tieren maximal 3–4 mm groß.
- Bei allen weiblichen (auch kastrierten) Frettchen sollte der **Vaginalbereich** gut untersucht werden. Schwellungen der Vulva können Hinweis auf eine bestehende Ranz, aber auch auf einen Hyperadrenokortizismus sein.
- Eine Beurteilung des **Zahnzustands** (insbesondere das Vorhandensein von Zahnstein und abgebrochenen Zähnen) sollte ebenfalls im Verlauf der klinischen Untersuchung erfolgen.

2.4 Spezielle Untersuchungen

2.4.1 Bildgebung

Röntgen

- Die röntgenologische Beurteilung erfolgt in Grundsätzen wie bei den Kleintieren.
- Bei gut genährten Frettchen stellen sich die **abdominalen Organe** deutlich dar (Abb. 2-3). Oft als Nebenbefund erkennbar ist eine deutlich vergrößerte Milz, deren Bedeutung unklar ist.

> Je nach verwendeter Röntgentechnik, erscheinen die **Lungen** gesunder Frettchen etwas **röntgendichter** als bei den Kleintieren.

- Auf der ventrodorsalen Aufnahme sind auch bei gesunden Tieren die **Haupt- und Stammbronchien** deutlich erkennbar.

> Als anatomisch sichtbare Besonderheit weisen männliche Frettchen einen **Penisknochen** auf (Abb. 2-3).

- Der **Magen** liegt auf der linken Seite, die Ausdehnung nach caudal ist abhängig von der letzten Futteraufnahme.

- Die rechte **Niere** liegt bei gesunden Tieren auf Höhe von L2–L3, die linke auf Höhe L3–L4.
- Das **Herz** von gesunden Frettchen sollte in der laterolateralen Projektion die Größe von 2–3 Intercostalräumen nicht überschreiten. Den VHS (Vertebral Heart Score) bestimmt man, indem man auf der laterolateralen Ebene des Röntgenbilds die maximale Länge des Herzens von der Aufzweigung der Trachea bis zur Herzspitze misst sowie die Herzbreite an der breitesten Stelle senkrecht zu dieser zur Herzlänge (meist auf Höhe der V. cava caudalis) bestimmt. Dann werden die Wirbelkörper, die diese beiden Längen einnehmen ab dem 4. Brustwirbel gezählt und die Summe der Wirbelkörper ergibt den VHS. Der VHS von herzgesunden Frettchen (gemessen ab 5. Brustwirbel) sollte bei 5,2–5,5 liegen.[3] Inwieweit diese Messung spezifisch und sensibel für die Erfassung herzkranker Frettchen ist, wurde bisher nicht wissenschaftlich untersucht.

Ultraschall

Tipp

Mithilfe einer **schmackhaften Paste** sind viele Frettchen für eine gewisse Zeit beim abdominalen Ultraschall kooperativ (Abb. 2-4).

- Nicht immer ist so eine **kardiologische Echosonografie** ohne Sedation möglich.
- Für den **Abdomenultraschall** eignen sich Linearsonden, für den **Herzultraschall** Sektorschallköpfe (7,5–12 MHz).
- Grundsätzlich entspricht das Vorgehen dem bei Kleintieren. Beim abdominalen Ultraschall sollten immer die **Nebennieren** mit beurteilt werden.

Computertomografie

- Eine **Anästhesie** ist notwendig.
- Je nach Fragestellung kann auch eine Applikation von **Kontrastmittel** erfolgen.

Endoskopie

- Vergleichsweise **selten** erfolgt bei Frettchen eine endoskopische Untersuchung.
- **Indikationen** könnten tracheale, bronchiale, ösophageale und gastrointestinale Veränderungen sein.

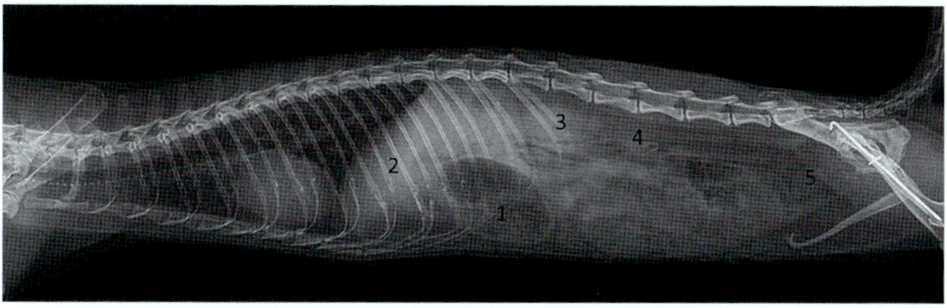

Abb. 2-3 Röntgenaufnahme (laterolateraler Strahlengang) eines gesunden, gut genährten, männlichen Frettchens mit chirurgisch versorgter Femurfraktur (1 – Magen, 2 – Leber, 3 – rechte Niere, 4 – linke Niere, 5 – Harnblase)

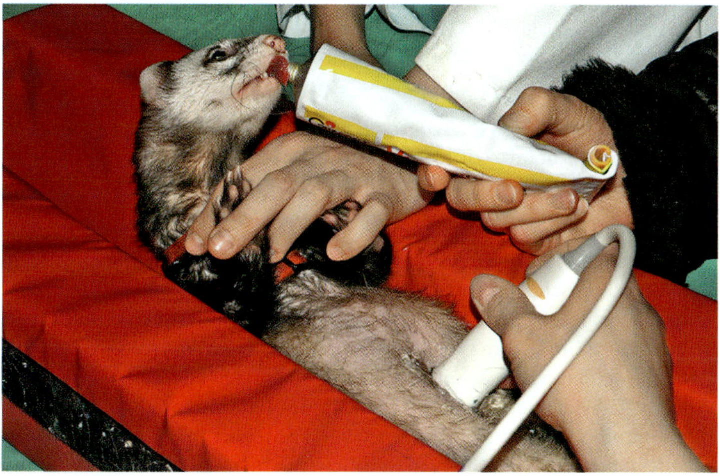

Abb. 2-4 Lagerung eines Frettchen für eine Sonografie des Abdomens

Elektrokardiografie

- Ein EKG anzufertigen kann bei aufgeregten Frettchen sehr **anspruchsvoll** sein.
- Halten die Tiere nicht still, empfiehlt es sich, den **Nackengriff** anzuwenden (Abb. 2-1).

2.4.2 Labordiagnostik

Blutprobenentnahme

- Die Blutprobenentnahme bei Frettchen erfolgt meist an der **V. saphena lateralis** oder der **V. cephalica antebrachii**. Aber auch die **V. jugularis** kann, besonders bei geschwächten Tieren, zur Blutentnahme herangezogen werden.
- Die Fixierung und Blutentnahme bei einem Frettchen wird in Abbildung 2-2 gezeigt.

> ! Bei der Blutentnahme dürfen **keine zuckerhaltigen Pasten** zur Ablenkung verwendet werden, damit die Glucosekonzentration nicht beeinflusst wird.

Hämatologie

- Referenzbereiche finden sich unter www.schattauer.de/3111.

> Frettchen weisen im Gegensatz zu anderen Heimtieren einen **deutlich höheren Hämatokrit** auf.

- Da die Erythrozyten langsamer sedimentieren, sollte die **Zentrifugation** des **Mikrohämatokritröhrchens** für **10 min** erfolgen.
- Hämatologische Veränderungen werden grundsätzlich wie bei Kleintieren aufgearbeitet. Frettchen weisen bei infektiösen Erkrankungen **häufiger eine Leukozytose** auf als andere Heimtierarten.
- Bisher fehlen wissenschaftliche Untersuchungen zu häufigen hämatologischen Befunden bei Frettchen. In der Literatur wird als häufigste hämatologische Veränderungen bei Frettchen die **Anämie** infolge eines **Hyperöstrogenismus weiblicher, unkastrierter Frettchen** erwähnt. Da der Großteil der weiblichen Frettchen in Deutschland aber kastriert ist, spielt diese Erkrankung in der tierärztlichen Praxis heutzutage kaum keine Rolle.

Blutchemie

- Bisher ist wenig bekannt zur Labordiagnostik bei den verschiedenen Organerkrankungen von Frettchen. Es wird davon ausgegangen, dass vergleichbare Veränderungen wie bei Kleintieren auftreten.
- Zur Diagnostik von **Lebererkrankungen** bei Frettchen erscheint die Bestimmung von Aspartat-Aminotransferase (AST), Alanin-Amino-

transferase (ALT), Albumin und Gesamtprotein geeignet.[5–7] Bei einer **Beeinträchtigung des Galleabflusses** können auch die Bilirubinkonzentration und die AP-Aktivität (alkalische Phosphatase) ansteigen.[8] Die Bedeutung von Gallensäuren und Plasmacholinesterase bei der Diagnose von Lebererkrankungen bei Frettchen ist unklar. Da bisher bei Frettchen keine portosystemischen Shunts nachgewiesen wurden, sind keine Daten zu Ammoniakkonzentrationen verfügbar. Inwieweit Lebererkrankungen von Frettchen auf die Gerinnungsparameter Einfluss haben, ist bisher nicht untersucht.

- Die Aufarbeitung einer **Azotämie** erfolgt wie bei Kleintieren. Bei Frettchen soll die Kreatininkonzentration im Blut erst spät im Verlauf von Nierenerkrankungen ansteigen, Untersuchungen dazu sind aber nicht publiziert.
- **Pankreatitis** und **exokrine Pancreasinsuffizienz** spielen bei Frettchen scheinbar eine untergeordnete Rolle. Welche diagnostischen Parameter hilfreich sind, ist bisher nicht untersucht.

Harnuntersuchung

- Neben Spontanharn kann bei Frettchen auch Harn durch das **Ausdrücken der Harnblase** sowie per **Zystozentese** gewonnen werden.
- Möglichkeiten und Einschränkungen der Harnuntersuchung werden in Kapitel 1.1.5 dargestellt.
- Der **physiologische pH-Wert** des Harns von Frettchen ist **sauer bis neutral**. Im Harn von Frettchen sollten maximal Spuren von Protein, keine Glucose, kein Blut (vereinzelt Erythrozyten bei Zystozenteseharn möglich) und auch keine Leukozyten vorhanden sein. Bakterien sind ein normaler Befund bei Spontanharn bzw. bei Harn, der durch das Ausdrücken der Blase gewonnen wurde.
- Wird **Glucose im Harn** nachgewiesen, können neben einer stressbedingten Hyperglykämie eine Nierenerkrankung und ein Diabetes mellitus (sehr selten) die Ursache sein.

2.5 Prophylaxemaßnahmen

2.5.1 Impfung

- Für Heimtierfrettchen ist eine **Staupeimpfung** sowie bei zur Jagd eingesetzten Tieren eine **Tollwutimpfung** sinnvoll.[9] Bei **Reisen ins Ausland** muss eine Tollwutimpfung vorgenommen und entspre-

F

chend im Heimtierpass dokumentiert werden. Die gesetzlichen Vorschriften zur Ausstellung des Heimtierpasses (einschließlich der Kennzeichnung der Tiere) sind dabei zu beachten.

- Die **Staupeimpfung** von Frettchen darf nur mit dem für diese Tierart zugelassenen Impfstoff erfolgen. Die Impfung wird im Alter von 8 Wochen vorgenommen, nach 4 Wochen geboostert und dann jährlich aufgefrischt. Werden die Tiere erstmals im Alter von 10 Wochen vorgestellt, ist eine Boosterung nach 4 Wochen nicht notwendig, um einen 1-jährigen Impfschutz zu erreichen.[9]
- Die **Tollwutimpfung** wird bei Jungtieren gleichzeitig mit der Boosterimpfung für Staupe erstmalig appliziert, ein Booster nach 4 Wochen verabreicht und danach jährlich aufgefrischt.[9]

> **!** **Keinerlei Berechtigung** haben **Impfungen gegen Parvovirose, Leukose/Lymphom** und **Leptospirose**.
> Zum einen stehen für diese Erkrankungen keine für Frettchen zugelassenen Impfstoffe zur Verfügung. Impfstoffe dürfen nicht ohne behördliche Genehmigung auf eine andere Tierart umgewidmet werden. Zum anderen spielen diese Erkrankungen (Parvovirose/Leptospirose) bei Frettchen keine Rolle bzw. eine Erkrankung durch Viren und ein Schutz durch eine Impfung ist bisher nicht wissenschaftlich fundiert nachgewiesen (Leukose/Lymphom).

- Impfungen können **Nebenwirkungen** verursachen, z. B. eine generalisierte Hyperämie, Hypersalivation, Erbrechen, gelegentlich Dyspnoe, Zyanose, Kollaps, Durchfall, blutigen Kot (Kap. 1.7). Meist treten diese Reaktionen innerhalb der ersten 30 min nach der Impfung auf. Die Diagnose wird über die Anamnese und die Klinik gestellt. Therapeutisch erhalten die Tiere Infusionen, H_1-Antihistaminika (Diphenhydramin 1 mg/kg s. c., i. v.) und, wenn dies nicht zur Verbesserung der Symptome führt, kurzwirksame Glucocorticoide. Tiere, die einmal Nebenwirkungen auf eine Impfung gezeigt haben, sollten möglichst nicht mehr mit diesem Impfstoff geimpft werden.
- Eine weitere mögliche Nebenwirkung ist das **Auftreten von impfassoziierten** (mittlerweile als injektionsassoziiert bezeichnet) **Fibrosarkomen**, die für Frettchen nach Tollwutimpfungen beschrieben sind.[10,11] Welche Rolle dies in Deutschland spielt, ist bisher nicht untersucht.

2.5.2 Endoparasitenprophylaxe

- Eine regelmäßige Prophylaxe gegen Endoparasiten ist für Frettchen nur angezeigt, wenn die Tiere **regelmäßigen Kontakt zu Hunden und Katzen** haben bzw. sich im **Freiland** aufhalten.
- Ausschließlich in der Wohnung gehaltene Frettchen scheinen Endoparasiten auch im Laufe des Lebens nicht zu akkumulieren. Eine **Therapie** sollte durchgeführt werden, wenn ein **konkreter Nachweis** vorliegt.

2.5.3 Ektoparasitenprophylaxe

Auch eine regelmäßige Prophylaxe gegen Ektoparasiten ist nur bei **gemeinschaftlicher Haltung** mit anderen Kleintieren und **regelmäßigem Freigang** notwendig.

2.5.4 Sonstige Prophylaxemaßnahmen

- Prophylaxemaßnahmen beim Frettchen können neben Impfung und Endoparasitenprophylaxe auch Maßnahmen sein, die **haltungs- und fütterungsbedingte Erkrankungen** vorbeugen.
- Nicht bewiesen, aber durchaus plausibel ist eine **adäquate (kohlenhydratarme) Fütterung**, um der Entstehung von **Insulinomen** vorzubeugen. Dabei sollte die Zusammensetzung der für Frettchen im Handel verfügbaren Futtermittel kritisch hinterfragt werden. Viele dieser Futtermittel enthalten viel Zucker (einschließlich der Belohnungspaste). **Vollständige Futtertiere** sollten zumindest gelegentlich gegeben werden, der Anteil an Kohlenhydraten sollte niedrig sein.
- Nicht kastrierte weibliche Frettchen entwickeln ohne Deckakt in der Ranzzeit eine **Dauerranz** mit einem **Hyperöstrogenismus**, der zu einer **lebensbedrohlichen Knochenmarksuppression** führen kann. Bei einer Gruppenhaltung werden meist auch männliche Frettchen kastriert. Kontrovers diskutiert wird, ob eine chemische Kastration bzw. eine chirurgische Kastration mit Applikation von Deslorelin zu einer Vermeidung von Nebennierenveränderungen bei Frettchen führt. Bisher sind dazu keine wissenschaftlichen Daten verfügbar.
- Damit Frettchen sich bei **starkem Juckreiz** oder **Augenerkrankungen** nicht selbst verletzen bzw. wenn Tiere **nach einer Operation** eine Wunde belecken, kann kurzzeitig ein **Halskragen** verwendet werden. Die Fixierung ist aufgrund der anatomischen Verhältnisse nicht immer ganz einfach.

F

2.6 Medikamenteneingabe

- Medikamente werden bei Frettchen wie bei anderen Heimtieren appliziert (Kap. 1.2.1).
- Bei **oraler Gabe** kann versucht werden **Formulierungen mit Geschmack** zu verabreichen, um die Akzeptanz zu erhöhen. Das funktioniert leider nicht immer.
- Wie Katzen neigen auch Frettchen dazu, bei einigen oral eingegebenen Medikamenten eine **Hypersalivation** zu entwickeln, z. B. bei Metamizol- und Enrofloxacin-Orallösungen. Eine orale Applikation von Tabletten oder eine s. c.-Gabe einer Injektionslösung sind Alternativen.

2.7 Anästhesie und Analgesie

Vor jeder Anästhesie sollte eine gründliche **klinische Evaluierung** des Patienten erfolgen.

Tipp

Bei **älteren Tieren** sollte eine **Blut- und Röntgenuntersuchung** erwogen werden, da z. B. Insulinome und Herzerkrankungen im Anfangsstadium subklinisch oft verlaufen.

Das zu **erwartende Narkoserisiko** des Patienten und die **Einschätzung der zu erwartenden Schmerzen** helfen bei der Wahl der geeigneten Analgesie und Anästhesie.

Tipp

Frettchen sollten vor einer Operation **nicht länger als 3–4 h fasten**, da sie vergleichsweise schnell **hypoglykämisch** werden. Zudem haben sie eine so **kurze Magen-Darm-Transitzeit**, dass die Zeit ausreicht, um den Magen zu entleeren.

2.7.1 Analgesie

Wie bereits im allgemeinen Teil dargelegt (Kap. 1.3.1), erfolgt der Einsatz der Analgetika je nach Patient, klinischem Zustand und den vorliegenden Erkrankungen. Eine Übersicht möglicher Indikationen und der verwendbaren Analgetika findet sich in Tabelle 1-6.

Tab. 2-1 Analgetika für Frettchen

Wirkstoff	Dosierung
Buprenorphin	0,01–0,05 mg/kg s. c., i. m., i. v. BID–TID
Butorphanol	0,05–0,5 mg/kg s. c., i. m. BID–TID
Meloxicam	0,2 mg/kg p. o., s. c., i. m. SID
Carprofen	2–5 mg/kg p. o., s. c. SID–BID
Metamizol	20–50 mg/kg p. o., s. c., i. v. QID
Gabapentin	3–5 mg/kg p. o. SID–TID

Die bei Frettchen häufig eingesetzten Analgetika und deren Dosierungen finden sich in Tabelle 2-1

2.7.2 Prämedikation, Sedation, Narkoseeinleitung und Operationsvorbereitung

- Als präoperative Maßnahmen werden eine **Infusionstherapie** und eine ausreichende **Analgesie** (abhängig vom geplanten Eingriff) appliziert.
- **Anticholinergika** (Atropin 0,02–0,05 mg/kg s. c., i. m., i. v., Glykopyrrolat 0,01 mg/kg i. m., s. c., i. v.) werden meist **nicht mehr standardmäßig** als Prämedikation verwendet, sondern erst eingesetzt, wenn eine Indikation besteht, z. B. eine Bradykardie.
- Eine **Sedation** bzw. **Narkoseeinleitung** kann auf verschiedenen Wegen erreicht werden. Ist ein i. v.-Zugang vorhanden, kann **Propofol** (2–5–8 mg/kg) langsam verabreicht werden.[12] Die Atemdepression muss beachtet werden und eine Möglichkeit zur Intubation und Sauerstoffapplikation muss vorhanden sein. Auch eine **Kombination aus Ketamin-Medetomidin** oder **Midazolam-Ketamin-Butorphanol** kann zur Narkoseeinleitung appliziert werden. Welche Narkosemittel gewählt werden, ist von den Möglichkeiten in der jeweiligen tierärztlichen Praxis abhängig. Einige Möglichkeiten sind in Tabelle 2-2 aufgeführt.

F

Tab. 2-2 Wirkstoffe zur Sedierung und Anästhesie von Frettchen

Wirkstoff	Dosis (mg/kg)	Applikationsart	Wirkungsdauer	Bemerkungen
Acepromacin[12]	0,1–0,5	i. m., s. c.	40–50 min	• Vasodilation • Hypothermie • Hypotension
Diazepam[12]	0,5–2	s. c., i. m., i. v., p. o.	30–40 min	• Nicht zur alleinigen Sedation geeignet • Geräuschempfindlichkeit • Große Injektionsmenge
Midazolam[13]	0,3–1	s. c., i. m.		• Nicht zur alleinigen Sedation geeignet • Große Injektionsmenge • Zudem Umwidmung problematisch
Medetomidin[13]	0,1	s. c., i. m.		• Sedation und Analgesie
Dexmedetomidin[12]	0,04–0,1	i. m.		• Bradykardie
Propofol[12]	5–8	i. v.	wenige Minuten	• Bei einer Prämedikation mit anderen Medikamenten 1–3 mg/kg applizieren. • Atemdepression • Intubation

Tab. 2-2 (Fortsetzung)

Wirkstoff	Dosis (mg/kg)	Applikationsart	Wirkungsdauer	Bemerkungen
Ketamin/ Diazepam[12]	10–20/ 1–2	i. m.		• zur Narkoseeinleitung
Ketamin/ Midazolam[12]	5–10/ 0,25–0,5	i. v.		• zur Narkoseeinleitung
Ketamin/ Medetomidin[13]	25/ 0,06	i. m.	15 min	
Ketamin/ Medetomidin/ Butorphanol[12]	5/ 0,08/ 0,1	i. m.	60–110 min (wenn nicht antagonisiert)	• zur Narkoseeinleitung
Ketamin/ Medetomidin/ Midazolam[14]	10/ 0,02/ 0,5	i. m.	15–30 min	• Gut zur Kastration geeignet • Antagonisierung frühestens nach 20–30 min

Schon **direkt nach der Narkoseeinleitung** sollten Maßnahmen ergriffen werden, die einer **Hypothermie vorbeugen** (Wärmematte etc.).

- **Scheren** und **Desinfizieren** sollten sparsam, aber ausreichend erfolgen.

Medetomidin und **Dexmedetomidin** können mit dem gleichen Volumen von Atipamezol oder der 5-fachen Atipamezoldosierung (mg/kg) antagonisiert werden. Die Antagonisierung sollte frühestens 30–45 min nach Ketaminapplikation erfolgen.

> ! **Alfaxalon allein** ist für Frettchen scheinbar nicht geeignet. Es führte nicht zu einer ausreichenden Anästhesie, bei hohen Dosierungen (10 und 20 mg/kg) verstarben Tiere.[15]

2.7.3 Intubation

- Eine Intubation bietet den Vorteil, dass eine **Beatmung** möglich ist. Sie ist bei Frettchen vergleichsweise einfach und erfolgt am besten mithilfe eines Laryngoskops.
- Das Tier muss ausreichend **tief anästhesiert** sein und liegt in **Brust-Bauch-Lage**.
- Mithilfe jeweils einer **Mullbindenschlinge** (über die Canini gelegt), werden Ober- und Unterkiefer geöffnet und von einer Hilfsperson an der Mullbinde fixiert.
- Die **Zunge** wird mit einem Stofftupfer nach vorn gezogen.
- Der Spatel des Laryngoskops wird vorsichtig vor der Glottis platziert und ein passender **Luftröhrentubus** (ungecufft, Rüsch 1,5–3 mm) bei Inspiration in die Trachea eingeführt.
- Vor dem Einführen kann eine kleine (!) Menge **Lidocain-Spray** auf die Glottis gesprüht werden (max. ein halber Pumpstoß).
- Der korrekte Sitz des Tubus wird durch ein **Beschlagen** an der **Tubusinnenseite** oder durch plausible Werte des Kapnografen angezeigt.
- Der **Tubus** wird nun mit einer Mullbinde am Maul befestigt. Zwischen den Canini sollte ein ausreichend großer **Stofftupfer** so fixiert werden, dass der Tubus nicht beschädigt und der Tupfer nicht verschluckt werden kann.

2.7.4 Narkoseaufrechterhaltung

- Je nach Wahl der Injektionsanästhetika kann eine Injektionsnarkose oft ausreichend lang aufrechterhalten werden. In einigen Fällen ist aber eine **Nachdosierung** notwendig.
- Sicherer ist die Aufrechterhaltung der Narkose über eine **Inhalationsnarkose** (v. a. Isofluran, seltener Sevofluran). Dafür sind meist **0,5–2 Vol% Isofluran** notwendig.
- Meist wird **reiner Sauerstoff** als **Trägergas** verwendet. Die Höhe des Sauerstoffflows ist abhängig vom Narkosesystem. Offene Systeme

benötigen meist einen **minimalen Flow von 1 l/min**, damit ausreichend Narkosegas zum Patienten gelangt.

> **!** Je **höher** der **Flow**, desto **höher** ist der **Wärmeverlust** des Patienten.

- Frettchen können beatmet werden. Das **Atemzugvolumen** (Tidalvolumen) beträgt 10–15 ml/kg. Es sollten 8–12 Atemzüge/min erfolgen und der inspiratorische Druck sollte 10–15 cmHg nicht überschreiten. Vergleichbar zu Kleintieren sollte der $ETCO_2$ zwischen 35 und 45 mm Hg liegen.[16]

2.7.5 Narkoseüberwachung

- Die Narkoseüberwachung erfolgt mit den entsprechend vorhandenen Möglichkeiten. Ein **EKG**, ein **Kapnograf**, aber auch eine **Pulsoxymetrie** (Ohr, Zunge, Pfote, Schwanzspitze) wären wünschenswert.
- Die **Blutdruckmessung** wäre die verlässlichste Überwachungsmethode, ist aber oft nicht verfügbar. Der Blutdruck eines anästhesierten Frettchens sollte systolisch zwischen 90 und 120, diastolisch zwischen 55 und 90 mm Hg liegen.[16]

> **Tipp**
>
> Für die Blutdruckmessung sollten entsprechend **kleine Manschetten** verwendet werden, da die Breite und Länge der Manschetten einen erheblichen **Einfluss auf die Messwerte** haben.

2.8 Wichtige Erkrankungen bei Frettchen

2.8.1 Erkrankungen der Haut und der Hautanhangsorgane

Generell sollte eine Abklärung von Hauterkrankungen bei Frettchen wie bei Kleintieren erfolgen, denn nur so kann eine genaue Diagnose gestellt werden. Insbesondere der **Zytologie** (FNA) und **Biopsien** kommt dabei eine besondere Rolle zu und sie sollten entsprechend genutzt werden. Die hier aufgeführten Hauterkrankungen stellen regelmäßig auftretende Veränderungen dar. Seltene Erkrankungen sind der weiterführenden Literatur zu entnehmen.[17,18]

F

Dermatitis

Ursache Viren (v.a. Staupe), Bakterien, Pilze (Dermatophyten: *Trichophyton mentagrophytes, Microsporum canis*; Malassezia spp.), Parasiten (Flöhe: v.a. *Ctenocephalides felis*; Milben: *Sarcoptes scabiei, Demodex* spp., *Otodectes cynotis*); Überempfindlichkeitsreaktion nach Impfung, Medikamentenunverträglichkeit, Neoplasie, Hyperadrenokortizismus, Trauma etc.[17,18]

Klinik Rötungen, Schwellung, Krustenbildung, Juckreiz, Ulzerationen.

Diagnostik Anamnese, Klinik.

- **Staupe:** Antigennachweis durch direkte Immunofluoreszenz von Konjunktivalabstrich, Buffy Coat, Urinsediment; PCR von Konjunktival- und Rachenabstrich, Liquor cerebrospinalis, Organen, Organhistologie
- Untersuchung auf **Flöhe** (Flohkamm), **Milben** (tiefes Hautgeschabsel), einschließlich diagnostischer Therapie mit einem Ektoparasitikum
- Nachweis von **Dermatophyten** durch mikrobiologische Kultur oder PCR
- Einige *M.-canis*-Stämme fluoreszieren unter der Wood-Lampe.
- Nachweis von **Malassezien** im gefärbten Abklatschpräparat der betroffenen Hautbereiche, mikrobiologische Kultur.
- Wenn keine Besserung auf Therapie bzw. zusätzliche Hinweise auf andere Ursache, Abklärung eines **Hyperadrenokortizismus** (Kap. 2.8.11). Bioptatentnahme zur Abklärung neoplastischer oder anderer Ursachen.

Therapie Je nach Ursache.

- **Ektoparasiten:** Selamectin (15 mg/kg topisch, evtl. wiederholen nach 14–21 Tagen)[19], Imidacloprid + Moxidectin (2 mg/kg, 2–3 × im Abstand von 2 Wochen) oder Ivermectin (0,2–0,5 mg/kg alle 7 Tage s. c.) einschließlich der Behandlung der Kontakttiere
- **Dermatophyten:** Systemische Pulstherapie mit Itrakonazol (5–10 mg/kg oral SID, 7 Tage, 7 Tage Pause 6–8 Wochen bzw. bis Kultur negativ); zusätzlich lokale Therapie mit Enilkonazol (0,2 %ige Lösung) alle 3–4 Tage auf die veränderten Stellen auftragen, Umgebungsbehandlung mit Chlorbleiche
- **Malassezien:** Behandlung der ggf. vorhandenen Ohrmilben, Ketokonazol (5–10 mg/kg BID oral) sowie topisch Kombination aus Antibiose, Antimykose und Antiinflammativa (z. B. Surolan®)

> **!** *T. mentagrophytes* ist ein potenzieller Zoonoseerreger.

Prophylaxe Regelmäßige Anwendung von Flohadultiziden bei Flohbefall, insbesondere bei Haltung mit Hunden und Katzen.

Alopezie

Ursache Verschiedene Erkrankungen können bei Frettchen eine Alopezie hervorrufen.[17,18] Eine **saisonale Alopezie der Schwanzspitze** tritt gelegentlich auf. Nach einigen Wochen ist das Fell meist wieder vollständig. Auch während des **Fellwechsels im Frühjahr**, können bei einigen Tieren Bereiche mit dünnerem Fell entstehen.

> Breitet sich diese Alopezie von Jahr zu Jahr aus, kann dies ein Hinweis auf einen **Hyperadrenokortizismus** sein.

Andere Alopezieursachen können Ektoparasiten (Flöhe, *Sarcoptes*- und *Demodex*-Milben), Dermatophytosen, ein Hyperöstrogenismus unkastrierter Weibchen bzw. ein Restovar kastrierter Weibchen, Neoplasien der Haut, Neoplasien des Reproduktionstrakts (z. B. Sertolizelltumor, Ovarialtumor). Bei einer Ernährung mit einem **hohen Anteil von rohem Ei** (20 %) soll es durch die hohe Konzentration von Avidin ebenfalls zur Alopezie kommen.[20]

Diagnostik Anamnese, Klinik, Untersuchung auf Flöhe, Milben, einschließlich diagnostischer Therapie mit einem Ektoparasitikum. Wenn keine Besserung bzw. zusätzliche Hinweise auf andere Ursache, Abklärung eines Hyperadrenokortizismus (Kap. 2.8.11); Bioptatentnahme zur Abklärung neoplastischer oder anderer Ursachen.

Differenzialdiagnosen S. Kapitel 1.7.10.

Therapie Je nach Ursache.

Unverträglichkeitsreaktionen der Haut, allergische Reaktion

Ursache Anaphylaktische Reaktion, die als Typ I-Allergie gelegentlich innerhalb von 30 min nach einer Impfung auftreten kann.[21]

Klinik Rötung der Haut, Juckreiz, Hypersalivation, Dyspnoe, Erbrechen, Durchfall, Hyperthermie, Kollaps, Tod.

Diagnostik Anamnese, Klinik, Ansprechen auf Therapie.

Therapie Symptomatisch mit Infusionen, H_1-Antihistaminika (z. B. Diphenhydramin 0,5–2 mg/kg p. o., i. m. i. v. BID–TID). Wenn keine Besserung, Glucocorticoide (0,5–1 mg/kg p. o. SID).

Prognose Meist gut.

F

Prophylaxe Keine erneute Impfung des Tieres mit dem auslösenden Produkt.

Hautneoplasien

Hauttumore machen bei Frettchen ca. 20 % der Neoplasien aus.[22] Es sind besonders ältere Tiere betroffen. Meist handelt es sich um benigne primäre Hauttumore.

Tumorarten Mastzelltumor, Neoplasien der Talgdrüsen (Epitheliom, Adenom), Tumoren der Duftdrüsen (Adenom, Karzinom der apokrinen Drüsen), cutanes Lymphom/multizentrisches Lymphom mit cutaner Ausprägung, cutanes Hämangiom/Hämangiosarkom, Leiomyom/Leiomyosarkom, Fibrom/Fibrosarkom (injektionsassoziiert auch bei Frettchen beschrieben),[10] peripherer Nervenscheidentumor (PNST), Plattenepithelkarzinom (PEK), Lipom etc.[23]

Klinik Umfangsvermehrung der Haut, Alopezie, Juckreiz und dadurch entstehende Ulzerationen möglich (v. a. Mastzelltumor); Tumoren der Talgdrüsen v. a. im Bereich des Kopfes (Abb. 2-5), Halses, Tumoren der Schweißdrüsen im Bereich des Präputiums, Vulva, Perianalgegend.

Diagnostik Klinik, Feinnadelaspiration (FNA) und/oder Bioptatuntersuchung, Staging (Labor, Röntgen, Ultraschall, Punktion der assoziierten Lymphknoten). Bei Mastzelltumoren wurde bisher keine systemische Ausbreitung cutaner Neoplasien beschrieben, sie können aber gelegentlich multizentrisch auftreten.

Therapie Chirurgie, wenn möglich.

> **Tipp**
>
> Insbesondere bei **Neoplasien** der **apokrinen Drüsen, PNST, PEK** sollte so **schnell** und **radikal** wie möglich **chirurgisch therapiert** werden, da diese zur Metastasierung in Lymphknoten und innere Organe (z. B. Lunge) neigen (Neoplasien der apokrinen Drüsen, PEK) bzw. aufgrund des invasiven Wachstums nicht mehr gut entfernbar sind (PNST). Auch ein cutanes Lymphom wurde chirurgisch entfernt und trat innerhalb der folgenden 2 Jahre nicht mehr auf.

- Urethrostomie bei Neoplasien der apokrinen Drüsen des Präputiums.
- Eventuell adjuvante **Bestrahlung** und **Chemotherapie** nach Entfernung von Neoplasien der apokrinen Drüsen und bei Fibrosarkomen erwägen.

Prognose Meist gut, auch bei Mastzelltumoren; schlecht bei Neoplasien der apokrinen Drüsen.

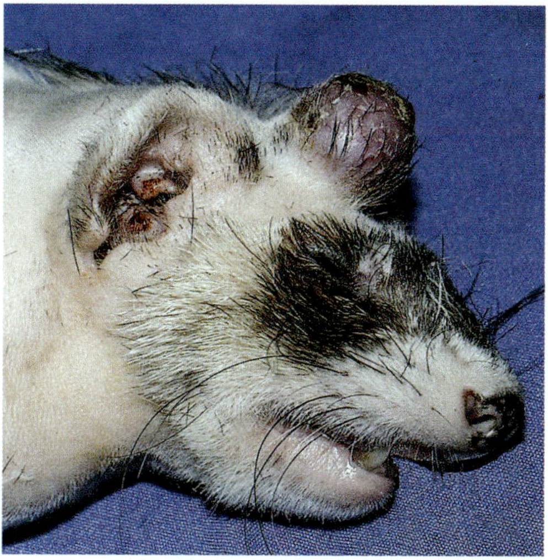

Abb. 2-5 Anästhesiertes Frettchen mit Leiomyosarkom im Kopfbereich

Analbeutelerkrankungen

Ursache Verlegung der Analdrüsenausgänge, gelegentlich Abszesse; tumoröse Entartungen der Analbeutel sehr selten.[24,25]

Alter Vor allem bei älteren Tieren.

Klinik Gehäuftes Reiben des Analbereichs („Schlittenfahren"), verstärkte Geruchsbildung, Umfangsvermehrung der Analdrüsen, Kotabsatzbeschwerden, veränderte Kotform (kleinerer Strang), Schmerzäußerungen, Rektumprolaps, Kotinkontinenz bei neoplastischen Veränderungen beschrieben.

Diagnostik Klinik, Zytologie von Punktat, Histopathologie, bakteriologische Untersuchung.

Therapie Bei Verlegung der Analdrüsenausgangs regelmäßige Entleerung notwendig, dafür kann u. U. eine Sedierung notwendig werden, Analgesie.

- **Bei eitrigen Entzündungen:** Antibiose, Analgesie, Lactulose für einige Tage für den erleichterten Kotabsatz
- **Abszesse:** chirurgische Versorgung, ggf. Entfernung in Narkose, systemische Antibiose und Analgesie
- **Neoplasien:** chirurgisch entfernen, evtl. Radiotherapie. Falls Chirurgie nicht erfolgreich, Kombination von Chirurgie und Radiotherapie erwägen.[24]

F

Prophylaxe Die **Entfernung der Analdrüsen** ist nur mit medizinischer Indikation erlaubt, nicht aber zur Geruchsreduktion (Verstoß gegen § 6 des Tierschutzgesetzes) und, da die Talgdrüsen für einen Teil der Geruchsbildung verantwortlich sind, auch nicht sehr hilfreich.

> ! Ein **regelmäßiges Entleeren der Analdrüsen** durch Besitzer/Tierarzt ohne Indikation ist **nicht empfehlenswert**.

2.8.2 Ohrenerkrankungen

Otitis externa/media/interna

Ursache Otitis externa meist durch *Otodectes cynotis* ausgelöst, durch *Malassezia* spp. und bakterielle Sekundärerreger unterhalten, bei weiterem Voranschreiten der Erkrankung entsteht Otitis media/interna oder eigenständig durch bakterielle und mykotische Erreger, die z. B. bei Jungtieren über die Eustachi-Röhre aufgestiegen sind; Mukormykose mit *Absidia corymbifera* als Ursache einer Otitis externa/media/Meningoenzephalitis in Neuseeland beschrieben.[26]

Alter Alle Altersklassen betroffen.

Klinik Subklinisch, Juckreiz, gerötete Pinnae, Kopfschütteln, Bildung von dunklem, wachsartigem Ohrsekret, Auftreten auch in anderen Körperbereichen möglich. In fortgeschrittenen Fällen können eine Mittel- und Innenohrentzündung entstehen, dann Symptome eines peripheren Vestibularsyndroms (Nystagmus, Ataxie, Kopfschiefhaltung, Horner-Syndrom etc.).

Diagnostik Klinik, Nachweis von Milbenstadien, Neutrophilen, Bakterien, Malassezien im Abstrich des Ohrsekrets; bei vestibularen Symptomen Röntgen der Bullae und/oder CT.

Therapie

- Milbenbehandlung s. Kapitel 2.8.1. Einige Autoren empfehlen, Ivermectinpräparate in den Gehörgang zu geben (0,4 mg/kg).
- **Antibiose** nach Antibiogramm, Analgesie, topische Behandlung der Otitis externa (Ohrreinigung)
- Therapie bei **Vestibularsyndrom:** Infusionen, Analgesie, H_1-Blocker (Diphenhydramin 0,5–2 mg/kg p. o., i. m. i. v. BID–TID, Maropitant 1 mg/kg s. c. SID) gegen Schwindel; ggf. Bullaosteotomie

Prognose Gut bei Otitis externa, schlechter bei Otitis media/interna, da oft auch mit Langzeitantibiose, Ohrreinigung, Schmerzmitteln keine endgültige Abheilung der Infektion im Innen-/Mittelohr zu erreichen ist. Eventuell Bullaosteotomie erwägen.

2.8.3 Augenerkrankungen

Augenerkrankungen treten bei Frettchen vergleichsweise **selten** auf. **Angeborene Augenveränderungen** wie Mikrophthalmie, Katarakte, Hornhautdermoid, persistierender Hyaloidarterie und/oder der embryonalen Linsengefäßversorgung, die oft zusammen mit einer Katarakt auftreten, sind beschrieben. Geöffnete Augen vor der 4. Lebenswoche kommen gelegentlich vor. Meist ist keine Therapie möglich.
Die Ursache der **neonatalen Konjunktivitis** (Ophthalmia neonatorum), die im Alter von wenigen Tagen bis 3 Wochen auftritt, ist unbekannt. Eventuell kann eine Mastitis der Frettchenfähe zur Entstehung beitragen.[27] Therapeutische Maßnahmen sind das vorsichtige Öffnen der Augenlider (ggf. chirurgisch) und Spülungen. Inwiefern die Applikation einer antibiotischen Salbe sinnvoll ist, ist unklar, da meist keine bakteriellen Erreger nachgewiesen werden können. Meist ist die Erkrankung im Alter von 3 Wochen ausgeheilt.[28]

Exophthalmus

Ursache Retrobulbäre Prozesse, wie Abszess, Neoplasie (Lymphom,[28] Adenokarzinom[29]), Speicheldrüsenzyste, Hämatom. Ein **temporär bilateraler Exophthalmus** (meist bei Aufregung) kann Folge einer Abflussstörung in der V. cava cranialis als Folge einer präkardialen Masse sein.
Klinik Heraustreten des Augapfels aus der Augenhöhle. Aufgrund des unzureichenden Lidschlusses häufig matte Hornhaut im Lidspaltenbereich (Expositionskeratitis), je nach Schweregrad und Dauer des Exophthalmus können Hornhauterosionen, -ulzeration oder -perforation entstehen.
Diagnostik Klinik, Röntgen/CT, Ultraschall, Punktion und zytologische Untersuchung.
Therapie

- Bei **Abszess, Mukozele** und **intakter Hornhaut:** bulbuserhaltende Chirurgie, wenn möglich.
- Bei irreversibler Schädigung der Hornhaut: Enukleation

> **!** Frettchen besitzen einen **ausgeprägten retrobulbären Venenplexus**, eine Tamponade ist erforderlich.

F

- Bei Nachweis eines **Lymphoms:** Chemotherapie (Kap. 2.8.13)
- Bei **präkardialer Masse:** je nach Art der Veränderung und des Zustands des Patienten, Chemotherapie, Chirurgie, Bestrahlung (Kap. 2.8.4, Kap. 2.8.13)

Tipp

Solange **kein ausreichender Lidschluss** möglich ist, sollte die Hornhaut durch Tränenersatzmittel geschützt werden.

Prognose Je nach Ursache, gut (retrobulbärer Abszess) bis schlecht (Lymphom).

Konjunktivitis

Ursache Bakterielle (Salmonellen, Mykobakterien, Staphylokokken, Streptokokken etc.) und virale (Staupe, Influenza) Infektionen, traumatisch bedingt (Fremdkörper, Trauma, Distichiasis[30]), reduzierte/veränderte Tränenproduktion (Keratoconjunctivitis sicca).

Klinik Rötung und Verdickung der Bindehäute, Augenausfluss.

- **Staupe:** oft braune Krusten an Augenlidern und Symblepharon
- **Influenza:** frühe okuläre Zeichen wie Staupe[28]

Diagnostik Klinik und eingehende **spezielle Augenuntersuchung** (einschließlich Schirmer-Tränentest), Konjunktivalabstrich: Zytologie (evtl. mit Ziehl-Neelson-Färbung bei Verdacht auf Mykobakterien).

- **Staupe:** Nachweis von intrazytoplasmatischen Einschlusskörpern im Konjunktivalabstrich oder indirekte Immunfluoreszenz
- **Influenza:** Virusisolation, Serologie, ggf. bakteriologische Untersuchung

Tipp

Hinweise auf eine **Influenzaerkrankung** sind eine **Erkrankung des Besitzers** und das **schnelle Abklingen der Symptome**.

Therapie Reinigung und Entfernung von Fremdkörpern unter Lokalanästhesie, chirurgische Versorgung bei Distichiasis, ektopischen Zilien; ggf. lokale Antibiose, ggf. systemische Therapie mit Infusionen, assistierte Fütterung, Analgesie

- **Bei Verdacht auf Staupe:** Isolierung, symptomatische Therapie oder Euthanasie (Kap. 1.5)

- **Bei Nachweis von Mykobakterien:** Gegebenenfalls Euthanasie aufgrund des zoonotischen Potenzials erwägen.

Prognose Je nach Ursache gut bis infaust (Staupe).

Keratitis

Ursache Trauma, Fremdkörper, Entropium, Distichiasis, ektopische Zilie, Expositionskeratitis (z. B. bei Exophthalmus, Fazialislähmung), unzureichender Hornhautschutz bei Anästhesie, Staupe, Lymphom, bakterielle Ursache, reduzierte/veränderte Tränenproduktion (KCS), Ausbreitung einer Konjunktivitis auf die Hornhaut etc.[28]

Klinik Lokale oder generalisierte Trübung der Hornhaut, Blepharospasmus, Miosis, Einsprossung von Gefäßen in die Hornhaut bei älteren Veränderungen, Fluoresceinprobe bei Hornhauterosionen und/oder -ulzerationen positiv.

Diagnostik Klinik, spezielle Augenuntersuchung einschließlich Fluoresceinprobe und Schirmer-Tränentest (normal: 5,3 ± 1,3 mm/min);[31] Nachweis von Staupeantigen, bakteriologische Untersuchung.

Therapie Antibiotikahaltige Augentropfen/-salbe mehrmals täglich, hornhautpflegende Gele, lokale Analgesie mit Mydriatikum (Atropin) bei reflektorischer Uveitis (Atropingabe nur bei normaler Tränenproduktion), ggf. systemische Analgesie (Metamizol 20–50 mg/kg p. o., s. c., i. v. QID) oder systemische Entzündungshemmung (Meloxicam 0,2 mg/kg p. o., s. c., i. m. SID) (hemmt Gefäßneubildung in die Hornhaut). Entropium, Distichiasis chirurgisch versorgen.[30] Reinigung der Augenumgebung.

- **Bei Perforationsgefahr:** Hornhaut- Bindehautlappen, Nickhautschürze oder Nickhautflap bzw. temporärer Lidverschluss.
- **Bei nicht-heilenden Ulzerationen:** Débridement bzw. Keratektomie (meist Anästhesie notwendig)
- **Bei Nachweis von reduziertem Tränenfluss:** künstlicher Tränenersatz
- **Bei Staupe:** Aufgrund der schlechten Prognose Euthanasie erwägen.

Prognose Je nach Ursache gut (Trauma) bis schlecht (Lymphom, Staupe).

Uveitis

Ursache Trauma, Hornhautulkus, Aleutenkrankheit, Katarakt, vermutlich auch durch verschiedene Infektionserreger wie Toxoplasmose, Kryptokokkose, Histoplasmose und andere Krankheitszustände, aber bisher kaum beschrieben.[28]

F

Klinik Trübung des Kammerwassers in der vorderen Augenkammer, Blepharospasmus, Augenausfluss, Miosis, Lichtempfindlichkeit, reduzierter Augeninnendruck, Verfärbung der Iris, Apathie, Inappetenz.
Diagnostik Klinik, spezielle Augenuntersuchung einschließlich Fluoresceinprobe und Messung des Augeninnendruckes, Suche nach der Ursache durch Labor, Röntgen, Ultraschall; Nachweis von Aleutenkrankheit s. Kapitel 2.8.9.
Therapie Behandlung des Hornhautulkus, Mydriatikum (Atropin). Bei intakter Hornhaut (negativer Fluoresceintest) lokal steroidhaltige Entzündungshemmer (Inflanefran®); systemische Entzündungshemmung (NSAID); Behandlung der Ursache.
Therapieversuch bei Aleutenkrankheit s. Kapitel 2.8.9.
Prognose Je nach Ursache gut (Trauma) bis schlecht (Aleutenkrankheit).

Katarakt

Ursache Altersbedingt, fütterungsbedingt, angeboren, entzündungsbedingt, Folge eines Diabetes mellitus (sehr selten).
Klinik Trübung der Linse (punktförmig bis hypermatur), im fortgeschrittenen Stadium mit linseninduzierter Uveitis.
Diagnostik Klinik, spezielle Augenuntersuchung einschließlich Fluoresceinprobe, Schirmer-Tränentest, Messung des Augeninnendrucks; Bestimmung der Glucose- und der Fructosaminkonzentration im Blut zum Nachweis eines Diabetes mellitus.
Differenzialdiagnosen Nukleosklerose (altersbedingte Trübung des Linsenkernes, häufig bei Frettchen über 4 Jahre).[28]
Therapie Wenn keine offensichtlichen Probleme, keine weitere Therapie, aber regelmäßige Kontrolle auf die Entwicklung einer linseninduzierten **Uveitis**. Falls diese auftritt (sehr selten), steroidhaltige Augentropfen sowie Kontrolle auf Linsenluxation und Glaukomentwicklung. Chirurgische Katarakttherapie (Phakoemulsifikation) möglich, aber aufgrund des sehr kleinen Auges und der intensiven Nachbehandlung gut abzuwägen.
Prognose Viele Tiere kommen mit Katarakten ohne Chirurgie sehr gut zurecht, solange sie sich in bekannter Umgebung bewegen. Sekundärkomplikationen wie Linsenluxationen sind möglich.

Linsenluxation

Ursache Meist infolge einer fortgeschrittenen Katarakt bzw. einer damit einhergehenden linseninduzierten Uveitis, selten durch Trauma, gelegentlich primär als Folge einer Fehlbildung der Zonulafasern.[28]

Klinik Trübung der Hornhaut, Blepharospasmus, evtl. Glaukom durch Verlegung des Kammerwinkels oder Pupillarblock.
Diagnostik Klinik, spezielle Augenuntersuchung.
Therapie Chirurgische Entfernung möglich, aber aufgrund der Bulbusgröße schwierig. **Glaukom:** Glaukombehandlung und Entfernung der Linse
Prognose Gut, da meist unkompliziert.

Glaukom

Ursache Meist Folge einer Uveitis durch Trauma bzw. Folge einer Linsenluxation.
Klinik Vergrößertes Auge, Stauung der Episkleralgefäße, generalisiertes Hornhautödem, Mydriasis, Schmerz, Inappetenz, Apathie, Blindheit, erhöhter Augeninnendruck.
Diagnostik Klinik, spezielle Augenuntersuchung, Erhöhung des Augeninnendrucks.

> Der **physiologische Augeninnendruck** ist abhängig von der Messmethode.
> Er betrug gemessen mit dem Tonovet® 13,1 ± 1,1 mm Hg[28] bzw. 14 ± 0,35 mm Hg; mit dem Tonopen® 22,8 ± 5,5 mm Hg bzw. 21,0 ± 4,0 mm Hg[28] bzw. 14,5 ± 3,2 mm Hg.[31]

Bei vorhandener Uveitis bzw. Hornhautödem wiederholte Kontrolle des Augeninnendrucks, da er falsch niedrig sein kann.
Therapie Berichtet wurde von der topischen Applikation von Dorzolamid, Pilocarpin oder Latanoprost, aber da Glaukome bei Frettchen sehr selten sind, gibt es keine weiteren Studien dazu.[28]

- In Anlehnung an die Therapie bei Kleintieren[32] empfiehlt sich bei einem **akuten Glaukom** die **lokale Behandlung mit einem Prostaglandinanalogum** (z. B. Latanoprost SID) in Kombination mit einem **Carboanhydrasehemmer** (z. B. Brinzolamid; Azopt® BID–TID).
- Die **Kontrolle des Augeninnendrucks** erfolgt alle 30 min. Sinkt der Druck nicht, kann Mannitol (1–2 g/kg i. v.) appliziert werden (nicht bei niereninsuffizienten Tieren, Wasser muss für mehrere Stunden entzogen werden).
- Die systemisch wirksamen Carboanhydrasehemmer Acetazolamid oder Diclofenamid können mit einer Dosis von 10 mg/kg p. o. appliziert werden, sollte Mannitol nicht den gewünschten Effekt haben.

F

- Als letztes Mittel kann unter Anästhesie die **vordere Augenkammer** mit einer 30 G-Kanüle **punktiert** und der Augeninnendruck langsam auf ca. 12 mm Hg gesenkt werden.

> ! **Vorsicht** mit dem Einsatz von **Prostaglandinanalogika bei Linsenluxation** und bei Uveitis. Sie induzieren Miose, die einen **Pupillarblock** bei luxierter Linse verursachen kann.

- Für die **Langzeitkontrolle** reicht u. U. Brinzolamid BID–TID. Falls nicht, kann Latanoprost zusätzlich (SID) abends appliziert werden.
- Eine Enukleation ist zu erwägen, wenn das Glaukom nicht kontrollierbar ist.

Prognose Je nach Ursache gut (Trauma) bis schlecht (Lymphom, Staupe).

Erkrankungen der Retina

Ursache Retinadegeneration, Retinaatrophie (angeboren, erworben).[28]

Klinik Progressiver Visusverlust, oft erst sehr spät erkannt. Mydriasis, reduzierter Pupillarreflex, Hyperreflexion des Tapetum, Atrophie der Netzhautgefäße (Gefäße werden dünner, verschwinden ganz im Endstadium).

Diagnostik Anamnese, spezielle Augenuntersuchung einschließlich ERG.

Therapie Nicht möglich. Taurin scheint keine Rolle bei der Entwicklung der Retinaatrophie zu spielen.

Prognose Die Tiere kommen in ihrer vertrauten Umgebung meist gut zurecht.

Neoplasien am/im Auge

Ursache Selten, Lymphom, Melanozytom, Plattenepithelkarzinom des Augenlids, retrobulbäres Adenokarzinom.[23]

Klinik Umfangsvermehrung in oder am Auge, Exophthalmus, Visuseinschränkungen.

Diagnostik Klinik, spezielle Augenuntersuchung, Zytologie, ggf. Röntgen/CT; Staging mit Labor, Röntgen/CT, Ultraschall.

Therapie Je nach Tumorart chirurgische Entfernung und Bestrahlung[33], Chemotherapie (Lymphom) oder chirurgische Entfernung und Chemotherapie.

- **Bei Enukleationen/Exenterationen:** Prominenten retrobulbären Gefäßplexus beachten, Tamponade erforderlich.

Prognose Je nach Ursache gut bis schlecht (Lymphom).

2.8.4 Erkrankungen des Respirationstrakts und des Thorax

Erkrankungen der Nase und der Trachea spielen bei Frettchen eine **untergeordnete Rolle**.

Bronchitis/Pneumonie

Häufigkeit Inzidenz für Deutschland unklar.

Ursache

- **Viren:** Staupe, Influenza, Aleutenkrankheit, enterales Coronavirus der Frettchen (FECV, FRECV)
- **Bakterien** können als Primär- und Sekundärerreger eine Rolle spielen: u. a. Streptokokken, Staphylokokken, *E. coli*, Klebsiellen, Pseudomonaden, Listerien
- **Mykotische Ursachen:** *Cryptococcus neoformans* in Deutschland möglich, *Blastomyces dermatitidis*, *Pneumocystis carinii*; *Coccidioides immitis* aus Nordamerika berichtet[18]
- **Aspiration:** Erbrechen im Verlauf einer Narkose, Megaösophagus
- **Asthma** und **Allergie** möglich, bisher aber nicht wissenschaftlich beschrieben

Klinik Je nach Schweregrad und Ursache sehr unterschiedlich, v. a. Niesen, Husten, Tachypnoe, Dyspnoe, Fieber, Schwäche, Inappetenz, Apathie, Nasen- und Augenausfluss, Konjunktivitis, in seltenen Fällen Sepsis, Tod.

Labordiagnostik Abhängig von Ursache. Möglich sind Neutrophilie, Lymphopenie, Anämie.

Radiologische Veränderungen Abhängig von Ursache und Lokalisation der Erkrankung; gelegentlich Pleuralergüsse bei Pneumonien.[34]

Diagnostik Anamnese, Klinik, Röntgen, bronchoalveoläre Lavage und mikrobiologische Untersuchung, Influenza: Virusisolierung, AK-ELISA (Antikörpert nach ca. 3 Tagen nachweisbar); Staupe: Erregernachweis s. Kapitel 2.8.9; Aleutenkrankheit s. Kapitel 2.8.9.

Therapie Systemische Antibiose bei mittel- bis hochgradigen Symptomen, am besten nach Antibiogramm, Infusionen, Bronchodilatatoren (Theophyllin 5 mg/kg s. c., p. o. BID–TID oder Aminophyllin 4 mg/kg p. o., i. v., i. m. BID), Mukolytika (Acetylcystein 3 mg/kg p. o., s. c. BID), Antipyretika (Metamizol 20–50 mg/kg p. o., s. c., i. v. QID). Die Fiebersenkung im Rahmen einer Influenzatherapie wird kontrovers diskutiert, da Fieber den Verlauf der Erkrankung positiv beeinflussen soll.[35] Assistierte Fütterung, Therapieversuch bei Aleutenkrankheit s. Kapitel 2.8.9; bei Verdacht auf Staupe ggf. Euthanasie.

F

Prognose Je nach Ursache gut bis infaust (Staupe).
Prophylaxe **Impfung** gegen Staupe mit einem für Frettchen zugelassenen Impfstoff.

> **Menschen mit Influenza** sollten den Kontakt mit Frettchen vermeiden.

Neoplasien der Lunge

Häufigkeit Selten.
Alter Ältere Tiere.
Ursache Primäre Neoplasien bisher bei Frettchen nicht beschrieben, Metastasen anderer Neoplasien (z. B. Lymphom).[23]
Klinik Eventuell ohne Klinik, bei starker Ausdehnung Dyspnoe, Schwäche, Inappetenz.
Radiologische Veränderungen Sehr variabel, oft nodulär.
Diagnostik Klinik, Röntgen/CT, ggf. Punktion und Zytologie, Suche nach Primärtumor.
Therapie Systemische Behandlung bei Lymphom mit Chemotherapie, sonst meist keine Therapieoptionen mehr; wenn keine klinischen Anzeichen, können die Tiere u. U. noch vergleichsweise lange leben.
Prognose Schlecht.

Thymom

Häufigkeit Sehr selten.
Alter Ältere Tiere (5 Jahre).
Klinik Je nach Größe der Neoplasie klinisch unauffällig, Erbrechen, Würgen, Husten, Dyspnoe, Schwäche, Inappetenz, Apathie, evtl. auch temporärer Exophthalmus möglich.[23,36,37]
Radiologische Veränderungen Weichteildichte Zubildung cranial des Herzens, evtl. Pleuralerguss.
Diagnostik Klinik, Röntgen, Ultraschall, Punktion und Zytologie, CT; möglicherweise können auch bei Frettchen paraneoplastische Syndrome auftreten (exfoliative Dermatitis, Megaösophagus), bisher wurden sie aber in der Literatur nicht beschrieben.
Differenzialdiagnosen Lymphom des Thymus (Kap. 2.8.13).
Therapie Chirurgische Entfernung scheint schwierig. Bei zellreichen Thymomen und ausgeprägter Symptomatik kann eine Therapie mit Prednisolon (0,5–1 mg/kg s. c., p. o. BID) versucht werden. Bestrahlung

von Thymomen evtl. möglich, aber bisher für Frettchen nicht beschrieben.

Prognose Je nach Zeitpunkt der Diagnose und Therapie gut bis schlecht.

2.8.5 Herz-Kreislauf-Erkrankungen

Herzerkrankungen

Häufigkeit Regelmäßig festgestellt.

Verbreitung Das Krankheitsspektrum, das für Kleintiere beschrieben ist, kann auch bei Frettchen auftreten, v. a. **dilatative Kardiomyopathie** (DCM), seltener **hypertrophe Kardiomyopathie** (HCM), Endokardiose. Einzelberichte zu angeborenen Herzerkrankungen wie Vorhof-, Ventrikelseptumdefekt, Fallot Tetralogie.[23,38]

Verschiedene **Infektionskrankheiten** können mit einer Herzbeteiligung einhergehen, wie Toxoplasmose, Aleutenkrankheit, Kryptokokkose und andere. Herzwürmer sind bisher für Deutschland noch nicht beschrieben.

Das **Lymphom** ist die häufigste Neoplasie, die am Herzen nachgewiesen wurde.

Ursache Unklar. Die Rolle von Taurin-/Carnithinmangel für DCM bei Frettchen ist bisher nicht untersucht. Frettchen können im Gegensatz zu Katzen bei Taurinmangel Glycin für die Konjugation von Gallensäuren verwenden und darum sind Taurinmangelzustände bei Frettchen unwahrscheinlich.

Klinik Je nach Schweregrad asymptomatisch, Husten, Tachypnoe, Dyspnoe, Schwäche, Inappetenz, Apathie, Gewichtsverlust, Parese der Hintergliedmaßen, verlängerte KFZ, Ödeme, plötzlicher Tod.

Radiologische Veränderungen Unauffällig (v. a. bei HCM), Kardiomegalie (Abb. 2-6), Lungenödem, Pleuralerguss, Aszites, gestaute Lungengefäße.

Diagnostik Klinik, Auskultation (veränderte Herzfrequenz, Arrhythmien, Herzgeräusche), Röntgen, EKG, Ultraschall (Kap. 2.4.1), bei Verdacht Untersuchung auf Herzwürmer.

Therapie Die Therapien für Frettchen wurden von Kleintieren extrapoliert. In der Literatur finden sich sehr verschiedene Angaben zu Dosierungen, die nur in Ausnahmefällen auf Studien zurückzuführen sind.

> **!** Bei der **Dosierung** sollte entsprechend **vorsichtig** verfahren und die Dosierung an die **Klinik** des Tieres **angepasst** werden.

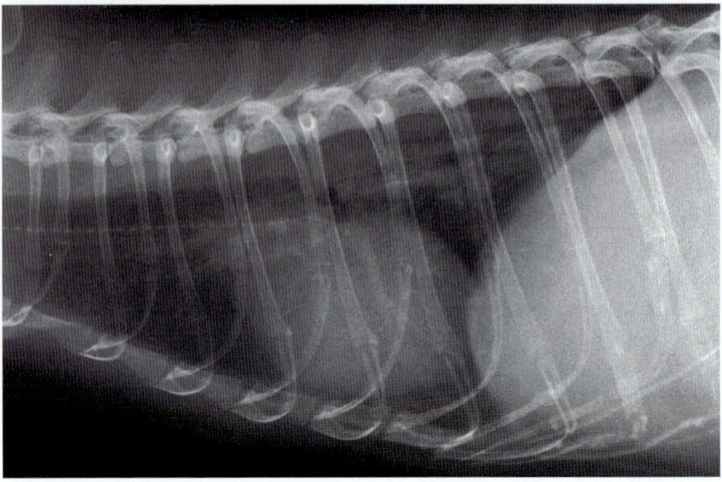

Abb. 2-6 Kardiomegalie eines Frettchens mit dilatativer Kardiomyopathie

- **Akutes Herzversagen:** Sauerstoff, Furosemid (1–4 mg/kg i. v., i. m., s. c. BID/TID); bei bestehendem Pleuraerguss Punktion
- **DCM:** Senkung der Vor- und Nachlast durch ACE-Hemmer (Enalapril 0,25–0,5 mg/kg p. o. SID oder alle 2 Tage), Pimobendan 0,5–0,625–1,25 mg/kg p. o. BID.[12,39] Nur selten werden noch Antiarrhythmika (Digoxin 0,005–0,01 mg/kg p. o. SID/BID) eingesetzt.
- **HCM:** Wenn Tier nicht im Herzversagen, evtl. Reduktion der Herzfrequenz mit Atenolol (0,25–2,5 mg/kg p. o. SID) oder Diltiazem (0,5–2,5 mg/kg p. o. BID). Für Frettchen wird keine Thromboseprophylaxe empfohlen, da bisher die Entwicklung einer Thromboembolie bei HCM nicht beschrieben wurde.
- **Aszites:** Spironolacton (1–2 mg/kg p. o. BID)

Prognose Je nach Ursache und Zustand, gut bis infaust, besser für DCM als HCM.

Prophylaxe Herzwurmprophylaxe (Ivermectin 0,5 mg/kg alle 30 Tage s. c.) bei Reisen in entsprechende Gebiete.

Erregungsleitungs- und Rhythmusstörungen

Häufigkeit Regelmäßig festgestellt.

Verbreitung Bei einigen Frettchen ohne morphologisch erkennbare

Herzveränderung werden **Bradyarrhythmien** (HF unter 120 min^{-1}), **AV-Block 1.** und **2. Grades** diagnostiziert; gelegentlich AV-Bock 3. Grades. Im Verlauf von Herzerkrankungen sind **Erregungsleitungsstörungen** wie bei Kleintieren möglich, v.a. Vorhof- und Ventrikelextrasystolen, Vorhofflimmern etc.[38]

Ursache Die Ursache der AV-Blöcke bleibt oft unklar, nicht immer wird eine begleitende Herzerkrankung diagnostiziert.

Klinik Je nach Schweregrad asymptomatisch, Symptome wie bei Herzerkrankung, Apathie, Schwäche, Husten, Tachypnoe, Dyspnoe, Inappetenz, Gewichtsverlust, Parese der Hintergliedmaßen, verlängerte KFZ, Ödeme, Synkope, plötzlicher Tod.

Radiologische Veränderungen Wenn Herzerkrankung vorliegt, evtl. entsprechende Veränderungen erkennbar (Kardiomegalie, Lungenödem, Thoraxerguss etc.), u.U. aber auch keine Auffälligkeiten vorhanden.

Diagnostik Klinik, Auskultation (reduzierte Herzfrequenz, Arrhythmien), Röntgen, EKG, Ultraschall.

Therapie Zugrunde liegende Herzerkrankung therapieren.

- **AV-Block Grad III:** Das Einsetzen eines **Herzschrittmachers** wurde beschrieben.
- **AV-Block Grad I und II:** keine weiteren therapeutischen Schritte
- **Schwere Bradykardie:** Für kurze Zeit kann eine Erhöhung der Herzfrequenz und Verbesserung des Allgemeinbefindens mit Propanthelin, Terbutalin, Theophyllin, Isopropterenol erreicht werden.

Prognose Je nach Ursache gut bis infaust.

2.8.6 Erkrankungen des Verdauungstrakts

Zahnerkrankungen

Häufigkeit Häufig auftretend.

Verbreitung Zahnstein am häufigsten, Abrasion/Verschleiß des Kronenbereichs, Zahnfrakturen, abgebrochene Zähne mit und ohne Eröffnung der Pulpahöhle, Fehlstellung des 2. Unterkiefer-Schneidezahns, gelegentlich werden überzählige Schneidezähne nachgewiesen.

Ursache

- **Zahnstein:** Verschiedene Faktoren spielen eine Rolle, u.a. die überwiegende Fütterung mit Nassfutter.
- **Zahnfrakturen, abgebrochene Zähne:** durch Traumata (Beißen in Käfigstangen etc.)[40,41]

Klinik Oft Nebenbefund bei klinischer Untersuchung: gelbliche bis gelblichgraue feste Auflagerungen auf den Zähnen, Parodontitis, Gingivitis, selten Hypersalivation, Inappetenz, Schmerzäußerungen, selektive Futteraufnahme.

Diagnostik Klinik, Röntgen.

Therapie

- Zahnstein entfernen und Politur in Narkose, evtl. Fütterung umstellen.
- **Bei frischer Eröffnung der Pulpahöhle ohne Pulpitis:** Vitalamputation
- **Bei alten Verletzungen mit Eröffnung der Pulpahöhle** und Abszessbildung müssen betroffene Zähne ggf. gezogen werden.

Prognose Je nach Ursache gut bis infaust.

Parodontitis

Häufigkeit Regelmäßig festgestellt, eine Studie wies eine Prävalenz von 65 % nach, meist nur milde Erkrankungsformen auftretend.

Ursache Häufig die Folge einer Zahnsteinablagerung mit bakterieller Infektion des Zahnhalteapparats.[40,41]

Klinik Je nach Schweregrad asymptomatisch, Zahnstein, Gingivitis, Zahnverlust, Maulgeruch.

Radiologische Veränderungen Rückgang des Knochens im Wurzelbereich, verbreiterter Paradontalspalt.

Diagnostik Klinik, Röntgen, bei Untersuchung in Narkose tiefe Paradontaltaschen (normale Gingivataschentiefe < 0,5 mm)[41], ggf. bakteriologische Untersuchung bei therapieresistenter Parodontitis.

Therapie Wie bei Kleintieren Entfernung von Zahnstein einschließlich Zahnpolitur, Parodontosebehandlung mit Reinigung, Spülung und Politur der freiliegenden Wurzelanteile, evtl. Chirurgie. Antibiose nur bei schweren therapieresistenten Fällen (mit Antibiogramm) notwendig, ggf. Analgesie; ggf. Futterumstellung (Trockenfutter und/oder komplette Futtertiere wie Mäuse), regelmäßige Zahnpflege/Zahnsteinentfernung. Abstellung möglicher prädisponierender Faktoren (Immunsuppression, Diabetes mellitus).

Prognose Meist ist die Erkrankung nur mild ausgeprägt, sodass die Tiere nicht eingeschränkt sind.

Erkrankungen der Speicheldrüsen

Häufigkeit Selten.

Ursache Trauma an einer der fünf vorhandenen paarigen Speicheldrüsen.

Klinik Meist nur Schwellung je nach betroffener Speicheldrüse, u. a. Hals, Kopfbereich, im Maul, nicht schmerzhaft.[40]

Diagnostik Klinik, Punktion der Umfangsvermehrung und Nachweis eines fadenziehenden, zellarmen Sekrets, Röntgen, Ultraschall, um andere Ursachen auszuschließen; Histopathologie.
Differenzialdiagnosen Abszess, Neoplasie.
Therapie Chirurgische Entfernung wie beim Kleintier.
Prognose Gut.

Neoplasien der Maulhöhle

Häufigkeit Selten.
Tumorarten Vor allem Plattenepithelkarzinome, aber auch Sarkome beschrieben (Abb. 2-7).[23]
Klinik Meist feste, invasiv wachsende Umfangsvermehrung, Maulgeruch, Hypersalivation, selektive Futteraufnahme, Schmerz, Schwierigkeiten beim Kauen, Zahnverlust pathologische Frakturen, bei Ausbreitung in Nasenhöhle Stridor, Nasenausfluss, Abmagerung.
Radiologische Veränderungen Osteolysen, Sklerosierungen im betroffenen Bereich.
Diagnostik Klinik, Röntgen/CT, Punktion/Biopsie und histopathologische Untersuchung.

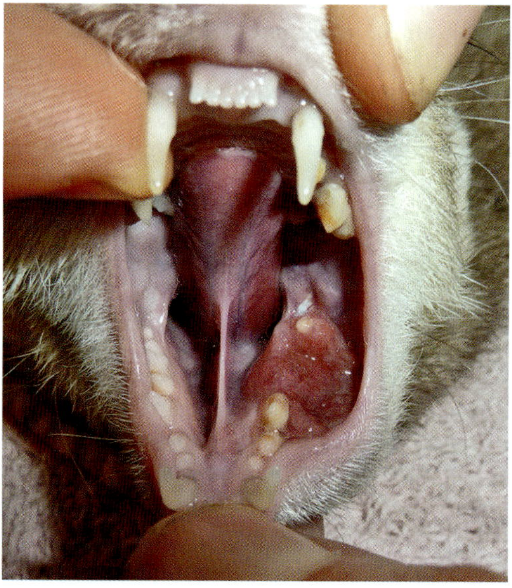

Abb. 2-7 Plattenepithelkarzinom im Maul eines Frettchens

F

Therapie

- Zwar neigen die Neoplasien der Maulhöhle nicht zur Metastasierung, bisher führte aber **kein Therapieversuch** zur **Heilung**.
- Eine **chirurgische Entfernung** ist aufgrund des invasiven Wachstums nur **schwer möglich** (Maxilektomie, Mandilektomie).
- **Bestrahlung** und **Chemotherapie** führten ebenfalls **nicht zum Erfolg**.

Prognose Schlecht.

Megaösophagus

Häufigkeit Sehr selten.
Ursache Unbekannt, evtl. im Verlauf einer Myasthenia gravis, nicht assoziiert mit Thymomen beschrieben.[40,42]
Klinik Regurgitieren, Schluckbeschwerden, Gewichtsverlust, Schwäche, Apathie, Abmagerung, Ptyalismus.
Radiologische Veränderungen Dilatierter Ösophagus, evtl. radiologische Hinweise auf Aspirationspneumonie.
Diagnostik Anamnese, Klinik, Röntgen.
Differenzialdiagnosen Ösophagealer Fremdkörper.
Therapie Keine ätiologische Therapie möglich, mit aufrechter Fütterung, Metoclopramid (0,2–1 mg/kg p.o., s.c. TID–BID), Magensäureblocker (Ranitidin 3,5 mg/kg p.o. BID oder Cimetidin 5–10 mg/kg p.o., s.c., i.v., i.m. TID–QID oder Omeprazol 0,7–4 mg/kg p.o. SID), Antibiose bei Aspirationspneumonie, Infusion bei Dehydratation. Da scheinbar nur kurze Überlebenszeiten erreicht werden, muss Euthanasie erwogen werden.
Prognose Schlecht.

Gastritis/Magenulkus

Häufigkeit Unklar, da klinisch **schwer zu diagnostizieren**.
Ursache Verschiedene Ursachen wurden bei Frettchen erwähnt.

> In klinischen Fällen ist eine Bestätigung der Diagnose nur über eine **Endoskopie** bzw. eine **Probelaparotomie** und **Biotatentnahme** möglich. Da diese meist nicht durchgeführt werden, bleiben die **Diagnose** einer Gastritis sowie deren **Ursache** oft **unklar**.

Die in der Literatur am häufigsten beschriebene Ursache ist eine *Helicobacter-mustelae*-Infektion.[43] Die Inzidenz dieses Erregers bei Heimtierfrettchen in Deutschland ist unbekannt. Gastritiden können auch chemisch durch Medikamente (NSAIDs, Antibiotika), Gallenflüssigkeit, Leber- und Nierenerkrankungen hervorgerufen werden.

Klinik Erbrechen, Durchfall, Apathie, Anorexie, Abmagerung, bei Ulcus melaena, Dehydratation, vergrößerte abdominale Lymphknoten.

Diagnostik Anamnese, Klinik, Röntgen, Ultraschall, Ausschluss anderer Erkrankungen (s. a. Kap. 1.7).

- ***Helicobacter-mustelae*-Infektion:** Darstellung von Ulcera mithilfe von Kontrastmitteln, Kalzifizierung in der Magenwand,[34] Ultraschall, bakteriologische Untersuchung von Kot, Histopathologie von Magenbioptaten, Serologie; der Nachweis von Blut im Kot bei fleischfreier Ernährung kann ein Hinweis sein.

Differenzialdiagnosen Alle Erkrankungen, die mit Durchfall und Erbrechen einhergehen, v. a. gastrointestinale Fremdkörper, gastrointestinale Neoplasien.

Therapie

- **Triple-Antibiose** mit Amoxicillin (10 mg/kg), Metronidazol (20 mg/kg) und Bismuth Subsalicylat (17,5 mg/kg) TID oral für 3–4 Wochen hat zur Eliminierung der *Helicobacter* geführt.[44]
- Ebenfalls wirksam war **Ranitidin Bismuth** (24 mg/kg) in Kombination mit **Clarithromycin** (25 mg/kg) TID für 2 Wochen.[45]
- **Omeprazol** (0,7 mg/kg) oder **Cimetidin** (10 mg/kg, TID) können unterstützend gegeben werden, wobei durch das Absenken des Magen-pH die fäkale Ausscheidung von *H. mustelae* gefördert wird.[46]
- Infusionen, assistierte Fütterung, Analgesie (Metamizol 20–50 mg/kg p. o., s. c., i. v. QID); Bluttranfusionen bei stark blutenden Ulcera

Verlauf

> **!** **Junge Frettchen** infizieren sich in Beständen meist im Alter von 5–6 Wochen und erkranken an gastrointestinalen Ulcera unter Einfluss von **Stress**.

Es können sich u. U. *H. mustelae*-assoziierte Adenokarzinome des Magens, Cholangiohepatitis, cholangiozelluläre Karzinome und Lymphome des Schleimhaut-assoziierten lymphatischen Gewebes (MALT) entwickeln.

Prognose Gut, wenn Ulcus klein ist und früh diagnostiziert wird. Schlecht, wenn Ulcus perforiert bzw. ein starker Blutverlust stattgefunden hat.

Verlauf Im Verlauf einer Gastritis kann ein Magenulkus entstehen.

Therapie Symptomatische Therapie je nach Schweregrad mit Infusionen, Analgesie (Metamizol 20–50 mg/kg p. o., s. c., i. v. QID), Magensäurehemmer (Ranitidin 3,5 mg/kg p. o. BID oder Cimetidin 5–10 mg/kg p. o., s. c., i. v., i. m. TID–QID oder Omeprazol 0,7–4 mg/kg p. o. SID), Sucralfat (25–125 mg/kg p. o. BID–TID) oder Maaloxan (keine Angaben vorhanden, evtl. 10–20 mg/kg p. o. TID–QID); bei Verdacht auf *Helicobacter*-Infektion **Triple-Therapie** (s. „Gastritis").

Prognose Je nach Ursache gut bis infaust.

Prophylaxe

- **Quarantäne**, *H.-mustelae*-freie Bestände
- **Stressvermeidung**, bei Ereignissen, die mit Stress verbunden sind (OPs)
- Bei leber- und nierenkranken Tieren und Tieren mit gastrointestinalen Erkrankungen sowie bei einer Langzeitgabe von NSAIDs, kann eine prophylaktische Gabe von **Magensäurehemmern** (Ranitidin, Cimetidin, Omeprazol) erwogen werden. Problematisch ist, dass durch das Absenken des Magen-pH u. U. die fäkale Ausscheidung von *H. mustelae* gefördert wird.[46]

Enteritis

Häufigkeit Infektiöse Enteritiden werden regelmäßig festgestellt, die Rolle von Inflammatory Bowel Disease (IBD) und esosinophiler Gastroenteritis in Deutschland ist unklar.

Ursache

- **Virale Erreger:** Corona- (FECV, FRECV), Rota, Staupeviren, Aleutenkrankheit
- **Bakterielle Erreger:** *Lawsonia intracellularis*, *Campylobacter* spp., *Salmonella* spp., *E. coli* etc.
- **Parasitäre Erreger:** Kokzidien (*Eimeria furonis*, *E. ictidea*, *Isospora laidlawi*)[47], Giardien, Kryptosporidien (Frettchengenotyp von *Cryptosporidium parvum*), Nematoden
- Bei Frettchen wurden zudem eine Form der **IBD** sowie eine **eosinophile Gastroenteritis** beschrieben, deren Ursache unklar ist.[18,48]

Klinik Durchfall, Erbrechen, Apathie, Inappetenz, Gewichtsverlust, Rektumprolaps.

Diagnostik

- Klinik, Röntgen, Untersuchung von Kot auf Parasiten (Kokzidien, Nematoden: nativ, Flotation; Giardien: Koproantigen-ELISA; Kryptosporidien: Karbolfuchsinfärbung, evtl. PCR) und bakteriologische Untersuchung bei Verdacht auf Bakterien

- **Enterales Coronavirus der Frettchen** (FECV, FRECV): AK-Nachweis, RT-PCR; Nachweis von Aleutenkrankheit (Kap. 2.8.9)
- **IBD** und **eosinophile Gastroenteritis:** Biopsien

Therapie

- **Symptomatische Therapie** je nach Schweregrad mit Infusionen, Analgesie (Metamizol 20–50 mg/kg p. o., s. c., i. v. QID), Magenschutz (Ranitidin 3,5 mg/kg p. o. BID oder Cimetidin 5–10 mg/kg p. o., s. c., i. v., i. m. TID–QID oder Omeprazol 0,7–4 mg/kg p. o. SID, evtl. Sucralfat 25–125 mg/kg p. o. BID–TID)
- Zusätzlich **gezielte Erregerbehandlung:**
  - Kokzidien: Toltrazuril (10 mg/kg SID 3 Tage) oder Sulfonamide (30 mg/kg SID oral, 2 Wochen)
  - Nematoden: Fenbendazol (20 mg/kg p. o. SID 5 Tage), Ivermectin (0,2–0,5 mg/kg p. o., s. c.)
  - Giardien: Metronidazol (15–20 mg/kg p. o. BID 7–14 Tage), Fenbendazol (20 mg/kg p. o. SID 5 Tage)
  - Kryptosporidien: Eliminierung der Erreger nicht möglich, Paromomycin (15 mg/kg BID per os für 28 Tage führten bei Weißbüschelaffen zur Heilung[49])
- Therapieversuch bei **Aleutenkrankheit** (Kap. 2.8.9), **IBD:** Neben einer prophylaktischen Therapie gegen Endoparasiten, Futterumstellung auf hypoallergenes Futter, Versuch mit Azathioprin (0,9 mg/kg alle 3 Tage), Magenschutz (Ranitidin 3,5 mg/kg p. o. BID oder Cimetidin 5–10 mg/kg p. o., s. c., i. v., i. m. TID–QID oder Omeprazol 0,7–4 mg/kg p. o. SID, evtl. Sucralfat 25–125 mg/kg p. o. BID–TID), evtl. bei chronischem Geschehen Cobalaminsubstitution, bei Nachweis einer bakteriellen Monokultur Antibiose nach Antibiogramm
- **Eosinophile Gastroenteritis:** Prophylaktische Therapie gegen Endoparasiten, Prednisolon (1,25–2,5 mg/kg p. o. SID für 1 Woche, dann alle 2 Tage, bis Symptomfreiheit erreicht), Futterumstellung (hochwertiges Protein, wenig Kohlenhydrate)

Prognose Je nach Ursache gut bis infaust; IBD meist schlecht.

Prophylaxe Quarantänemaßnahmen, Hygiene bei infektiösen Ursachen.

Gastrointestinale Fremdkörper

Häufigkeit Regelmäßig auftretend.

Ursache Vor allem kleine Fremdkörper, Gummi- oder Plastikteile, Schaumstoffe, seltener Bezoare.[48]

Alter Meist jüngere Tiere.

F

Klinik Oft zu Beginn nur unspezifische Symptome, Anorexie, Apathie, selten Erbrechen, Durchfall, Hypersalivation, Zähneknirschen, aufgekrümmter Rücken, Dehydratation, Reiben des Mauls, Gewichtsverlust.
Radiologische Veränderungen In Einzelfällen Fremdkörper sichtbar, sonst bei Obstruktionen vor der Obstruktionsstelle oft Flüssigkeit und Gas, dahinter leerer Darm mit oder ohne Gasansammlung, oft nicht sicher anhand Röntgenbild diagnostizierbar.
Diagnostik Klinik, oft bereits Nachweis des Fremdkörpers durch Palpation, Röntgen, Ultraschall, Laparotomie.

Tipp

Für die Palpation bei Verdacht auf Fremdkörper den **Nackengriff** anwenden, damit die Tiere still halten (Abb. 2-1).

Therapie Chirurgische Therapie, nachdem das Tier stabilisiert wurde (Infusionen, Analgesie), in einigen Fällen werden die Fremdkörper ohne Eingriff ausgeschieden.
Prognose Gut, wenn frühzeitige Diagnose und Therapie.
Prophylaxe Vermeiden von Utensilien, die als potenzielle Fremdkörper infrage kommen.

Neoplasien des Gastrointestinaltrakts

Häufigkeit Selten.
Ursache Verschiedene Neoplasien wurden für den Gastrointestinaltrakt bei Frettchen beschrieben. Vor allem Lymphome und Adenokarzinome treten auf, Adenokarzinome des Magens sind mit dem Auftreten von *Helicobacter mustelae* assoziiert.[23]
Alter Betrifft meist Tiere älter als 2 Jahre.
Klinik Apathie, Anorexie, Erbrechen, Gewichtsverlust, aufgetriebenes Abdomen, Dehydratation, Anämie; palpierbare Masse im Abdomen, gelegentlich Melaena.
Radiologische Veränderungen Eventuell Anzeichen einer gastrointestinalen Obstruktion.
Diagnostik Klinik, Röntgen, Ultraschall, Laparotomie.
Therapie Stabilisierung des Patienten und wenn möglich Chirurgie, beim Vorliegen eines Lymphoms Chemotherapie (Kap. 2.8.13).
Prognose Je nach Ursache gut bis infaust.

Hepatobiliäre Erkrankungen

Häufigkeit Selten.

Ursache

- Die Leber kann im Verlauf **verschiedenster Erkrankungen** mit betroffen sein, z. B. bei Trächtigkeitstoxikose, Ketoazidose, Staupe, Aleutenkrankheit, der systemischen Frettchen-Coronaviruserkrankung, Mykobakteriose, Cholangiohepatitis unbekannter Genese, Sepsis, Intoxikationen. In einigen Fällen kann es zu aufsteigenden bakteriellen Hepatitiden kommen, selten treten Leberzysten auf.
- Als **Leberneoplasien** sind v. a. Lymphom, Primärtumore wie Leberzellkarzinome und -adenome, Hämangiosarkome sowie Metastasen von Primärtumoren (z. B. Nebennierenneoplasien, exokrine Pancreaskarzinome, Insulinome, Hämangiosarkome) beschrieben.
- Als **Gallenwegserkrankungen** wurden u. a. Cholestasis, Cholelithiasis, Gallengangskokzidiose, Gallengangszysten, azessorische Gallenblasen und Neoplasien (Zystadenom, Gallengangskarzinom) erwähnt.[5,8,18,50–52]

Klinik Zu Beginn oft asymptomatisch, Apathie, Anorexie, Erbrechen, Durchfall, Fieber, Gewichtsverlust, Ikterus selten, bei schweren Lebererkrankungen sind vermutlich auch Hepatoenzephalopathie, Aszites und Koagulationsstörungen möglich, akuter Abdominalschmerz bei Gallengangsobstruktionen, Hämoabdomen bei blutenden Leberneoplasien.

Radiologische Veränderungen Eventuell Hepatomegalie, Aszites, Kalzifizierungen nachweisbar.

Labordiagnostik Je nach Ausmaß der Erkrankung. Erhöhung der Aktivitäten von AST, ALT, GLDH (Glutamatdehydrogenase), AP, GGT (Gamma-Glutamyltransferase); Anstieg der Konzentration von Bilirubinkonzentration, Cholesterin und vermutlich auch der Gallensäuren; bei Lipidose lipämisches Plasma in Nüchternprobe; Ketonurie bei Ketose; evtl. auch Einfluss auf die Gerinnungsparameter.

Diagnostik Klinik, Labor, Röntgen, Ultraschall.

Therapie Zugrunde liegende Erkrankung therapieren; Infusion, Analgesie, ggf. Antibiose, assistierte Fütterung; bei Lymphom Chemotherapie (Kap. 2.8.13).

Prognose Je nach Ursache gut bis infaust.

F

2.8.7 Erkrankungen des Harntrakts

Bei **Frettchen** werden im Harntrakt gelegentlich **Fehlbildungen** nachgewiesen, wie ektopische[53] oder retrokavale Ureter.[54]

Die Diagnostik und Therapie werden wie bei Kleintieren vorgenommen.

Nierenerkrankungen

Verbreitung Weltweit.
Häufigkeit Regelmäßig festgestellt.
Alter Vor allem bei älteren Tieren.
Formen Akute Nephritiden, chronische interstitielle Nephritiden, Glomerulopathien (Aleutenerkrankung), primäre und sekundäre Nierenzysten, Hydronephrose, Pyelonephritis, Nephrolithiasis; selten Neoplasien: Lymphom, Übergangszellkarzinom, renale Adenome und Adenomkarzinome.[23,55]
Ursache Verschiedene Auslöser kommen infrage, z. B. Aleutenkrankheit, Staupe, bakterielle Erreger (*E. coli*), Nierenzysten (primäre und sekundäre; müssen sehr ausgeprägt sein, um Symptome zu verursachen), Intoxikationen (NSAIDs, Gentamicin), Neoplasien; längere hypovolämische Phasen (Dehydratation, Narkose), Folge einer postrenalen Obstruktion.
Klinik **Chronisches (CNI)** und **akutes Nierenversagen (ANI)** sind möglich, meist unspezifische Symptome: Inappetenz, Apathie, Schwäche, Erbrechen, Fieber, Gewichtsverlust, bei CNI Polyurie/Polydipsie, bei ANI oft Olig- bzw. Anurie, Krämpfe, Hämaturie, plötzlicher Tod.
Labor Erst wenn mehr als 75 % der Nierenfunktion eingeschränkt sind, kommt es zum Anstieg von Kreatinin und Harnstoff; Elektrolytveränderungen (wie Hyperkaliämie, Hyperphosphatämie, Hypo-, Hyperkalzämie), Anämie, Hypoglykämie, Hypoproteinämie, spezifisches Gewicht des Harns bei CNI ca. 1008–1012; bei akutem Versagen kann es höher sein (bis 1025); bei Pyelonephritis: Erythrozyten, Leukozyten, Leukozytenzylinder im Harn; UPC.
Radiologische Veränderungen Nicht unbedingt auffällig, evtl. röntgendichte Konkremente in Niere, Harnleiter, Blase, Harnröhre, Vergrößerung und/oder Verkleinerung einer oder beider Nieren.
Diagnostik Anamnese, Klinik, Labor (Nachweis einer renalen Azotämie, evtl. Elektrolytveränderungen, UPC), Röntgen, Ultraschall (hyperecho-

gener Bereich zwischen Rinde und Mark einiger Tiere scheint ohne klinische Relevanz zu sein),[56] Harn-Mikrobiologie.

Therapie

- Oft nur **symptomatisch** möglich, da Auslöser meist unklar bleibt
- **Infusionen:** Wenn das Tier nicht dehydratisiert ist und die Harnproduktion unklar, startet man mit halbem Erhaltungsbedarf (25 ml/kg). Produziert das Tier unter Infusionstherapie adäquat Harn (Evaluierung evtl. über Harnkathetersystem, Gewichtsermittlung, Blasenpalpation, Haltung auf Handtuch/Zellstoff, Ultraschall der Blase) (möglichst > 1 ml/kg/h), kann mehr Infusionsmenge gegeben werden.
- **Antibiose** bei Verdacht auf Pyelonephritis, bakteriell bedingter Nephritis (möglichst mit Antibiogramm aus Zystozenteseharn) (mindestens 7–10 Tage), Analgesie (Metamizol 20–50 mg/kg p. o., s. c., i. v. QID), Magenschutz (Ranitidin 3,5 mg/kg p. o. BID oder Cimetidin 5–10 mg/kg p. o., s. c., i. v., i. m. TID–QID oder Omeprazol 0,7–4 mg/kg p. o. SID, evtl. Sucralfat 25–125 mg/kg p. o. BID–TID)
- Bei **chronischem Nierenversagen** evtl. ACE-Hemmer einsetzen. Bei **nicht-regenerativer Anämie** aufgrund einer CNI Erythropoetin (50–100 IE/kg 3 × wöchentlich).
- Assistierte Fütterung

Tipp

Es sind **keine speziellen Futtermittel** für nierenkranke Frettchen auf dem Markt, evtl. lassen sich **vergleichbare Katzenpräparate** versuchen (Akzeptanz problematisch).

Prognose Je nach Ursache gut bis infaust.
Prophylaxe Hypovolämische Tiere ausreichend infundieren und bei diesen Tieren NSAIDs vermeiden.

Blasenerkrankungen

Verbreitung Urolithiasis v. a. in Nordamerika beschrieben.
Häufigkeit Selten.
Formen Urolithiasis, Zystitis, ektopische Ureter, Neoplasien.[55,57,58]
Ursache Bei Urolithiasis (meist Struvitsteine, selten Zysteinsteine)[57,58] unklar. Eine infektiöse Komponente scheint keine Rolle zu spielen; Zystitis vermutlich meist durch aufsteigende Infektionen verursacht.
Klinik Strangurie, Pollakisurie, Inkontinenz, urinverschmutzter Anogenitalbereich, Dermatitis, Schmerzäußerungen beim Harnabsatz, gehäuftes Belecken der Anogenitalregion, Hämaturie.

Radiologische Veränderungen Oft unauffällig, evtl. röntgendichte Konkremente sichtbar.
Diagnostik Klinik, Röntgen (evtl. je nach Indikation Kontrastmittelstudien: ektopischer Ureter; Blasensteine, -neoplasien, falls kein Ultraschall vorhanden), Ultraschall; ggf. mikrobiologische Untersuchung von Zystozenteseharn.
Differenzialdiagnosen Harnabsatzstörungen durch Prostataerkrankungen (Abszess, Nebennierenneoplasien), Analbeutelerkrankungen, Kotabsatzstörungen durch Obstipation, neurologische Erkrankung, Erkrankungen des Fortpflanzungstrakts.
Therapie Je nach Befund:

- **Chirurgische Entfernung** von Steinen, insofern möglich auch bei Neoplasien
- **Harnkatheter** legen bei Harnröhrenstein
- **Urethrotomie**, falls Entfernung nicht möglich
- **Antibiose** nach Antibiogramm bei Nachweis einer Zystitis, Analgesie (Metamizol)
- **Futterumstellung** bei Urolithiasis: Proteinreich, kohlenhydratarm

Prognose Je nach Ursache gut bis infaust.

2.8.8 Erkrankungen des Reproduktionstrakts

Erkrankungen des weiblichen Reproduktionstrakts

Dauerranz

Verbreitung Weltweit.
Häufigkeit Sehr selten.

> Da mittlerweile der Großteil der weiblichen Frettchen vor der ersten Ranz, spätestens danach **kastriert** wird, tritt diese Erkrankung **sehr selten in Deutschland** auf.

Ursache Die Ovulation bei weiblichen Frettchen wird durch den Deckakt ausgelöst. Ist kein männliches unkastriertes Partnertier vorhanden, bleibt die Fähe in der Ranz. Durch die hohe Östrogenkonzentration im Blut (Frettchen sind besonders empfindlich) kommt es zu einer **Knochenmarkdepression** und entsprechenden klinischen Folgen.[23,55]
Klinik Geschwollene Vulva über Wochen bis Monate bei einem unkas-

trierten weiblichen Frettchen, zunehmende Alopezie, Apathie, Anorexie, Schwäche, blasse Schleimhäute, Petechien, Ekchymosen, Melaena, Gewichtsverlust, Dyspnoe, neurologische Ausfälle, Tod.
Labordiagnostik Anämie, Panzytopenie.
Diagnostik Anamnese, Klinik, Labor, Röntgen und Ultraschall zum Ausschluss anderer Anämieursachen.
Differenzialdiagnosen Restovar: kastrierte weibliche Tiere; Hyperadrenokortizismus (Hyperöstrogenismus II, Nebennierenveränderung): kastrierte weibliche Tiere und kastrierte männliche Tiere.
Therapie
- **Kastration** (chemisch und chirurgisch); chemisch mit Supralorinchip (zugelassen für Frettchen ist nur der 9,4 mg-Chip); chirurgisch oft erst nach Stabilisierung möglich
- Um die Ranz zu beenden, muss vor der chirurgischen Therapie **Buselerin** (0,25 ml/kg s. c., Wiederholung nach 7–14 Tagen) appliziert werden.
- Je nach Schwere der **Anämie** Bluttransfusion oder Oxglobin®, assistierte Fütterung

Prognose Je nach Krankheitszustand gut bis infaust.
Prophylaxe Chemische oder chirurgische Kastration von weiblichen Frettchen, die nicht zur Zucht eingesetzt werden; Beenden der Ranz mit Buselerin, wenn sie länger als 2–3 Wochen dauert.

Weitere Erkrankungen des weiblichen Fortpflanzungstrakts

Verbreitung Weltweit.
Häufigkeit Gegenwärtig sehr selten, da der Großteil der in Deutschland gehaltenen Heimtierfrettchen kastriert ist.
Formen Weibliche **nicht kastrierte** Frettchen, die zur **Zucht** eingesetzt werden, können weitere Erkrankungen aufweisen. Dazu gehören Endometritis, Pyometra, Hydrometra, Vaginitis, Mastitis, Neoplasien (Ovar: Leiomyom, Leiomyosarkom, Keimstrang-Stromatumor, Adenokarzinom; Uterus: Leiomyom, Leiomyosarkom; Mamma: Adenom, seltener Adenokarzinom).[23,55]
Ursache
- Entzündungsursache sind oft **bakterielle Infektion** (*E. coli*, *Staphylococcus* spp., *Streptococcus* spp., *Corynebacterium* spp.).
- Zu einer Stumpfpyometra kann es bei einem **Hyperadrenokortizismus** kommen (Kap. 2.8.11).

Klinik Eitriger Vaginalausfluss; Schwellung, Rötung, Schmerzhaftigkeit eines oder mehrerer Mammakomplexe, Fieber, Apathie, Inappetenz,

F

Schwäche, Erbrechen, Anzeichen eines Hyperöstrogenismus bei Ovarialtumor, palpierbare Metra.

Radiologische Veränderungen Bei Pyometra: Nachweis der vergrößerten, weichteildichten Metra.

Diagnostik Anamnese, Klinik, Röntgen, Ultraschall, bei vergrößertem Mammakomplex: Punktion und Zytologie.

Therapie

- **Chirurgie** bei Endometritis, Pyometra, abszedierender Mastitis, Neoplasien; systemische Antibiose, Analgesie
- Ob **Aglepriston** (10–20 mg/kg s.c. 2 × im Abstand von 24 h, Wdh. nach 8 d) bei Frettchen mit Pyometra wirksam ist, wurde bisher nicht untersucht. Denkbar wäre eine Applikation bei Tieren mit schlechtem Allgemeinbefinden zur Stabilisierung bis zur Chirurgie.
- **Deslorelin** (Chip 9,4 mg s.c.)oder chirurgische Intervention bei Hyperadrenokortizismus (Kap. 2.8.11)

Prognose Je nach Ursache gut bis infaust.

Erkrankungen trächtiger Frettchen

Häufigkeit Selten.

Formen Trächtigkeitstoxikose (Eklampsie), Dystokie.

Ursache

- **Trächtigkeitstoxikose:** Trächtigkeit mit hoher Anzahl Jungtiere, reduzierte Futteraufnahme (Energiedefizit), inadäquate Fütterung (zu geringe Menge, zu geringe Anzahl an Portionen pro Tag, zu geringer Energiegehalt)
- **Dystokie:** Fehlbildungen, Störung bei Geburt

Klinik

- **Trächtigkeitstoxikose:** Apathie, Inappetenz, Hypothermie, Dehydratation
- **Dystokie:** Stocken des Geburtsvorgangs, Apathie, Inappetenz, Schmerzäußerungen

Labor Hypoglykämie, Azotämie, Hypokalzämie, Anämie, Anstieg von AST; ALT, Hyperbilirubinämie

Diagnostik Anamnese, Klinik, Röntgen, Ultraschall, Labor.

Therapie

- **Trächtigkeitstoxikose:** Intensivtherapie mit Infusionen mit Glucosebolus bei Hypoglykämie, Analgesie, assistierte Fütterung; evtl. Kaiserschnitt, um das Muttertier zu retten
- **Dystokie:** Stabilisierung des Muttertieres (Überwachung von Glucose, Elektrolyten, v.a. Calcium im Blut), wenn konservative Thera-

pie erfolglos oder mechanisches Problem die Ursache, dann Kaiserschnitt

- Infusionen, Analgesie, assistierte Fütterung, Magenschutz (Ranitidin 3,5 mg/kg p.o. BID oder Cimetidin 5–10 mg/kg p.o., s.c., i.v., i.m. TID–QID oder Omeprazol 0,7–4 mg/kg p.o. SID, evtl. Sucralfat 25–125 mg/kg p.o. BID–TID)

Prognose Schlecht bei Trächtigkeitstoxikose, meist gut bei Dystokie.

Prophylaxe Energiereiches Futter im letzten Trächtigkeitsdrittel.

Erkrankungen des männlichen Reproduktionstrakts

Prostataerkrankungen

Häufigkeit Selten.

Alter Tiere mittleren Alters (3–4 Jahre).[59]

Ursache Die meisten Prostataveränderungen wurden bei **kastrierten Frettchen** mit **Hyperadrenokortizismus** beschrieben, v.a. Zysten, Hyperplasie und Prostatitis traten auf;[23] seltener Abszesse; Prostataneoplasien scheinen sehr selten zu sein, zumindest werden sie in der wissenschaftlichen Literatur bisher nicht erwähnt.

Klinik Asymptomatisch, Dysurie, Stangurie, Belecken der Urethraöffnung, Hämaturie, bei Obstruktion der Harnröhre Inappetenz, Apathie, pralles caudales Abdomen. Oft gibt es andere Anzeichen darauf, dass ein Hyperadrenokortizismus vorliegt, wie Alopezie, verstärkte Aggressivität, Paarungsverhalten, Juckreiz.

Radiologische Veränderungen Vergrößerung der Prostata evtl. sichtbar, vergrößerte Blase bei Harnabsatzstörungen (Abb. 2-8).

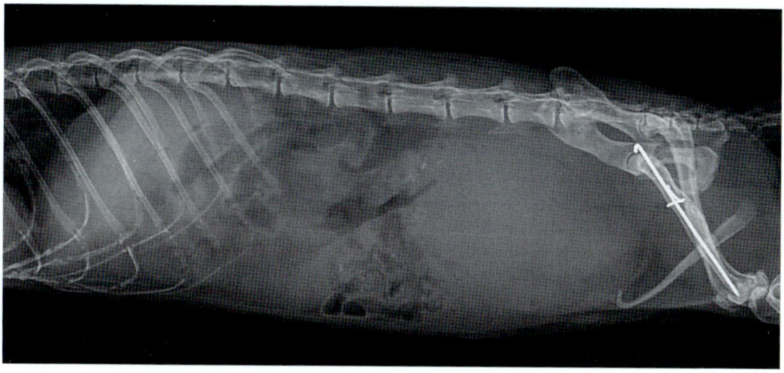

Abb. 2-8 Röntgenbild (laterolaterale Projektion) eines Frettchens mit Prostataabszess (und alter Femurfraktur)

F

Diagnostik Klinik, Röntgen, Ultraschall, Hormonbestimmung (Kap. 2.8.11); Labor (ggf. postrenale Azotämie, Leukozyten im Harn).
Differenzialdiagnosen Blasenerkrankungen, Erkrankungen der Analbeutel.
Therapie

- Hat das Tier Schwierigkeiten, Harn abzusetzen: Legen eines **Harnkatheters** und **Entleerung der Blase** (meist Sedation/Narkose notwendig), evtl. Dauerkatheter, bis weitere Therapie anspricht
- Behandlung des **Hyperadrenokortizismus**, wenn dies die Ursache ist (Kap. 2.8.11)
- **Chirurgie** bei Prostataabszessen und -zysten (Drainage, Marsupialisation)
- **Systemische Antibiose** und **Analgesie** bei Abszessen, infizierten Zysten und Prostatitis
- **Infusionen** bei Azotämie, **assistierte Fütterung** bei Inappetenz

Prognose Je nach Ursache gut (Hyperplasie) bis schlecht (Abszesse).

Erkrankungen der Hoden

Häufigkeit Selten, da der Großteil der Heimtierfrettchen kastriert ist.
Vorkommen Orchitis, Neoplasien (Leydig-, Sertolizelltumor, Seminome, Hodenkarzinome; treten v. a. bei kryptorchiden Hoden auf)
Alter Ältere Tiere.
Klinik Vergrößerung des Hodens; einige der Neoplasien produzieren Geschlechtshormone, die ebenfalls Symptome verursachen können, wie blasse Schleimhäute; schmerzhafter Hoden bei Orchitis, evtl. Fieber.
Labordiagnostik Anämie möglich.
Diagnostik Klinik, Röntgen, Ultraschall, Kastration und Histopathologie.
Differenzialdiagnosen Hodentorsion, Hodenentzündung/-abszess.
Therapie Kastration, ggf. Anämiebehandlung, Analgesie und Antibiose bei Orchitis.
Prognose Gut, wenn frühzeitig diagnostiziert; schlecht, wenn bereits Metastasenbildung bei Neoplasien (für Sertolizelltumor in Leber beschrieben)[23] oder Sepsis/Endokarditis bei Orchitis.

2.8.9 Neurologische Erkrankungen

Frettchen werden vergleichsweise häufig mit Symptomen wie **Ataxie** (Verlust bzw. Einschränkung Muskelkoordination) und **Parese** (Reduktion oder Verlust der Muskelkraft) vorgestellt.

Nicht immer fallen diese Symptome dem Besitzer vorher auf. Ursache dieser Symptome können **primäre Erkrankungen des Nervensystems**, aber auch Erkrankungen sein, die **sekundär** das Nervensystem betreffen. Die diagnostische Aufarbeitung einschließlich einer **sorgfältigen neurologischen Untersuchung** muss systematisch erfolgen, damit alle relevanten Erkrankungen erfasst werden. Mögliche Differenzialdiagnosen für neurologische Symptome sind in Kapitel 1.7.6 aufgeführt.

Tipp

Die Abklärung neurologischer Patienten kann sehr **komplex** sein und wann immer möglich, sollten entsprechend **qualifizierte Kollegen** mit **zu Rate gezogen** werden.

Peripheres Vestibularsyndrom

Otitis interna/media

Informationen dazu finden sich in Kapitel 2.8.2.

Erkrankungen des Gehirns

Häufigkeit Selten primär, häufig sekundär (meist Hypoglykämie, z.B. durch Insulinom).

Ursache Bakterien, Viren (Staupe, Aleutenkrankheit, Coronaviren), Pilze (Kryptokokken), Parasiten (*Toxoplasma gondii*), Neoplasien, Trauma, Anomalien, metabolische Störungen (Hypoglykämie z.B. durch Insulinom, Leber-, Nieren-, Herzerkrankungen, Vergiftungen etc.)[60]

Klinik Je nach Lokalisation entsprechende neurologische Ausfälle, wie Propriozeptionsdefizite, Ataxie, Parese/Paralyse, Krämpfe, Verhaltensveränderung, Bewusstseinsstörung, Kopfnervenausfälle, Schwäche, Apathie, Inappetenz, Koma.

Diagnostik

- Anamnese, Klinik einschließlich ausführlicher neurologischer Untersuchung, Röntgen*, Ultraschall (Abdomen, Herz)*, Labor*, CT,

F

MRT, Liquoranalyse (*v. a. um sekundäre neurologische Erkrankungen zu diagnostizieren)

- **Coronaviren** (Frettchen Feline Infektiöse Peritonitis [FFIP]): AK-Nachweis, RT-PCR
- **Staupe:** Antigennachweis durch direkte Immunofluoreszenz von Konjunktivalabstrich, Buffy Coat, Urinsediment; PCR von Konjunktival- und Rachenabstrich, Liquor cerebrospinalis, Organen, Organhistologie
- **Aleutenkrankheit:** Hypergammaglobulinämie (nicht spezifisch), AK-Nachweis (bedeutet Kontakt, aber nicht, dass erkrankt): Counterimmuno-Elektrophorese (CIEP), ELISA; AG-Nachweis (kann positiv sein ohne Klinik).[61] PCR (Sektionsmaterial, Bioptate), DNA-in situ-Hybridisationstest (Nachweis von DNA in veränderten Zellen)

> **!** Der Nachweis der **Aleutenkrankheit** ist sehr schwierig, am lebenden Tier ist nur die **Verdachtsdiagnose** möglich.

- **Toxoplasmose:** AK-Nachweis im Serum, Histologie postmortal

Therapie Abhängig von Ursache:

- **Viruserkrankung:** nur symptomatisch möglich; Infusionen, Antibiose, ggf. Fiebersenkung (Metamizol 20–50 mg/kg p. o., s. c., i. v. QID), assistierte Fütterung
- **FFIP:** Zusätzlich zur symptomatischen Therapie führte eine **Milzexstirpation** bei einem Tier zur Symptomfreiheit.[62]
- **Aleutendisease:** Bei Minken wurden zusätzlich zu symptomatischer Therapie antiinflammatorische Medikamente gegeben (Cyclophosphamid; 10 mg/kg i. p. 3 × wöchentlich, 13 Wochen)[63], sie haben aber starke Nebenwirkungen.
- **Toxoplasmose:** Sulfadiazin (60 mg/kg TID p. o.) und Pyrimethamin (0,5–1 mg/kg SID p. o.) 7–14 Tage; Enrofloxacin[64] (bisher keine klinische Dosierung publiziert. Vorstellbar ist, dass 10 mg/kg SID 7–14 Tage ausreichend sein könnten); Clindamycin und Sulfonamid/Trimethoprim hatten keinen Einfluss auf den Verlauf der Erkrankung bei Schwarzfussfrettchen.[65]

Prognose Je nach Ursache, sehr schlecht bei Staupe, Toxoplasmose und Aleutenkrankheit.

Prophylaxe Quarantäne, Impfung gegen Staupe; Toxoplasmen: Kontakt zu Katzenkot verhindern, rohes Fleisch, das potenziell Toxoplasmazysten enthalten könnte, vermeiden.

F

Erkrankungen des Rückenmarks

Bandscheibenvorfall

Häufigkeit Selten.
Alter Beschriebene Fälle wiesen Altersspanne von 7 Monaten bis 6 Jahre auf.[60]
Ursache Unklar, meist kein Trauma beschrieben.
Klinik Je nach Lokalisation entsprechende neurologische Ausfälle, wie Propriozeptionsdefizite, Mono-, Paraparese, Tetraparese, Paralyse.
Radiologische Veränderungen Eventuell Verengung eines Zwischenwirbelspalts erkennbar, Aussparung bei Kontrastmittelapplikation in den Wirbelkanal (Myelografie).
Diagnostik Klinik, Röntgen mit Myelografie, CT, MRT.
Therapie Abhängig von neurologischen Ausfallserscheinungen; konservativ mit Analgesie und Käfigruhe bei geringen bis mittelgradigen Paresen; chirurgisch (Hemilaminektomie) bei hochgradigen Paresen/ Paraplegien. Symptomatisch Analgesie, Infusionen, Vitamin-B-Komplex (0,5 ml/kg p. o., s. c. SID), assistierte Fütterung, Kontrolle/Assistenz bei eingeschränktem Harnabsatz (manuelle Entleerung oder Harnkatheter), Umlagerung.
Prognose Je nach Lokalisation und Grad der neurologischen Ausfälle gut bis infaust.

Neoplasien des Nervensystems

Häufigkeit Regelmäßig.
Tumorarten

> **Lymphome** sind im ZNS und im Bereich des peripheren Nervensystems die am häufigsten diagnostizierte Neoplasie.

- Primäre Neoplasien des ZNS kommen selten vor. Astrozytom, Meningiom, Granulosazelltumor und ein Choroidplexuspapillom wurden bisher beschrieben.
- Als primäre Neoplasien des peripheren Nervensystems wurden periphere Nervenscheidentumore (PNST) und Ganglioneurome diagnostiziert.[23,60]

Klinik Von Lokalisation und Ausprägung der Neoplasie abhängig.
Diagnostik Klinik, CT, MRT, oft erst durch Pathologie.

F

Differenzialdiagnosen Alle Veränderungen, die zu neurologischen Ausfällen führen können.

Therapie

- Abhängig von Lokalisation und Tumorart; im ZNS bisher nicht beschrieben; sollte in Anlehnung an Kleintiere erfolgen, evtl. Euthanasie.
- **PNST:** radikale Chirurgie, ggf. mit Bestrahlung
- **Lymphom:** Chemotherapie (Kap. 2.8.13)

Prognose Meist nicht gut.

2.8.10 Knochen- und Muskelerkrankungen

Frakturen, Luxationen

Häufigkeit Regelmäßig.

Ursache Traumata, seltener Folge einer Neoplasie.

Klinik Je nach Lokalisation Lahmheit unterschiedlichen Grades bis zur Paralyse bei Wirbelsäulenbeteiligung, Fehlstellung von Körperteilen.

Diagnose Klinik, Röntgen (Abb. 2-9), CT.

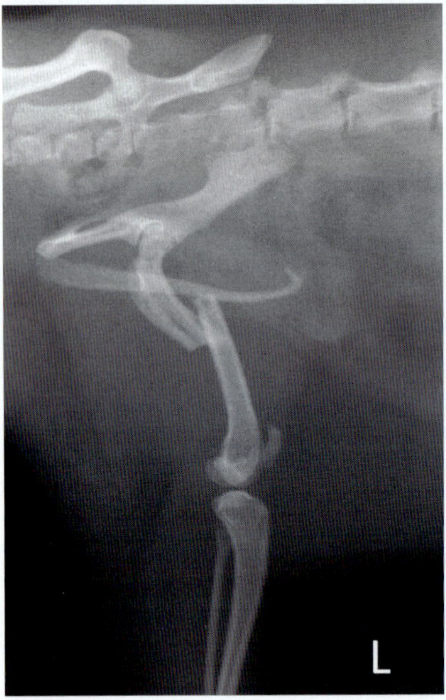

Abb. 2-9 Femurfraktur bei einem Frettchen

Therapie Je nach Befund; lange Röhrenknochen chirurgisch (intramedullärer Pin, Fixateur externe, parakortikale Fixation), Hüftgelenksluxationen entweder konservativ nach Reposition oder chirurgisch (Femurkopfhalsresektion).
Prognose Je nach Ursache gut bis infaust.

Neoplasien des Skeletts

Häufigkeit Selten.
Alter Vor allem mittelalte Tiere.
Tumorarten Chordom, Chondrom, Osteom, Osteosarkom.[23]
Klinik Umfangsvermehrung, pathologische Fraktur, Parese, Paralyse bei Einbruch in den Spinalkanal, Schmerzhaftigkeit, evtl. Hautulzeration bei großen Neoplasien.
Radiologische Veränderungen Je nach Tumorart Weichteilschwellung, Beteiligung der knöchernen Strukturen (Chordom, Osteosarkom) (Osteolyse, Sklerosierung).
Diagnostik Klinik, Röntgen, CT.
Therapie

- Wenn möglich, **radikale chirurgische Entfernung** (Amputation).
- Metastasierungen wurden bisher für Frettchen nicht beschrieben, können aber nicht ausgeschlossen werden.
- Inwieweit eine adjuvante Chemotherapie oder Bestrahlung möglich sind, ist für Frettchen nicht untersucht.

Prognose Je nach Ausprägung und Lokalisation gut bis infaust.

Neoplasien der Muskulatur

Häufigkeit Selten.
Alter Junge (2 Jahre bei Synovialzellsarkom und Liposarkom) bis mittelalte Tiere.[23]
Tumorarten Rhabdomyosarkom, Synovialzellsarkom, Liposarkom, Fibrosarkom (PNST).
Klinik Umfangsvermehrung, evtl. Schmerzäußerungen, Parese, Paralyse, abnormaler Gang.
Diagnostik Klinik, Röntgen, CT, Ultraschall.
Therapie Wenn möglich, chirurgische Entfernung. Inwieweit eine adjuvante Chemotherapie oder Bestrahlung möglich sind, ist für Frettchen nicht untersucht.
Prognose Je nach Ausprägung und Lokalisation gut bis infaust.

F

2.8.11 Endokrine Erkrankungen

Hyperadrenokortizismus

Verbreitung Vor allem in Nordamerika auftretend, seltener in Europa.
Häufigkeit Circa 25–70 % ja nach Land und Autor, insgesamt häufig, bisher fast ausschließlich bei kastrierten Tieren beschrieben.
Alter Meist Frettchen ab 3 Jahre (Spanne von 8 Monaten bis 9 Jahren beschrieben; Mittelwert je nach Untersuchung: 3,4 oder 4,4 Jahre).
Ursache

- Nebennierenhyperplasie, -adenome, -adenokarzinome und andere Neoplasien der Nebennieren, die aufgrund der Bildung von Geschlechtshormonen zu einer typischen klinischen Symptomatik führen
- Es wird ein Zusammenhang zwischen der Kastration und dem Auftreten der Erkrankung gesehen.
- Vor allem links, aber auch rechts und beidseits möglich.
- Neoplasien metastasieren gelegentlich; nur in wenigen Fällen wird vermehrt Cortisol produziert.[66–68]

Prädisponierende Faktoren Kastration, veränderter Tag-Nacht-Rhythmus, Futter wird als Auslöser diskutiert.
Klinik Alopezie (erst im Schwanzbereich, dann sich ausdehnend), Juckreiz, geschwollene Vulva und Vaginalausfluss kastrierter weiblicher Frettchen, Verhaltensveränderung (geschlechtsspezifisches Verhalten wird gezeigt, wie Aggressivität, Paarungsverhalten), Apathie, Gewichtsverlust und Muskelatrophie, Dysurie männlicher Tiere (Prostataveränderung), Mammahyperplasie.
Diagnostik

- Klinik (evtl. palpierbare linke vergrößerte Nebenniere), Ultraschall (Nachweis der veränderten Nebennieren, evtl. Nachweis einer Stumpfpyometra), Anstieg der Geschlechtshormone Androstendion, 17-Hydroxyprogesteron, Estradiol; Labor (in seltenen Fällen entwickelt sich eine Anämie bei länger bestehender Erkrankung); Metastasensuche
- **Ultraschall:** abhängig von der Ausstattung und der Erfahrung der Untersucher. In einer Studie konnten nur 50 % der Nebennierenveränderungen dargestellt werden,[69] in einer weiteren Studie war die rechte Nebenniere nicht immer darstellbar.[70] Vor allem die Dicke der Nebennieren ist für die Beurteilung relevant, aber Überschneidungen mit gesunden Tieren sind möglich.
- Die **Hormonbestimmung** erreicht eine Spezifität von 96 %, wenn Androstendion, 17-Hydroxyprogesteron und Estradiol bestimmt werden.

Differenzialdiagnosen Restovar bei weiblichen Tieren (zum Ausschluss Buselerin zum Auslösen einer Ovulation: bei Restovar sollten die Symptome nach 7–14 Tagen deutlich reduziert sein); hormonproduzierende Ovarial- bzw. Hodenneoplasien nicht kastrierter Frettchen.

Therapie

- **Deslorelin:** reduziert die Symptome nach 2 (Vulvaschwellung) bis 6 (Haarwuchs) Wochen für mehrere Monate (für 4,7 mg Chip: 8–30 Monate berichtet;[71] zugelassen für Frettchen ist nur der 9,4 mg Chip), hat aber keinen Einfluss auf die Nebennierenveränderung. Bei wiederholter Applikation manchmal kein Ansprechen mehr.
- **Chirurgie:** entweder vollständige Resektion einer oder Teilresektion einer oder beider Nebennieren. Wird eine Nebenniere entfernt, kann die zweite später entarten (in ca. 17–38 % der Fälle innerhalb von 3–18 Monaten beschrieben). Bei Teilresektionen treten ebenfalls Rezidive auf (nach 7–22 Monaten).[72,73] Bei vollständiger Resektion beider Nebennieren ist eine Supplementierung mit Prednisolon (0,1–0,5 mg/kg SID oder BID) lebenslang notwendig.
- Bei männlichen Tieren mit **Prostatazysten** Chirurgie

Prognose Mit einer Deslorelinapplikation verbessern sich die Symptome deutlich, die Wirkung hält aber u. U. nur einige Monate an; mit Chirurgie 1–2 Jahre; bei Prostataveränderungen schlechter.

Prophylaxe Es wird ein Zusammenhang zwischen der **Kastration** und dem Auftreten von Nebennierenveränderungen beschrieben. Unklar ist, ob eine Kastration und simultane Deslorelinapplikation Nebennierenveränderungen reduziert. Eine chemische Kastration mit Deslorelin ist möglich, müsste aber u. U. jährlich bzw. alle 2–3 Jahre wiederholt werden.[74,75] Die Auswirkungen einer chemischen Kastration auf Nebennierenveränderungen sind bisher nicht untersucht.

Insulinom

Verbreitung Weltweit, v. a. USA.

Häufigkeit Hohe Inzidenz in den USA, niedrigere für Europa berichtet.

Alter Betroffene Tiere meist über 3 Jahre alt, Median 5 Jahre.

Ursache Adenokarzinom oder Adenom der β-Zellen der Bauchspeicheldrüse, genetische Prädisposition vermutet, evtl. auch fütterungbedingt.[23,76]

Klinik Apathie, Schwäche, Gewichtsverlust, Ptyalismus, Kratzen am Maul, neurologische Symptome (Ataxie, Zittern, Schwäche der Hintergliedmaßen, Krämpfe, Kollaps, Orientierungslosigkeit), Erbrechen, Sinusbradykardie.

F

Labordiagnostik Hypoglykämie (< 60 mg/dl).
Diagnostik Nachweis einer persistierenden Hypoglykämie, Insulinbestimmung, Ausschluss anderer Hypoglykämieursachen, Probelaparotomie.
Differenzialdiagnosen Inappetenz/Malnutrition, Sepsis, Leberinsuffizienz, neonatale Hypoglykämie, Lactation, Trächtigkeit, evtl. Hypoadrenokortizismus (nach Adrenalektomie).
Therapie

Die Erstversorgung bei Tieren mit **Hypoglykämie** erfolgt über einen Glucosebolus (Dextrosebolus) i. v. oder Glucoselösung/Honig auf Maulschleimhaut.

- **Futterumstellung** durch mehrmaliges Füttern (bzw. ad libitum) einer protein- und fettreichen Kost.
- **Zusätzlich Medikamente:** Diaxozid (5–10 mg/kg BID). Wenn so keine Euglykämie erreicht werden kann zusätzlich Prednisolon (0,5–2 mg/kg BID).
- **Chirurgische Entfernung** der **Neoplasie**. Komplikation postoperativ: Hyperglykämie, die sich aber 1–4 Wochen nach der Operation ohne weitere Therapie normalisiert.

Verlauf Da das Erkrankungsalter vergleichsweise hoch ist, können die Tiere mit einer medikamentösen Therapie oft mehrere Monate bis Jahre bei guter Lebensqualität gehalten werden. Nicht selten bestehen bei älteren Tieren simultan andere Erkrankungen (Nebennierenneoplasien, Herzerkrankungen), sodass eine chirurgische Therapie in diesen Fällen nicht unbedingt empfehlenswert ist. Metastasierung selten (Leber, Lymphknoten).
Prognose Gut bis infaust, abhängig von Symptomen, Ansprechen auf die Therapie.
Prophylaxe Eventuell durch artgerechte Fütterung (kohlenhydratarme Kost, vollständige Futtertiere) vermeidbar, bisher nicht wissenschaftlich bestätigt.

Diabetes mellitus

Häufigkeit Ein spontaner Diabetes mellitus ist bei Frettchen sehr selten (nur ca. 8 Fälle bisher in der Literatur dokumentiert). Eine Hyperglykämie bei Frettchen ist meist Folge einer Insulinomchirurgie.[76]
Alter Meist ältere Tiere.

Ursache Unbekannt, evtl. spielt die Fütterung kohlenhydratreicher Nahrung eine Rolle, in 2 Fällen wurde eine Pankreatitis diagnostiziert, evtl. Hyperkortisolismus, der gelegentlich auftritt.
Klinik Apathie, Ataxie, Gewichtsverlust, Kataraktbildung, Polyurie/Polydipsie.
Labordiagnostik Hyperglykämie, Glucosurie, Hypercholesterolämie, bei Ketoazidose Ketonurie, Hypokaliämie, Hyponatriämie, Ketonämie.
Diagnostik Bestimmung der Glucosekonzentration (>400 mg/kg) **und** der Fructosaminkonzentration.
Differenzialdiagnosen Hyperglykämie anderer Genese (s. a. Kap. 1.7.19).
Therapie Bei bestätigtem spontanem Diabetes mellitus Insulin (Caninsulin®) 0,5–2 IE/Tier oder Insulin glargin (Lantus®) BID 0,5 IE/Tier.[77]
Verlauf Bei spontanem Diabetes mellitus ist eine Therapie häufig schwierig.
Prognose Bei spontanem Diabetes mellitus schlecht, bei Hyperglykämie aufgrund Insulinomentfernung gut.
Prophylaxe Vermeidung von Adipositas.

2.8.12 Vergiftungen

Häufigkeit Regelmäßig.
Ursache Verschiedene Substanzen können bei Frettchen zu Vergiftungen führen. Beschrieben wurden Intoxikation mit Zink, Diclofenac und anderen Medikamenten,[78] aber auch Vergiftungen mit Haushaltsmitteln, Insektiziden, Rodentiziden, Schokolade und vielleicht auch Weintrauben sind vorstellbar.
Klinik Je nach Substanz Erbrechen, Durchfall, Melaena, Inappetenz, Apathie, Dyspnoe, Seitenlage, Hypersalivation, neurologische Ausfälle, Schwäche, Koma, Hypothermie.
Diagnostik Anamnese, Klinik, spezielle Untersuchung auf verschiedene Toxine in humanmedizinischem Labor möglich, Blutuntersuchungen bei Verdacht auf Blei oder Zinkintoxikation, Nachweis von Blutgerinnungsstörungen bei cumarinhaltigen Rodentiziden (v. a. Verlängerung der Prothrombinzeit).
Therapie

- Je nach Zustand Sauerstoff; Infusionen. Wenn das Toxin (nicht bei Säuren, Laugen) erst vor kurzer Zeit aufgenommen wurde, das Tier bei vollem Bewusstsein ist und keine Krankheiten aufweist, die dagegen sprechen, kann **Erbrechen ausgelöst** werden (Apomorphin 0,2–0,25 mg/kg s. c.).[79,80]

F

- **Aktivkohle**, um die Resorption zu reduzieren, **Diazepam** bei Krämpfen.

> ! Bei einer **Intoxikation mit NSAIDs** muss mit einem akuten Nierenversagen gerechnet werden. Darum sollten die Tiere infundiert und intensiv überwacht werden. Magenschutz (Ranitidin 3,5 mg/kg p.o. BID oder Cimetidin 5–10 mg/kg p.o., s.c., i.v., i.m. TID–QID oder Omeprazol 0,7–4 mg/kg p.o. SID, evtl. Sucralfat 25–125 mg/kg p.o. BID–TID)!

- Bei nachgewiesener Aufnahme von cumarinhaltigen Rodentiziden Vitamin K_1 (2,5–5 mg/kg p.o. SID über 4–6 Wochen, 48 h–5 Tage nach Absetzen Kontrolle der PT)

Prognose Je nach Ursache, aufgenommener Menge und Zeitpunkt der Diagnose gut bis infaust.

2.8.13 Neoplastische Erkrankungen

Bei Frettchen wurde eine Vielzahl von Neoplasien beschrieben, die wichtigsten wurden bei den am häufigsten betroffenen Organen erwähnt. Einige Neoplasien, wie Lymphom, Mesotheliom und peripherer Nervenscheidentumor können an den verschiedensten Stellen/Organen im Körper auftreten.

Lymphom

Häufigkeit Regelmäßig festgestellt.
Alter Junge (< 1 Jahr) und ältere Tiere (2–5 Jahre).
Ursache Unklar, infektiöse Ursachen wurde bei einigen Clusterausbrüchen vermutet (Retroviren, ADV, FeLV, *Helicobacter mustelae*), aber konnten bisher nicht sicher als Ursache bestätigt werden, auch genetische Einflüsse und Umweltfaktoren werden diskutiert.[37]
Klinik

> Lymphome wurden bei Frettchen vergleichbar zu anderen Tierarten an **verschiedensten Lokalisationen** nachgewiesen, am häufigsten scheinen gastrointestinale Lymphome zu sein.

- Junge Frettchen weisen v.a. **mediastinale Lymphome** auf, ältere Tiere meist **multizentrische**.

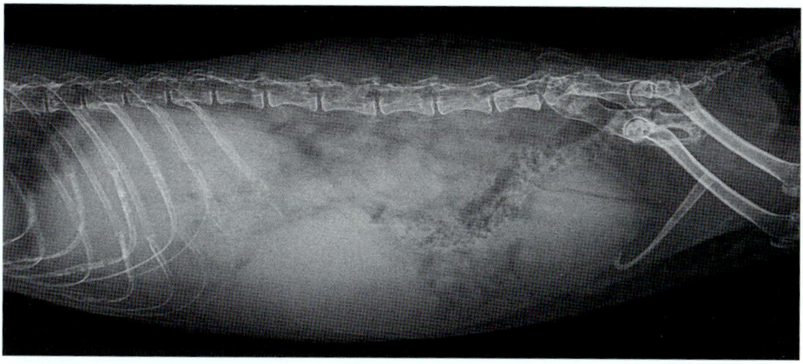

Abb. 2-10 Hepato- und Splenomegalie aufgrund eines multizentrischen Lymphoms bei einem 7 Jahre alten männlichen Frettchen

- Je nach Lokalisation vergrößerte Lymphknoten (peripher und intraabdominal möglich), Exophthalmus, Hautveränderungen, Apathie, Inappetenz, Gewichtsverlust, Erbrechen, Durchfall, Schwäche, Husten, Tachypnoe, Dyspnoe evtl. bei mediastinalem Lymphom, Lahmheit oder Parese, Melaena, Tenesmus; einige Tiere sind trotz nachgewiesenem Lymphom symptomfrei, Phasen mit ausgeprägten Symptomen können von symptomfreien Phasen abgelöst werden.
- Nicht selten treten, verursacht **durch die Immunsuppression, Begleiterkrankungen** auf.

Radiologische Veränderungen Je nach Lokalisation mediastinale Zubildung, Hepato- und Spleno-, Renomegalie (Abb. 2-10), intraabdominale Massen (oft Lymphknoten), lytische Knochenbereiche bei Knochenbeteiligung.

Labordiagnostik Eventuell Nachweis von Lymphoblasten im peripheren Blut (v. a. bei jüngeren Tieren, auch bei normalen Lymphozytenzahlen möglich), Anämie, Lymphopenie (v. a. bei älteren Frettchen), gelegentlich Hyperkalzämie, sonst eher unspezifisch bzw. Veränderungen entsprechend dem betroffenen Organ.

Diagnostik

- Klinik, Röntgen (Abb. 2-10), Ultraschall, CT, Labor, Punktion/Biopsie und Zytologie/Histopathologie
- Für eine **standardisierte Aufarbeitung** werden eine vollständige Hämatologie, Blutchemie, Harnanalyse, Ganzkörperröntgenaufnahmen in zwei Ebenen, abdominaler Ultraschall und Knochenmarkpunktion empfohlen.[81]

F

Therapie

- Verschiedene **Chemotherapieprotokolle** wurden beschrieben, keines davon wurde aber in einer Studie mit größeren Fallzahlen wissenschaftlich evaluiert.[22,37] Besonders bei Tieren mit Lymphknotenschwellung ohne weitere klinische Symptomatik ist unklar, ab wann wirklich mit einer Therapie begonnen werden sollte, da auch Tiere ohne Therapie lange Zeit (bis zu 2 Jahre) überleben können.
- **Strahlentherapie** schien in Einzelfällen zu einer längeren Überlebenszeit zu führen. Bestrahlt wurden Tiere mit spinalem Lymphom (in einem Fall einmalig 6 Gray, bei Rezidiv (2x) jeweils wiederholt).[37]

Prognose Abhängig von betroffener Körperregion und Alter des Tieres. Beim chronischen Lymphom können viele Tiere längere Zeit (Monate bis Jahre) überleben. Jungtiere versterben meist schnell.

Leukämie

Häufigkeit Selten.
Alter Bisher v. a. bei jungen Tieren wurden verschiedene Leukämieformen beschrieben (5 Monate bis 3 Jahre).[37]
Klinik Apathie, Schwäche, Inappetenz, Parese, Lahmheit, plötzlicher Tod.
Diagnostik Klinik, zytologische Untersuchung des Knochenmarks.
Differenzialdiagnosen Lymphom bei Nachweis von Lymphoblasten im Blut.
Therapie Bisher nicht wissenschaftlich beschrieben, u. U. können Protokolle, die bei Kleintieren verwendet werden hilfreich sein.
Prognose Schlecht.

2.8.14 Abszesse

Beschreibung Können an verschiedenen Stellen des Körpers auftreten, meist Folge von Auseinandersetzungen oder als Folge einer gastrointestinalen Perforation.
Häufigkeit Gelegentlich.
Alter Alle Altersklassen.
Ursache Verletzung und nachfolgende bakterielle Infektion mit *Staphylococcus* spp., *Streptococcus* spp., *Corynebacterium* spp., *Actinomyces* spp., *Escherichia coli* etc.
Klinik Je nach involvierter Region: Umfangsvermehrung, Fieber, Inappetenz, Apathie, schmerzhaftes Abdomen, Dyspnoe etc.
Labordiagnostik Neutrophilie, Lymphopenie, nicht-regenerative Anämie und ggf. spezifische Veränderungen je nach betroffener Region.

Diagnostik Anamnese, Klinik, Röntgen, Ultraschall, Punktion/Biopsie und zytologische Untersuchung, bakteriologische Untersuchung mit Antibiogramm.

Differenzialdiagnosen Alle Erkrankungen, die mit Umfangsvermehrungen einhergehen, v.a. Neoplasien.

Therapie Möglichst vollständige chirurgische Entfernung, dann auch keine systemische Antibiose notwendig. Ansonsten Drainieren, Analgesie, ggf. Antipyretika, symptomatische Therapie mit Infusionen, assistierte Fütterung; Antibiose möglichst nach Antibiogramm.

Prognose Gut meist bei Abszessen der Haut/Unterhaut, Entfernung in einigen Bereichen besonders problematisch bzw. nicht möglich (z.B. Gastrointestinaltrakt, Lunge).

Prophylaxe Verletzungen vermeiden.

2.8.15 Splenomegalie

Häufigkeit Sehr häufig nachgewiesen.

Alter Zunehmend im Alter nachgewiesen.

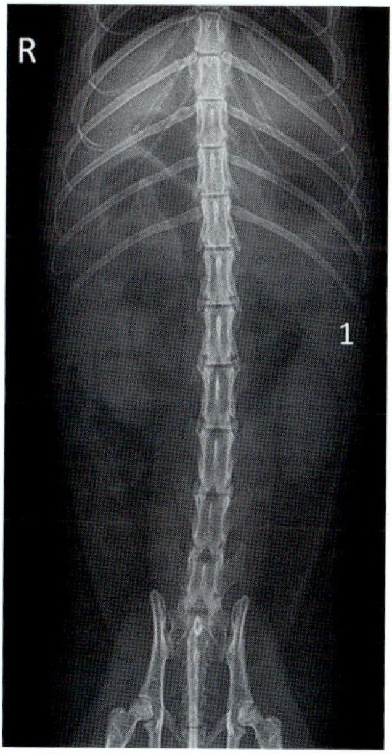

Abb. 2-11
Splenomegalie unbekannter Genese bei einem männlichen Frettchen (1 – Milz)

F

Ursache Unklar, verschiedenste Hypothesen zur Ursache der Splenomegalie bei Frettchen werden diskutiert, wie *Helicobacter-mustelae*-Infektionen.[37]
Klinik Häufiger Palpationsbefund im Abdomen.
Radiologische Veränderungen Vergleichbar zu Kleintieren (Abb. 2-11).
Diagnostik Klinik, Röntgen, Ultraschall, Zytologie.
Differenzialdiagnosen Alle Erkrankungen, die mit einer Vergrößerung der Milz einhergehen, v. a. Lymphom, disseminierte idiopathische Myofasciitis.
Therapie Keine, wenn keine pathologische Veränderung der Milz durch Zytologie/Histopathologie nachgewiesen wurde; eine Splenektomie sollte gut abgewogen werden.

Literatur und Dosierungsvorschläge zu diesem Kapitel finden Sie unter www.schattauer.de/3111

3 Kaninchen

3.1 Allgemeines

- Hauskaninchen stammen vom Europäischen Wildkaninchen (*Oryctolagus cuniculus*) ab und gehören zur Ordnung der Lagomorpha oder Hasenartigen.
- Kaninchen ernähren sich **herbivor** und der Großteil der Verdauung findet durch grampositive Bakterien im voluminösen Blinddarm statt.
- Alle **Zähne** sind **wurzellos** und wachsen **lebenslänglich**.

! Bei Kaninchen Antibiotika mit gram-positivem Wirkspektrum vermeiden! Sollten sie dennoch notwendig sein, dann NICHT oral applizieren (s. a. Tab. 1-3)!

Steckbrief Kaninchen

Lebenserwartung	6–13 Jahre
Körpergewicht	1–8 kg (rasseabhängig)
Körpertemperatur	35,7–39,9 °C
Herzfrequenz	200–360/min
Atemfrequenz	35–100–280/min
Geschlechtsreife	4–7 Monate (rasseabhängig)
Trächtigkeitsdauer	29–35 Tage
Jungtiertyp	Nesthocker
Säugeperiode	6–8 Wochen
Geeignetes Kastrationsalter	w: ab 4 Monate, m: ab 6 Monate
Uterus	Uterus duplex
Mammakomplexe	4–5 Paare
Urin-pH	alkalisch
Schirmer-Tränen-Test	5,30+/–2,96 mm/min

3.2 Handling

- Der Umgang mit Kaninchen sollte **ruhig** und **umsichtig** erfolgen, damit keine Verletzungen resultieren. Es sollte immer mit spontanen Abwehrbewegungen und Flucht gerechnet werden.

K

> **!** Bei Kaninchen besonders gefährlich ist das **plötzliche Ausschlagen mit den Hinterbeinen**, was zu **Frakturen** und **Luxationen** im Bereich der Wirbelsäule führen kann.

- Kaninchen werden durch **Umfassen des Brustkorbs** von ventral mit einer Hand vorne angehoben und mit der anderen Hand von caudal kommend an den **Hinterbeinen fixiert** und in aufgerichteter Position hochgehoben (Abb. 3-1).
- Eine weitere Möglichkeit besteht darin, die Tiere durch das **Fassen von Nackenfell** sowie **Unterstützung der hinteren Körperhälfte** aufzunehmen.

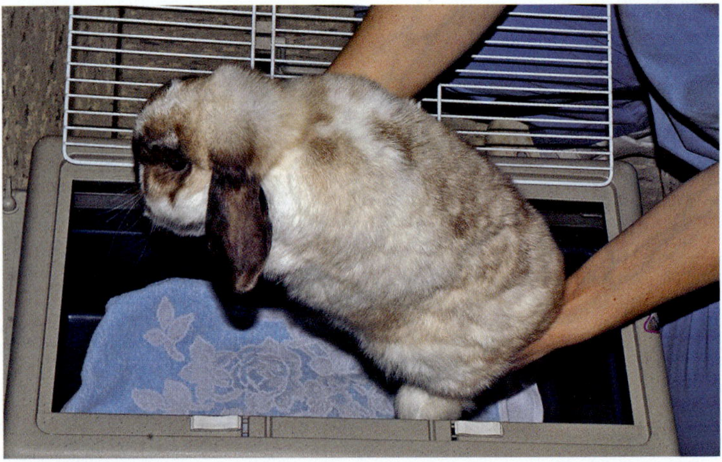

Abb. 3-1 Hochheben eines Kaninchens durch Umfassen des Brustkorbs und der Hinterbeine

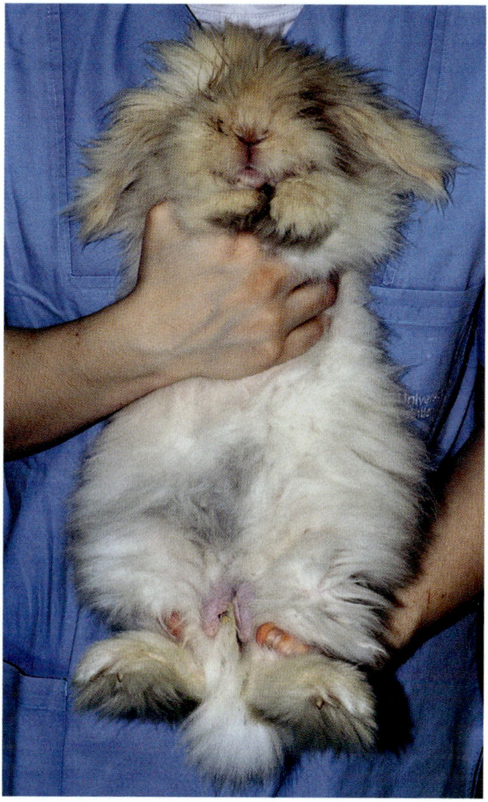

Abb. 3-2
Fixierung eines Kaninchens zur Adspektion des Anogenitalbereichs, des Bauchs, zur Erfassung der Körpertemperatur oder zum Krallenschneiden

Tipp

Regt sich das Tier im Verlauf der Untersuchung auf, sollte es möglichst schnell in den **Transporter** zurückgesetzt werden.
Eine weitere Möglichkeit ist es, das **Tier auf dem Unterarm** so zu **platzieren**, dass der Kopf unter dem Ellbogen des Untersuchers liegt. So beruhigen sich die Tiere meist schnell.

- Um den **Anogenitalbereich** und den Bauch des Kaninchens zu betrachten, die Körpertemperatur zu ermitteln sowie die Krallen zu schneiden, empfiehlt sich die in Abbildung 3-2 dargestellte Methode. Wichtig ist, dass die Hinterbeine gut fixiert und die Wirbelsäule des

K

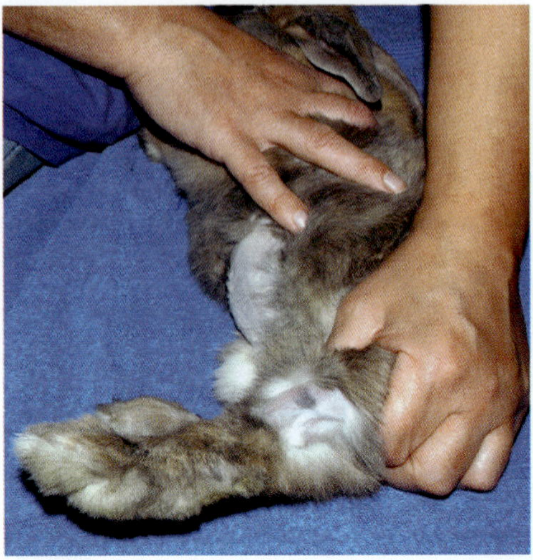

Abb. 3-3
Fixierung eines Kaninchens zur Blutentnahme an der V. saphena lateralis

Kaninchens durch den Brust- und Bauchbereich der haltenden Person stabilisiert wird.

- Für eine **Blutentnahme** an der V. saphena lateralis werden Kaninchen am besten so gehalten, wie in Abbildung 3-3 dargestellt.

3.3 Klinische Untersuchung

Tipp

Vor der klinischen Untersuchung sollte das Tier im Transporter **unauffällig beobachtet** werden. Einige Kollegen setzen die Tiere auch in einen **kleinen Laufstall**, um das Verhalten und das Allgemeinbefinden besser beurteilen zu können.

- Zu einer **gründlichen klinischen Untersuchung** gehören neben der Ermittlung der Vitalparameter auch eine sorgfältige Adspektion, Palpation und Auskultation.

Das gelegentlich von Besitzern erwähnte **Zähneknirschen** kann ein Hinweis auf Unwohlsein bzw. Schmerzen sein. Einige Tiere zeigen dieses Verhalten aber Situationen, in denen sie sich wohl fühlen. Diese Unterscheidung muss mithilfe des Besitzers erfolgen.

Die für eine klinische Untersuchung notwendigen Parameter wurden bereits in Kapitel 1.1.3 dargestellt. Die Referenzbereiche der klinischen Parameter werden im Kasten „Steckbrief" (s. oben) oder unter www.schattauer.de/3111 aufgeführt.

- Das **Körpergewicht** sollte bei jeder Vorstellung ermittelt werden, da ein schleichender Gewichtsverlust meist nicht erkennbar ist, aber ein wertvoller Hinweis auf eine Erkrankung sein kann. Für die objektive Beurteilung des Ernährungszustands ist immer auch eine Palpation des gesamten Körpers, insbesondere der Wirbelsäule notwendig. Zudem ist das Wissen um das „Normalgewicht" des Patienten ebenfalls sehr hilfreich, um den Allgemeinzustand besser beurteilen zu können.
- Die rektale **Körpertemperatur** sollte zu Beginn der Untersuchung gemessen werden, damit sie nicht durch Aufregung ansteigt. Die physiologische Körpertemperatur liegt nach eigenen Daten zwischen **37,8 °C und 39,9 °C**. Fieber ist bei Kaninchen selten und tritt meist im Rahmen von viralen Infektionen (Myxomatose, Chinaseuche [Rabbit Haemorrhagic Disease, RHD], Herpes simplex) auf.
- Die **Atemfrequenz** ist bei der klinischen Untersuchung bedingt durch Aufregung meist erhöht. Oft steigt bei krankhaften Veränderungen nicht die Frequenz der Atemzüge, sondern der Typ der Atmung verändert sich von costoabdominal zu abdominal und die Tiefe der Atemzüge erhöht sich.
- **Schleimhaut** und **KFZ** sind bei Kaninchen häufig erst bei schwer erkrankten Tieren deutlich verändert.
- Das **Haarkleid** zeigt saisonale Veränderungen, insbesondere, wenn die Tiere draußen gehalten werden. Im Winter ist das Haarkleid dichter als im Sommer.

Die **Lymphknoten** sind bei Kaninchen üblicherweise nicht palpierbar.

- Zur Allgemeinuntersuchung von Kaninchen gehört immer eine Untersuchung der **Maulhöhle** und der **Zähne**. Zuerst wird bei geschlossenem Maul die Stellung der Schneidezähne von vorn und von der Seite beurteilt, indem die Lippen vorsichtig nach oben bzw. unten verlagert werden (Abb. 3-4). **Schneidezähne** werden als gesund befundet, wenn sie folgende Kriterien erfüllen:
  - **Keine Farbveränderungen, Querrillen**
  - Sie stehen **gerade**.

K

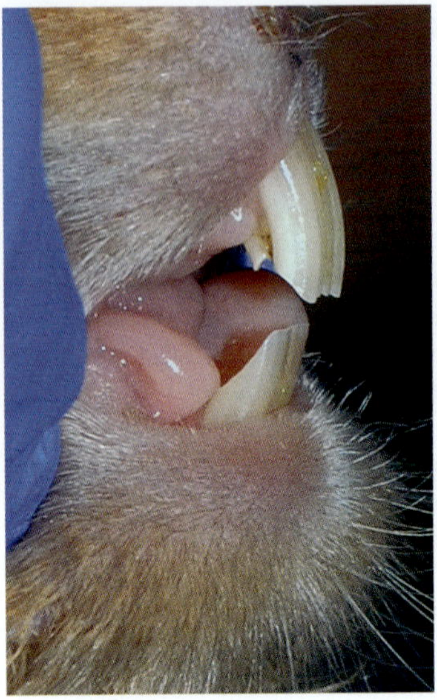

Abb. 3-4
Beurteilung des Aussehens, der Stellung und Länge der Schneidezähne eines zahngesunden Kaninchens

- Das **Verhältnis der Oberkiefer-** zu den **Unterkieferschneidezähnen** beträgt 1:2 oder 1:1.
- Die **Schneideflächen** der **Inzisivi** sind scharfkantig und gerade.
- Die **Schneideflächen der Unterkieferschneidezähne** liegen auf den kleinen Stiftzähnen hinter den Oberkieferschneidezähnen und die **Schleimhaut der Alveolen** liegt den Zähnen eng an.

• Für eine oberflächliche Untersuchung der Backenzähne ohne Narkose können ein **Wangenspreizer**, ein **Otoskop** mit weitem Ohrentrichter oder ein **Spreizspekulum** verwendet werden.

Tipp

Es erfordert etwas Übung, um die Maulhöhle so gut beurteilen zu können. Ein **Stieltupfer** wird verwendet, um buccal und lingual zwischen Zahnreihen und Schleimhaut entlang zu fahren, um Zahnspitzen und Schleimhautläsionen zu erkennen und um den Bereich unter und neben der Zunge einzusehen.

3.4 Spezielle Untersuchungen

3.4.1 Bildgebung

Röntgen

Tipp

Die röntgenologische Beurteilung erfolgt in Grundsätzen wie bei den Kleintieren. Für eine vollständige Beurteilung sind immer **zwei Ebenen** notwendig, auf denen der gesamte Kaninchenkörper (außer Kopf) abgebildet sein sollte.

- Insbesondere der caudale Bereich mit Harnröhre muss zu sehen sein, um Harnröhrensteine diagnostizieren zu können.
- Bei gut genährten Kaninchen stellen sich die abdominalen Organe nicht so ausgeprägt dar wie bei **adipösen Tieren** (Abb. 3-5a, b). Insbesondere im caudalen Bereich des Abdomens liegen bei adipösen Tieren oft ausgeprägte Fettdepots, die den Darm nach cranial verlagern.
- In der **laterolateralen Projektion** erscheint das **craniale Lungenfeld** röntgendichter als die caudalen Lungenbereiche. Für eine sichere Differenzierung möglicher präkardialer Massen ist eine zweite Röntgenaufnahme in ventrodorsaler Projektion bzw. eine sonografische Untersuchung notwendig.
- Das **Herz** von gesunden Kaninchen hat in der **laterolateralen Projektion** eine Größe von 2–3 Interkostalräumen. Der Vertebral Heart Score (VHS) von Weißen Neuseeländern (gemessen ab 5. Brustwirbel) sollte bei 5,2–5,5 liegen.[1] Unklar ist, wie spezifisch und sensibel diese Messwerte für die Erkennung von Herzveränderungen bei Kaninchen sind.
- Der **Leber**schatten sollte in beiden Projektionen nicht über den Rippenbogen hinausragen.
- Der **Magen** erstreckt sich in der **ventrodorsalen Projektion** von links nach rechts. Die Ausdehnung nach caudal ist abhängig von der Futteraufnahme. Unter physiologischen Bedingungen befindet sich im Magen immer Futter mit seiner typischen Struktur (Abb. 3-5a, b).
- Der **Blinddarm** nimmt in der laterolateralen Projektion den mittleren ventralen Bereich des Abdomens ein und liegt in der ventrodorsalen Projektion v. a. rechts über den anderen Strukturen des Abdomens, im caudalen Bereich auch links (Abb. 3-5a, b).

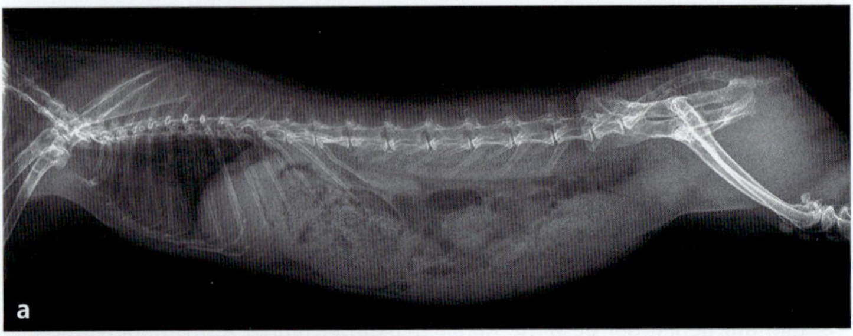

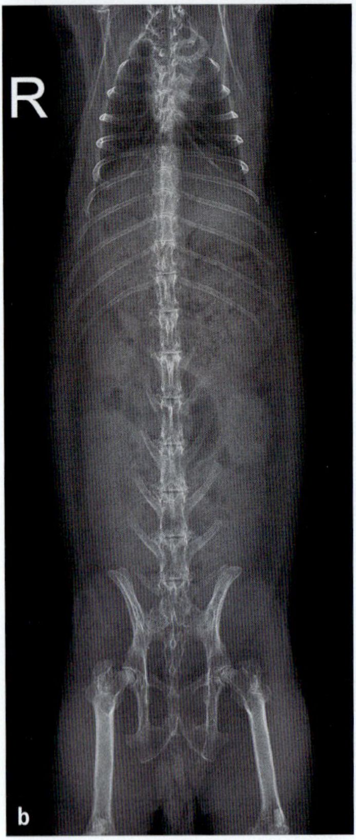

Abb. 3-5
Röntgenaufnahmen eines gesunden, gut genährten Kaninchens: laterolateraler (**a**) und ventrodorsaler (**b**) Strahlengang

- Die **Nieren** werden bei adipösen Tieren stark von Fett umgeben und projizieren sich auf der **laterolateralen Projektion** aufgrund der tonnenförmigen Anatomie bei adipösen Kaninchen in die Mitte des Abdomens. Die rechte Niere liegt im Bereich BW13–L1, die linke im Bereich von L3–L5.
- Die **Harnblase** stellt sich oft birnenförmig dar. Nicht selten wird die gute Darstellung durch einen hohen Gehalt an calciumhaltigen Kristallen im Harn bedingt.

> Männliche Kaninchen besitzen keinen **Penisknochen**.

- Die **Uteri** weiblicher unkastrierter Tiere können oft in der **laterolateralen Projektion** dargestellt werden, insbesondere bei gut genährten Tieren. Sie sollten nicht größer als 0,5 mm im Durchmesser sein.

Ultraschall

- Eine **Lagerung** von Kaninchen zur Sonografie des Abdomens und des Herzens ist meist **ohne Sedation** möglich.
- Für den **Abdomenultraschall** eignen sich **Linearsonden**, für den **Herzultraschall Sektorschallköpfe** (7,5–12 MHz).
- Meist sind die **intraabdominalen Organe** bis auf wenige Ausnahmen (verschiedene Bereiche des Magen-Darm-Trakts, Pancreas) bei Kaninchen sehr gut darstellbar. Tiere, die sehr viel Gas im Magen-Darm-Trakt aufweisen, lassen sich aber oft schlechter sonografisch untersuchen. Gelegentlich hilft es, gashaltige Darmschlingen wegzuschieben bzw. aus einem anderen Winkel die Zielorgane anzuschallen. Der Magen ist oft nicht gut darstellbar.
- Die **Leber** ist homogen und ihre Echogenität ist geringer als die der Milz. Die in ihrer Form oft unregelmäßig erscheinende Gallenblase liegt rechts. Gelegentlich werden Septierungen vorgetäuscht.
- Die **Milz** ist sehr klein, dem Magen eng anliegend und lässt sich nicht bei allen Tieren sicher darstellen.

> Sonografisch fällt bei **Kaninchennieren** der mit Fett gefüllte **Sinus renalis** auf, der sich deutlich hyperechogen darstellt (Abb. 3-6).

- Meist gut sonografisch erkennbar sind bei Kaninchen die **dünnwandige Harnblase**, die **Nebennieren** sowie bei weiblichen Tieren die

K

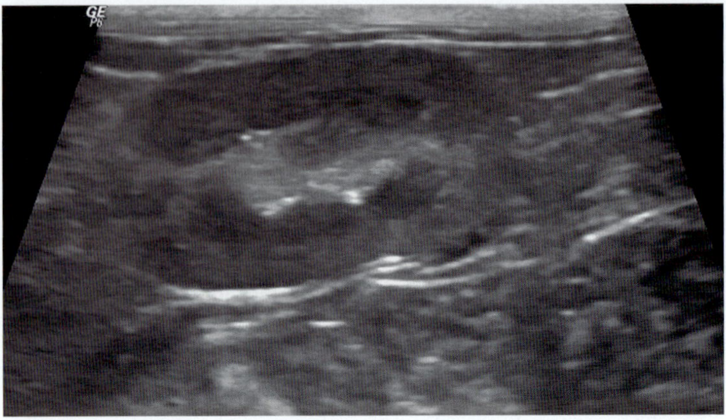

Abb. 3-6 Darstellung des Nierenbeckens (sagittale Schnittebene) eines nierengesunden Kaninchens im Ultraschall mit Fett im Nierenbecken

Vagina und die **Eierstöcke** (auf Höhe der Kniefalte zu suchen). Sind die Uteri unverändert, kann die sichere Unterscheidung von Darmschlingen erschwert sein.

Computertomografie

- Die Computertomografie eignet sich auch bei Kaninchen sehr gut, insbesondere für die Darstellung **knöcherner Strukturen** in **verschiedenen Körperregionen**, v. a. der Wirbelsäule, des Beckens und des Kopfes.
- Besonders hilfreich ist die CT zur Darstellung von **Zahnveränderungen**. Meist ist dafür eine **Narkose** notwendig.

Endoskopie

Die Endoskopie eignet sich bei Kaninchen für die Inspektion der Gehörgänge, der Maulhöhle, der Trachea, des Ösophagus sowie der Blase bei weiblichen Tieren.

Elektrokardiografie

Liegen **Arrhythmien** vor, sollte ein EKG angefertigt werden. Dies ist meist sehr gut in Brust-Bauch- oder Seitenlage möglich.

Untersuchung der Maulhöhle in Narkose

- Eine ausführliche **Untersuchung der Zähne** und ggf. **Zahnkorrektur** sollte in Narkose erfolgen und möglichst mit Röntgen/CT kombiniert werden.
- Vor der Anästhesie müssen die Tiere ausreichend mit **Infusionen, Schmerzmitteln** und **assistierter Fütterung** stabilisiert werden. Bei älteren Patienten können eine Blutuntersuchung sowie Ganzkörperröntgenaufnahmen sinnvoll sein, um andere relevante Veränderungen zu diagnostizieren.
- Neben einer **Adspektion** können mit **Heidemann-Spatel** und **Dentalsonde** lockere Zähne und veränderte Alveolen gefunden werden.

Spülen des Tränennasenkanals

- Der einzige **Tränenpunkt** liegt im unteren Augenlid, etwa 3–4 mm vom freien Rand entfernt im Bereich des nasalen Augenwinkels.
- Vor dem Spülen wird 1 Tropfen eines **Lokalanästhetikums** appliziert (z. B. Oxybuprocain) und 1 min gewartet.
- Zum Spülen kann ein **Venenverweilkatheter** (z. B. Vasofix® 22 G) oder eine gerade bzw. leicht gebogene **Augenkanüle** (Durchmesser 0,50–0,65 mm) mit aufgesetzter 5-ml-Spritze verwendet werden (Abb. 3-7).
- Zur Kontrolle der Durchgängigkeit und zum Spülen wird meist **0,9 %ige NaCl-Lösung** verwendet. Bei verlegtem Tränennasenkanal

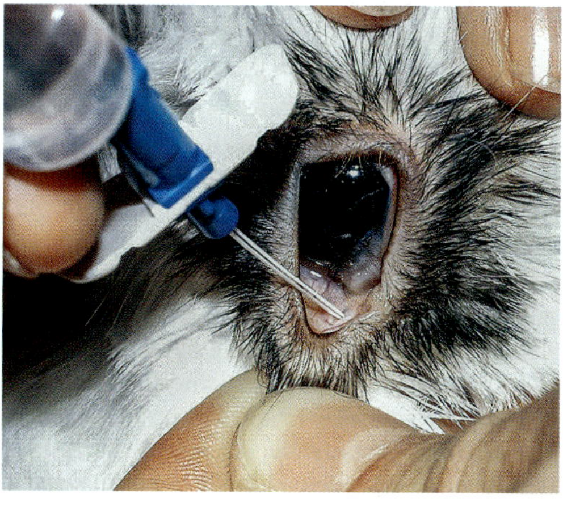

Abb. 3-7
Spülen des Tränen-Nasen-Kanals bei einem Kaninchen

kann eine 1:1-Lösung mit NAC-Injektionslösung zur Spülung und zum täglichen Tropfen eingesetzt werden. Die Spüllösung wird nur mit leichtem Druck appliziert, da der Tränennasenkanal sehr fragil ist und rupturieren kann.
- Nach dem Spülen sollte einmalig ein **pflegendes Augengel** aufgetragen werden.

3.4.2 Labordiagnostik

Blutprobenentnahme

Eine Besonderheit der **Herbivoren** ist, dass die Tiere zur Blutentnahme **nicht nüchtern** sein müssen/sollen. Im Magen-Darm-Trakt von Herbivoren ist auch nach längerer Futterkarenz immer Futter vorhanden. Zudem hat eine längere Futterkarenz negative Auswirkungen auf den Stoffwechsel (Hepatolipidose) und sollte möglichst vermieden werden.

- Die Blutprobenentnahme bei Kaninchen erfolgt meist an der **V. saphena lateralis**, seltener an der **V. cephalica antebrachii**. Auch die **V. jugularis** kann, besonders bei geschwächten Tieren, zur Blutentnahme herangezogen werden, ist aber bei Tieren mit einer ausgeprägten Wamme oft nicht gut erreichbar. Auch die **A. auricularis** wird zur Blutentnahme verwendet.
- Die **Fixierung** für eine Blutentnahme an der V. saphena lateralis wird in Abb. 3-3 dargestellt.

Hämatologie

- **Referenzbereiche** finden sich unter www.schattauer.de/3111. Hämatologische Veränderungen werden grundsätzlich wie bei Kleintieren aufgearbeitet.
- **Infektionen** gehen bei Kaninchen häufig nicht mit Leukozytosen einher. Ein Hinweis soll ein **Anstieg des Anteils der heterophilen Granulozyten** im Differenzialblutbild sein. Der wissenschaftliche Nachweis dieser Vermutung steht noch aus. Da die Referenzbereiche des Anteils der heterophilen Granulozyten und der Lymphozyten bei Kaninchen aber sehr breit sind (heterophile Granulozyten 15–61 %; Lymphozyten 32–81 %),[2] ist es in der klinischen Situationen oft nicht möglich zu entscheiden, inwieweit wirklich eine pathologische Verschiebung oder eine individuelle Ausprägung vorliegt.

- **Anämien** sind ein häufiger hämatologischer Befund bei Kaninchen. Als Anämieursachen bei Kaninchen wurden u.a. Entzündungen, Nierenerkrankungen, Metropathien, Neoplasien, Frakturen, Myiasis, gastrointestinale Ulcera und Kokzidiosen nachgewiesen.
- **Thrombozytopenien** treten bei Kaninchen sehr selten auf, **Thrombozytosen** werden dagegen häufiger im Verlauf von Infektionen nachgewiesen.[3]

Blutchemie

- Die Aufarbeitung blutchemischer Veränderungen erfolgt grundsätzlich wie bei Kleintieren.
- Für den Nachweis von Leberbeeinträchtigungen bei Kaninchen ist die Bestimmung der **AST-, ALT-, AP-Aktivität** sowie der **Bilirubinkonzentration** geeignet.[4–6] Da die ALT eine sehr kurze Halbwertszeit von 5 h hat[8], ist sie u. U. nur kurze Zeit erhöht. Lebererkrankungen, die mit einer Obstruktion der Gallengänge einhergehen (z. B. Leberkokzidiosen) können zu einem Anstieg der AP-Aktivität und des Bilirubins führen.[9] Zu bedenken ist außerdem, dass neben Lebererkrankungen auch andere Ursachen für diese Veränderungen infrage kommen, die differenzialdiagnostisch abzuklären sind (s. a. Kap.1.7.19).
- **Albumin** und **Totalprotein** sollten ebenfalls bestimmt werden.
- Da die **GLDH** mitochondrial gebunden ist, steigt sie erst bei starker Leberschädigung einhergehend mit Leberzellnekrosen. Bei Fibrosen ist oft kein Enzymanstieg mehr nachweisbar.[7]
- Keine wissenschaftlichen Daten für Heimtierkaninchen sind bisher zur Aussagekraft von **Gallensäuren** und **Plasmacholinesterasen** für die Diagnose von Lebererkrankungen verfügbar.
- Auf **Gerinnungsparameter** haben Lebererkrankungen bei Kaninchen scheinbar einen geringen Einfluss.[10]
- **Azotämien** können auch bei Kaninchen prärenal, renal und postrenal bedingt sein und werden mit den entsprechenden Verfahren (Kap. 1.1.5) abgeklärt.
- **Diabetes mellitus** tritt bei Kaninchen sehr selten auf und nur eine Hyperglykämie in Kombination mit einem Anstieg der Fructosamine ist dafür beweisend.
- Inwieweit **Pankreatitiden** eine Rolle bei Kaninchen spielen, ist nicht untersucht.

K

Harnuntersuchung

- Harn von Kaninchen wird meist durch das **vorsichtige Ausdrücken der Harnblase** oder per **Zystozentese** gewonnen.
- Möglichkeiten und Einschränkungen der Harnuntersuchung werden in Kapitel 1.1.5 dargestellt. Eine **Nativ-** bzw. **Sedimentuntersuchung** des Harns ist immer notwendig, v.a. um Leukozyten festzustellen.

Der **physiologische pH-Wert** des Harns von Kaninchen ist **alkalisch**.

- Sollte der Harn **sauer** sein, ist dies meist ein Hinweis auf eine **Acidose** und eine schwere Erkrankung. Im Harn von Kaninchen sollten maximal Spuren von Protein, keine Glucose, kein Blut (vereinzelt Erythrozyten bei Zystozenteseharn möglich) und auch keine Leukozyten vorhanden sein. **Bakterien** sind ein normaler Befund bei Harn, der durch das Ausdrücken der Blase gewonnen wurde.
- **Glucosurien** werden v.a. durch stressbedingte sowie iatrogen verursachte **Hyperglykämien** und **Tubulusschäden** in den Nieren verursacht. Ein **Diabetes mellitus** ist sehr selten die Ursache einer Glucosurie bei Kaninchen.

3.5 Prophylaxemaßnahmen

3.5.1 Impfung

- Bei allen Impfungen sollten grundsätzlich die **Hinweise der Impfstoffhersteller** hinsichtlich des ersten Impfzeitpunkts, der Boosterung und der zeitgleichen Applikation anderer Impfstoffe (z.B. gegen Pasteurellen/Bordetellen) beachtet werden.
- Als **Nebenwirkungen** nach einer Impfung können eine erhöhte Körpertemperatur, kleine Schwellungen im Bereich der Injektionsstelle (Myxomatose) und bei Impfung erkrankter Tiere Impfdurchbrüche (v.a. Myxomatose) auftreten. Diese Nebenwirkungen heilen meist komplikationslos ab.

Myxomatose, RHD

Heimtierkaninchen sollten gegen **Myxomatose** und **RHD** (Rabbit-Haemorrhagic-Disease-Virus) geimpft werden.[11] Das gilt insbesondere für Tiere, die in **Außenhaltung** gehalten werden. Aber auch in der **Wohnung gehaltene Kaninchen**, die beispielsweise ab und zu mit in den Garten mit genommen werden, Gras von Wiesen erhalten, zu denen Wildkaninchen Zugang haben oder dort wo die Möglichkeit besteht, dass stechende Insekten in die Wohnung gelangen, sollten geimpft werden.

- Mittlerweile stehen für die Impfung gegen **Myxomatose verschiedene Impfstoffe** mit unterschiedlicher Wirkdauer zur Verfügung. Allen Impfstoffen ist gemeinsam, dass ein 100%iger Schutz gegen eine Myxomatoseerkrankung vom Hersteller nicht garantiert werden kann. Insbesondere in Endemiegebieten muss mit der Impfung auch ein Schutz gegen stechende Insekten erfolgen, um Erkrankungen zu vermeiden.
- Meist erfolgen eine **Grundimmunisierung** im Alter von 4–6 Wochen und eine **Boosterung** nach 4 Wochen mit folgender halbjährlicher Auffrischung, in Endemiegebieten sogar alle 4 Monate. Ein Impfstoffhersteller, der ein **Kombinationsprodukt** (Myxomatose und RHD) anbietet, wirbt mit einer einmaligen Grundimmunisierung und einer jährlichen Wiederholungsimpfung. Inwieweit diese Impfung in Endemiegebieten ausreicht, ist unklar. Kaninchen, die bereits mit einem anderen Myxomatose-Impfstoff geimpft wurden, erreichen mit dieser Impfung evtl. keine ausreichende Immunität gegen RHD.

! Seit 2010 ist in Europa neben **RHDV-1** auch **RHDV-2** relevant, gegen den die bisher in Deutschland zugelassenen Impfstoffe scheinbar nicht ausreichend wirken. Aus diesem Grund wird von der Ständigen Impfkommission Veterinärmedizin im März 2016 folgende **Impfempfehlung** gegeben:

- Kaninchen sollten zum frühestmöglichen Zeitpunkt (siehe Herstellerangaben) im Abstand von 3 Wochen eine zweimalige **Grundimmunisierung** mit einem der konventionellen monovalenten Vollantigenimpfstoffe erhalten.
- Die Tiere sollten anschließend alle 6 Monate **revakziniert** werden.

Kaninchenschnupfen

Eine Impfung gegen *Bordetella bronchiseptica/Pasteurella multocida* ist v. a. für **Zuchtbestände** (Zuchttiere) sinnvoll, bei denen diese Erreger als Krankheitsursache nachgewiesen wurden. Der Impfstoff soll mit begleitenden Maßnahmen den Infektionsdruck im Bestand reduzieren.[11] Bei Einzeltieren ist eine Impfung vermutlich nicht hilfreich, insbesondere, wenn nicht nachgewiesen wurde, dass die beiden verimpften Erreger ursächlich die Erkrankung bedingen.

Da **Kaninchenschnupfen** durch sehr viele verschiedene Erreger ausgelöst werden kann, scheint ein Einsatz bei Heimtierkaninchen nicht sinnvoll. Inwieweit der Krankheitsverlauf eines bereits erkrankten Tieres positiv beeinflusst wird, ist nicht untersucht. Zudem darf dieser Impfstoff nicht mit anderen Impfungen appliziert werden, da ansonsten kein ausreichender Impfschutz erreicht wird.

3.5.2 Endoparasitenprophylaxe

- Eine regelmäßige Prophylaxe gegen Endoparasiten ist bei **Heimtierkaninchen nicht notwendig**.
- Bei Tieren, die in größeren Gruppen mit häufig wechselnder Zusammensetzung gehalten werden, insbesondere auch bei Haltung solcher Gruppen im Freiland, sollte eine **regelmäßige Kontrolle** des Kotes auf **Kokzidien- und Oxyurenbefall** vorgenommen werden.
- Eine **Therapie** sollte durchgeführt werden, wenn ein konkreter Nachweis vorliegt.

3.5.3 Ektoparasitenprophylaxe

- Eine regelmäßige Prophylaxe gegen Ektoparasiten ist meist nicht notwendig.
- Bei einer Haltung im Freiland kann gelegentlich ein **Zeckenbefall** problematisch werden. In diesen Fällen empfiehlt sich die Applikation vom **Permethrin**.[12]

3.5.4 Sonstige Prophylaxemaßnahmen

- Insbesondere in warmen Sommermonaten sollten Kaninchen täglich auf evtl. vorliegenden **Madenbefall** kontrolliert werden. Dies betrifft v. a in Außenhaltung gehaltene Tiere, aber gelegentlich auch Wohnungstiere. Momentan sind in Deutschland keine Medikamente zugelassen, die prophylaktisch verabreicht werden können.

- Eine **tierartgerechte Fütterung** ist eine wichtige Maßnahme, um verschiedene Krankheiten bei Kaninchen vorzubeugen.

Eine ausschließliche **Fütterung mit Heu und Grünfutter** hat einen entscheidenden positiven Einfluss auf die **Zahngesundheit** von Kaninchen. In Kombination mit ausreichend **Auslauf** kann so auch Adipositas vermieden werden.

K

- Tiere die zu ausgeprägter **Harngrießbildung** neigen, sollten **calciumarm** ernährt werden. Das bedeutet, dass v.a. calciumhaltige Futtermittel wie Möhrengrün, Luzerne etc. vermieden werden sollten.

3.6 Medikamenteneingabe

- Medikamente werden bei Kaninchen wie bei anderen Heimtieren appliziert (Kap. 1.2.1). Gelegentlich entstehen bei subcutaner oder versehentlicher intracutaner Injektion **Hautnekrosen**.
- Für **intravenöse Katheter** eignet sich die **Ohrrandvene** (Abb. 3-8).

! Bei **ungenügender Polsterung** unter dem Katheter kann es gelegentlich zu einer **Ohrrandnekrose** kommen.

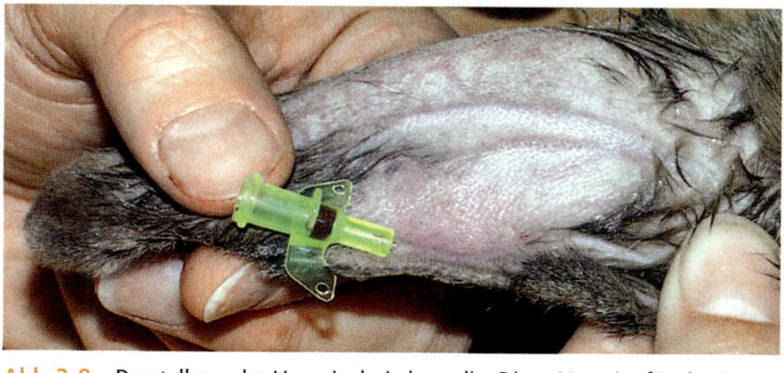

Abb. 3-8 Darstellung der V. auricularis lateralis. Diese Vene ist für das Legen von Venenkathetern sehr gut geeignet.

K

3.7 Anästhesie und Analgesie

- Vor jeder Anästhesie sollte eine **gründliche klinische Evaluierung** des Patienten erfolgen.

Tipp

Bei älteren Tieren sollten eine **Blut- und Röntgenuntersuchung** erwogen werden, da eine Reihe von **Erkrankungen** bei Kaninchen **subklinisch** vorliegen kann.

- Das zu erwartende **Narkoserisiko** des Patienten (ASA-Gruppe) und die Einschätzung der zu **erwartenden Schmerzen** helfen bei der Wahl der geeigneten Analgesie und Anästhesie.

Kaninchen können **nicht erbrechen**, somit besteht nicht die Gefahr einer Aspiration.

- Ein **Wasser- und Nahrungsentzug** ist bei Kaninchen vor Operationen **nicht empfehlenswert**. Außerdem kommt es bei Futterkarenz schnell zu Veränderungen im Säuren-Basen-Haushalt.[13]

3.7.1 Analgesie

Eine Übersicht möglicher Indikationen und der verwendbaren Analgetika findet sich in Tabelle 1-6.
Die bei Kaninchen häufig eingesetzten Analgetika und deren Dosierungen finden sich in Tabelle 3-1.

Tab. 3-1 Analgetika für Kaninchen

Wirkstoff	Dosierung
Buprenorphin	0,01–0,05 mg/kg s. c., i. m., i. v. BID–TID
Butorphanol	0,5–1 mg/kg s. c., i. m., i. v alle 4–6 Stunden
Meloxicam	0,2–0,5 mg/kg p. o., s. c., i. m. SID–BID
Carprofen	2–5 mg/kg p. o., s. c. SID–BID
Metamizol	65 mg/kg p. o., s. c., i. m. TID–QID
Gabapentin	3–5 mg/kg p. o. SID–TID

3.7.2 Prämedikation, Sedation, Narkoseeinleitung und Operationsvorbereitung

- Als **präoperative Maßnahmen** werden eine **Infusionstherapie** und eine ausreichende **Analgesie** (abhängig vom geplanten Eingriff) appliziert. Ein **intravenöser Zugang** (Ohrrandvene) sollte gelegt werden, um intraoperativ Flüssigkeit zu verabreichen und Notfallmedikamente applizieren zu können.
- Einige Möglichkeiten zur Sedation und Anästhesie von Kaninchen werden in Tabelle 3-2 aufgeführt.

Tab. 3-2 Wirkstoffe zur Sedierung und Anästhesie von Kaninchen

Wirkstoff	Dosis (mg/kg)	Applikationsart	Bemerkungen
Acepromacin[14]	0,25–1	i. m., s. c., i. v.	• Sedation ca. 4 h • Führt zu Vasodilation, Hypothermie, Hypotension
Diazepam[14]	1–5	i. m., i. v.	• Sedation ca. 0,5–3 h • Große Injektionsmenge
Midazolam[15]	0,5–2	i. m., i. v.	• Sedation < 2 h • Große Injektionsmenge, nicht für Tiere zugelassen

Tab. 3-2 (Fortsetzung)

Wirkstoff	Dosis (mg/kg)	Applikationsart	Bemerkungen
Medetomidin[15]	0,1–0,5	s. c., i. m.	• Sedation und Analgesie • Reversion mit Atipamezol (gleiches Volumen wie Medetomidin s. c., i. v.)[16]
Ketamin/ Midazolam[17]	30/2	i. m.	• Gute Sedation und Muskelrelaxation • Als Narkoseeinleitung geeignet
Ketamin/ Medetomidin[17]	35/ 0,25	i. m.	• Anästhesie • Antagonisierung des Medetomidins erst nach 60 min
Ketamin/ Medetomidin[14]	25/ 0,25–0,5	i. m.	• Anästhesie
Ketamin/ Medetomidin/ Butorphanol[14]	5/ 0,1/ 0,5	s. c., i. m.	• Anästhesie • Chirurgisches Stadium für 30–40 min
Fentanyl/ Midazolam/ Medetomidin[17]	0,02/ 1,0/ 0,2	i. m.	• Anästhesie • Für Zwergkaninchen nur ⅔ der Dosis • Arzneimittelrechtlich problematisch, wenn Vormischung und längere Lagerung erfolgt • Midazolam für Tiere nicht zugelassen
Antagonisierung:			
Naloxon/ Flumazenil Atipamezol	0,03/ 0,1/ 1,0	s. c., i. m.	
Propofol[17]	8–15	i. v.	• Keine Analgesie • Atemdepression • Intubation muss möglich sein.

Tipp

Schon direkt nach der Narkoseeinleitung sollten Maßnahmen ergriffen werden, die einer **Hypothermie vorbeugen** (Wärmematte etc.). **Scheren** und **Desinfizieren** sollten sparsam, aber ausreichend erfolgen. Desinfektionsmittel können angewärmt werden.

- **Alfaxalon** wird bisher nur selten bei Kaninchen eingesetzt, darum sind auch nur wenige klinische Erfahrungen verfügbar. Eine Dosierung von 4–6 mg/kg i. m. führte bei Weißen Neuseeländern zu einer tiefen Sedation (ohne Analgesie) für etwa 30 (4 mg/kg) bis 60 (6 mg/kg) min mit deutlicher Atemdepression. Eine Dosierung von 8 mg/kg führte zum Tod eines Tieres.[18]

3.7.3 Intubation

- Die einfachste Art der Beatmung für Kaninchen ist die **Applikation eines Larynxtubus** (v-gel®, docsinnovent) (Abb. 3-9). Sie sind für Kaninchen in verschiedenen Größen verfügbar und leicht zu platzieren[19].

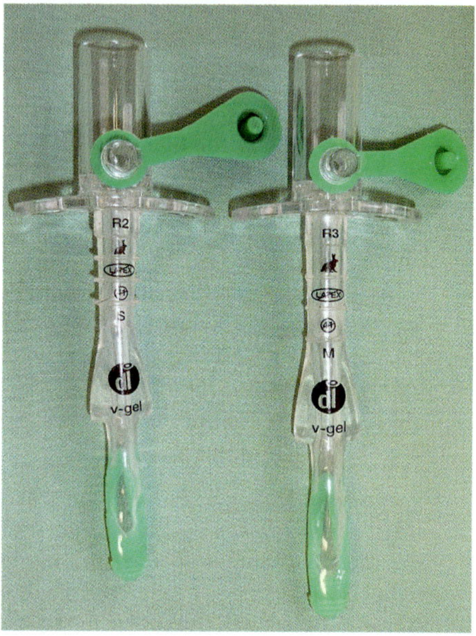

Abb. 3-9
Larynxtubus (v-gel®, docsinnovent) für Kaninchen

- Über die Tuben sind eine **kapnografische Überwachung** und eine **Beatmung** möglich. Zudem kann kaum **Narkosegas** entweichen.
- Da **Tracheotuben** eine ganze Reihe an **Nachteilen** haben (blinde Applikation, Entstehung von Trachealverletzungen, -strikturen), sollte auf ihren Einsatz verzichtet werden.

K

3.7.4 Narkoseaufrechterhaltung

! Eine reine **Injektionsnarkose** ist bei Kaninchen nicht unkritisch. Um eine ausreichende tiefe und lange Narkose zu erreichen, muss mit relativ hohen Dosierungen gearbeitet werden. Sollte eine Nachdosierung notwendig sein, birgt dies immer die Gefahr eine Überdosierung.

- Aus diesem Grund sollte eine Fortsetzung der Narkose bei Kaninchen über eine **Inhalationsnarkose** (v.a. Isofluran, seltener Sevofluran) erfolgen. Circa 0,5–2 Vol% Isofluran sind je nach Prämedikation oft ausreichend. **Sauerstoff** dient normalerweise als Trägergas. Offene Systeme benötigen meist einen minimalen **Flow von 1 l/min**, damit ausreichend Narkosegas zum Patienten gelangt.

Je **höher** der **Flow**, desto **höher** ist der **Wärmeverlust** des Patienten.

- Eine **Beatmung** ist besonders bei längeren Anästhesien sinnvoll, da alle Anästhetika zu einer mehr oder weniger ausgeprägten Atemdepression führen.

Tipp

Zur **Beatmung** können folgende **Parameter** am Respirator eingestellt werden: Atemfrequenz: 30–40/min, Atemzugvolumen: 4–6–10 ml/kg, Inspiration : Exspiration 1 : 2.
Ziel ist ein p_aCO_2 von 35–45 mm Hg.[17]

3.7.5 Narkoseüberwachung

- Je nach Möglichkeiten erfolgt eine Überwachung mit **EKG, Kapnografie, Pulsoxymetrie** (Ohr, Zunge, Pfote, Schwanzspitze).
- Eine **Blutdruckmessung** wäre am verlässlichsten, ist aber oft nicht verfügbar. Bei einem anästhesierten Kaninchen sollte der **mittlere arterielle Blutdruck über 80 mm Hg** liegen.

3.8 Wichtige Erkrankungen bei Kaninchen

3.8.1 Erkrankungen der Haut und der Hautanhangsorgane

Die Abklärung von Hauterkrankungen bei Kaninchen sollte grundsätzlich wie bei Kleintieren erfolgen, damit eine korrekte Diagnose gestellt werden kann. Die im Folgenden dargestellten Hauterkrankungen sind **regelmäßig auftretende Veränderungen**. Seltene Erkrankungen sind der weiterführenden Literatur zu entnehmen.[20,21]
Hautveränderungen können durch **verschiedene Infektionserreger** hervorgerufen werden, wie z. B. *Leporipoxvirus myxomatosis*, *Treponema paraluiscuniculi*, Dermatophyten und Ektoparasiten, aber auch durch **Haltungsfehler** wie Fellfressen verursacht werden. Als Ursache von **Umfangsvermehrungen der Haut** kommen neben Neoplasien auch Abszesse und Bandwurmzysten infrage.

Dermatitis infektiösen Ursprungs

Ursache

- Viren: v. a. Myxomatose: *Leporipoxvirus myxomatosis*
- Bakterien: Treponematose, Spirochätose: *Treponema paraluiscuniculi*
- Pilze: Dermatophyten: v. a. *Trichophyton mentagrophytes*,[22,23] selten *Microsporum canis*, *M. gypseum* und andere[23,24]
- Flöhe: *Ctenocephalides felis*, seltener Kaninchenfloh (*Spilopsyllus cuniculi*)[25,26]
- Milben: *Cheyletiella parasitovorax*, *Psoroptes cuniculi*
- Medikamentenunverträglichkeit: Enrofloxacin intracutan appliziert
- Neoplasie, Trauma etc.

Klinik Rötungen, Schwellung, Krustenbildung, Juckreiz, Ulzerationen

- **Cheyletiellose:** oft subklinisch, Schuppenbildung v. a. oberhalb der Blume und zwischen den Schulterblättern, Alopezie, gelegentlich Rötungen, Juckreiz sehr selten
- **Spirochätose:** Rötungen, Schwellungen der Schleimhaut von Präputium oder Vagina, Bläschen- und Krustenbildung, Ulzerationen durch Sekundärinfektionen mit weiteren bakteriellen Erregern im Bereich des Kopfes, besonders an Nase, Lippen oder Lidern
- **Myxomatose:** verschiedene Formen beschrieben:
  - **Ödematöse Form:** Schwellung von Augenlidern, Maul, Nase, Ohren, Gliedmaßenenden und des Anogenitalbereichs, Tränenfluss, eitrige Konjunktivitis, Dyspnoe (v. a. inspiratorisch durch

Schwellung der oberen Atemwege), Inappetenz, Apathie, Fieber, Tod nach ca. 14 Tagen
- **Knotige Form:** unterschiedlich ausgeprägte Umfangsvermehrungen, v.a. im Kopfbereich; leichterer Verlauf bei geimpften Tieren mit ungenügendem Impfschutz: pockenartige Knoten an Prädilektionsstellen

K

Diagnostik Anamnese (Myxomatose-Impfung vor ca. 2 Wochen), Klinik.
- Untersuchung auf **Flöhe** (Nachweis von adulten Flöhen, Flohentwicklungsstadien oder Flohkot über Flohkamm, Erfolg bei diagnostischer Therapie), **Milben** (Untersuchung von Schuppen, Hautgeschabsel), einschließlich diagnostischer Therapie mit einem Ektoparasitikum
- Nachweis von **Dermatophyten** durch mikrobiologische Kultur oder PCR
- Einige *M.-canis*-Stämme fluoreszieren unter der Wood-Lampe.
- Wenn keine Besserung auf Therapie bzw. zusätzliche Hinweise auf andere Ursache weitere Abklärung über **Bioptatentnahme** zur Abklärung neoplastischer oder anderer Ursachen
- **Spirochätose:** PCR, evtl. auch Silberfärbung im Bioptat, Serologie nicht beweisend für eine akute Infektion[27]

Differenzialdiagnosen Dermatitiden nicht-infektöser Ursache, exfoliative Dermatitis, Sebadenitis, Dermatitis verursacht durch Hepatitis, Neoplasie (Lymphom).

Therapie Je nach Ursache.
- **Milben:** Ektoparasiten: Ivermectin (0,4–0,6 mg/kg s.c., p.o. 2–3-× im Abstand von 10–14 Tagen), Selamectin (8–14 mg/kg perkutan einmal, wdh. nach 21–30 Tagen),[28] Kontaktinsektizid-Präparate mit Pyrethrinen, Pyrethroiden, Carbamaten und Phosphorsäureestern,[29] Kontakttiere mitbehandeln.
- **Flöhe:** Imidacloprid (Kaninchen älter als 10 Wochen) (10 mg/kg spot on),[30,31] Selamectin (8–14 mg/kg perkutan einmal, wdh. nach 21–30 Tagen),[12,32] Kontaktinsektizidpräparate mit Pyrethrinen, Pyrethroiden, Carbamaten und Phosphorsäureestern ebenfalls einsetzbar.

Tipp

Flohbefall bei Kaninchen
- **Bei Kaninchen darf kein Fipronil** verwendet werden, da es für diese Tierart toxisch ist!
- Partnertiere behandeln.

K

- **Dermatophyten:** Systemische Pulstherapie mit Itrakonazol (5–10 mg/kg oral SID, 7 Tage, 7 Tage Pause 6–8 Wochen bzw. bis Kultur negativ); zusätzlich lokale Therapie mit Enilkonazol (0,2 %ige Lösung) alle 3–4 Tage auf die veränderten Stellen auftragen, Umgebungsbehandlung mit Chlorbleiche. Aufgrund des Zoonoserisikos sollte eine gründliche Therapie durchgeführt und der Besitzer entsprechend aufgeklärt werden. Zusätzlich muss die Haltung verbessert werden.
- **Spirochätose:** 42.000 IE/kg Penicillin alle 7 Tage 3 × s. c.[33] oder Amoxicillin s. c. SID für 7 Tage; Chloramphenicol[34] und Azithromycin[35] sind zwar sicherer, aber weniger wirksam und müssen länger gegeben werden.

> ! Bei der parenteralen Applikation von Penicillin können antibiotikaassoziierter Durchfall und Todesfälle in Einzelfällen auftreten (s. a. Tab. 1-3).

- Therapieversuch bei an Myxomatose erkrankten ungeimpften Tieren meist nicht erfolgreich, Euthanasie erwägen; Infusion, Antibiose, Analgesie, Sauerstoff, assistierte Fütterung; bei leichten Verläufen lokale Therapie der Pockenläsionen mit desinfizierenden Mitteln, Analgesie

Prophylaxe **Myxomatose:** Impfung, insbesondere bei Außenhaltung Insektenschutz (Fliegengitter) und Ektoparasitenbekämpfung (Flöhe und Milben), Quarantäne bei Neuzugängen.

> Zur Myxomatose-Prophylaxe möglichst **kein Grünfutter** von Flächen verfüttern, zu denen **Wildkaninchen** Zugang haben.

Bemerkungen *T. mentagrophytes* ist eine potenzielle Zoonose; eine neue Nomenklatur führt dazu, dass die bei Kaninchen nachgewiesenen Arten des *Trichophyton mentagrophytes*-Komplexes auch als *Arthroderma vanbreuseghemii* und *Arthroderma benhamiae* bezeichnet werden.[36,37]

Exfoliative Dermatitis

Beschreibung Paraneoplastisches Syndrom bei Thymomen[21,38] und intrathorakalen Lymphomen.[39]
Häufigkeit Gelegentlich.
Alter Vor allem adulte Tiere.

K

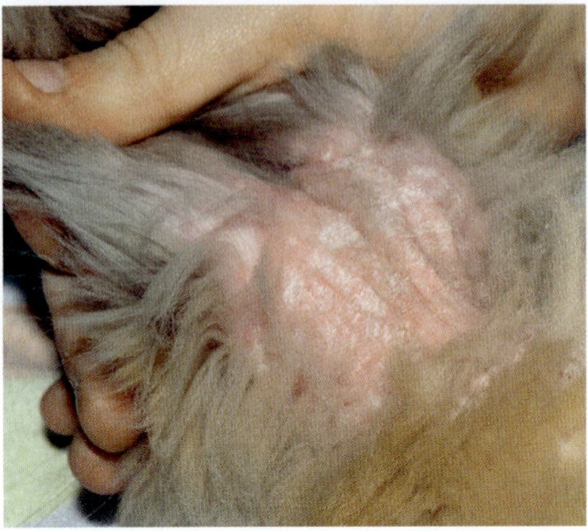

Abb. 3-10
Exfoliative Dermatitis eines Kaninchens mit Thymom

Ursache Intrathorakale Thymome oder Lymphome.
Klinik Schuppige, gelegentlich auch gerötete Haut (Abb. 3-10) ohne Pruritus, Alopezie, in verschiedenen Bereichen des Körpers auftretend, v. a. an den Pinnae sowie im Übergang dorsaler Hals-Kopf-Bereich, aber auch generalisiert möglich; evtl. Dyspnoe, Vorfall der Nickhaut, Exophthalmus, gedämpfte Herztöne aufgrund der Neoplasie.
Diagnostik Klinik; Ausschluss der Differenzialdiagnosen durch dermatologische Abklärung, Röntgen, Ultraschall, Zytologie; ggf. Biopsie.
Differenzialdiagnosen Vor allem Cheyletiellose, Dermatophytose, Sebadenitis, Dermatitis verursacht durch eine Hepatitis, cutanes Lymphom u. a.
Therapie Symptomatisch mit antiseborrhoischen Shampoos, Hautölen und oraler Gabe von essenziellen Fettsäuren (Viacutan, 1–2 Tropfen 1× tgl.).[39] Eventuell führt eine Entfernung oder Bestrahlung der Neoplasie zu einer Verbesserung der Hautveränderungen, ist für Kaninchen aber bisher nicht beschrieben.
Prognose Tritt scheinbar erst bei fortgeschrittener Erkrankung auf, sodass die Hautsymptomatik meist nicht im Vordergrund steht; das Ansprechen auf die Therapie scheint lange zu dauern.

Myiasis

Beschreibung Madenbefall im Anogenitalbereich oder im Bereich von Wunden.

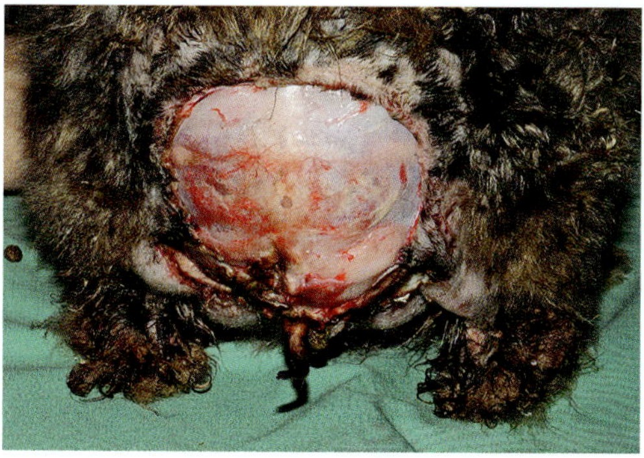

Abb. 3-11 Kaninchen mit hochgradiger Hautverletzung durch Madenbefall

Verbreitung Weltweit.
Häufigkeit Regelmäßig, v. a. in den Sommermonaten bei Außenhaltung.
Alter Alle Altersklassen.
Ursache Gold- und Schmeißfliegenmaden.
Klinik Durch Maden verursachte unterschiedlich ausgeprägte Haut- u. U. auch Muskelverletzungen, Apathie, Inappetenz, Dehydratation (Abb. 3-11).
Diagnostik Klinik, bei mittel- bis hochgradigen Verletzungen Blutuntersuchung (Nachweis von Azotämie, Anämie).
Therapie

- **Abtöten der Maden** mit Ivermectin s. c. (0,4–0,6 mg/kg s. c., p. o.)[40], zusätzlich Nitenpyram (1 mg/kg p. o. einmalig).[41]
- Wundbereich ausscheren, Eier und Maden absammeln, Maden evtl. mit warmem Wasser abspülen, **Wundbehandlung** je nach Zustand direkt oder nach Stabilisierung (ggf. Sekundärheilung)
- Infusionen, Schmerzmittel, Antibiotika
- **Röntgen, Blutuntersuchung, Ultraschall:** Suche nach Auslöser der Myiasis (z. B. Adipositas, Durchfall, Harnwegserkrankungen, Parese, Ataxie und Inkontinenz etc.)
- Schwerwiegende Verletzungen: ggf. Euthanasie

Prognose Abhängig von Ausprägung – gut bis infaust.
Prophylaxe Fliegenschutzgitter, -netze bei Außenhaltung, tägliche Kontrolle der Tiere, insbesondere des Anogenitalbereichs, Insektenwachstumsregulator Dicyclanil (Clik® 5 %, pour-on für Schafe, Novartis) momentan in Deutschland nicht zugelassen.

K

Intertrigo

Beschreibung Meist nässende Dermatitis.
Häufigkeit Gelegentlich.
Alter Vor allem adulte Tiere.
Ursache Kontakt der Haut mit Speichel, Urin oder Kot, v. a. Falten der Wammen adipöser Tiere, Anogenitalbereich bei Tieren mit Durchfall oder Inkontinenz betroffen.[24]
Klinik Nässende Dermatitis an den entsprechenden Lokalisationen, Schmerzhaftigkeit.
Diagnostik Klinik.
Therapie Betroffene Hautbereiche vorsichtig reinigen (waschen mit lauwarmem Wasser), ggf. trocknen (fönen), lokal desinfizierende Lösungen zu Beginn auftragen, Analgesie, je nach Ausmaß ggf. systemische Antibiose notwendig, Ursache finden und abstellen.
Prognose Gut, wenn Ursache abgestellt werden kann.

Pododermatitis

Beschreibung Vor allem im Bereich der Hintergliedmaßen, seltener der Vordergliedmaßen auftretende Entzündung des plantaren/volaren Pfotenbereichs.
Häufigkeit Regelmäßig.
Alter Vor allem adulte Tiere.
Ursache Multifaktoriell, tritt v. a. bei geschwächten, erkrankten, älteren und adipösen Tieren auf; prädisponierend sind Haltung (ungeeigneter Bodengrund), Krankheiten, Bewegungsmangel, Fütterung (Entwicklung einer Adipositas) und Art des Haarkleids (Rex-Kaninchen).
Klinik Erst runde, haarlose später gerötete Bereiche auf Sohlenflächen (Abb. 3-12), später Abszessbildung, Periostitis/Osteomyelitis; beteiligte Erreger oft *Staphylococcus aureus* und *Fusobacterium necrophorum*, Lahmheit, Schmerzhaftigkeit.[42]
Diagnostik Klinik; Röntgen zum Ausschluss einer Osteomyelitis.
Therapie Abszesse chirurgisch versorgen, Analgesie, Antibiose nach Antibiogramm (Untersuchung auch auf Anaerobier!), Verbände, evtl. weitere vorliegende Erkrankungen therapieren; Optimierung der Haltung, Fütterung, Bewegung.
Prognose Gut bis infaust.

> **!** Die Behandlung von **fortgeschrittenen Fällen** kann sehr **langwierig** bis **aussichtslos** sein.

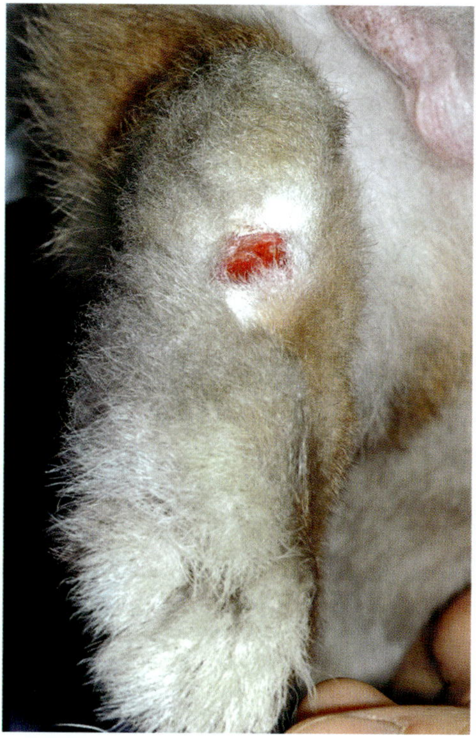

Abb. 3-12
Kaninchen mit Pododermatitis

Weitere Hauterkrankungen

Für Kaninchen ist eine Reihe anderer Erkrankungen beschrieben, die deutlich **seltener** auftreten. Dazu gehören u.a. eine **Sebadenitis**[43], eine **Hepatitis**, die zu einer **symmetrischen Alopezie** und **schuppiger Haut** führte,[44] **cutane Asthenie.**[21,45,46] Weitere Informationen zu diesen Erkrankungen finden sich bei Müller,[21] Paterson[20] bzw. in den Originalpublikationen.

Neoplasien der Haut

Tumorarten Trichoblastome, kollagene Hamartome, Lipome, Myxosarkome, peripherer Nervenscheidentumor (PNST), Fibrosarkome (vermutlich auch assoziiert mit Injektionen),[47] Melanome, Plattenepithelkarzinome,[48–53] cutane Lymphome[52–56] etc.

Häufigkeit Regelmäßig.
Alter Vor allem Tiere mittleren Alters betroffen.
Klinik Umfangsvermehrung der Haut, Alopezie, Ulzerationen möglich.
Diagnostik Klinik, FNA und/oder Bioptatuntersuchung, Staging (v. a. bei Lymphomen, PNST notwendig); Labor, Röntgen, Ultraschall, Punktion der assoziierten Lymphknoten.
Differenzialdiagnosen Abszess, Bandwurmzyste, Veränderungen des Mammagewebes.
Therapie Je nach Tumorart, oft Chirurgie indiziert, evtl. Chemotherapie, Bestrahlung (evtl. bei Lymphom, Melanom), bisher aber kaum Erfahrungsberichte dazu.
Prognose Je nach Tumorart gut (Trichoblastom) bis infaust (oft bei malignem Melanom).

3.8.2 Ohrenerkrankungen

- Gelegentlich treten **Verletzungen der Pinnae, Gehörgangsabrisse** bei Auseinandersetzungen mit Artgenossen oder aber bei Fuchsangriffen auf.
- **Melanome der Haut** treten nicht selten an den Pinnae/Ohrgrund das erste Mal in Erscheinung.
- Häufiger werden **Otitiden** (externa, media, interna) diagnostiziert.
- **Myxomatose** kann mit einer Schwellung bzw. Knotenbildung im Bereich der Pinnae einhergehen (Kap. 3.8.1).

Otitis externa/media/interna

Häufigkeit Regelmäßig.
Ursache

- Vor allem *P. multocida*[57,58] und andere **bakterielle Erreger** und/oder *Psoroptes cuniculi*;[29] im Verlauf kann daraus eine Otitis media/interna entstehen.
- Es kann auch zuerst eine **Otitis media/interna** vorliegen, die dann zur Otitis externa führt. Ursache dafür sind Erreger, die bei Jungtieren über die Eustachi-Röhre aufgestiegen sind und unter verschiedenen Umständen plötzlich bei adulten Tieren relevant werden.

Alter Vor allem ältere Tiere betroffen.
Klinik Subklinisch, Juckreiz, gerötete Pinnae, bei *Psoroptes*-Befall borkige Beläge an Pinnae und im Gehörgang, in ausgeprägten Fällen auch Dermatitis an Kopf, Hals und Schulter,[29] eitriges Ohrsekret; Kopfschütteln.

Bei Entwicklung einer **Mittel- und Innenohrentzündung** sind Symptome eines **peripheren Vestibularsyndroms** (Nystagmus, Ataxie, Kopfschiefhaltung, Horner-Syndrom etc.) möglich.

Diagnostik Klinik, otoskopische Untersuchung, Nachweis von Milbenstadien, Heterophile, Bakterien im Abstrich des Ohrsekrets; bei **vestibularen Symptomen** Röntgen der Bullae und/oder CT (Verschattung der Bulla, periostale Reaktionen); evtl. Endoskopie des Gehörgangs.

Differenzialdiagnosen Bei peripherem Vestibularsyndrom siehe Enzephalitozoonose.

Therapie

- **Nachweis/Verdacht von Ohrmilben:** Ivermectin (0,4–0,6 mg/kg s.c., p.o. 2–3 × im Abstand von 10–14 Tagen),[59] Moxidectin (0,2–0,3 mg/kg p.o., s.c. wdh. nach 10 Tagen)[60] oder Selamectin spot on (8–14 mg/kg perkutan einmal, wdh. nach 21–30 Tagen),[61] Analgesie, ggf. systemische Antibiose.

Tipp

Bei Verdacht auf Ohrmilben: **Partnertiere** mitbehandeln!

- **Eitrige Otitis externa:** Antibiose nach Antibiogramm, Analgesie, topische Behandlung der Otitis externa (Ohrreinigung, Ohrspülung)
- **Therapie bei Vestibularsyndrom:** Infusionen, Analgesie, H_1-Blocker (Diphenhydramin 2 mg/kg s.c. BID–TID oder Metoclopramid 0,5–1 mg/kg s.c., p.o. BID–QID oder Maropitant – für Kaninchen bisher keine Dosierungsangaben vorhanden) gegen Schwindel; ggf. Bullaosteotomie.[62]

Prognose

- Gut bei **parasitärer Otitis**, wenn keine hochgradige Otitis externa/interna/media vorliegt; vorsichtig bei **bakterieller Otitis externa/interna/media**
- Insbesondere bei **Otitis interna/media** ist oft ohne Bullaosteotomie trotz Langzeitantibiose, Ohrreinigung, Schmerzmittelgabe keine endgültige Abheilung zu erreichen. Mit **Bullaosteotomie** scheint die Prognose besser zu sein.[62]

Insbesondere bei Otitiden spielen **multiresistente Erreger** eine große Rolle. Darum sollte immer ein **Resistenztest** erfolgen.

3.8.3 Augenerkrankungen

Im folgenden Kapitel werden die wichtigsten Augenerkrankungen von Heimtierkaninchen beschrieben. Für weitere Informationen sollte die detailliertere Fachliteratur konsultiert werden.[63–69]

Exophthalmus

Häufigkeit Regelmäßig.

Ursache

- **Einseitig:** meist retrobulbäre Prozesse, wie Abszess (durch Zahnproblem), Neoplasie (Lymphom[70]), Hämatom, Bandwurmzyste;[71] Speicheldrüsenzyste bisher als Ursache für Kaninchen nicht beschrieben.
- Ein **temporär bilateraler Exophthalmus** (meist bei Aufregung) kann Folge einer Abflussstörung in der V. cava cranialis als Folge einer präkardialen Masse sein.[72]

Klinik Heraustreten des Augapfels aus der Augenhöhle, aufgrund des unzureichenden Lidschlusses häufig mit matten Hornhautbereichen im Lidspaltenbereich (Expositionskeratitis), ggf. vollständiger Verlust der Hornhaut bei hochgradigem Exophthalmus (Abb. 3-13).

Diagnostik Klinik, Röntgen/CT, Ultraschall, Punktion und zytologische Untersuchung; bei Abszessen Suche nach Ursache durch Maulhöhlenuntersuchung in Narkose, Röntgen/CT des Schädels.

Differenzialdiagnosen Temporärer Exophthalmus durch Angst, Stress oder intrathorakale Masse; Buphthalmus durch Glaukom.

Therapie

- **Abszess, Mukozele, Bandwurmzyste** und **intakte Hornhaut:** evtl. bulbuserhaltende Chirurgie möglich
- **Irreversible Schädigung der Hornhaut:** Enukleation
- **Abszesse:** Ursache beheben (meist Zahnproblem), **Antibiose** nach Antibiogramm
- **Nachweis eines Lymphoms:** Chemotherapie (z. B. mit Prednisolon 1 mg/kg BID p. o.)
- **Präkardiale Masse** je nach Art der Veränderung und des Zustands des Patienten Chemotherapie, Chirurgie, Bestrahlung
- Analgesie (Metamizol 65 mg/kg p. o. TID–QID oder Meloxicam 0,2–0,5 mg/kg p. o. SID–BID)
- Solange kein ausreichender Lidschluss möglich ist, Schutz der Hornhaut durch häufiges Auftragen von **Tränenersatzmitteln**

Prognose Abhängig von Beeinträchtigung des Auges und der Ursache; oft Verlust des Auges bei Abszessen.

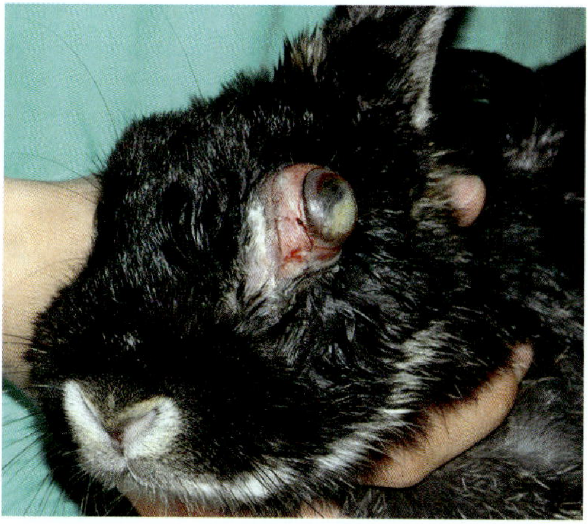

Abb. 3-13
Kaninchen mit hochgradigem Exophthalmus und starker Schädigung der Hornhaut

Epiphora/Dakryozystitis

Häufigkeit Häufig.

Ursache Verlegung des Tränenabflusses durch Entzündung (Kaninchenschnupfenkomplex) oder Stenose des Tränennasengangs (Zahnerkrankung).

Klinik Epiphora, Konjunktivitis, je nach Ursache weitere Symptome wie eitriger beid- oder einseitiger Nasenausfluss, Schwellungen am Kopf, Zahnfehlstellungen etc.

Diagnostik Klinik, ophthalmologische Untersuchung, Maulhöhlenuntersuchung in Narkose, Röntgen/CT.

> **Tipp**
>
> Die **Durchgängigkeit des Tränennasenkanals** lässt sich durch Spülung mit 0,9%iger NaCl-Lösung überprüfen.

Differenzialdiagnosen Herpes-simplex-Infektion.

Therapie

- **Spülung** des Tränennasenkanals;[73] je nach Ausmaß **systemische Antibiose** (v. a. bei mittel- bis hochgradigen eitrigen Dakryozystitiden)
- **Zahnsanierung**, wenn Zahnerkrankungen/apikale Abszesse die Ursache sind

> ! Eine **Extraktion** der betroffenen **Zähne** führt oft nicht zur Behebung der Stenose.

K

- **Symptomatische Therapie:** Soweit notwendig mit Analgesie, assistierte Fütterung, Infusionen

Erkrankung der Augenlider

Häufigkeit Regelmäßig.
Ursache Myxomatose, Spirochätose, andere bakterielle Erreger, exfoliative Dermatitis (Abb. 3-14) können zu einer Blepharitis führen; Entropium, Ektropium, Lidverletzungen.[63]
Klinik Geschwollene Augenlider, Epiphora.
Diagnostik Klinik, ophthalmologische Untersuchung, Schwellungen, Entzündungen im Anogenitalbereich können einen Hinweis auf die Ursache geben (Myxomatose, Treponema).
Therapie Behandlung der Grunderkrankungen, wenn möglich; *Treponema paraluiscuniculi*; exfoliative Dermatitis; chirurgische Therapie von Lidfehlstellungen und -verletzungen.

Erkrankung der Nickhautdrüse

Häufigkeit Selten.
Ursache Nickhautdrüsenhyperplasie, Vorfall der Nickhautdrüse.
Klinik Zubildung im Bereich des nasalen Augenwinkels uni- oder bilateral (Abb. 3-15). Bestätigung durch zytologische Untersuchung.
Diagnostik Klinik und Zytologie oft ausreichend; Röntgen, Ultraschall, ggf. CT, wenn retrobulbäre Veränderungen vermutet werden.
Differenzialdiagnosen Entzündung, Neoplasie der Nickhautdrüse oder retrobulbäre Prozesse, die zu Prolaps von Nickhaut bzw. Nickhautdrüse führen.
Therapie Chirurgische Versorgung wie bei Kleintieren (Versenken und Fixierung der vorgefallenen Drüsenanteile in der Tiefe). Wenn sehr alte Tiere betroffen sind, bei denen die Besitzer keine Operation wünschen, ggf. nur augenpflegende Therapie (Salben); bei Vorliegen von Konjunktivitis lokale Antibiose, ggf. Analgesie.

Pseudopterygium, präkorneale membranöse Korneaokklusion

Häufigkeit Selten.
Ursache Unklar, vermutlich genetisch bedingt.

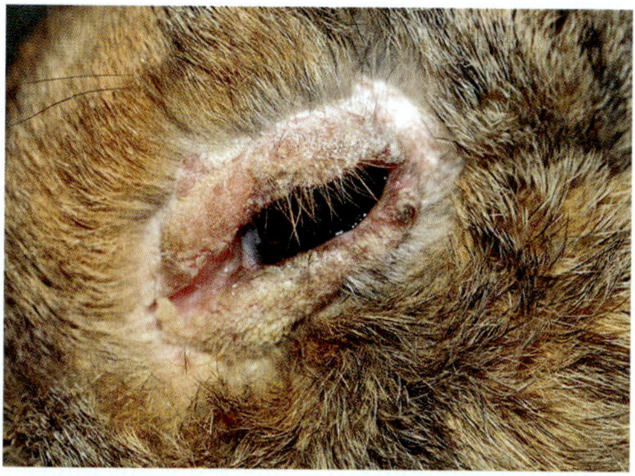

Abb. 3-14 Blepharitis eines Kaninchens mit exfoliativer Dermatitis aufgrund eines Thymoms

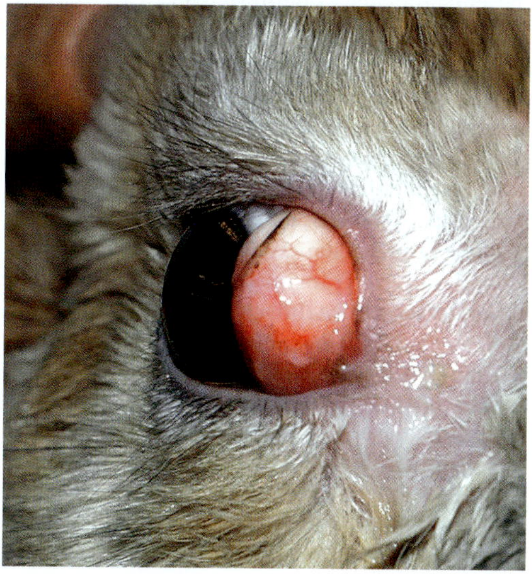

Abb. 3-15 Nickhautdrüsenvorfall bei einem Kaninchen

Klinik Überwachsen der Hornhaut von peripher mit Konjunktiva, ohne feste Verbindung zwischen Hornhaut und konjunktivaler Zubildung.
Diagnostik Klinik, spezielle Augenuntersuchung.
Therapie Bindehaut an mehreren Stellen zentrifugal einschneiden und am Limbus jeweils mit einem Heft befestigen.[74,75]
Prognose Bei fachgerechter Operation gut.

K

Konjunktivitis

Häufigkeit Häufig.

Ursache

- Bakterien: Pasteurellen, Staphylokokken, Pseudomonaden, *Treponema paraluiscuniculi* etc.
- Viren: Myxomatose, humanes Herpes-simplex-Virus[76]
- traumatisch beding: Fremdkörper, Trauma, Distichiasis

Klinik Rötung und Verdickung der Bindehäute, Augenausfluss, zusätzlich oft auch Nasenausfluss, Ausbreitung einer schweren Konjunktivitis auf die Hornhaut.[65]

Diagnostik Klinik und eingehende spezielle Augenuntersuchung, Konjunktivalabstrich: Zytologie, ggf. bakteriologische Untersuchung.

Differenzialdiagnosen Zahnerkrankung mit Dakryozystitis und sekundär entstandener Konjunktivitis.

Therapie

- Reinigung und **Entfernung von Fremdkörpern** unter Lokalanästhesie, **chirurgische Versorgung** bei Distichiasis, ektopischen Zilien
- Ggf. **lokale Antibiose** möglichst nach Antibiogramm oder Tetracyclin bzw. Chloramphenicol[65]
- Gegebenenfalls **systemische Therapie** mit Infusionen, Analgesie, lokal/systemisch Sekretolytika (Acetylcystein 3 mg/kg p. o., s. c. BID oder Bromhexin 0,5–1 mg/kg p. o. BID)
- Spülung des Tränennasengangs, Reinigung der Augenumgebung
- Infusionen, **systemische Antibiose** und **assistierte Fütterung** bei schwerer Allgemeinerkrankung

Prognose Je nach Ursache gut bis infaust (Myxomatose, humanes Herpes-simplex-Virus).

Keratitis/Hornhautulkus/Stromaabszess

Häufigkeit Regelmäßig.

Ursache Oft aufgrund bakterieller Entzündung (Kaninchenschnupfenkomplex) in Kombination mit Bindehautentzündung. Dadurch können auch Hornhautulcera oder Stromaabszesse entstehen; unzureichende Applikation von Augensalben während der Anästhesie, Trauma, Fremdkörper, Entropium, Distichiasis, ektopische Zilie, Expositionskeratitis (z. B. bei Exophthalmus, Fazialislähmung), Infektion mit humanem Herpes-simplex-Virus etc.

Klinik Trübung der Hornhaut, Blepharospasmus, Miosis, Einsprossung von Gefäßen bei älteren Veränderungen, Fluoresceinprobe positiv.

Diagnostik Klinik, spezielle Augenuntersuchung einschließlich Fluoresceinprobe und Schirmer-Tränentest; Nachweis von Herpes-Antigen, bakteriologische Untersuchung.

Therapie

- **Antibiotikahaltige Augentropfen**/-salbe mehrmals täglich, hornhautpflegendes Augengel, lokale Analgesie mit Mydriatikum (Atropin), systemische Analgesie (Metamizol 65 mg/kg p. o. TID–QID)
- Entropium, Distichiasis, ektopische Zilie chirurgisch versorgen.
- **Nicht-heilende Ulzerationen/Hornhautabszesse:** Débridement bzw. Keratektomie (meist Anästhesie notwendig)
- **Perforationsgefahr:** Hornhaut- oder Nickhautflap bzw. temporärer Lidverschluss
- **Nachweis von reduziertem Tränenfluss:** künstlicher Tränenersatz
- Behandlung der Infektion mit humanem Herpes-simplex-Virus

Prognose Je nach Ursache gut (Trauma) bis schlecht (nicht-heilende Ulcera).

Uveitis

Häufigkeit Regelmäßig.

Ursache Meist aufgrund von Linsenrupturen hervorgerufen, die durch *E. cuniculi* verursacht werden. Diese Art der Uveitis wird auch als **phakoklastische Uveitis** bezeichnet.

Klinik Trübung in der vorderen Augenkammer, weißlich-gelbes Entzündungsmaterial in der vorderen Augenkammer, Blepharospasmus, Augenausfluss, Miosis, Lichtempfindlichkeit, reduzierter Augeninnendruck, Verfärbung der Iris, Apathie, Inappetenz.

Diagnostik Klinik, spezielle Augenuntersuchung, Suche nach der Ursache der Uveitis durch Labor (*E.-cuniculi*-Antikörper), Röntgen, Ultraschall.

Differenzialdiagnosen Intraokuläre Abszesse hervorgerufen durch Bakterien (*P. multocida*, *S. aureus*), Neoplasie.

Therapie

- **Ätiologische Therapie** durch Phakoemulsifikation,[77] Rezidiv aber möglich[78]
- **Symptomatische Therapie:** lokale Antiphlogistika, Antibiotika; oft keine dauerhafte Remission,[78,79] bei rezidivierenden Uveitiden Enukleation[80]

Prognose Für das betroffene Auge meist fraglich bis infaust.

K

Katarakt

Häufigkeit Regelmäßig.

Ursache Infektion mit *E. cuniculi*,[65] altersbedingt, kongenital bei Laborkaninchen beschrieben,[81] evtl. als Folge eines Diabetes mellitus (sehr selten).

Klinik Trübung der Linse.

Diagnostik Klinik, spezielle Augenuntersuchung einschließlich Fluoresceinprobe und Schirmer-Tränentest; Antikörperbestimmung auf *E. cuniculi*; Glucose- und Fructosamin-Konzentrationsbestimmung zum Nachweis eines Diabetes mellitus.

Differenzialdiagnosen Nukleosklerose.

Therapie

- Wenn keine offensichtlichen Probleme, keine weitere Therapie, aber regelmäßige **Kontrolle** auf die Entwicklung einer **linseninduzierten Uveitis**. Falls diese auftritt (sehr selten), steroidhaltige Augentropfen sowie Kontrolle auf Linsenluxation und Glaukomentwicklung.
- **Rezidivierende linseninduzierte Uveitiden Phakoemulsifikation** oder **Enukleation:** Phakoemulsifikation aufgrund des kleinen Auges und der intensiven Nachbehandlung gut abwägen.
- Bei der **Phakoemulsifikation** kann es zu einer **Regeneration von Linsenmaterial** kommen.

Prognose Solange keine Uveitis auftritt und die Tiere sich in bekannter Umgebung bewegen, kommen viele Tiere sehr gut zurecht.

Linsenluxation

Ursache Meist Folge einer maturen Katarakt.

Klinik Trübung der Hornhaut, Blepharospasmus, evtl. Glaukom.

Diagnostik Klinik, spezielle Augenuntersuchung.

Therapie Keine, wenn kein Glaukom vorliegt. **Bei Glaukom:** Glaukombehandlung und evtl. Entfernung der Linse erwägen.

Prognose Gut, wenn unkompliziert.

Glaukom

Häufigkeit Sehr selten.

Ursache Genetisch bedingt bei Weißen Neuseeländern beschrieben (bu-Gen), Folge einer Uveitis oder Linsenluxation (Verlegung des iridocornealen Winkels).

Klinik Vergrößertes Auge, episklerale Gefäßinjektion, Trübung der Hornhaut, Mydriasis, Schmerz, Inappetenz, Apathie, Blindheit, erhöhter Augeninnendruck.

Diagnostik Klinik, spezielle Augenuntersuchung, Erhöhung des Augeninnendrucks

Bei vorhandener **Uveitis** bzw. **Hornhautödem** ist eine wiederholte Kontrolle des Augeninnendrucks nötig, da er falsch niedrig sein kann.

Therapie Einige Autoren empfehlen **keine Therapie**,[65] da die betroffenen Tiere keine Veränderungen in ihrem Verhalten zeigen und somit scheinbar auch nicht schmerzhaft sind; evtl. topische Applikation von Dorzolamid, Pilocarpin oder Latanoprost (Kap. 2.8.3).
Prognose Fraglich.

Erkrankungen der Retina

Retinaerkrankungen wurden bisher bei Kaninchen nicht ausführlich beschrieben und scheinen eine sehr **untergeordnete Rolle** zu spielen.[65]

Neoplasien am/im Auge

Häufigkeit Selten.
Ursache Intraokuläres Lymphom,[82] Sarkom,[83] Metastasen von Adenokarzinom, intraorbital Lymphom;[84] Zubildung an Konjunktiva durch orale Papillomviren bei einem Kaninchen aus Neuseeland.[85]
Klinik Umfangsvermehrung in oder am Auge, Exophthalmus, Visuseinschränkungen.
Diagnostik Klinik, spezielle Augenuntersuchung, Zytologie, ggf. Röntgen/CT; Staging mit Labor, Röntgen/CT, Ultraschall.
Therapie Meist Enukleation beschrieben, evtl. Bestrahlung, Chemotherapie (Lymphom) möglich.
Prognose Je nach Tumorart gut bis infaust.

3.8.4 Erkrankungen des Respirationstrakts und des Thorax

- In der klinischen Situation ist es nicht immer möglich, **respiratorische Ursachen** von **Dyspnoe** sicher von anderen Ursachen abzugrenzen.

Tipp

Eine sorgfältige **Anamnese** und gründliche **Untersuchung** sowie die Zuordnung der evtl. vorliegenden **Dyspnoeart** zu inspiratorisch, exspiratorisch und gemischt können wertvolle Hinweise liefern.

- **Röntgen** und **Blutanalyse** helfen ebenfalls bei der Diagnose.

Erkrankungen der Nase

Häufigkeit Häufig.

Ursache Bakterien; Rhinitis contagiosa cuniculi: bis zu 30 verschiedene Bakterienspezies als Ursache nachgewiesen,[86] v.a. *Pasteurella multocica* und *Bordetella bronchiseptica*, aber auch Pseudomonaden, Staphylokokken,[86–88] oft mehr als ein Erreger zeitgleich nachgewiesen, eine **Immunsuppression** trägt zur Erkrankung bei; Granulome, Abszesse durch Erreger des Kaninchenschnupfenkomplexes; *Treponema paraluiscuniculi*, Viren (*Leporipoxvirus myxomatosis*: Myxomatose), Zahnerkrankungen, Fremdkörper (Heuhalme), Neoplasien.

K

Klinik

- Meist inspiratorisches Atemgeräusch, Dyspnoe, Niesen, Niesanfälle, Nasenausfluss, Inappetenz, Apathie, Gewichtverlust; Sekretspuren und Haarverlust an den Innenseiten der distalen Bereiche der Vordergliedmaßen
- **Kaninchenschnupfen:** oft subklinisch, Niesen (teilweise anfallsartig), nasale Atemgeräusche, erst wässriger, später mukopurulenter Nasenausfluss, Konjunktivitis, bei Beteiligung von Mittel- und Innenohr Kopfschiefhaltung, Dyspnoe bei Bronchopneumonien und Lungenabszessen, Inappetenz, Apathie, Dehydratation, Tod
- **Myxomatose:** Schwellungen, knotige Veränderungen im Kopfbereich, v.a. Nase, Augenlider, Ohren, aber auch im Anogenitalbereich

Radiologische Veränderungen Bei leichten Veränderungen keine Auffälligkeiten, evtl. Osteolysen sichtbar.

Diagnostik Anamnese (Myxomatose), Klinik, Röntgen/CT, Endoskopie, mikrobiologische Untersuchung von Nasenspülproben oder tiefen Nasentupfern bei Verdacht auf bakterielles Geschehen, Pathologie.

Therapie Behandlung je nach Ursache (siehe dort), Fremdkörper entfernen, Analgesie, ggf. systemische Antibiose.

- **Kaninchenschnupfen:** Sauerstoff bei Dyspnoe, Antibiose nach Antibiogramm (evtl. Start mit Marbofloxacin 2–5 mg/kg i.m., i.v., p.o. SID, da dies die beste Wirkung gegen die meisten Erreger zeigte[86]), Infusionen, ggf. assistierte Fütterung, Analgesie (Metamizol 65 mg/kg p.o. TID–QID), Spülung der Tränennasenkanäle mit 0,9%iger NaCl-Lösung (evtl. mit NAC-Injektionslösung 1:1 gemischt), Sekretolytika oral (Acetylcystein 3 mg/kg p.o., s.c. BID oder Bromhexin 0,5–1 mg/kg p.o. BID; ausreichende Hydrierung beachten). Bei **Beteiligung der Lunge** Bronchodilatatoren (Theophyllin 4 mg/kg s.c.,

p.o. BID–TID); evtl. Inhalation mit 0,9%iger-NaCl-Lösung mehrmals täglich, falls Tier dadurch nicht zu sehr gestresst wird. Bei **granulomatösen Veränderungen** in den Nasengängen oder **chronischen obstruktiven Rhinitiden/Abszessen** Rhinotomie erwägen;[89] ggf. Euthanasie, wenn kein Ansprechen auf die Therapie.
- Therapieversuch bei an **Myxomatose** erkrankten ungeimpften Tieren meist nicht erfolgreich (Kap. 3.8.1)

Prognose

- **Kaninchenschnupfen:** gut bei geringgradigen Symptomen und Veränderungen; schlecht bei vollständiger Verlegung der Nasenhöhlen und mittel- bis hochgradigen Symptomen; sehr schlecht, wenn kein Ansprechen auf die Therapie

> **!** Eine **Eliminierung der Erreger** von Kaninchenschnupfen ist meist nicht möglich. Oft wird eine Besserung der Symptome erreicht. Insbesondere bei älteren Tieren werden aber die Abstände zwischen den symptomfreien Perioden oft immer kürzer, einige Tiere haben dauerhaft deutliche Symptome.

- **Myxomatose:** bei erkrankten ungeimpften Tieren meist infaust

Prophylaxe

- **Kaninchenschnupfenkomplex:** Hygiene, Reduktion von Stress; Impfung nur in Beständen sinnvoll, da Infektion und Erkrankung nicht verhindert wird und nur gegen *Pasteurella multocida* und *Bordetella bronchiseptica* geimpft wird (muss halbjährlich wiederholt und darf nicht mit anderen Impfungen appliziert werden), Vakzination mit homologen Stallvakzinen in Beständen möglich
- **Myxomatose:** Impfung, Fliegen- und Mückenschutz

Verletzung der Trachea

Häufigkeit Selten.

Ursache Intubation mit Tracheotubus und Entwicklung einer Stenose einige Tage nach Intubation,[90–92] Trauma.

Klinik Meist inspiratorisches Atemgeräusch und evtl. Dyspnoe wenige Tage postoperativ, Tod.

Radiologische Veränderungen Bei leichten Veränderungen keine Auffälligkeiten, evtl. Striktur sichtbar (laterolaterale Projektion).

Diagnostik Klinik, Röntgen/CT, Endoskopie.

Differenzialdiagnosen Andere Lungenpathologien (z.B. Abszesse; s.a. Kap. 1.9.2).

K

Therapie Analgesie und Entzündungshemmung (NSAIDs), Sauerstoff bei Dyspnoe, evtl. Sedation, bei Verlegung der Trachea mit nekrotischem Gewebe Entfernung des betroffenen Trachealbereichs, Euthanasie.
Prognose Gut bei leichten Veränderungen, schlecht bei vollständiger Verlegung.
Prophylaxe Verwendung von Larynxtuben (v-gel®, docsinnovent)

> **!** Müssen **Trachealtuben** verwendet werden, dürfen sie nicht zu groß sein.

Bronchitis/Pneumonie

Häufigkeit Häufig.
Ursache

- Vor allem **Bakterien** (Pasteurellen, Bordetellen, Streptokokken, Staphylokokken, *E. coli*, Klebsiellen, Pseudomonaden etc.), mykotische Ursachen *Cryptococcus neoformans* in Deutschland bisher nicht beschrieben, *Pneumocystis oryctolagi* aus verschiedenen Zuchtbeständen in Europa isoliert[93]
- **Aspiration** (wird immer wieder in pathologischen Befunden erwähnt)
- **Asthma** und **Allergie** möglich, bisher aber nicht wissenschaftlich beschrieben

Klinik Je nach Schweregrad und Ursache sehr unterschiedlich, v. a. Niesen, Dyspnoe, Fieber, Schwäche, Inappetenz, Apathie, Nasen- und Augenausfluss, Konjunktivitis, Sepsis, Tod.
Labordiagnostik Abhängig von Ursache, möglich sind Heterophilie, Lymphopenie, Anämie.
Radiologische Veränderungen Abhängig von Ursache und Lokalisation der Erkrankung, evtl. Rundschatten bei Abszessbildung, deutlich erhöhte Röntgendichte der Lunge.
Diagnostik
Anamnese, Klinik, Röntgen, CT, evtl. mikrobiologische Untersuchung von Nasenspülproben

> **!** Die in einer **Nasenspülprobe** nachgewiesenen **Erreger** müssen **nicht unbedingt Ursache** der Pneumonie sein.
> Die **bronchoalveoläre Lavage** ist bei Heimtierkaninchen aufgrund der Größe schwierig.

Therapie Systemische Antibiose, Infusionen, Bronchodilatatoren (Theophyllin 4 mg/kg s. c., p. o. BID–TID oder Aminophyllin 4 mg/kg p. o., i. m. BID), Mukolytika (Acetylcystein 3 mg/kg p. o., s. c. BID oder Bromhexin 0,5–1 mg/kg p. o. BID), Antipyretika (Metamizol 65 mg/kg p. o. TID–QID), assistierte Fütterung.
Prognose Je nach Ursache gut bis infaust.

Neoplasien der Lunge

Häufigkeit Selten.
Alter Ältere Tiere.
Ursache Primäre Neoplasien selten,[48] Metastasen anderer Neoplasien (z. B. Adenokarzinom der Metra oder der Mamma, Osteosarkom).
Klinik Eventuell ohne Klinik, bei starker Ausdehnung Dyspnoe, Schwäche, Inappetenz, Symptome durch Primärtumor.
Radiologische Veränderungen Sehr variabel, oft nodulär.
Diagnostik Klinik, Röntgen/CT, ggf. Punktion und Zytologie, Suche nach Primärtumor.
Differenzialdiagnosen Andere Lungenpathologien (z. B. Abszesse).
Therapie Meist keine Therapieoption mehr; wenn keine klinischen Anzeichen, können die Tiere u. U. noch vergleichsweise lange leben; evtl. Einsatz von Bronchodilatatoren (s. Bronchitis, S. 190); Euthanasie.
Prognose Schlecht.

Präkardiale Neoplasien

Häufigkeit Regelmäßig.
Tumorarten Vor allem Thymome, seltener Lymphome, Thymussarkome, Thymuszysten, ektopische Schilddrüsenadenome oder andere Neoplasien,[72,94,95] sehr selten Abszess.
Alter Meist ältere Tiere (ca. 5 Jahre).
Klinik Wenn klein subklinisch, temporärer Exophthalmus, Nickhautvorfall, Atemgeräusche, Dyspnoe, Schwäche, Inappetenz, Apathie, Gewichtsverlust, Speicheln, gedämpfte Herztöne, schuppige, gelegentlich erythematöse Hautveränderungen (exfoliative Dermatitis als paraneoplastisches Syndrom v. a. bei Thymom; seltener bei Lymphom),[39] Atemgeräusche; Megaösophagus wurde bisher für Kaninchen noch nicht als paraneoplastisches Syndrom beschrieben.
Radiologische Veränderungen Weichteildichte Zubildung cranial des Herzens, je nach Ausprägung Anhebung der Trachea, evtl. Pleuralerguss; radiologische Differenzierung inwieweit präkaridal eine Verschattung vorliegt v. a. mithilfe der ventrodorsalen Projektion (Abb. 3-16).

K

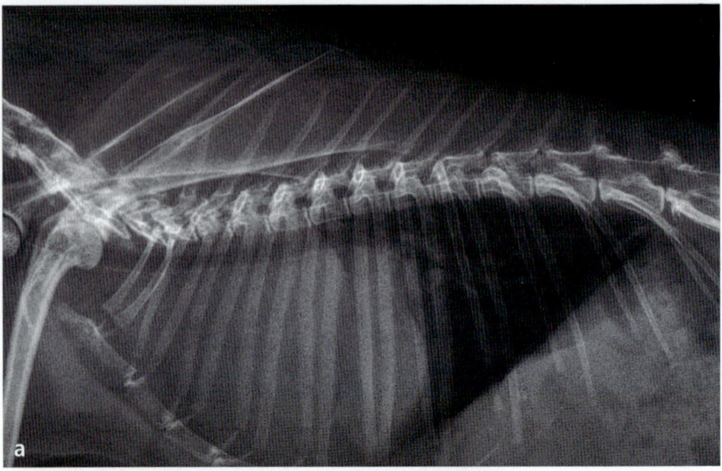

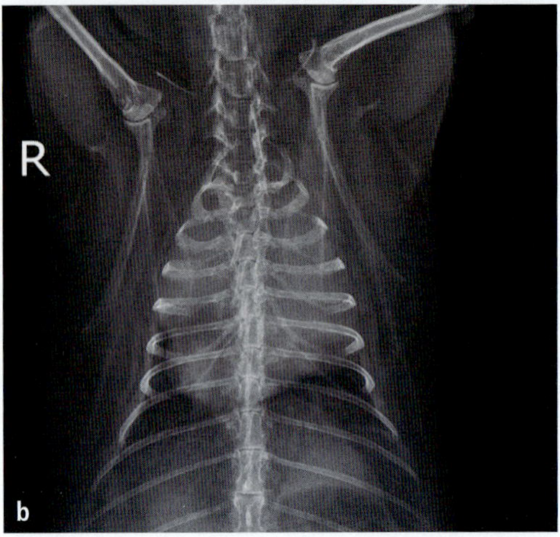

Abb. 3-16
Röntgenbild eines Kaninchens mit einer präkardialen Masse: laterolaterale (**a**) und ventrodorsale (**b**) Projektion

Labordiagnostik Leukozytose, Anämie möglich.
Diagnostik Klinik, Röntgen, Ultraschall, Punktion und Zytologie, CT; Biopsie der Haut bei paraneoplastischem Syndrom und Nachweis von exfoliativer Dermatitis.

Differenzialdiagnosen Andere Erkrankungen, die zu den Symptomen führen.

Therapie

- **Thymome:** chirurgische Entfernung möglich, aber hohe peri- und postoperative Mortalität sowie Rezidive beschrieben;[94,96] bei zellreichen Thymomen und ausgeprägter Symptomatik kann eine Therapie mit Prednisolon (1 mg/kg p. o. BID) zur deutlichen Reduktion der Größe und Verbesserung der Klinik führen
- Die **Bestrahlung** von Thymomen ist möglich, aber teuer und es sind mehrfach Narkosen notwendig. Zudem liegen strahlensensitive Organe (Lunge, Herz) im Bestrahlungsfeld.[9,7]
- **Thymuszysten:** Punktion der Zysten bringt oft eine deutliche klinische Besserung.[94]
- **Lymphome:** Prednisolongabe (1 mg/kg p. o. BID) kann versucht werden, unterschiedlich ansprechend; führt meist nur kurze Zeit zu einer Größenreduktion.
- **Andere Neoplasien und Abszesse:** wenn möglich und sinnvoll, chirurgische Entfernung. Oft werden die Tiere aber in fortgeschrittenem Erkrankungszustand vorgestellt.
- Bei schlechtem Allgemeinzustand, großer Masse und hochgradiger Dyspnoe Euthanasie erwägen.

Prognose Je nach Zeitpunkt der Diagnose sowie der Art der präkardialen Veränderung gut bis schlecht; Überlebensraten bei Thymomen teilweise auch ohne Therapie mehrere Jahre. Bei der Gabe von Prednisolon sind mögliche Nebenwirkungen zu beachten bzw. mit dem Besitzer zu besprechen (z. B. das Auftreten von Kaninchenschnupfen, *E. cuniculi*-Symptomen, Cheyletiellose etc.).

> **!** Nicht selten sind die Tiere am Tag der Erstvorstellung bereits in weit **fortgeschrittenem Erkrankungszustand**, sodass die Tiere euthanasiert werden sollten.

Zwerchfellhernien/-ruptur

Häufigkeit Gelegentlich.

Ursache Vermutlich führt ein erhöhter intraabdominaler Druck (durch raumfordernde Metraveränderungen, Magendilatationen, Urolithiasis) zu einem Riss im rechten dorsalen Zwerchfell und über einen längeren Zeitraum von Wochen, Monaten bis Jahren zum Vorfall von abdomina-

K

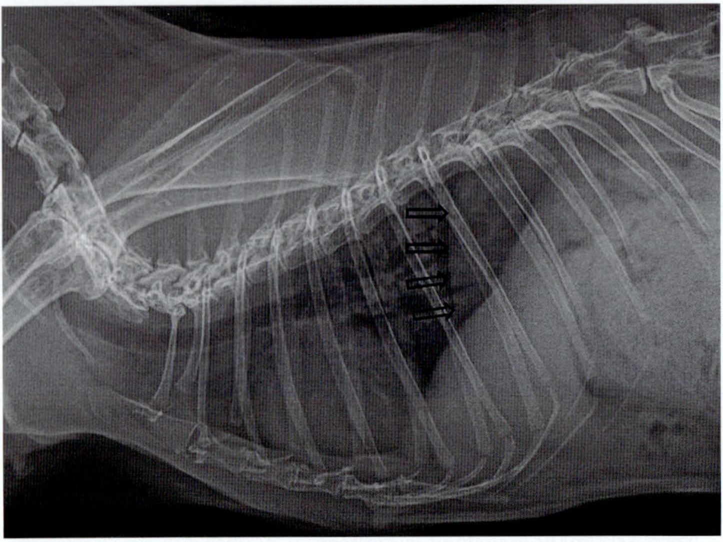

Abb. 3-17 Zwerchfellhernie mit Vorfall von Fett in den Thorax (Pfeile: Rand des in den Thorax vorgefallenen Fetts)

lem Fett oder Organen (v.a. rechte Niere, seltener Leber, Darm oder Magen); selten Trauma ursächlich.

Alter Meist ältere weibliche Tiere, seltener männliche Tiere betroffen (ca. 5 Jahre).

Klinik Oft röntgenologischer Zufallsbefund bei gering- bis mittelgradigen Vorfällen, Dyspnoe, Inappetenz, Apathie bei Vorfall von viel Gewebe.

Radiologische Veränderungen Weichteildichte Verschattung im kaudodorsalen Lungenbereich in der laterolateralen Projektion, Nachweis von abdominalem Fett (Abb. 3-17) oder Organen im Thorax.

Diagnostik Klinik, Röntgen, Ultraschall, CT.

Therapie Nicht beschrieben, da bei geringen Vorfällen meist Zufallsbefund; oft weisen die Tiere zusätzlich andere schwerwiegende Befunde auf (z. B. Metraneoplasien ggf. mit Metastasen); evtl. chirurgische Therapie, wobei durch die Lokalisation und das dünne Zwerchfell das Prozedere nicht einfach ist; bei hochgradigen Vorfällen, Begleiterkrankungen und Dyspnoe Euthanasie. Bei akuter Zwerchfellruptur durch Trauma chirurgische Versorgung wie bei Kleintieren.

Prognose Gut bei akuter Zwerchfellruptur, relativ gut bei gering- bis mittelgradigen Hernien, da die Tiere lange Zeit ohne Therapie überleben; schlecht bei hochgradigen Vorfällen mit Dyspnoe und anderen Begleiterkrankungen.

3.8.5 Herz-Kreislauf-Erkrankungen

Herzerkrankungen

Häufigkeit Gelegentlich.
Ursache Unter anderem bakteriell verursacht,[98–100] Stress,[101] kongenital, degenerativ.[102–105]
Vorkommen Endokardiose, Endokarditis, dilatative und hypertrophe Kardiomyopathie, Myokarditis, Ventrikelseptumdefekt, Chordae-Anomalie, Aortenstenose.
Klinik Je nach Schweregrad asymptomatisch, Tachypnoe, Dyspnoe, Schwäche, Inappetenz, Apathie, Gewichtsverlust, verlängerte KFZ, Ödeme, plötzlicher Tod.
Radiologische Veränderungen Eventuell unauffällig, Kardiomegalie, Thoraxerguss, Lungenödem, Aszites, gestaute Lungengefäße, Hepatomegalie.
Diagnostik Klinik, Auskultation (Arrhythmien, Herzgeräusche), Röntgen, EKG, Ultraschall.
Therapie
- Die Therapien werden von Kleintieren extrapoliert, bisher keine Therapiestudien verfügbar.
- **Akutes Herzversagen:** Sauerstoff, Furosemid (1–4 mg/kg i. v., i. m., s. c. BID/TID), bei bestehendem **Pleuraerguss** Punktion
- Je nach Bedarf Gaben von Furosemid, ACE-Hemmer (z. B. Benazepril 0,25–0,5 mg/kg p. o. SID oder Enalapril 0,1–0,5 mg/kg p. o. alle 24–48 h oder Imidapril 0,25 mg/kg p. o. SID oder Ramipril 0,125 mg/kg p. o. SID), Pimobendan (0,25 mg/kg p. o. BID), Antiarrhythmika (Digoxin 0,005–0,01 mg/kg p. o. SID–BID oder Diltiazem 0,5–1 mg/kg p. o. SID–BID)

Prognose Je nach Ursache und Krankheitszustand.

Arteriosklerose

Häufigkeit Selten.
Ursache Fütterungsbedingt, Überversorgung mit Vitamin D[106,107] im Verlauf von Nierenerkrankungen.[108]

K

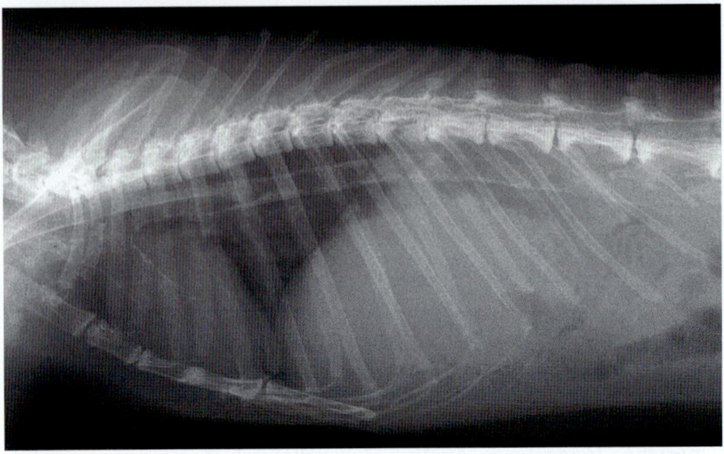

Abb. 3-18 Röntgenbild (laterolaterale Projektion) eines Kaninchens mit mineralisierter Aorta, das in Seitenlage und mit Krämpfen vorgestellt wurde

Klinik Krämpfe,[109] Seitenlage, Inappetenz, Gewichtsverlust, plötzlicher Tod.
Radiologische Veränderungen Nachweis der mineralisierten Gefäße (Abb. 3-18).
Diagnostik Röntgen, Pathologie.
Differenzialdiagnosen Ursachen, die zu Krämpfen führen (s. a. Kap. 1.9.3).
Therapie Bisher keine beschrieben.
Prognose Infaust.

Hitzschlag

Häufigkeit Selten.
Ursache Zu hohe Umgebungstemperatur.
Klinik Erhöhte Atemfrequenz, Muskelzittern, Aufregungszustände, Schock, Krämpfe, Seitenlage, Inappetenz, plötzlicher Tod.
Diagnostik Anamnese, Klinik.
Therapie Abkühlen (mit Alkohol, kühler Ort), gekühlte Infusionen.

3.8.6 Erkrankungen des Verdauungstrakts

Zahnerkrankungen

Häufigkeit Häufig auftretend.
Verbreitung Übermäßiges Zahnwachstum, Fehlbiss, Zahnspitzen, Alveolarabszesse.
Ursache Vor allem inadäquate Fütterung,[110,111] Zahnverlust, Neoplasien, Kieferfrakturen, Phasen längerer Inappetenz, sehr selten genetisch bedingt.
Klinik Oft Nebenbefund bei klinischer Untersuchung, Hypersalivation, selektive Futteraufnahme, teilweise Pseudoinappetenz, später Inappetenz, deutlich verlängerte Futteraufnahme, Umfangsvermehrungen am Ober- oder Unterkiefer; übermäßiges Wachstum, falsche Abnutzung der Schneidezähne; Schmerzäußerungen; Abmagerung; fehlender Kotabsatz; kleine Kotballen; Augen- und/oder Nasenausfluss; Dakryozystitis; Exophthalmus.[112]
Diagnostik Klinik, Maulhöhlenuntersuchung, Röntgen, CT.[113–115]
Therapie Oft keine kausale Therapie möglich, da die Zahnerkrankung nicht selten zum Zeitpunkt der ersten Vorstellung schon stark fortgeschritten sind. In der Literatur sind viele Therapien beschrieben.

- **Futterumstellung**: nur Heu und Grünfutter, kein Trockenfutter (Pellets, bunte Mischung, Grünrollis, Joghurtdrops etc.).

> ! Ohne **Futterumstellung** wird eine Verschlechterung der Zahngesundheit zwingend die Folge sein. In einigen Fällen kann die Futterumstellung dazu führen, dass die Tiere keine regelmäßigen Zahnkorrekturen benötigen.

- **Kürzen überlanger Schneidezähne** mit Trennscheibe (meist Wiederholung nach 3–6 Wochen notwendig), ggf. Extraktion aller Schneidezähne unter Narkose (Nachteile gut kommunizieren: nur noch kleingeschnittenes Futter aufnehmbar, Putzen erschwert, in einigen Fällen wachsen extrahierte Zähne nach, wenn Wachstumsbereich unvollständig entfernt wurde)
- Unter Anästhesie **regelmäßige Wiederherstellung** anatomisch korrekter Kauflächen und Zahnlängen im Bereich der **Backenzähne** mit rotierenden Schleifinstrumenten
- Unter Anästhesie chirurgische Versorgung von **Zahnfachabszessen**:
  - Entfernung *in toto*, wenn möglich, oder großzügiges Eröffnen, Ausräumen und Marsupialisation, um ein schnelles Verschließen durch die Heilung der Haut zu verhindern

K

- Einlegen von Drainagen (meist Iodoform) für die ersten Tage mit täglichem oder zweitägigem Wechsel
- Extraktion lockerer Zähne
- Systemische Antibiose nach Antibiogramm (Untersuchung auf Anaerobier nicht vergessen!)
- Eventuell Verwendung von lokal desinfizierenden Mitteln oder lokalen Antibiotika (kontrovers diskutiert) – bisher keine Studien dazu

- **Retrobulbäre Abszesse** werden meist mit einer **Bulbusexstirpation** therapiert, evtl. aber auch intraorale Drainage des Abszesses möglich, wenn Hornhaut intakt ist.[116]
- **Symptomatische Therapie:** je nach Zustand des Tieres mit Infusionen, Analgesie, assistierte Fütterung

> Bei Auftreten eines Zahnproblems muss mit einer **lebenslangen Therapie** gerechnet werden, zu Beginn engmaschige Kontrolle, später weitere Abstände, je nach Befund

Prognose Je nach Ursache gut bis infaust.

Weitere Erkrankungen der Maulhöhle

Häufigkeit Regelmäßig.
Vorkommen Neoplasien der Maulhöhle (Ameloblastom, Sarkom, Osteosarkom; orale Papillome bisher noch nicht bei Heimtierkaninchen nachgewiesen)[117–119], Sialozele,[120] Abszesse unabhängig von den Zähnen.
Klinik Gelegentlich Nebenbefund bei Maulhöhlenuntersuchung, Hypersalivation, Inappetenz, Schmerzäußerungen, selektive Futteraufnahme.
Diagnostik Klinik, Untersuchung der Maulhöhle in Narkose, Röntgen, CT.
Therapie Intraorale Abszesse spalten, Vorgehen bei intraoralen Neoplasien oder Sialozele wie bei Kleintieren.
Prognose Je nach Ursache gut bis infaust.

Magendilatation, Ileus

Häufigkeit Häufig.
Ursache Vor allem **Obstruktion im Bereich des Dünndarms** (Bezoare, Teppichfasern, Samen, Verklebungen, Neoplasien, Bandwurmzysten, Hernien, Abszesse),[121] seltener im Bereich des Pylorus und ileozäkal.

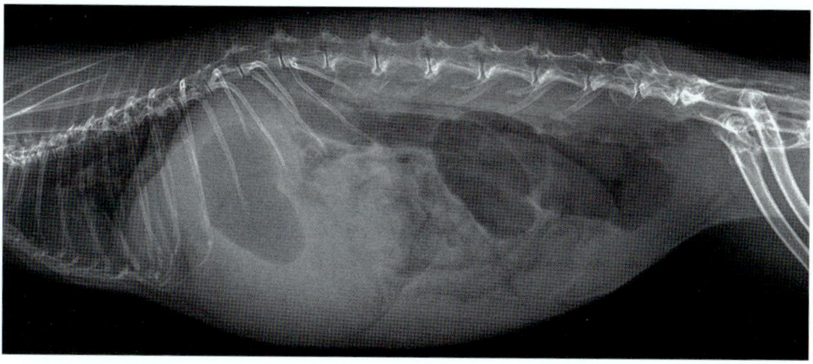

Abb. 3-19 Röntgenaufnahme (laterolaterale Projektion) eines Kaninchens mit Magendilatation

Klinik Inappetenz, Apathie, Hypothermie, schmerzhaftes Abdomen, großer, praller Magen, plötzlicher Tod, bei ileozäkaler Obstruktion wechselnde Phasen mit Besserung und Verschlechterung des Allgemeinbefindens, reduzierter oder fehlender Kotabsatz.

Radiologische Befunde Bei Dünndarmobstruktion flüssigkeitsgefüllter Magen oft mit mehr oder weniger zentraler **Gasansammlung** (Abb. 3-19). Vor Obstruktionsstelle Flüssigkeit und Gas im Darm, hinter der Obstruktionsstelle Luft bzw. wenig oder kein Darminhalt; deutlich reduzierter Blinddarminhalt, oft wenige oder keine Kotballen im Rektum sichtbar, bei ileozäkaler Obstruktion Gasansammlung im Bereich des Zäkums.

Labordiagnostik Hyperglykämie,[122] Elektrolytverschiebungen, evtl. prärenale Azotämie, Hämokonzentration.

Diagnostik Klinik, Röntgen.

Therapie Schockbehandlung, Rehydratation, Spasmoanalgesie (Metamizol 65 mg/kg p. o. TID–QID), Metoclopramid (0,5–1 mg/kg s. c., p. o. BID–QID), Cisaprid (0,5 mg/kg p. o. BID–TID).

> Es wird **chirurgisch** behandelt, wenn Veränderungen nachgewiesen werden, die einer chirurgischen Versorgung bedürfen (Verklebungen, Abszesse, Hernien etc.) oder aber keine Besserung mit der konservativen Therapie erreicht wird.

Prognose Je nach Ursache gut bis infaust; gut bei Ansprechen Schocktherapie, Ansprechen auf konservative Therapie bzw. wenn Bezoar bei chirurgischer Intervention weitermassiert werden kann; schlecht, wenn Bezoar nicht entfernt werden kann (konservativ oder chirurgisch), Abszesse bzw. Neoplasien die Ursache sind; bei einzelnen Tieren treten Magendilatationen aufgrund von Strikturen im Darm häufiger auf.

K

Magenüberladung

Häufigkeit Selten.

Ursache Große Mengen an Trockenfutter (auch neuer Sorte) bzw. viel Grünfutter für Tiere, die dies nicht gewohnt sind.

Klinik Inappetenz, Schwäche, Apathie, Dehydratation, pralles, schmerzhaftes Abdomen, Hypothermie, Tod.

Radiologische Befunde Deutlich **vergrößerter, mit Futter gefüllter Magen**, oft hochgradige Gasansammlung caudal des Magens (Abb. 3-20).

Labordiagnostik Gegebenenfalls prärenale Azotämie.

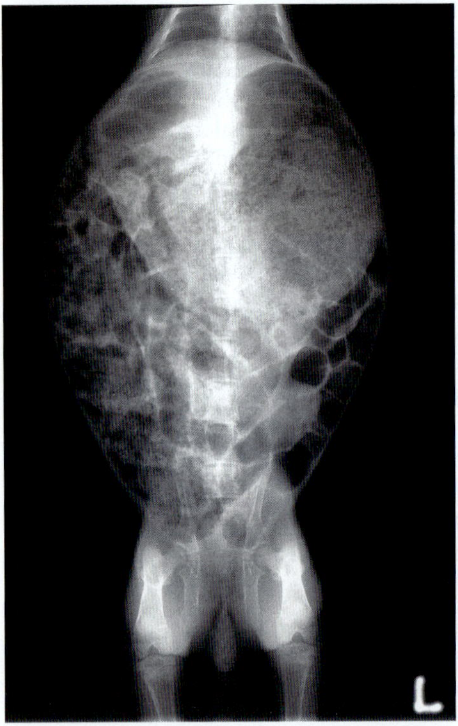

Abb. 3-20 Röntgenaufnahme (dorsoventrale Projektion) eines Kaninchens mit Magenüberladungen, nachdem es beim Transport eine Tüte mit Fertigfutter gefressen hatte

Diagnostik Anamnese, Klinik, Röntgen.
Therapie Schockbehandlung, Infusionen, Spasmoanalgetikum (Metamizol 65 mg/kg p. o. TID–QID), Magenschutz (Sucralfat 25–100 mg/kg p. o. BID–TID, Ranitidin 2–5 mg/kg p. o. BID oder Omeprazol 5–10 mg/kg s. c., p. o. BID), Metoclopramid (0,5–1 mg/kg s. c., p. o. BID–QID), Cisaprid (0,5 mg/kg p. o. BID–TID) zur Förderung der Magen-Darm-entleerung.
Prognose Gut bei frühzeitiger Behandlung, infaust in fortgeschrittenen Fällen.

Magenulcera

Häufigkeit Regelmäßig.
Ursache Stress.
Klinik Inappetenz, Schwäche, Apathie.
Labordiagnostik Anämie, positiver Hämokkulttest.
Diagnostik Klinisch schwierig, Verdachtsdiagnose bei unklaren Anämien und Nachweis von okkultem Blut im Kot.
Therapie Infusionen, Spasmoanalgetikum (Metamizol 65 mg/kg p. o. TID–QID), Magenschutz (Sucralfat 25–100 mg/kg p. o. BID–TID, Ranitidin 2–5 mg/kg p. o. BID oder Omeprazol 5–10 mg/kg s. c., p. o. BID), Metoclopramid (0,5–1 mg/kg s. c., p. o. BID–QID) zur Förderung der Magen-Darm-Entleerung, assistierte Fütterung.
Prognose Gut bei frühzeitiger Behandlung.

Gastritis/Magenulcera

Häufigkeit Unklar, da klinisch schwer zu diagnostizieren.
Ursache Meist unklar, evtl. Stress.
Klinik Apathie, Anorexie, Abmagerung, bei Ulcus Melaena.
Diagnostik Meist nur Verdachtsdiagnose, Anamnese, Klinik, Nachweis von okkultem Blut im Kot.
Therapie Symptomatische Therapie je nach Schweregrad mit Infusionen, Analgesie (Metamizol 65 mg/kg p. o. TID–QID), Magenschutz mit Protonenpumpenhemmer (Omeprazol 5–10 mg/kg s. c., p. o. BID), Sucralfat (25–100 mg/kg p. o. BID–TID).
Prognose Je nach Ursache gut bis infaust.
Prophylaxe Bei Ereignissen, die mit Stress verbunden sind (OPs), bei leber- und nierenkranken Tieren und Tieren mit gastrointestinalen Erkrankungen sowie bei einer Langzeitgabe von NSAIDs, kann eine prophylaktische Gabe von Protonenpumpenhemmern (Omeprazol) oder Magensäurehemmern (Ranitidin, Cimetidin) erwogen werden.

K

Enteritis

Häufigkeit Häufig.

Ursache

- Oft **bakteriell** bedingt: *Clostridium-spiroforme*-Enterotoxämie, *Clostridium piliforme* (Tyzzer's disease), enteropathogene *E. coli* (EPEC), enterohaemorrhagische *E. coli* (EHEC), *Lawsonia intracellularis* (proliferative Enteropathie), Salmonellen, Pseudomonaden
- **Parasitär:** Kokzidien *E. intestinalis* und *E. flavescens* (sehr pathogen); *E. magna*, *E. media*, *E. piriformis*, *E. irresidua* (mäßig pathogen; oft Mischinfektionen), Nematoden (meist Oxyuren [*Passalurus ambiguus*]; Trichostrongylus [*Trichostrongylus retortaeformis*], *Trichuris leporis* und selten [123]Magenwürmer [*Graphidium strigosum]*), klinische Bedeutung von Giardien unklar,[124] selten Kryptosporidien und andere Einzeller
- **Virale Ursachen** bei Heimtierkaninchen vermutlich selten (Rota-, Coronavirus). Die genaue Ursache der mukoiden Enteropathie ist unklar.
- Durchfall nach Antibiotikagaben wird meist durch **Hefen** (*Cyniclomyces guttulatus*) verursacht. Zu energie-, kohlenhydrat- und zuckerreiche Ernährung (Trockenfutter, Bananen etc.) können ebenfalls zu vermehrtem Hefewachstum (*Cyniclomyces guttulatus*) führen.

> **!** Gelegentlich verwechseln Besitzer einen **urinverklebten Anogenitalbereich** mit Durchfall.

Klinik

- Durchfall, schleimiger Kot (mukoide Enteropathie), Apathie, Inappetenz, Dehydratation, Gewichtsverlust, plötzlicher Tod
- **Kokzidiose:** oft subklinisch, Durchfall, Lethargie, Anorexie, umfangsvermehrtes Abdomen (Tympanie), Aszites, Meteorismus, sistierender Kotabsatz, Dehydratation

> Normale Kotballen über den Tag und breiiger Blinddarmkot deuten auf eine **Enteritis** im Bereich des **Zäkums** hin.

Diagnostik Klinik (einschließlich Maulhöhlenuntersuchung), Röntgen, koprologische Untersuchung (nativ oft ausreichend für Kokzidien und Nematoden), Giardien: Koproantigen-ELISA, Ausschluss anderer Durchfallursachen, ggf. mikrobiologische Untersuchung.

Differenzialdiagnosen Verschmieren des Blinddarmkots durch das Kaninchen, da zu adipös oder neurologisch so beeinträchtigt, dass die Abnahme des Blinddarmkots vom Anus nicht möglich ist.

Therapie Behandlung je nach Ursache; **symptomatische Therapie** je nach Schweregrad mit Infusionen, Analgesie (Metamizol 65 mg/kg p. o. TID–QID), Magenschutz mit Protonenpumpenhemmer (Omeprazol 5–10 mg/kg s. c., p. o. BID), Sucralfat (25–100 mg/kg p. o. BID–TID), Dimeticon (35–70 mg/kg p. o. 3–6 × tgl.) bei Tympanien; je nach parasitologischem Befund Behandlung mit Medikamenten gegen Endoparasiten:

- **Kokzidien:** Sulfonamide (Sulfadimethoxin 50 mg/kg p. o., einmal, dann 25 mg/kg SID 9 Tage) (Kokzidiol SD®), Toltrazuril (5–10 mg/kg p. o. einmal, andere Autoren empfehlen 10 mg/kg p. o. einmal tgl. 3 Tage, 5 Tage Pause, 3 Tage)[125,126] (in Deutschland für Kaninchen nicht zugelassen)
- **Giardien:** Metronidazol (20 mg/kg p. o. BID 7–14 Tage), Fenbendazol (therapeutische Wirkung gegen Giardien bei Kaninchen nicht untersucht, evtl. wirken 50 mg/kg p. o. SID 5 Tage)
- **Nematoden:** Fenbendazol (10–20 mg/kg p. o. SID 5 Tage, wdh. nach 14 Tagen)
- Bei Nachweis von hochgradigem *Cyniclomyces-guttulatus*-Befall ca. 7–10 Tage Nystatin (60.000–90.000 IE/kg BID 7–14 Tage), bei Nachweis einer für Kaninchen pathologischen bakteriellen Monokultur (z. B. *E. coli*) Antibiose nach Antibiogramm; bei Verdacht auf übermäßiges Clostridienwachstum (z. B. nach Antibiotikaapplikation, z. B. bei Clindamycin) Metronidazol (40 mg/kg p. o. SID 7–10 Tage)
- Eventuell **Kotsuspensionen** gesunder Tiere, Probiotika

Prognose Je nach Ursache gut bis infaust; Kokzidien: gut bei rechtzeitiger Behandlung und mäßig pathogener Kokzidienart; infaust bei fortgeschrittener Erkrankung.

Prophylaxe Bei infektiösen Ursachen Quarantänemaßnahmen, Hygiene, Stressvermeidung.

> **!** **Giardien** haben möglicherweise **zoonotisches Potenzial** (v. a. *G. duodenalis*).[127]

K

Neoplasien des Gastrointestinaltrakts

Häufigkeit Regelmäßig (rektale Papillome) bis selten.

Tumorarten Rektale Papillome, Adenokarzinom und Leiomyosarkom des Magens, Leiomyosarkom des Darms, Papillome im Sacculus rotundus, Hämangiosarkom der Leber, Gallengangskarzinome.[48]

Alter Meist ältere Tiere.

Klinik

- **Rektale Papillome:** Schleimhautzubildung im Analbereich (Vorfall der Papillome aus Anus), frisches Blut auf Kotballen.
- Bei Neoplasien in **anderen Lokalisationen:** Apathie, Anorexie, Gewichtsverlust, aufgetriebenes Abdomen, Dehydratation, Anämie; palpierbare Masse im Abdomen, gelegentlich Melaena

Radiologische Veränderungen Abhängig von Lokalisation, evtl. Anzeichen einer gastrointestinalen Obstruktion, Masseneffekt, gasgefüllte Darmabschnitte.

Diagnostik Klinik, Röntgen, Ultraschall, Laparotomie, Pathologie.

Therapie

- **Kleine rektale Papillome** müssen, insofern sie nicht bluten, häufig nicht therapiert werden, Kauterisierung, Rezidive möglich.
- **Andere Neoplasien:** evtl. Chirurgie, aber Entfernung ist oft nicht möglich; Chemotherapie bei Lymphom versuchen, bisher für Kaninchen nicht beschrieben

Prognose Je nach Ursache gut (rektale Papillome, rezidivieren, aber keine Zunahme der Malignität zu beobachten) bis infaust.

Hepatobiliäre Erkrankungen

Häufigkeit Häufig Leberverfettung, regelmäßig Leberkokzidiose einschließlich Abszessbildung, Rabbit hemorrhagic disease (RHD, Virusvarianten RHDV-1 und RHDV-2), selten Neoplasien, Leberlappentorsion.

Ursache Leberkokzidiose (*Eimeria stiedae*), Leberverfettung, Metastasen anderer Neoplasien, RHD, Ursache für Leberlappentorsion unklar.

Klinik Apathie, Anorexie, Durchfall, Gewichtsverlust, abdominaler Schmerz, Ikterus selten, Abszessbildung in Leber bei Leberkokzidiose, bei schweren Lebererkrankungen sind vermutlich auch Hepatoenzephalopathie, Aszites und Koagulationsstörungen möglich.

- **RHDV-1:**
  - **Perakuter Verlauf:** Tod ohne Symptome
  - **Akuter Verlauf:** Anorexie, Apathie, Schwellung der Konjunktiva, neurologische Symptome (Opisthotonus, Unruhe, Ataxie und

Paralyse), Dyspnoe, blutiger Nasenausfluss; subakute Form: ähnlich, aber deutlich mildere Symptome
  - **Chronische Form:** Anorexie, Apathie, Ikterus, Tod innerhalb von 1–2 Wochen[128]
- **RHDV-2:** vergleichbare Symptome, aber längerer Verlauf, es sollen mehr Fälle mit Ikterus auftreten.

Radiologische Veränderungen Eventuell Hepatomegalie, evtl. Abszessbildung, Kalzifizierungen der Leber.

Labordiagnostik Je nach Ausmaß und Lokalisation der Erkrankung, Erhöhung der Aktivitäten von AST, ALT, GLDH, AP, GGT; Anstieg der Konzentration von Bilirubinkonzentration, Cholesterin und vermutlich auch der Gallensäuren; bei Lipidose lipämisches Plasma; saurer Harn, Ketonurie bei Ketose; auch Einfluss auf die Gerinnungsparameter (v. a. RHD), bei Leberlappentorsion Anämien und Hämolyse beschrieben.

Diagnostik Klinik, Labor, Röntgen, Ultraschall, Zytologie, Laparotomie, Pathologie, Nachweis von Kokzidien im Kot kann ein Hinweis sein. **RHD:** Anamnese, Klinik, Pathologie (Unterscheidung von RHDV-1 und -2 nur mit RT-PCR möglich).

Differenzialdiagnosen RHD: akute Blutungen: Trauma, Vergiftung (cumarinähnliche Rodentizide), andere Erkrankungen, die zur DIC führen können; bei vaginalen Blutungen Metropathien (Hämometra durch venöse Aneurysmen, Neoplasien); andere Erkrankungen, die die beschriebenen Symptome verursachen können.

Therapie

- **Symptomatische Therapie:** Infusionen, Analgesie, ggf. Antibiose, assistierte Fütterung
- **Leberkokzidiose:** Toltrazuril (5–10 mg/kg p. o. einmal, andere Autoren empfehlen 10 mg/kg p. o. einmal tgl. 3 Tage, 5 Tage Pause, 3 Tage), Sulfonamide (Sulfadimethoxin 50 mg/kg p. o., einmal, dann 25 mg/kg SID 9 Tage)
- **Leberlipidose:** Infusionen, assistierte Fütterung, Metoclopramid (0,5–1 mg/kg s. c., p. o. BID-QID), Metamizol (65 mg/kg p. o. TID–QID), Ursache abstellen
- **RHD:** meist keine Therapie möglich, symptomatisch mit Infusionen, Antibiose, Fiebersenkung (Metamizol), assistierte Fütterung

> **!** Der **Tod bei RHD** tritt meist **12–36 h** nach dem ersten Auftreten von Fieber (> 40 °C) (**akut**) oder innerhalb von **1–2 Wochen** (**chronisch**), einige Tiere mit der subakuten Form überleben die Erkrankung.

K

- **Leberlappentorsion:** symptomatische Therapie, evtl. chirurgische Entfernung des betroffenen Leberlappens, gelegentlich Nebenbefund, der evtl. ohne klinische Auswirkungen ist

Prognose Je nach Ursache und Krankheitsstadium gut bis infaust (Leberneoplasie, fortgeschrittene Leberlipidose).

Prophylaxe Um eine Leberlipidose zu vermeiden, sollten inappetente Tiere sofort adäquat zugefüttert werden.

> **Prophylaxemaßnahmen für RHD** sind die Impfung, insbesondere bei Außenhaltung ein Insektenschutz (Fliegengitter) und Ektoparasitenbekämpfung (Flöhe und Milben). Zudem sollten Neuzugänge in Quarantäne gesetzt werden sowie möglichst kein Grünfutter von Flächen verfüttert werden, zu denen Wildkaninchen Zugang haben.
> Es sollte ein Impfstoff verwendet werden, der gegen RHDV-1 und RHDV-2 eine ausreichende Wirkung besitzt.

3.8.7 Erkrankungen des Harntrakts

Nierenerkrankungen

Häufigkeit Häufig.

Alter Vor allem bei älteren Tieren.

Formen Akute Nephritiden, chronische interstitielle Nephritiden (v. a. durch *E. cuniculi*),[129] Glomerulopathien, Hydronephrose, Pyelonephritis, Pyelitis, Nierenabszesse, Nierenfibrose, Amyloidose, Nephrolithiasis, Hyperkalzämie, Hypervitaminose D, fettige Nierendegeneration adipöser Tiere, Neoplasien,[129,130] Nierenzysten, Agenesie der Nieren, selten Neoplasien.

Ursache Verschiedene Auslöser kommen infrage, z. B. *E. cuniculi*; Nierenzysten (primäre und sekundäre; müssen sehr ausgeprägt sein, um Symptome zu verursachen), Intoxikationen (NSAIDs, Gentamicin), Neoplasien; auch längere hypovolämische Phasen (Dehydratation, Narkose) können zum akuten Nierenversagen führen, Verstopfung der Tubuli durch Fetttröpfchen in Folge von massivem Fettabbau bei inappetenten adipösen Tieren, Folge einer postrenalen Obstruktion.

Klinik Chronisches (CNI) und akutes Nierenversagen (ANI) sind möglich, meist unspezifische Symptome: Inappetenz, Apathie, Schwäche, Gewichtsverlust, bei CNI Polyurie/Polydipsie, bei ANI oft Olig- bzw. Anurie, Krämpfe, Hämaturie, plötzlicher Tod.

Labordiagnostik

Erst wenn **mehr als 75 %** der **Nierenfunktion eingeschränkt** sind, kommt es zum Anstieg von Kreatinin und Harnstoff.

K

- **Elektrolytveränderungen:** (wie Hyperkaliämie, Hyperphosphatämie, Hypo-, Hyperkalzämie), Anämie, Hypoglykämie, Hypoproteinämie, spezifisches Gewicht des Harns bei CNI ca. 1008–1012; bei akutem Versagen kann es höher sein (bis 1025)
- **Pyelonephritis:** Erythrozyten, Leukozyten, Leukozytenzylinder im Harn
- Nachweis von *E.-cuniculi*-Antikörper kann ein Hinweis auf eine akute Infektion sein.

Radiologische Veränderungen Nicht unbedingt auffällig, evtl. röntgendichte Konkremente in Niere, Harnleiter, Blase, Harnröhre, Vergrößerung und/oder Verkleinerung einer oder beider Nieren.

Diagnostik Anamnese, Klinik, Labor (Nachweis einer renalen Azotämie, evtl. Elektrolytveränderungen), Röntgen, Ultraschall, Harn-Mikrobiologie.

Therapie Oft nur symptomatisch möglich, da Auslöser meist unklar bleibt.

- **Infusionen:** Wenn Tier nicht dehydratisiert ist und Harnproduktion unklar, Start mit 2 ml/kg/h i. v. plus die produzierte Urinmenge pro Stunde.[129] Produziert das Tier unter Infusionstherapie adäquat Harn (Evaluierung über Harnkathetersystem, Gewichtsermittlung, Blasenpalpation, Haltung auf Handtuch/Zellstoff, Ultraschall der Blase) (möglichst > 1–2 ml/kg/h), kann mehr Infusionsmenge gegeben werden.
- **Hinweise auf eine Überinfusion** müssen beachtet werden (angestrengte abdominale Atmung, Hypothermie, Thoraxerguss, Herzversagen). Wird unzureichend Harn produziert, Versuch Nierenstart mit Furosemid und Mannitol; regelmäßige engmaschige Reevaluierung des Patienten notwendig.
- **Antibiose:** bei Verdacht auf Pyelonephritis, bakteriell bedingter Nephritis (möglichst mit Antibiogramm aus Zystozenteseharn) (mindestens 7–10 Tage), Analgesie (Metamizol 65 mg/kg p. o. TID–QID), Magenschutz (Omeprazol 5–10 mg/kg s. c., p. o. BID, Sucralfat 25–100 mg/kg p. o. BID–TID)
- **Fenbendazol:** bei Verdacht auf *E. cuniculi* (20 mg/kg p. o. SID 21 Tage)

- **Chronisches Nierenversagen:** evtl. ACE-Hemmer einsetzen, Erythropoetin (50–100 IE/kg 3× wöchentlich) bei nicht-regenerativer Anämie aufgrund einer CNI
- Assistierte Fütterung, Zufütterung bei Bedarf

K

Prognose Je nach Ursache gut bis infaust, besonders schlecht bei akuter Niereninsuffizienz mit Olig- oder Anurie.
Prophylaxe Hypovolämische Tiere ausreichend infundieren und bei diesen Tieren NSAIDs vermeiden.

Zystitis

Häufigkeit Regelmäßig.
Ursache Vor allem infektiös bedingt (Bakterien) und durch Konkremente, seltener durch dilatierte Blase und hohe Restharnmenge.
Klinik Strangurie, Pollakisurie, Inkontinenz, urinverschmutzter Anogenitalbereich, Dermatitis, Schmerzäußerungen beim Harnabsatz, gehäuftes Belecken der Anogenitalregion, Apathie, Inappetenz, Hämaturie.
Radiologische Veränderungen Unauffällig oder röntgendichte Konkremente sichtbar.
Diagnostik Klinik, Röntgen, Ultraschall, Harnuntersuchung, ggf. mikrobiologische Untersuchung von Zystozenteseharn.
Differenzialdiagnosen Neurologische Erkrankung, Erkrankungen des Fortpflanzungstrakts (besonders bei weiblichen unkastrierten Tieren).
Therapie Antibiose nach Antibiogramm, Analgesie (Metamizol 65 mg/kg p. o. TID–QID), ggf. Infusionen, Urolithiasis.
Prognose Meist gut.

Urolithiasis

Häufigkeit Regelmäßig.
Vorkommen Grieß oder Steine; meist Gemisch aus verschiedenen Kristallarten, bei **Harnsteinen** v. a. Calciumcarbonat und Calciumphosphat, seltener Calciumoxalat und Magnesiumammoniumphosphat, sehr selten Calciumsulfat nachgewiesen;[131] bei **Harngrieß** v. a. Calciumcarbonat, Calciumphosphat und Calciumoxalat vorkommend.
Ursache Nicht sicher geklärt, diskutiert werden inadäquate Futterzusammensetzung (Calcium-, Vitamin-D-Überversorgung), chronische Harnwegsinfekte, Adipositas.
Klinik Abhängig von Lokalisation, Strangurie, Pollakisurie, Inkontinenz, urinverschmutzter Anogenitalbereich, Dermatitis im Anogenitalbereich, Schmerzäußerungen beim Harnabsatz, gehäuftes Belecken der Anogenitalregion, Apathie, Inappetenz, Hämaturie.

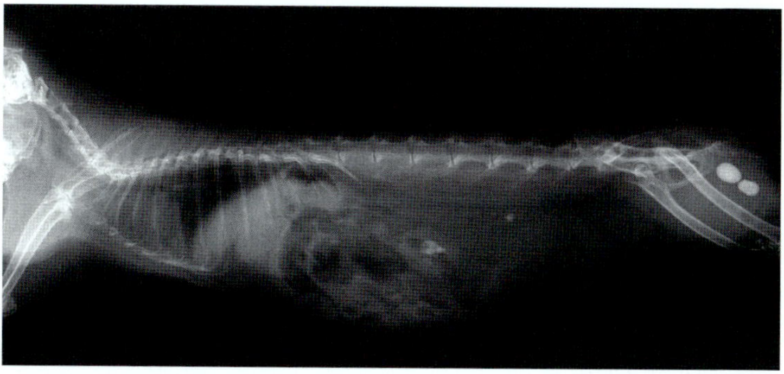

Abb. 3-21 Röntgenaufnahme (laterolaterale Projektion) eines Kaninchens mit Nierengrieß, Harnleiter- und Harnröhrensteinen

Radiologische Veränderungen Da Grieß und Steine meist calciumhaltig sind, sind sie als **röntgendichte Konkremente** im Bereich der Niere, Harnleiter, Harnblase und/oder Harnröhre sichtbar (Abb. 3-21).

Labordiagnostik Eventuell postrenale Azotämie bei Obstruktion; weitere Veränderungen je nach Ausmaß der Erkrankung: z. B. Anämie bei Blutungen im Bereich der harnableitenden Wege; Hyperkaliämie bei länger bestehender Obstruktion der Urethra, prärenale Azotämie bei Inappetenz etc.

Diagnostik Klinik, Röntgen, Ultraschall.

Therapie Abhängig von Befunden.

- Vorsichtige **manuelle Entleerung der Blase** nach Infusion (25 ml/kg s. c.) bei gering- bis mittelgradigem Harngrieß; evtl. auch durch eine Hydropropulsion (Spülung) in Narkose
- **Chirurgische Entfernung** von Blasensteinen und hochgradigem Blasengrieß
- **Urethrasteine:** ggf. **Urethrostomie**, falls Stein nicht zu entfernen ist; Nephrotomien bei Grießbildung werden kontrovers diskutiert.
- **Analgesie** (Metamizol 65 mg/kg p. o. TID–QID), ggf. **Antibiose** (möglichst nach Antibiogramm)
- **Dilatierte Harnblasen:** vorsichtige assistierte Entleerung, evtl. kann Bethanechol (0,5–1 mg/kg alle 8 h) zur Verbesserung der Funktion beitragen.

Prophylaxe Vermeidung calciumreicher Futtermittel, ausreichend Grünfutter, Bewegung, bei rezidivierendem Blasengrieß regelmäßige

Kontrolle der Blase und regelmäßige assistierte Entleerung (evtl. auch durch Besitzer möglich).

Prognose Einige Tiere entwickeln immer wieder Blasengrieß trotz Umstellung der Ernährung.

K

Nieren können trotz **Grießablagerung** noch lange Zeit funktionieren.

Incontinentia urinae

Häufigkeit Regelmäßig.
Alter Ältere Tiere.
Ursache Verschiedene Ursachen kommen infrage wie Erkrankungen des Rückenmarks (z. B durch *E. cuniculi*, Diskusprolaps), Erkrankungen der Wirbelsäule (Neoplasien), Harnwegserkrankungen (Urolithiasis, Zystitis, dilatierte Blase etc.).
Klinik Dermatitis im Anogenitalbereich, Innenseiten der Schenkel, unkontrollierter Verlust von Harn.
Diagnostik Klinische und neurologische Untersuchung, Röntgen, Ultraschall, Harnuntersuchung.
Differenzialdiagnosen Reviermarkierungsverhalten.
Therapie Je nach Ursache.

Neoplasien des Harntrakts

Häufigkeit Selten.
Ursache Nephrom, renales Karzinom, Leiomyom der Blase.[48]
Klinik Apathie, Inappetenz. Je nach Art der Veränderung, renale Azotämie Polyzythämie.[132,133]
Diagnostik Klinik, Röntgen, Ultraschall, Harnuntersuchung.
Therapie Chirurgie, wenn möglich; sonst nur symptomatische Therapie.

3.8.8 Erkrankungen des Reproduktionstrakts

Erkrankungen des weiblichen Reproduktionstrakts

Scheinträchtigkeit

Häufigkeit Häufig.
Alter Geschlechtsreife weibliche Kaninchen.
Ursache Durch Deckakt oder andere Reize (z. B. Aufreiten von Partnertieren, Streicheln) wird bei Kaninchen die Ovulation ausgelöst und entstehende Gelbkörper produzieren Progesteron.

Klinik Nestbau, zunehmende Revierbildung, Aggressivität gegenüber Artgenossen und Besitzer, Anbildung der Mammakomplexe für ca. 16–17 Tage.[129]
Diagnostik Anamnese, Klinik.
Therapie Kastration.

K

> Da bei Kaninchen die **Ovulation** durch den **Deckakt/Streicheln** induziert wird, tritt die Symptomatik bei nicht kastrierten Tieren immer wieder auch in sehr kurzen Abständen auf.

Prophylaxe Kastration von weiblichen Tieren, die nicht zur Zucht eingesetzt werden.

Geburtsstörungen

Häufigkeit Selten.
Ursache Störung der Geburt, Schwäche, schwere Erkrankungen, Jungtierfehlbildungen etc.
Klinik Apathie, Inappetenz, trotz Anzeichen von Geburt keine oder nachlassende Wehentätigkeit, pathologisch veränderter Vaginalausfluss, aus Geburtsgang hängendes Jungtier, Uterusprolaps.
Radiologische Veränderungen Nachweis von Jungtieren.
Diagnostik Anamnese, Klinik, Röntgen, Ultraschall.
Therapie Stabilisierung des Muttertieres; Infusionen, Analgesie, Calciumgaben (50–100 mg/kg p. o., i. m. SID); mithilfe von Gleitgel Entfernung von Jungtieren aus Geburtsgang; ggf. Kaiserschnitt, Ovariohysterektomie, je nach Ursache und Befunden. Gegebenenfalls systemische Antibiose.
Prognose Je nach Ursache gut bis infaust.

Metropathien

Häufigkeit Häufig.
Alter Venöse Aneurysemen meist unter 2 Jahre; Neoplasien der Uteri ab 3–4 Jahre vermehrt auftretend.
Ursache Metrahyperplasien, Metraneoplasien (v. a. Adenokarzinome[134,135]), venöse Aneurysmen des Endometriums,[136] seltener Endometritis, Pyometra, Hydrometra.
Klinik Apathie, Inappetenz, Dyspnoe, blutiger Vaginalausfluss, umfangsvermehrtes Abdomen, blasse Schleimhäute bei Anämie durch Blutungen (venöse Aneurysmen, Hyperplasien, Adenokarzinome) bzw. chronische Entzündung (chronische Endometritis).

Radiologische Veränderungen Vergrößerung der Metren.
Diagnostik Anamnese, Klinik, Röntgen, Ultraschall, Labor.
Therapie
- Ovariohysterektomie

K

> **!** Bei **Verdacht auf Neoplasie** vor Operation sicherstellen, dass **keine Metastasen** (v. a. Lunge, seltener Leber, Knochen) vorliegen!

- **Symptomatische Therapie:** Infusionen, assistierte Fütterung, Analgesie, ggf. Bluttransfusionen, Oxyglobingabe bei ausgeprägter Anämie

Prognose Je nach Ursache gut bis infaust.

Erkrankungen des männlichen Reproduktionstrakts

Häufigkeit Regelmäßig.
Alter Alte Tiere bei Neoplasien, Verletzungen oft jüngere Tiere.
Vorkommen Hodenverletzungen durch Kämpfe unkastrierter männlicher Kaninchen, Neoplasien (Seminome, Adenokarzinome, Teratome, Leydigzelltumore[51,134]); Hodenentzündungen durch Bakterien (*Pasteurella multocida, Treponema paraluiscuniculi*), Viren (Myxomatose),[137] Traumata;[138] Hodentorsion.
Klinik Asymptomatisch, Schwellung der Hoden, die schmerzhaft sein kann (v. a. bei Orchitis, Hodentorsion); fehlender Hoden und intraabdominale Masse;[139] Gynäkomastie bei Leydig-Zelltumor beschrieben.[140]
Diagnostik Klinik, Röntgen, Ultraschall.
Therapie Kastration bei Neoplasie, Hodentorsion, Hodenverletzung, Hodenabszess; bei Verdacht auf Orchitis zuerst symptomatische Therapie mit Analgesie, Antibiose. Gegebenenfalls Infusionen, assistierte Fütterung bei Inappetenz.
Prognose Je nach Ursache und frühzeitiger Erkennung gut (Neoplasie, Hodenverletzung) bis schlecht (Myxomatose).

Erkrankungen der Mamma

Häufigkeit Regelmäßig.
Alter Meist mittelalte weibliche Tiere; sehr selten können auch männliche Tiere betroffen sein.
Vorkommen
- **Weibliche Tieren:** Mammaneoplasien (Adenokarzinome[134,141]), Mastitiden,[24] Mammadysplasien (bei Scheinträchtigkeit, Adenokarzinomen der Uteri,[134] prolaktinsezernierenden Hypophysenadenomen[142,143])

- **Männliches Tier** mit Leydig-Zelltumor: Gynäkomastie[140]

Klinik Umgangsvermehrte Mammakomplexe, evtl. schmerzhaft, derb; bei Mammadysplasie oft seröses, klar-gelbes Sekret aus Zitze massierbar; in fortgeschrittenen Fällen Apathie, Inappetenz, Dyspnoe, blutiger Vaginalausfluss, umfangsvermehrtes Abdomen etc.

Radiologische Veränderungen Eventuell Vergrößerung der Metren, ggf. Metastasen (v. a. Lunge).

Diagnostik Anamnese, Klinik, Röntgen, Ultraschall, Punktion und Zytologie, ggf. Labor.

Therapie

- **Mammaneoplasien: Entfernung der betroffenen Komplexe** (wenn keine Metastasen nachweisbar)
- **Ovariohysterektomie** bei Vorliegen einer **Mammadysplasie**
- **Mastitiden antibiotisch** und **analgetisch** versorgen; bei **Abszessbildung** Chirurgie
- **Symptomatisch:** Infusionen, assistierte Fütterung, Analgesie, ggf. Bluttransfusionen, Oxyglobingabe bei ausgeprägter Anämie

Prognose Je nach Ursache gut bis infaust.

3.8.9 Neurologische Erkrankungen

- Die für Kaninchen wichtigste neurologische Erkrankung wird durch den parasitären Erreger *E. cuniculi* verursacht, der im Abschnitt „Enzephalitis" (s. u.) ausführlicher beschrieben wird.
- Grundsätzlich gilt, dass die **diagnostische Aufarbeitung** einschließlich einer sorgfältigen neurologischen Untersuchung **systematisch** erfolgen muss, damit alle relevanten Abweichungen erfasst werden.
- Mögliche Differenzialdiagnosen für neurologische Symptome sind in Kapitel 1.7.6 aufgeführt.

Tipp

Die Abklärung neurologischer Patienten kann **sehr komplex** sein und, wann immer möglich, sollten **entsprechend qualifizierte Kollegen** mit zu Rate gezogen werden.

Vestibularsyndrom

Häufigkeit Regelmäßig.

Ursache

- **Zentral** v. a. durch *E. cuniculi*, seltener Trauma, Neoplasie, Abszess (z. B. ausgehend von Otitis), Larva migrans[144,145]

- **Peripher** durch bakterielle Mittel- und Innenohrinfektionen verursacht

Klinik Kopfschiefhaltung in unterschiedlichen Ausprägungen.

Diagnostik Anamnese, Klinik, einschließlich ausführlicher neurologischer und otoskopischer Untersuchung, Röntgen des Schädels, *E- cuniculi*-Serologie, CT, MRT, Ausschluss anderer Erkrankungen; die Differenzierung von zentralem und peripherem Vestibularsyndrom kann schwierig sein.

Therapie Abhängig von Ursache; Fenbendazol bei Verdacht auf *E. cuniculi* (20 mg/kg p. o. SID 21 Tage), zusätzlich Infusionen, Schmerzmittel, Medikamente gegen Schwindel (Diphenhydramin 2 mg/kg s. c. BID–TID oder Metoclopramid 0,5–1 mg/kg s. c., p. o. BID-QID oder Maropitant – für Kaninchen bisher keine Dosierungsangaben vorhanden), Analgesie, ggf. Antibiose.

Prognose Je nach Ursache.

Erkrankungen des Gehirns

Enzephalitis

Häufigkeit Regelmäßig.

Ursache Vor allem durch den Kaninchenstamm des parasitären Erregers *E. cuniculi*, bakterielle Infektionen, selten Toxoplasmose, humanes Herpes simplex 1;[146] Larva migrans etc.

Klinik

- Bewusstseinstrübung, ZNS-Ausfälle, Inappetenz, Apathie
- ***E. cuniculi:*** Je nach betroffenem Organ entsprechende Symptomatik, wie zentrales Vestibularsyndrom (Kopfschiefhaltung), Ataxie, Paresen, Paralysen, Krämpfe, Nierenversagen, phakoklastische Uveitis; Inappetenz, Apathie, Tod[147,148]
- **Herpes simplex:** Epiphora, Konjunktivitis, Keratitis, Uveitis, Anorexie, Fieber, Bruxismus, Hypersalivation, Ataxie, Anfälle, Tod
- **Toxoplasmose:** Inappetenz, Fieber, Apathie, Krämpfe, Paresen, Tod[147,148]

Diagnostik Anamnese, Klinik einschließlich ausführlicher neurologischer und otoskopischer Untersuchung, Röntgen des Schädels.

- ***E. cuniculi:***
  - Am lebenden Tier meist Ausschlussdiagnose, erhöhter AK-Titer im Serum kann hinweisend sein, beweisend erst durch Antigennachweis von postmortalen Veränderungen und/oder Linsenmaterial (von Phakoemulsifikation oder Enukleation)
  - **Wenig sensitiv:** Nachweis von Sporen im Harn und im Liquor[149,150]

- Ausschluss anderer Differenzialdiagnosen mit entsprechender Diagnostik
- Zur Beurteilung der Nierenfunktion, blutchemische Analyse (Kreatinin, Harnstoff, Elektrolyte etc.) und Harnuntersuchung (spez. Gewicht)
- Sorgfältige neurologische Untersuchung zur Differenzierung eines **peripheren Vestibularsyndroms** (Otitis interna/media) (nicht immer sicher möglich), Augenuntersuchung (Kap. 3.8.3)

- **Herpes simplex:** Anamnese, Klinik, Nachweis von Herpes-simplex-Virus-Antigen aus Konjunktivaltupfer
- **Toxoplasmose:** hinweisend erhöhter AK-Titer im Serum, beweisend erst Histologie postmortal

Differenzialdiagnosen Traumata, metabolisch-toxische Ursachen (Urämie, Hepatitis, Mykotoxikose, Endotoxämie), Neoplasien, degenerative (Hydrocephalus) oder vaskuläre Veränderungen (Myokardfibrose, Arteriosklerose).

Therapie

- Abhängig von Ursache, meist symptomatisch mit Infusionen, Analgesie, Antibiose, Sulfonamid-Trimethoprim (30–40/6–8 mg/kg p. o., s. c. BID) bei Verdacht auf Toxoplasmose; Antikonvulsiva (0,5–1–2 mg/kg i. m., i. v.), Medikamente gegen Schwindel (Diphenhydramin 2 mg/kg s. c. BID–TID oder, Metoclopramid 0,5–1 mg/kg s. c., p. o. BID–QID oder Maropitant [für Kaninchen bisher keine Dosierungsangaben vorhanden]), Vitamin-B-Komplex (0,5 ml/kg p. o. SID), Fenbendazol (20 mg/kg p. o. SID 21 Tage)
- ***E. cuniculi:***
  - Zur **Erregerreduktion** Fenbendazol (20 mg/kg p. o. SID 21 Tage),[151] Erregereliminierung vermutlich weder durch Fenbendazol noch durch Albendazol[152] möglich (Todesfälle nach der Albendazolapplikation erwähnt[16])
  - **Antibiose**, wenn andere Infektionen wie Kaninchenschnupfen vorhanden sind
  - Generell **symptomatische Therapie** mit Infusionen, assistierte Fütterung, Ruhighaltung
  - **Neurologische Symptome:** zusätzlich Vitamin-B-Komplex (0,5 ml/kg p. o. SID)
  - **Tortikollis:** Medikamente gegen Schwindel (z. B. Diphenhydramin 2 mg/kg s. c. BID–TID)
  - **Krämpfe:** Antikonvulsiva (z. B. Diazepam 0,5–1–2 mg/kg i. m., i. v.); Cortison scheint keinen Vorteil zu bringen,[153] aus eigener

K

Erfahrung kann die Symptomatik durch Cortison aber ausgelöst werden.
- **Azotämie:** Infusionen (unter Kontrolle der Urinproduktion)
- **Euthanasie** erwägen bei schweren neurologischen Symptomen, insbesondere bei deutlicher Verschlechterung unter Therapie. Oft muss aber einige Tage therapiert werden, bevor sich eine Besserung einstellt.

Es kann sehr lange dauern, bis sich die **Kopfschiefhaltung** wieder normalisiert, in einigen Fällen bleibt der Kopf schief, die Tiere kommen meist aber nach einiger Zeit gut damit zurecht.

- Prognose für **junge Tiere** oft besser. Sogar Tiere in vollständiger Seitenlage können sich innerhalb kurzer Zeit erholen.
- **Augentherapie** (Kap. 3.8.3)

Tipp

Eine **prophylaktische Applikation von Fenbendazol** an klinisch nicht erkrankte Tiere ist nicht sinnvoll, da keine Erregereliminierung stattfindet. Möglich ist, wenn Tiere bereits erkrankt waren, Fenbendazol ab ca. 1 Woche vor stressvollen Ereignissen (Operationen, Umzug, Urlaubsbetreuung) und dann für insgesamt 3 Wochen zu applizieren.

- **Herpes simplex:** nur symptomatisch möglich, Infusionen, Antibiose, Analgesie, assistierte Fütterung, antikonvulsive Therapie bei Krämpfen, Behandlung der Keratitis und Konjunktivitis mit antiviralen Augentropfen (Trifluridin, Triflumann®), antibiotikahaltiger Augensalbe (Oxytetracyclin), Augengele zur Unterstützung der Hornhautheilung; oft Tod innerhalb von 3–7 Tagen
- **Toxoplasmose:** Bisher keine erfolgreiche Therapie beschrieben, evtl. wirken Trimethoprim/Sulfonamid oder Azithromycin. Clindamycin ist aufgrund der Nebenwirkungen (Entwicklung einer Typhlokolitis, v. a. bei oraler Gabe) für Kaninchen nicht empfehlenswert.

Prognose Je nach Ursache.

Prophylaxe
- **Patientenbesitzer** mit einer **akuten Herpesvirusinfektion** sollten engen Kontakt zu ihren Tieren vermeiden.
- **Toxoplasmose:** Kontakt zu Katzenkot verhindern!

Enzephalitozoonose gilt als potenzielle Zoonose.[154,155] Immunsupprimierte Menschen (u. a. Kleinkinder, AIDS-Kranke) sollten keinen Kontakt zu erkrankten Tieren haben.
Toxoplasmose: Eine Ansteckungsgefahr für Besitzer besteht nur, wenn rohes Kaninchenfleisch gegessen wird.[156]

K

Erkrankungen des peripheren Nervensystems

Bandscheibenvorfall

Häufigkeit Selten.
Alter Meist ältere Tiere.
Ursache Unklar, meist kein Trauma beschrieben.
Klinik Je nach Lokalisation entsprechende neurologische Ausfälle, wie Propriozeptionsdefizite, Parese/Paralyse der Hintergliedmaßen (Th3–L3), (L4–S4); Tetraparese/-paralyse (C2–T2).
Radiologische Veränderungen Eventuell Verengung eines Zwischenwirbelspalts erkennbar, Aussparung bei Kontrastmittelapplikation in den Wirbelkanal (Myelografie).
Diagnostik Klinik, Röntgen mit Myelografie, CT, MRT.
Therapie

- Abhängig von neurologischen Ausfallserscheinungen; **konservativ** mit Analgesie und Käfigruhe bei geringen bis mittelgradigen Propriozeptionsausfällen und vorhandenem Tiefenschmerz; **chirurgisch** (Hemilaminektomie) bei hochgradigen Propriozeptionsausfällen
- **Kontrolle/Assistenz** bei **eingeschränktem Harnabsatz** (manuelle Entleerung oder Harnkatheter)
- **Symptomatische Therapie:** Infusionen, Analgesie, assistierte Fütterung, Vitamin B-Komplex-Gaben, Umlagerung

Prognose Je nach Lokalisation und Grad der neurologischen Ausfälle gut bis infaust (bei Verlust von Tiefenschmerz).

Nachhandlähmung

Häufigkeit Regelmäßig.
Ursache Sehr unterschiedlich, oft durch *E. cuniculi*, seltener Wirbelfrakturen, -luxationen, Bandscheibenvorfälle, Neoplasien, toxisch-metabolische Ursachen.
Klinik Propriozeptionsdefizite, Parese/Paralyse der Hintergliedmaßen, Kot- und Harnabsatzschwierigkeiten, im Verlauf oft auch Verschlechte-

rung des Allgemeinbefindens, Apathie, Inappetenz, evtl. postrenale Azotämie mit Störungen, Dekubitus.

Radiologische Veränderungen Eventuell Verengung eines Zwischenwirbelspalts erkennbar, Aussparung bei Kontrastmittelapplikation in den Wirbelkanal (Myelografie), bei Neoplasien evtl. Osteolysen, -sklerosen erkennbar.

Diagnostik Klinik, neurologische Untersuchung, Röntgen mit Myelografie, CT, MRT, serologischer *E.-cuniculi*-Nachweis, Ausschluss anderer Ursachen (s. a. Kap. 1.7.6).

Therapie Abhängig von neurologischen Ausfallserscheinungen und Ursache:

- Verdacht auf ***E. cuniculi:*** Fenbendazol (20 mg/kg p. o. SID 21 Tage)
- Verdacht/Nachweis von **Bandscheibenvorfall:** konservativ mit Analgesie und Käfigruhe bei geringen bis mittelgradigen Propriozeptionsausfällen und vorhandenem Tiefenschmerz; ggf. chirurgisch (Hemilaminektomie) bei hochgradigen Propriozeptionsausfällen
- **Wirbelfrakturen und -luxationen:** chirurgische Versorgung, wenn Prognose gegeben (siehe Kriterien aus der Kleintiermedizin)
- **Symptomatische Therapie:** Analgesie, Vitamin-B-Komplex (0,5 ml/kg p. o. SID), Infusionen, assistierte Fütterung, Kontrolle/Assistenz bei eingeschränktem Harnabsatz (manuelle Entleerung oder Harnkatheter)

Prognose Je nach Lokalisation und Grad der neurologischen Ausfälle gut bis infaust (bei Verlust von Tiefenschmerz).

Neoplasien des Nervensystems

Häufigkeit Selten.

Tumorarten Lymphom des Gehirns[146] und des Rückenmarks,[157] Plasmazellmyelom des Gehirns,[158] intracraniales Teratom,[48,146,159] Neurinom der Halsganglien.[48]

Klinik Von Lokalisation und Ausprägung der Neoplasie abhängig.

Diagnostik Klinik, CT, MRT, oft erst durch Pathologie.

Differenzialdiagnosen Alle Veränderungen, die zu neurologischen Ausfällen führen können.

Therapie In Anlehnung an Kleintiere, Hauptproblem ist, dass die Diagnose oft nicht ante mortem gestellt wird, evtl. Euthanasie.

Prognose Meist schlecht.

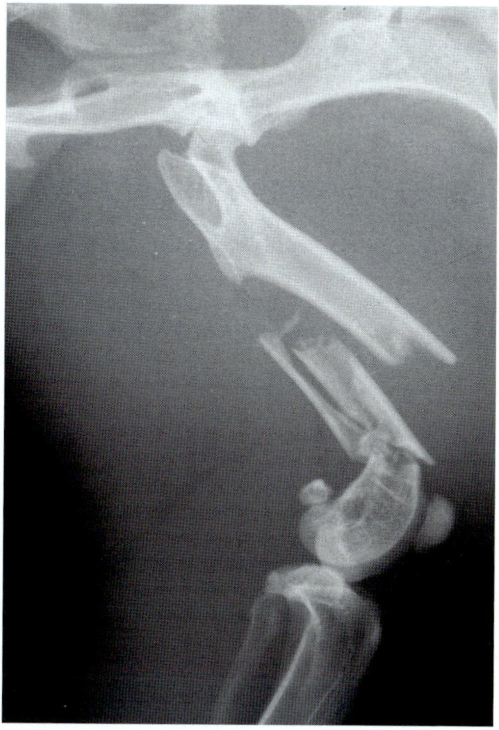

Abb. 3-22
Röntgenbild (laterolaterale Projektion) eines Kaninchens mit Femurfraktur

3.8.10 Knochen- und Muskelerkrankungen

Frakturen, Luxationen

Häufigkeit Regelmäßig.
Ursache Traumata, seltener Folge einer Neoplasie.
Klinik Je nach Lokalisation Lahmheit unterschiedlichen Grades bis zur Paralyse bei Wirbelsäulenbeteiligung, Fehlstellung von Körperteilen.
Diagnostik Klinik, Röntgen (Abb. 3-22), CT.
Therapie In Anlehnung an das Vorgehen in der Kleintiermedizin, je nach Befund; lange Röhrenknochen chirurgisch (Platte oft nur bei Femur möglich, Fixateur externe, parakortikale Fixation), Hüftgelenksluxationen entweder konservativ nach Reposition oder chirurgisch (Femurkopfhalsresektion).
Prognose Je nach Ursache gut bis infaust.

Neoplasien der Knochen und der Muskulatur

Häufigkeit Selten.

Tumorarten Osteosarkome (v.a. Schädel,[160] lange Röhrenknochen,[161] Wirbelsäule[162]). Neoplasien der Muskulatur selten auftretend, meist sekundär betroffen.

K

Klinik Je nach Lokalisation Lahmheit unterschiedliches Grades bis zur Paralyse bei Wirbelsäulenbeteiligung, Fehlstellung von Körperteilen.

Diagnostik Klinik, Röntgen, CT.

Therapie Bisher keine beschrieben.

Prognose Infaust.

3.8.11 Endokrine Erkrankungen

Diabetes mellitus

Häufigkeit Sehr selten.

Alter Meist ältere Tiere.

Ursache Atrophie des Pancreas, bei Laborkaninchen wurde eine genetische Ursache beschrieben.

Klinik Apathie, Gewichtsverlust, Polyurie/Polydipsie[163], evtl. Kataraktbildung.

Labordiagnostik Hyperglykämie, Glucosurie, selten Ketoazidose und Ketonurie.

Diagnostik Bestimmung der Glucosekonzentration (> 30 mmol/l) **und** der Fructosaminkonzentration.

Differenzialdiagnosen Hyperglykämie anderer Genese, z.B. Stress, Hyperglykämie bei gastrointestinalen Obstruktion.[122]

Therapie Bei ernährungsbedingtem Diabetes Futterumstellung, Insulin (1 IE/kg s.c. SID–BID Caninsulin®).[164]

Verlauf Bei spontanem Diabetes mellitus ist eine Therapie häufig schwierig.

Prognose Gut bei fütterungsbedingten Diabetes mellitus; schlecht bei spontanem Diabetes mellitus.

Prophylaxe Vermeidung von Adipositas.

3.8.12 Vergiftungen

Häufigkeit Selten.

Ursache Fipronil, Blei,[165] sicherlich auch Vergiftungen durch Pflanzen (z.B. Eibe) möglich, aber in der Literatur schlecht dokumentiert.

Klinik Je nach Substanz plötzlicher Tod, Durchfall, Inappetenz, Apathie, Dyspnoe, Seitenlage, Hypersalivation, neurologische Ausfälle, Schwäche, Koma, Hypothermie.

Diagnostik Anamnese, Klinik, spezielle Untersuchung auf verschiedene Toxine in humanmedizinischem Labor möglich, Blutuntersuchungen bei Verdacht auf Blei oder Zinkintoxikation, Nachweis von Blutgerinnungsstörungen bei cumarinhaltigen Rodentiziden.

Therapie

- Je nach Zustand und Toxin (Information über Giftzentralen oder die Seite des Instituts für Veterinärpharmakologie und -toxikologie: www.vetpharm.uzh.ch/): Sauerstoff; Infusionen; Aktivkohle um die Resorption zu reduzieren, Diazepam (0,5–1–2 mg/kg i. m., i. v.) bei Krämpfen
- Bei einer **Intoxikation mit NSAIDs** muss mit einem **akuten Nierenversagen** gerechnet werden. Darum sollten die Tiere infundiert und intensiv überwacht werden, Magenschutz (Omeprazol 5–10 mg/kg s. c., p. o. BID, Sucralfat 25–100 mg/kg p. o. BID–TID).
- Bei nachgewiesener Aufnahme von **cumarinhaltigen Rodentiziden** Vitamin K_1 (5 mg/kg über SID 4–6 Wochen, 24 h nach Absetzen Kontrolle der Blutgerinnung)
- **Symptomatische Therapie:** Infusionen, evtl. forcierte Diurese

Prognose Je nach Ursache, aufgenommener Menge und Zeitpunkt der Diagnose gut bis infaust.

3.8.13 Neoplastische Erkrankungen

Neoplasien kommen bei Kaninchen **regelmäßig** vor.

- Die wichtigsten Neoplasien werden bei den am häufigsten betroffenen Organen erwähnt.
- Einige Neoplasien, wie Lymphom, extraskelettale Osteosarkome und peripherer Nervenscheidentumor treten an **verschiedenen Lokalisationen** auf.

Lymphom (Lymphosarkom)

Häufigkeit Selten.

Alter Meist mittelalte Tiere (2–9 Jahre).[103]

Ursache Unklar, Virusgenese unwahrscheinlich.[54]

Klinik Abhängig von Lokalisation, Inappetenz, Apathie, Leber-, Nieren-, Lymphknotenschwellung, Dyspnoe, Hautveränderungen, Anämie, Leukozytose, neurologische Ausfälle, Exophthalmus etc.

Diagnostik Klinik, Röntgen, Ultraschall, CT, Labor (einschließlich ionisiertes/freies Calcium), Punktion/Biopsie und Zytologie/Histopathologie.

> **Tipp**
>
> Für eine **standardisierte Aufarbeitung** werden eine vollständige Hämatologie, Blutchemie, Harnanalyse, Ganzkörperröntgenaufnahmen in zwei Ebenen, abdominaler Ultraschall und Knochenmarkpunktion empfohlen.

Therapie Bisher nur einzelne Berichte zu Therapien publiziert, meist wurden Prednisolon (0,5–1 mg/kg p.o. SID–BID)bzw. andere Chemotherapeutika eingesetzt, die auch bei Kleintieren verwendet werden. Oft wird die Diagnose auch erst postmortal gestellt (v.a. bei Lymphomen des ZNS und des Gastrointestinaltrakts).
Prognose Meist nicht gut, da Tiere oft im fortgeschrittenen Krankheitsstadium vorgestellt werden bzw. die Diagnose am lebenden Tier nicht möglich ist. Einige Tiere leben aber nach der Diagnose mehrere Monate.

3.8.14 Abszesse

Beschreibung Zystenbildung an verschiedenen Körperstellen.

> Abszesse können an verschiedenen Stellen des Körpers auftreten.

Häufigkeit Regelmäßig.
Alter Alle Altersklassen, v.a. ältere Tiere.
Ursache Verletzung und nachfolgende bakterielle Infektion mit *Staphylococcus* spp., *Streptococcus* spp., *Corynebacterium* spp., *Actinomyces* spp., *E. coli* etc.
Klinik Je nach Lokalisation, Umfangsvermehrung, Inappetenz, Apathie, Umfangsvermehrung im Abdomen (Abb. 3-23), Dyspnoe, Exophthalmus, Magendilatation etc.
Labordiagnostik Eventuell Heterophilie, Lymphopenie, nicht-regenerative Anämie und ggf. spezifischen Veränderungen, die die betroffene Region betreffen.
Diagnostik Anamnese, Klinik, je nach Lokalisation Röntgen, Ultraschall, Punktion und zytologische Untersuchung, Laparotomie, bakteriologische Untersuchung mit Antibiogramm, Ursache suchen (z.B. bei Abszessen im Kopfbereich nach Zahnerkrankungen suchen).

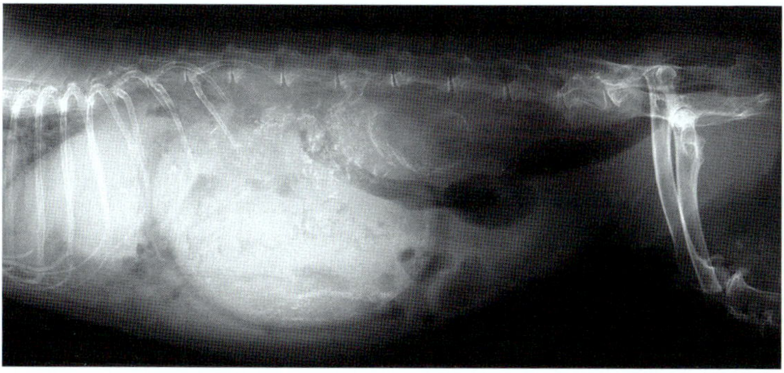

Abb. 3-23 Röntgenbild (laterolaterale Projektion) eines Kaninchens mit einem intraabdominalen Abszess

Differenzialdiagnosen Alle Erkrankungen, die mit Umfangsvermehrungen einhergehen, v. a. Neoplasien, Bandwurmzysten von Taenia serialis und *T. pisiformis* (z. B. Auge,[71] Haut,[166] intraabdominal[167,168]), extrauterine Trächtigkeit bei weiblichen Tieren.[169,170]

Therapie Möglichst vollständige chirurgische Entfernung, dann auch keine systemische Antibiose notwendig, ansonsten Drainieren, Analgesie, symptomatische Therapie mit Infusionen, assistierte Fütterung; Antibiose möglichst nach Antibiogramm.

Prognose Gut meist bei Abszessen der Haut/Unterhaut, Entfernung in einigen Bereichen besonders problematisch bzw. nicht möglich (z. B. Gastrointestinaltrakt, Lunge).

Literatur und Dosierungsvorschläge zu diesem Kapitel finden Sie unter www.schattauer.de/3111

4 Meerschweinchen

4.1 Allgemeines

- Hausmeerschweinchen (*Cavia porcellus*) gehören zur Ordnung der Rodentia und zur Teilordnung der Meerschweinchenverwandten (Caviomorpha). Sie stammen ursprünglich aus **Südamerika**.
- Meerschweinchen sind **herbi**- und **folivor** und nehmen über den Tag verteilt ca. 100 kleine Mahlzeiten auf.
- Alle **Zähne** sind **wurzellos** und wachsen **lebenslänglich**.

! Bei Meerschweinchen niemals Antibiotika mit gram-positivem Wirkspektrum einsetzen (s. a. Tab. 1-3)!

- **Fertigfutter** ist für Meerschweinchen **nicht geeignet** und kann neben der Entwicklung von Adipositas auch zu Zahnproblemen durch unzureichende Abrasion der Kauflächen führen. Wie bei allen **Herbivoren** dürfen **Futterwechsel** nur **langsam** vorgenommen werden, damit es nicht zu Dysbiosen kommt.

Meerschweinchen besitzen **keine L-Gulonolactonoxidase** und können dadurch **Vitamin C nicht selbst synthetisieren**. Grünfutter ist daher wichtig zur Deckung des Vitamin-C-Bedarf.

Steckbrief Meerschweinchen

Lebenserwartung	5–8 Jahre
Körpergewicht	w: 0,7–1,2 kg m: 0,9–1,5 kg
Körpertemperatur	37,5–39,8 °C
Herzfrequenz	200–380/min
Atemfrequenz	42–100–130/min

Geschlechtsreife	2–3 Monate
Trächtigkeitsdauer	59–72 Tage
Jungtiertyp	Nestflüchter
Säugeperiode	21 Tage
Geeignetes Kastrationsalter	w: nicht relevant m: 3–6 Monate
Uterus	Uterus bicornis
Mammakomplexe	1 Paar
Urin-pH	alkalisch
Schirmer-Tränen-Test	0–12 mm/min

4.2 Handling

- Der Umgang mit Meerschweinchen sollte **ruhig** und **umsichtig** erfolgen. Meerschweinchen werden nicht gern in die Hand genommen. Meist versuchen sie, sich dem Anfassen durch Flucht zu entziehen.

Tipp

Meerschweinchen werden durch **Umfassen des Brustkorbs** von **ventral** mit einer Hand vorne angehoben. Mit der anderen Hand werden von caudal kommend die **Hinterbeine fixiert** und das Tier in aufgerichteter Position hochgehoben.

- Für eine **Blutentnahme** an der **V. saphena lateralis** werden Meerschweinchen am besten so gehalten, wie in Abbildung 4-1 dargestellt. Das Gefäß verläuft caudal am Oberschenkel und ist besonders gut bei schlanken Tieren zu sehen.

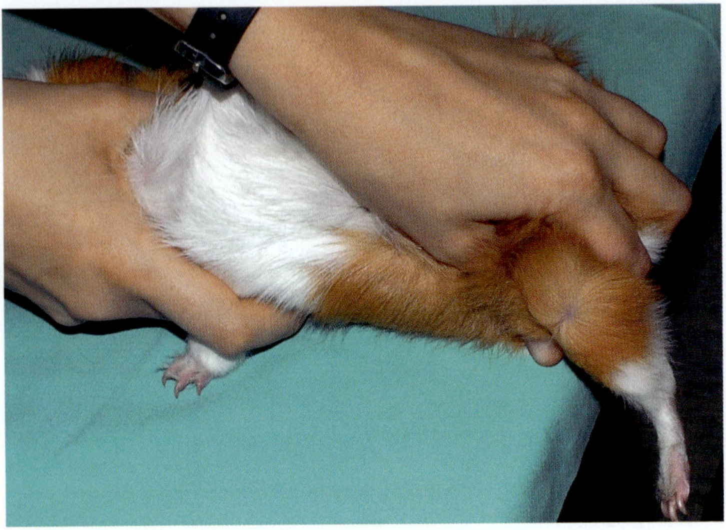

Abb. 4-1 Fixierung eines Meerschweinchens zur Blutentnahme an der V. saphena lateralis

4.3 Klinische Untersuchung

- Vor der klinischen Untersuchung sollte das Tier im Transporter **unauffällig beobachtet** werden.
- Zu einer gründlichen klinischen Untersuchung gehören neben der Ermittlung der **Vitalparameter** auch eine **sorgfältige Adspektion, Palpation und Auskultation**.
- Die für eine klinische Untersuchung notwendigen Parameter wurden bereits in Kapitel 1.1.3 dargestellt. Die Referenzbereiche der klinischen Parameter werden im Kasten „Steckbrief" (s. oben) oder unter www.schattauer.de/3111 aufgeführt.
- Das **Körpergewicht** sollte bei jeder Vorstellung ermittelt werden, da ein schleichender Gewichtsverlust meist nicht erkennbar ist, aber ein wertvoller Hinweis auf eine Erkrankung sein kann. Für die objektive Beurteilung des Ernährungszustands ist immer auch eine **Palpation des gesamten Körpers**, insbesondere der Wirbelsäule notwendig. Zudem ist das Wissen um das „Normalgewicht" des Patienten ebenfalls sehr hilfreich, um den Allgemeinzustand besser beurteilen zu

können. Darum ist es sinnvoll, das Gewicht der Patienten bei jeder Vorstellung zu erfassen.

- Die rektale **Körpertemperatur** sollte zu Beginn der Untersuchung gemessen werden, damit sie nicht durch Aufregung ansteigt. Die physiologische Körpertemperatur liegt nach eigenen Daten zwischen **37,8 °C und 39,5 °C**.

Tipp

Meerschweinchen haben eine **Perianalfalte**, diese sollte nicht mit dem Anus verwechselt werden, da sonst die Körpertemperatur falsch niedrig gemessen wird.

- Die **Herz**- und die **Atemfrequenz** sind bei der klinischen Untersuchung bedingt durch Aufregung meist erhöht. Oft steigt bei krankhaften Veränderungen nicht die Frequenz der Atemzüge, sondern der Typ der Atmung verändert sich von costoabdominal zu abdominal und die Tiefe der Atemzüge erhöht sich.
- Die Beurteilung der **Schleimhaut** und der **KFZ** sind bei Meerschweinchen keine besonders hilfreichen Parameter und oft erst bei schwer kranken Tieren deutlich verändert.

Während der Untersuchung kann es bei einigen Meerschweinchen stressbedingt zu deutlichem **Haarausfall** kommen. Gelegentlich ist dies auch bei schwer kranken Meerschweinchen zu beobachten. Tiere, die krank sind, weisen nicht selten zusätzlich einen Befall mit Haarlingen auf, der vom Besitzer oft nicht bemerkt wurde.

- Die **Lymphknoten** sind bei Meerschweinchen klein (3–4 mm). Gelegentlich kann es Schwierigkeiten bereiten, Fett und Lymphknoten zu unterscheiden, insbesondere im Bereich der Axillar- und Kniefaltenlymphknoten.
- Bei weiblichen Tieren sollte der Bereich der **Vaginal**- und **Urethraöffnung** genau untersucht werden, da so Urethrasteine und eine geöffnete Vaginalmembran diagnostiziert werden können (Abb. 1-1, Abb. 1-2). Eine geöffnete Vaginalmembran kann zum einen für einen Östrus, eine vor kurzem stattgefundene Paarung oder Geburt sowie für eine Gebärmutterpathologie sprechen.
- Zur Allgemeinuntersuchung von Meerschweinchen gehört auch eine Untersuchung der **Maulhöhle** und der **Zähne**. Zuerst wird bei ge-

MS

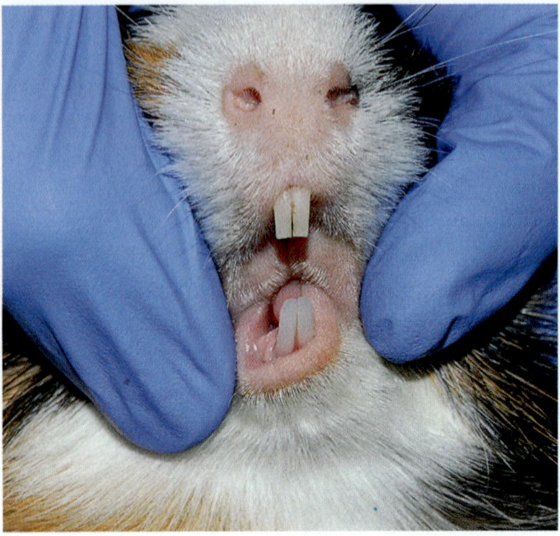

Abb. 4-2 Beurteilung des Aussehens, der Stellung und Länge der Schneidezähne eines zahngesunden Meerschweinchens

schlossenem Maul die Stellung der Schneidezähne von vorn und von der Seite beurteilt, indem die Lippen vorsichtig nach oben bzw. unten verlagert werden (Abb. 4-2).

Schneidezähne werden als gesund befundet, wenn sie keine Farbveränderungen oder Querrillen aufweisen, gerade stehen und das Verhältnis der Oberkiefer- zu den Unterkieferschneidezähnen 1:2 oder 1:3 beträgt. Zudem müssen die Schneideflächen der Inzisivi scharfkantig und gerade sein, die Schneideflächen der Unterkieferschneidezähne hinter den Oberkieferschneidezähnen liegen und zugleich keine Schleimhautläsionen caudal der Oberkieferschneidezähne verursachen. Die Schleimhaut der Alveolen sollte den Zähnen eng anliegen.

- Für eine oberflächliche Untersuchung der **Backenzähne** ohne Narkose kann ein **Wangenspreizer**, ein **Otoskop** mit weitem **Ohrentrichter** oder **Spreizspekulum** verwendet werden. Es erfordert etwas Übung, um so die Maulhöhle gut beurteilen zu können. Ein **Stieltupfer** wird verwendet, um buccal und lingual zwischen Zahnreihen und Schleimhaut entlang zu fahren, um Zahnspitzen und Schleimhautläsionen zu erkennen, und um den Bereich unter und neben der Zunge einzusehen.

4.4 Spezielle Untersuchungen

4.4.1 Bildgebung

Röntgen

- Die röntgenologische Beurteilung erfolgt in Grundsätzen wie bei den Kleintieren. Für eine vollständige Beurteilung sind **immer zwei Ebenen** notwendig, auf denen der gesamte Körper (außer Kopf) abgebildet sein sollte. Insbesondere der **caudale Bereich** mit **Harnröhre** muss zu sehen sein, um Harnröhrensteine zu diagnostizieren.

> ! Im **Abdomen** weisen Meerschweinchen im Vergleich zu Kaninchen deutlich **weniger Fett** auf, was zu einer deutlich schlechteren röntgenologischen Darstellung der intraabdominalen Organe führt (Abb. 4-3a, b).

- In der laterolateralen Projektion erscheint das craniale **Lungenfeld** etwas röntgendichter als die caudalen Lungenbereiche.
- Das **Herz** von gesunden Meerschweinchen hat in der laterolateralen Projektion eine Größe von 2–3 Interkostalräumen.
- Der **Leber**schatten sollte in beiden Projektionen nicht über den Rippenbogen hinausragen.
- Der **Magen** liegt in der ventrodorsalen Projektion links, seltener mittig. Bei Aufgasungen kann es zu einer Verlagerung nach rechts kommen, die nicht in jedem Fall eine Magendrehung darstellt. Die Ausdehnung nach caudal ist abhängig von der Futteraufnahme. Unter physiologische Bedingungen befindet sich im Magen immer Futter mit seiner typischen Struktur (Abb. 4-3a, b).
- Einzelne Bereiche des Darmtrakts sind bei gesunden Tieren meist schwer zu unterscheiden. Bei Ansammlungen von Gas stellt sich der **Blinddarm** gut dar.
- Die **Nieren** sind oft nicht erkennbar, auch bei adipösen Tieren.
- Die **Harnblase** stellt sich oft klein und birnenförmig dar. Deutlich weniger ausgeprägt als bei Kaninchen führen gelegentlich calciumhaltige Kristalle zu einer besseren Darstellung der Blase.

> Männliche Meerschweinchen haben einen **Penisknochen**.

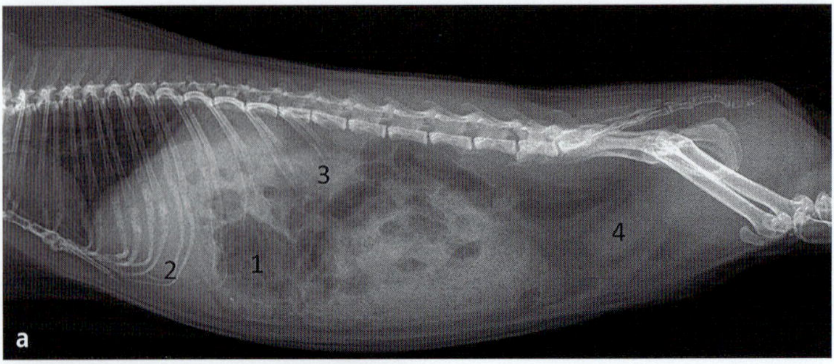

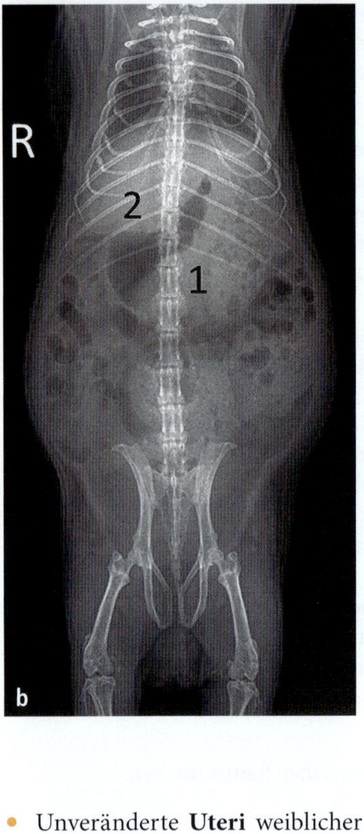

Abb. 4-3
Röntgenaufnahme eines gesunden männlichen Meerschweinchens:
a Laterolateraler Strahlengang:
1 – Magen, 2 – Leber,
3 – rechte Niere, 4 – Blase.
b Ventrodorsaler Strahlengang:
1 – Magen, 2 – Leber

- Unveränderte **Uteri** weiblicher Tiere können in der laterolateralen Projektion nicht dargestellt werden.

Ultraschall

- Eine Sonografie des Abdomens und des Herzens ist bei Meerschweinchen meist **ohne Sedation** möglich.
- Für den **Abdomenultraschall** eignen sich **Linearsonden**, für den **Herzultraschall Sektorschallköpfe** (7,5–12 MHz).
- Meist sind die intraabdominalen Organe bis auf wenige Ausnahmen (verschiedene Bereiche des Magen-Darm-Trakts, Pancreas) gut darstellbar.

Tipp

Tiere, die sehr viel **Gas** im **Magen-Darm-Trakt** aufweisen, lassen sich aber oft schlechter untersuchen. Gelegentlich hilft es, gashaltige Darmschlingen wegzuschieben bzw. aus einem anderen Winkel die Zielorgane anzuschallen.

- Die **Leber** ist homogen und ihre Echogenität im Vergleich zur Milz echoärmer. Die Gallenblase liegt rechts.
- Die **Milz** ist oft klein, dem Magen links eng anliegend und lässt sich v.a. bei aufgegastem Magen-Darm-Trakt nicht immer darstellen.
- Die **Nieren** sind bei Meerschweinchen deutlich weniger echogen als bei Kaninchen und ihre Darstellung kann bei gasgefülltem Magen-Darm-Trakt erschwert sein.
- Die **Blase** ist sonografisch gut erkennbar.
- Die **Uteri** sind kleine hypoechogene Gebilde. Die **Ovarien** vieler Meerschweinchen weisen **Ovarialzysten** auf und liegen caudal der Nieren.

Computertomografie

- Die Computertomografie eignet sich auch bei Meerschweinchen sehr gut, insbesondere für die Darstellung **knöcherner Strukturen** in verschiedenen Körperregionen, v.a. der Wirbelsäule, des Beckens und des Kopfes.
- Besonders hilfreich ist die CT zur Darstellung von **Zahnveränderungen**. Meist ist dafür eine **Narkose** notwendig.

Endoskopie

- Für die Adspektion der **Gehörgänge** und der **Maulhöhle** eignen sich Endoskope.
- Bei weiblichen Tieren kann die **Blase** mit entsprechend kleinen Endoskopen inspiziert werden.
- Aufgrund des **engen Oropharynx** können bei Meerschweinchen Trachea und Ösophagus meist nicht dargestellt werden.

Elektrokardiografie

Liegen **Arrhythmien** vor, sollte ein EKG angefertigt werden. Dies ist meist sehr gut in Brust-Bauch- oder Seitenlage möglich.

Untersuchung der Maulhöhle in Narkose

- Eine ausführliche **Untersuchung der Zähne** und ggf. **Zahnkorrektur** sollte in **Narkose** erfolgen und möglichst mit **Röntgen/CT** kombiniert werden. Vor der Anästhesie müssen die Tiere ausreichend mit **Infusionen, Schmerzmitteln** und **assistierter Fütterung** stabilisiert werden.
- Bei **älteren Patienten** können eine **Blutuntersuchung** sowie **Ganzkörperröntgenaufnahmen** sinnvoll sein, um andere relevante Veränderungen zu diagnostizieren.
- Neben einer Adspektion können mit Heidemann-Spatel und Dentalsonde **lockere Zähne** und **veränderte Alveolen** gefunden werden.

4.4.2 Labordiagnostik

Blutprobenentnahme

- Die Blutprobenentnahme bei Meerschweinchen erfolgt meist an der **V. saphena lateralis**, seltener an der **V. cephalica antebrachii**.
- Für kleine Blutmengen (z. B. Blutglucosebestimmung mit Glukometer) können auch die **Ohrvenen** verwendet werden.
- Die **Fixierung** für eine Blutentnahme an der V. saphena lateralis wird in Abbildung 4-1 dargestellt.

Hämatologie

- Referenzbereiche finden sich unter www.schattauer.de/3111. Hämatologische Veränderungen werden grundsätzlich wie bei Kleintieren aufgearbeitet.
- **Infektionen** gehen bei Meerschweinchen häufig nicht mit **Leukozytosen** einher. Massive Leukozytosen können bei Lymphosarkomen beobachtet werden.

Blutchemie

- Die Aufarbeitung blutchemischer Veränderungen erfolgt grundsätzlich wie bei Kleintieren.

> Eine Besonderheit der Herbivoren ist, dass die Tiere zur Blutentnahme **nicht nüchtern** sein müssen/sollen.

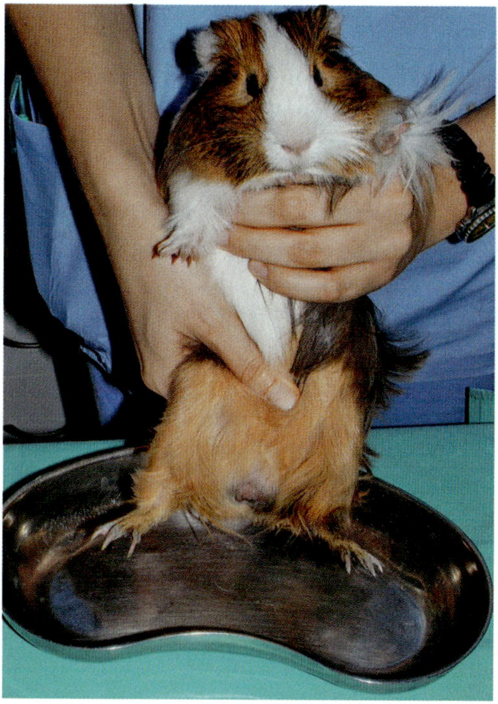

Abb. 4-4
Fixierung eines Meerschweinchens zur Harngewinnung

Harnuntersuchung

- Harn von Meerschweinchen wird meist durch das **Ausdrücken der Harnblase** gewonnen. Mit dem Daumen, der cranial der Blase positioniert ist, wird vorsichtig auf die Blase Druck ausgeübt (Abb. 4-4). Nicht immer ist diese Methode erfolgreich. Wird häufiger und zu starker Druck ausgeübt, ist Blut im Harn nachweisbar.
- Für eine mikrobiologische Untersuchung sollte **Zystozenteseharn** unter Ultraschallkontrolle entnommen werden.
- Möglichkeiten und Einschränkungen der Harnuntersuchung werden in Kapitel 1.1.5 dargestellt. Eine **Nativ-** bzw. **Sedimentuntersuchung** des Harns ist immer notwendig, v. a. um Leukozyten festzustellen.
- Der **physiologische pH-Wert** des Harns ist **alkalisch**. Sollte der Harn sauer sein, ist dies meist ein Hinweis auf eine Acidose und eine

schwere Erkrankung. Es sollten maximal Spuren von Protein und keine Glucose vorhanden sein.

- Konnte der Harn erst durch mehrfaches Drücken der Blase gewonnen werden, wird nicht selten **Blut** nachgewiesen. Vereinzelt werden **Erythrozyten** auch bei Zystozenteseharn nachgewiesen.

Bakterien sind ein normaler Befund bei manuell gewonnenem Harn.

- **Glucosurien** werden v. a. durch stressbedingte sowie iatrogen verursachte Hyperglykämien und Tubulusschäden in den Nieren verursacht. Ein Diabetes mellitus kommt bei Meerschweinchen gelegentlich vor.

4.5 Prophylaxemaßnahmen

4.5.1 Impfung

- Für Meerschweinchen stehen **keine Impfungen** zur Verfügung.
- In Zuchtbeständen können bei Problemen mit **Streptokokken stallspezifische Vakzine** in Erwägung gezogen werden.

4.5.2 Endoparasitenprophylaxe

- Eine regelmäßige Prophylaxe gegen **Endoparasiten** ist bei Heimtiermeerschweinchen nicht notwendig.
- Eine Therapie sollte durchgeführt werden, wenn ein konkreter Nachweis vorliegt.

Bei Tieren, die in **größeren Gruppen** mit häufig wechselnder Zusammensetzung gehalten werden, sollte eine regelmäßige **Kontrolle des Kots** auf **Endoparasiten** erfolgen.

4.5.3 Ektoparasitenprophylaxe

Eine regelmäßige **Prophylaxe** gegen Ektoparasiten ist meist **nicht notwendig**.

4.5.4 Sonstige Prophylaxemaßnahmen

- Insbesondere in **warmen Sommermonaten** sollten Meerschweinchen täglich auf evtl. vorliegenden **Madenbefall** kontrolliert werden. Momentan sind in Deutschland keine Medikamente zugelassen, die prophylaktisch verabreicht werden können.

> Eine **tierartgerechte Fütterung** ist eine wichtige Maßnahme, um verschiedene Krankheiten bei Meerschweinchen vorzubeugen. Eine ausschließliche Fütterung mit **Heu und Grünfutter** hat einen entscheidenden Einfluss auf die **Zahngesundheit**.

- Tiere, die zu **Harngrießbildung** neigen, sollten **calciumarm** ernährt werden. Das bedeutet, dass v. a. calciumhaltige Futtermittel wie Möhrengrün, Luzerne etc. vermieden werden sollten.
- **Halskragen** sind nur in Ausnahmefällen notwendig. Aufgrund der anatomischen Verhältnisse ist das Anbringen nicht ganz einfach.

4.6 Medikamenteneingabe

Medikamente werden bei Meerschweinchen wie bei anderen Heimtieren appliziert (Kap. 1.2.1).

4.7 Anästhesie und Analgesie

- Vor jeder Anästhesie sollte eine **gründliche klinische Evaluierung** des Patienten erfolgen. Bei **älteren Tieren** sollte eine **Blut- und Röntgenuntersuchung** erwogen werden, da subklinische Erkrankungen intra- und postoperativ relevant werden können.
- Das zu erwartende **Narkoserisiko** des Patienten (ASA-Gruppe) und die Einschätzung der zu erwartenden **Schmerzen** helfen bei der Wahl der geeigneten Analgesie und Anästhesie.
- Da Meerschweinchen **nicht erbrechen** können, ist ein **Wasser- und Nahrungsentzug** vor Operationen **nicht notwendig**. Zudem kommt es bei Nahrungskarenz zu metabolischen Störungen.

4.7.1 Analgesie

Eine Übersicht möglicher Indikationen und der verwendbaren Analgetika findet sich in Tabelle 1-6. Die bei Meerschweinchen häufig eingesetzten Analgetika und deren Dosierungen finden sich in Tabelle 4-1.

4.7.2 Prämedikation, Sedation, Narkoseeinleitung und Operationsvorbereitung

- Eine **Infusion** sowie eine **ausreichende Analgesie** (abhängig vom geplanten Eingriff) sind wichtige präoperative Maßnahmen. Ein intravenöser Zugang kann an der **V. cephalica antebrachii** gelegt werden, um intraoperativ Flüssigkeit zu verabreichen und Notfallmedikamente applizieren zu können. Dies ist v. a. bei länger andauernden und schweren chirurgischen Eingriffen sinnvoll.

Tipp

Soll **Isofluran** appliziert werden, ist bei Meerschweinchen eine **Prämedikation** mit Atropin (0,04 mg/kg s. c.) sinnvoll, da diese Tierart unter Isofluran zu einer starken Tränen-, Speichel- und Bronchialsekretion neigt.[1]

- Schon direkt nach der Narkoseeinleitung sollten Maßnahmen ergriffen werden, die einer **Hypothermie vorbeugen** (Wärmematte etc.). Scheren und Desinfizieren sollten sparsam, aber ausreichend erfolgen.
- Möglichkeiten zur Sedation und Anästhesie von Meerschweinchen werden in Tabelle 4-2 aufgeführt.

Tab. 4-1 Analgetika für Meerschweinchen

Wirkstoff	Dosierung
Buprenorphin	0,05–0,1 mg/kg s. c. BID–TID
Butorphanol	0,2–2,0 mg/kg s. c., i. m. alle 2–4 Stunden
Meloxicam	0,1–0,3 mg/kg p. o., s. c. SID
Carprofen	2–5 mg/kg p. o., s. c. SID–BID
Metamizol	80 mg/kg s. c., p. o. alle 4–6 Stunden
Gabapentin	3–5 mg/kg p. o. SID–TID

Tab. 4-2 Wirkstoffe zur Sedierung und Anästhesie von Meerschweinchen

Wirkstoff	Dosis (mg/kg)	Applikationsart	Bemerkungen
Diazepam[1]	2,5–5,0	i. m.	• Sedation • Große Injektionsmenge
Midazolam[1]	2,5–5,0	i. m.	• Sedation • Große Injektionsmenge, nicht für Tiere zugelassen
Medetomidin[1]	0,15	i. m.	• Sedation und Analgesie • Reversion mit Atipamezol (gleiches Volumen wie Medetomidin s. c.)[2]
Ketamin/ Medetomidin[3]	40/ 0,5	i. m.	• Anästhesie 20–30 min • Zur Einleitung für eine Isoflurannarkose nur 20–30 mg/kg Ketamin verabreichen.
Ketamin/ Xylazin[3]	20–40/ 2	i. m.	• Anästhesie 20–30 min • Zur Einleitung für eine Isoflurannarkose nur 20–30 mg/kg Ketamin verabreichen.
Fentanyl/ Midazolam/ Medetomidin[1]	0,025/ 1,0/ 0,2	i. m.	• Anästhesie (ca. 30 min Anästhesie; zum Nachdosieren ⅔ der Ausgangsmenge i. m.) • Midazolam für Tiere nicht zugelassen
oder			
Fentanyl/ Midazolam/ Medetomidin[1]	0,05/ 2,0/ 2,0	i. m.	
Antagonisierung:			
Naloxon/ Flumazenil/ Atipamezol	0,03/ 0,1/ 1,0	s. c.	

4.7.3 Intubation

- Eine Intubation wird für Meerschweinchen in der Praxis **nicht durchgeführt**. Zum einen ist die Intubation schwierig, zum anderen ist meist Futter im Maul, das in die Luftröhre verbracht werden kann.
- Eventuell wird in absehbarer Zeit ein **Larynxtubus** verfügbar sein.

4.7.4 Narkoseaufrechterhaltung

- Eine reine Injektionsnarkose ist bei Meerschweinchen nicht unkritisch. Um eine ausreichende tiefe und lange Narkose zu erreichen, muss mit relativ hohen Dosierungen gearbeitet werden. Sollte eine Nachdosierung notwendig sein, birgt dies immer die Gefahr eine Überdosierung.
- Aus diesem Grund sollte eine Fortsetzung der Narkose bei Meerschweinchen über eine **Inhalationsnarkose** (v. a. Isofluran) erfolgen. Circa 0,5–2 Vol% Isofluran sind je nach Prämedikation oft ausreichend.
- **Sauerstoff** dient meist als Trägergas.
- Offene Systeme benötigen meist einen minimalen **Flow von 1 l/min**, damit ausreichend Narkosegas zum Patienten gelangt. Je höher der Flow, desto höher ist der Wärmeverlust des Patienten.
- Die Verwendung von **Sevofluran** bei Meerschweinchen wird kontrovers diskutiert. Während einige Kollegen über absolute Unverträglichkeiten berichten,[1] setzen andere Tierärzte dieses Narkosemittel regelmäßig ein.[4,5] Meist spricht der hohe Preis des Verdampfers und des Narkotikums für viele Praktiker gegen einen Einsatz beim Meerschweinchen.

4.7.5 Narkoseüberwachung

- Je nach Möglichkeiten erfolgt eine Überwachung mit **EKG, Kapnografie, Pulsoxymetrie** (Ohr, Zunge, Pfote).
- Eine **Blutdruckmessung** wäre am verlässlichsten, ist aber oft nicht verfügbar.

4.8 Wichtige Erkrankungen bei Meerschweinchen

Im Folgenden werden nur die häufigsten Erkrankungen von Meerschweinchen aufgeführt. Es gibt sehr viel mehr Erkrankungen. Durch eine systematische Untersuchung und Aufarbeitung sowie Literaturrecherche können diese Erkrankungen diagnostiziert werden.

4.8.1 Erkrankungen der Haut und der Hautanhangsorgane

Dermatitis

Häufigkeit Regelmäßig.
Beschreibung Teilweise stark juckend (v. a. bei Ektoparasitenbefall).
Alter Alle Altersklassen.
Ursache Sekundär infizierte Wunden.

- **Dermatophyten:** v. a. *Trichophyton mentagrophytes*, seltener *Microsporum gypseum* und andere *Microsporum*-Arten
- **Ektoparasiten:** Haarlinge: *Gliricola porcelli, Trimenopon hispidum, Gyropus ovalis*; Milben: *Trixacarus caviae* (*Sarcoptes*-Milbe) und *Chirodiscoides caviae* (Pelzmilbe); sehr selten *Demodex caviae* (Haarbalgmilbe), *Notoedres muris, Sarcoptes scabiei, Myocoptes musculinus*[6] und *Cheyletiella parasitivorax*.[7]
- **Kontaktdermatitis** bei Harninkontinenz, starkem Durchfall, starkem Speicheln

Klinik Je nach Ursache trockene bis nässende Dermatitis, Alopezie, evtl. schuppend, ggf. schmerzhaft, evtl. Juckreiz.
Diagnostik Systematische dermatologische Aufarbeitung.
Therapie

- **Spezifische Behandlung** je nach Ursache, bei ausgedehnten Dermatitiden ggf. systemische Antibiose nach Antibiogramm, ggf. Analgesie; gegen Pruritus Diphenhydramin (2 mg/kg p. o., s. c. BID–QID), in Ausnahmefällen kurzzeitig Prednisolon (0,2–0,5 mg/kg p. o. SID)
- **Ektoparasitosen:** Ivermectin (0,2–0,4 mg/kg s. c., wdh. nach 10 Tagen; v. a. bei *Demodex*-Milben), Doramectin (0,5 mg/kg s. c. 3 × im Abstand von 7 Tagen), Selamectin (20 mg/kg spot on percutan, wdh. nach 21–28 Tagen), Fipronil (1–2 Pumpstöße auf Handschuh geben – ca. 7,5 mg/kg – und auf Fell verteilen, 1–2 × im Abstand von 7–10 Tagen wiederholen)
- **Dermatophytosen:** Systemische Pulstherapie (5–10 mg/kg p. o. SID, 7 Tage Therapie, 7 Tage Pause, 7 Tage Therapie; mindestens 3 × bzw. bis BU negativ) mit Itrakonazol mindestens 4 Wochen, zusätzlich ggf.

Behandlung des Fells mit 0,2%iger Enilkonazollösung alle 3–4 Tage, Umgebungsbehandlung mit Chlorbleiche[8]

Aufgrund des **Zoonoserisikos** sollte eine gründliche Therapie durchgeführt und der Besitzer entsprechend aufgeklärt werden.

Prognose Gut, wenn Ursache therapiert werden kann.
Sonstiges Zoonosegefahr bei einigen Erregern (Dermatophyten, Ektoparasiten).

MS

Lippengrind (Cheilitis)

Häufigkeit Regelmäßig.
Beschreibung Gering bis hochgradige Entzündung der Lippen.
Alter Alle Altersklassen.
Ursache Unklar, es gibt viele Vermutungen, aber wenig Beweise, vermutet wurden Mangel an Vitamin A, B, C, Protein, essenziellen Amino- und Fettsäuren, Spurenelementen (Magnesium, Mangan, Zink, Cobalt); Mikroläsionen, verursacht durch Einstreu, hartes bzw. säurehaltiges Futter, Wasserflaschen;[9] Zahnerkrankungen etc. Staphylokokken und *Candida albicans* wurden auch nachgewiesen.[10]
Klinik Cheilitis meist stark nässend und krustenbildend, teilweise bis auf Gingiva übergreifend und Alveolen der Schneidezähne betreffend, Schmerzen, Inappetenz bei ausgeprägten Läsionen.
Diagnostik Klinik, Zytologie, mikrobiologische Untersuchung mit Antibiogramm.
Therapie Lokale Desinfektion, desinfizierende Salben oder Salben mit Antimykotikum und Antibiotikum, evtl. systemische Antibiose nach Antibiogramm, Analgesie, Optimierung der Haltung, Reduktion von Stress (da dies ein Auslöser zu sein scheint).
Prognose Meist wird eine deutliche Besserung der klinischen Symptome erreicht, aber die Entzündung flammt immer wieder auf.

Abszess

Häufigkeit Regelmäßig.
Alter Alle Altersklassen.
Ursache Verletzungen, subklinische Träger von *Streptococcus* spp.
Klinik Umfangsvermehrung an verschiedensten Lokalisationen möglich, bei Zubildungen am Kopf oft Zahnerkrankung Ursache.
Diagnostik Klinik, Punktion und zytologische Untersuchung.

Therapie Wenn möglich, vollständige Abszessentfernung. Wenn dies nicht möglich ist, Abszessspaltung mit Einlegen von Drainage (meist Iodoformdrainage), ggf. Marsupialisation, Analgesie, ggf. Infusionen, assistierte Fütterung, systemische Antibiose nach Antibiogramm nur bei Abszessspaltung notwendig.
Prognose Gut, wenn Ursache abgestellt werden kann.

Pododermatitis

Häufigkeit Regelmäßig.
Beschreibung Vor allem im Bereich der Hintergliedmaßen, seltener der Vordergliedmaßen auftretende Entzündung des plantaren/volaren Pfotenbereichs.
Alter Vor allem adulte Tiere.
Ursache Multifaktoriell, tritt v. a. bei geschwächten, erkrankten, älteren und adipösen Tieren auf; Arthritis/Arthrose, prädisponierend sind Haltung (ungeeigneter Bodengrund, Einstreu), Krankheiten, Bewegungsmangel, inadäquate Fütterung (Entwicklung einer Adipositas), oft Beteiligung von *S. aureus*.
Klinik Hyperämie des Ballenbereichs, Schwellung, im Verlauf wird Ballenhaut dünn, später ulzerativ-abszedierend (Abb. 4-5), schmerzhaft, Ausdehnung bis auf Zehengelenke, Beugesehnen, Knochen.[11]
Diagnostik Klinik; Röntgen zum Ausschluss einer Osteomyelitis.
Therapie Abszesse chirurgisch versorgen, polsternde Verbände, Analgesie, Antibiose nach Antibiogramm (Untersuchung auch auf Anaerobier!), weitere vorliegende Erkrankungen therapieren; Optimierung der Haltung (Einstreu mit dicker Lage Heu), Fütterung, Bewegung.

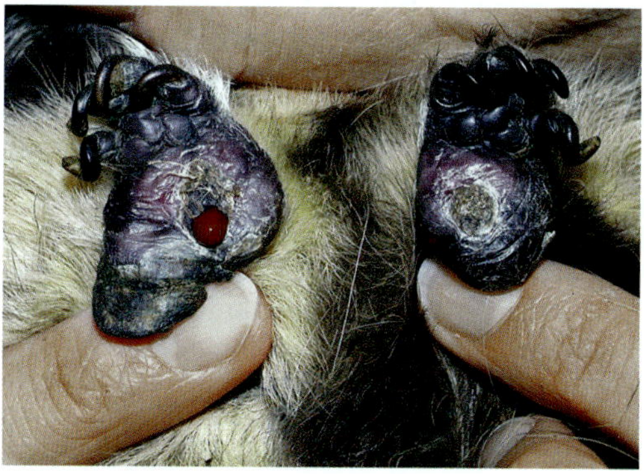

Abb. 4-5 Meerschweinchen mit ausgeprägter Pododermatitis

Prognose Gut bis infaust; die Behandlung von fortgeschrittenen Fällen kann sehr langwierig bis aussichtslos sein.

Neoplasien der Haut

Häufigkeit Regelmäßig.
Tumorarten Vor allem Trichofollikulome (Atherome), seltener Fibrosarkom, Adenokarzinom, Trichoepitheliom, Fibrom, Lipom und Lymphom.[12–14]
Alter Vor allem Tiere mittleren Alters betroffen.
Klinik Umfangsvermehrung der Haut, Alopezie, Ulzeration, juckende, erythematöse, schuppende Hautläsionen mit Alopezie bei epitheliotropem T-Zell-Lymphom.[15]
Diagnostik Klinik, Feinnadelaspiration und/oder Bioptatuntersuchung, Staging (v. a. bei Lymphomen, peripheren Nervenscheidentumoren notwendig); je nach Tumorart (Lymphom) evtl. Labor, Röntgen, Ultraschall, Punktion der assoziierten Lymphknoten.
Differenzialdiagnosen Abszess, Veränderungen des Mammagewebes.
Therapie Je nach Tumorart, meist Chirurgie indiziert, evtl. Chemotherapie, Bestrahlung (evtl. bei Lymphom), aber keine Daten dazu publiziert.
Prognose Je nach Tumorart gut (Trichofollikulom) bis schlecht (Lymphom).

4.8.2 Ohrenerkrankungen

Otitis externa/media/interna

Häufigkeit Regelmäßig.
Ursache Vor allem Bakterien (v. a. *B. bronchiseptica*, *S. zooepidemicus*, *S. pneumoniae*), seltener Neoplasien.
Alter Vor allem ältere Tiere betroffen.
Klinik Subklinisch, Juckreiz, Krusten an den Pinnae und im Gehörgang, eitriges Ohrsekret; Kopfschütteln; bei Entwicklung einer Mittel- und Innenohrentzündung Symptome eines peripheren Vestibularsyndroms (Nystagmus, Ataxie, Kopfschiefhaltung, Horner-Syndrom etc.).
Diagnostik Klinik; Heterophile, Bakterien im Abstrich des Ohrsekrets; bei vestibularen Symptomen Röntgen der Bullae und/oder CT (Verschattung der Bulla, periostale Reaktionen); evtl. Endoskopie des Gehörgangs.
Therapie

- Antibiose nach Antibiogramm, Analgesie, topische Behandlung der Otitis externa (Ohrreinigung, Ohrspülung)

- **Vestibularsyndrom:** Infusionen, Analgesie, H_1-Blocker (Diphenhydramin, Maropitant) gegen Schwindel; ggf. Bullaosteotomie erwägen.

Prognose Vorsichtig, v. a. ohne Bullaosteotomie.

> **!** Oft ist auch mit Langzeitantibiose, Ohrreinigung, Schmerzmitteln **keine endgültige Abheilung** der Infektion im Innen-/Mittelohr zu erreichen.

Neoplasien der Ohren

Häufigkeit Selten.
Alter Ältere Tiere.
Ursache Meist Fibropapillome.
Klinik Derbe Umfangsvermehrung im Gehörgang, evtl. begleitet von Otitis externa.
Diagnostik Klinik, Röntgen/CT, Zytologie.
Therapie Chirurgie.
Prognose Gut.

4.8.3 Augenerkrankungen

Untersuchung, Diagnose und Therapie von Augenerkrankungen werden bei Meerschweinchen grundsätzlich wie bei Kleintieren vorgenommen. Im Folgenden werden die wichtigsten Veränderungen kurz dargestellt. Weiterführende Beschreibungen finden sich in entsprechender Literatur.[16–20]

Exophthalmus

Häufigkeit Regelmäßig.
Ursache Meist retrobulbäre raumfordernde Prozesse, wie Abszess (durch Zahnproblem), Entzündung von Tränendrüse oder Glandula zygomatica, Neoplasie (Lymphom), Hämatom, evtl. kommen auch Bandwurmzysten als Ursache infrage.
Klinik Heraustreten des Augapfels aus der Augenhöhle, Konjunktivitis, Keratitis, Hornhautulzeration.
Diagnostik Klinik, Röntgen/CT, Ultraschall, Punktion und zytologische Untersuchung; bei Abszessen Suche nach Ursache durch Maulhöhlenuntersuchung in Narkose, Röntgen/CT des Schädels.
Differenzialdiagnosen Buphthalmus durch Glaukom.

MS

Therapie

- **Abszess, Mukozele** und **intakter Hornhaut:** evtl. bulbuserhaltende Chirurgie möglich
- **Irreversible Schädigung** der **Hornhaut:** Enukleation
- **Abszesse:** Ursache suchen und beheben (meist Zahnproblem, gelegentlich auch Fremdkörper); Antibiose nach Antibiogramm (Anaerobier spielen auch oft eine Rolle); Analgesie
- Nachweis eines **Lymphoms:** ggf. Chemotherapie (Prednisolon 1 mg/kg p. o. BID)

> **Tipp**
>
> Solange kein ausreichender Lidschluss möglich ist, Schutz der Hornhaut durch **Tränenersatzmittel**.

Prognose Abhängig von Beeinträchtigung des Auges und der Ursache; oft Verlust des Auges.

Vorwölbung der Orbitaldrüsen („pea-eye")

Häufigkeit Gelegentlich.
Ursache Unklar, genetische Prädisposition bestimmter Rassen (z. B. Rex).
Klinik Ein- oder beidseitiges subkonjunktivales Hervortreten von Anteilen der Glandula lacrimalis und/oder Glandula zygomatica im Bereich des ventralen Fornix.
Diagnostik Klinik.
Differenzialdiagnosen Konjunktivitis.
Therapie Keine, evtl. Gewichtsreduktion.[19]
Prognose Verursacht keine Probleme.

Blepharitis

Häufigkeit Selten.
Ursache *Trichophyton mentagrophytes*, Bakterien.[19]
Klinik Haarverlust, Epiphora, Krustenbildung, oft vergesellschaftet mit weiteren Veränderungen im Bereich von Kopf und Vorderbeinen.
Diagnostik Klinik, mikrobiologische Untersuchung, PCR.
Therapie Bei Nachweis von Bakterien je nach Ausprägung lokale oder systemische Antibiose; systemisch Itrakonazol bei Dermatophytose (Pulstherapie).
Prognose Gut.

Vorwölbung von Konjunktiva („flesh-eye")

Häufigkeit Selten.
Ursache Unklar, evtl. chronische Reizung.
Klinik Zubildung der Konjunktiva im Bereich des medialen Kanthus.
Diagnostik Klinik, Biopsie und Histopathologie.
Differenzialdiagnose Lymphom.[21]
Therapie Bisher nicht beschrieben, nach Bioptatentnahme wächst diese Zubildung oft nicht mehr nach.
Prognose Gut.

Konjunktivitis

Häufigkeit Häufig.
Ursache Häufig Fremdkörper (Stroh, Heu), selten primär durch Bakterien verursacht, evtl. Folge eines Vitamin-C-Mangels.[17,19]
Klinik Rötung und Schwellung der Konjunktiva, Epiphora.
Diagnostik Klinik einschließlich sorgfältiger ophthalmologischer Untersuchung, ggf. bakteriologische Untersuchung (PCR).
Therapie Antibiotikahaltige Augentropfen (Tetracyclin), Schmerzmittel (lokal und/oder systemisch), Reinigung der Augenumgebung.
Prognose Gut.

Korneadegeneration und korneale Lipidose

Häufigkeit Regelmäßig.
Ursache Unklar, korneale Lipidose vermutlich genetisch bedingt.[16,19]
Klinik Rundlich-ovale, zentrale, fluoreszeinnegative Trübung der Hornhaut.
Diagnostik Klinik, inkl. sorgfältiger ophthalmologischer Untersuchung.
Differenzialdiagnose Hornhautulkus, Hornhautnarbe, Lymphom.[21,22]
Therapie Nicht bekannt.
Prognose Gut.

Keratitis/Hornhautulkus

Häufigkeit Regelmäßig.
Ursache Bleibt oft unklar, meist Trauma (Fremdkörper), Expositionskeratitis (z.B. bei Exophthalmus, Fazialislähmung), unzureichender Hornhautschutz bei Anästhesie, Entropium, Distichiasis, ektopische Zilie, Ausbreitung einer Konjunktivitis auf die Hornhaut etc.
Klinik Fluorescein-positive Trübung der Hornhaut, Konjunktivitis, Miosis, Blepharospasmus, im fortgeschrittenen Stadium Panophthalmie, Gefäßeinsprossung bei älteren Veränderungen, evtl. Exophthalmus.

Diagnostik Klinik, einschließlich sorgfältiger ophthalmologischer Untersuchung, ggf. bakteriologische Untersuchung; bei Exophthalmus Maulhöhlenuntersuchung, Röntgen/CT.

Differenzialdiagnose Korneadegeneration, korneale Lipidose, Lymphom.

Therapie

- Lokale Antibiose (Tetracyclin) mehrmals täglich, Vitamin-A-haltige Augensalben, lokale Analgesie mit Mydriatikum (Atropin), systemische Analgesie (Metamizol 80 mg/kg s. c., p. o. alle 4–6 h); Débridement/Keratektomie unter Anästhesie bei nicht-heilenden Ulzerationen

MS

> **Tipp**
>
> **Entropium, Distichiasis** und **ektopische Zilie** sollten chirurgisch versorgt werden.

- Nachweis von reduziertem Tränenfluss: künstlicher **Tränenersatz**

Prognose Gut bis schlecht.

Intraokuläre heterotrope Knochenbildung (ossäre Choristie)

Häufigkeit Häufig.

Ursache Unklar.

Klinik Weiße bis rosafarbene Zubildung, der Hornhautinnenfläche anliegend vom Limbus corneae ausgehend, unterschiedlich weit in die vordere Augenkammer reichend, fokal oder zirkulär, ein- oder beidseitig.[23,24]

Diagnostik Klinik einschließlich sorgfältiger ophthalmologischer Untersuchung.

Differenzialdiagnose Korneadegeneration, korneale Lipidose, Lymphom.

Therapie Meist keine notwendig. In einem Fall entstand ein Glaukom,[23] das so therapiert wird, wie bei Kleintieren (Frettchen, Kap. 2.8.3) oder enukleiert wird.

Prognose Gut, da es meist weder zu einer starken Einschränkung des Visus noch zu anderen Beeinträchtigungen kommt.

Panophthalmitis

Häufigkeit Regelmäßig.

Ursache Bleibt oft klar, Trauma (penetrierend, nicht penetrierend), im Verlauf eines Hornhautulkus auftretend.

Klinik Blepharospasmus, hochgradige Uveitis, später atrophischer Bulbus.

Diagnostik Klinik einschließlich sorgfältiger ophthalmologischer Untersuchung.
Differenzialdiagnose Korneadegeneration, korneale Lipidose, Lymphom.
Therapie Enukleation, symptomatische Therapie mit Infusionen, Antibiose, Analgesie, assistierte Fütterung bei Inappetenz.
Prognose Für den Erhalt des Auges schlecht, bei Enukleation meist gut.

Katarakt/Linsentrübung

Häufigkeit Regelmäßig.
Ursache Folge eines Diabetes mellitus, altersbedingt (Nukleosklerose), traumatisch bedingt, sehr selten kongenital, evtl. Unterversorgung mit Vitamin C (bei normaler Ernährung unwahrscheinlich).[19]
Klinik Trübung der Linse.
Diagnostik Klinik, spezielle Augenuntersuchung einschließlich Fluoresceinprobe und Schirmer-Tränentest; Glucose- und Fructosaminkonzentrationsbestimmung zum Nachweis eines Diabetes mellitus.
Differenzialdiagnosen Nukleosklerose.
Therapie Keine, wenn keine linseninduzierte Uveitis auftritt; dann ggf. steroidhaltige Augentropfen; Kontrolle auf Linsenluxation und Glaukomentwicklung; bei Diabetes mellitus meist ebenfalls keine weitere Therapie notwendig.

> Solange **keine Uveitis** auftritt und die Tiere sich in bekannter Umgebung bewegen, kommen viele Tiere sehr gut zurecht.

Neoplasien am/im Auge

Ursache Neoplastische Infiltration von Konjunktiva, Cornea und weiterer Augeninnenstrukturen durch Lymphozyten im Verlauf von Lymphosarkomen.[21,22]
Häufigkeit Selten.
Klinik Umfangsvermehrung in oder am Auge, Exophthalmus, Visuseinschränkungen.
Diagnostik Klinik, spezielle Augenuntersuchung, Zytologie, ggf. Röntgen/CT; Staging mit Labor, Röntgen/CT, Ultraschall.
Therapie Bisher keine beschrieben, evtl. Enukleation, evtl. Bestrahlung, Chemotherapie (Lymphom) möglich.
Prognose Je nach Tumorart gut bis infaust.

4.8.4 Erkrankungen des Respirationstrakts und des Thorax

In der klinischen Situation ist es nicht immer möglich, respiratorische Ursachen von **Dyspnoe** sicher von anderen Ursachen abzugrenzen. Eine sorgfältige Anamnese und gründliche Untersuchung sowie die Zuordnung der evtl. vorliegenden Dyspnoeart zu inspiratorisch, exspiratorisch und gemischt können wertvolle Hinweise liefern. **Röntgen** und **Blutanalyse** helfen ebenfalls bei der Diagnose.

Erkrankungen der Nase

Ursache Bakterien (Rhinitis), Zahnerkrankungen, Fremdkörper (Heuhalme), Neoplasien.

Häufigkeit Häufig.

Klinik Meist inspiratorisches Atemgeräusch, Dyspnoe, Niesen, Nasenausfluss, Inappetenz, Apathie, Gewichtsverlust.

Radiologische Veränderungen Bei leichten Veränderungen keine Auffälligkeiten, evtl. Osteolysen sichtbar.

Diagnostik Klinik, Röntgen/CT, mikrobiologische Untersuchung von Nasenspülproben bei Verdacht auf bakterielles Geschehen.

Therapie Behandlung je nach Ursache (siehe dort), Fremdkörper entfernen, Analgesie, ggf. systemische Antibiose, Infusionen.

Prognose Gut bei ggr. Symptomen und Veränderungen; schlecht bei vollständiger Verlegung der Nasenhöhlen und mittel- bis hochgradigen Symptomen oder bei fehlendem Ansprechen auf die Therapie.

Bronchitis/Pneumonie

Häufigkeit Häufig.

Ursache

- Vor allem **Viren**; Adenoviren sollen bei Heimtiermeerschweinchen eine Prävalenz von 1 % haben,[13] **Bakterien** (*Bordetella bronchiseptica, Streptococcus equi subsp. zooepidemicus, Streptococcus pneumoniae, Pasteurella multocida, Pasteurella aeruginosa, Klebsiella pneumoniae*, Salmonellen, *S. aureus*, Chlamydien, Mykoplasmen etc.)
- **Aspiration** (wird gelegentlich in pathologischen Befunden erwähnt)
- **Asthma** und **Allergie** möglich, bisher aber nicht wissenschaftlich beschrieben

Alter Virusinfektion eher bei jungen Tieren, ansonsten alle Altersklassen.

Klinik Je nach Schweregrad und Ursache, v. a. Niesen, Dyspnoe, Schwäche, Inappetenz, Apathie, Nasen- und Augenausfluss, Konjunktivitis, Sepsis, Fieber, Hypothermie, Tod.

Labordiagnostik Eventuell unauffällig, möglich sind Heterophilie, Lymphopenie, Anämie.
Radiologische Veränderungen Deutlich erhöhte Röntgendichte des Lungengewebes, evtl. bei chronischem Verlauf sekundär Herzvergrößerung (Rechtsherzvergrößerung).
Diagnostik Anamnese, Klinik, Röntgen, evtl. CT, evtl. mikrobiologische Untersuchung von Nasenspülproben, obwohl die in der Nasenspülprobe nachgewiesenen Erreger nicht unbedingt Ursache der Pneumonie sein müssen.
Therapie Systemische Antibiose, Infusionen, Bronchodilatatoren (Theophyllin 4 mg/kg s.c., p.o. BID–TID oder Aminophyllin 4 mg/kg p.o., i.m. BID), Mukolytika (Acetylcystein 3 mg/kg p.o., s.c. BID oder Bromhexin 0,5–1 mg/kg p.o. BID), Antipyretika (Metamizol 80 mg/kg s.c., p.o. alle 4–6 h), assistierte Fütterung.
Prognose Je nach Ursache gut bis infaust.

MS

Neoplasien der Lunge

Häufigkeit Regelmäßig.
Alter Ältere Tiere.
Ursache Adenome der Lunge.[12,13]
Klinik Eventuell ohne Klinik, bei starker Ausdehnung Dyspnoe, Schwäche, Inappetenz.
Radiologische Veränderungen Sehr variabel, oft nodulär, nicht selten pathologischer Zufallsbefund.
Diagnostik Klinik, Röntgen/CT.
Differenzialdiagnosen Andere Lungenpathologien (s. a. Kap. 1.9.2).
Therapie Keine kausale Therapie; evtl. Einsatz von Bronchodilatatoren (Theophyllin 4 mg/kg s.c., p.o. BID–TID oder Aminophyllin 4 mg/kg p.o., i.m. BID); Euthanasie.
Prognose Schlecht.

4.8.5 Herz-Kreislauf-Erkrankungen

Herzerkrankungen

Ursache Unbekannt.
Häufigkeit Regelmäßig.
Vorkommen Unter anderem hypertrophe und dilatative Kardiomyopathien, Myokarditiden, Endokardiosen, Myokardmineralisierungen, Perikardergüsse, Septumdefekte, Klappenveränderungen etc.[25,26]

Klinik Je nach Schweregrad asymptomatisch, Tachypnoe, Dyspnoe, Schwäche, Inappetenz, Apathie, Gewichtsverlust, verlängerte KFZ, Ödeme, plötzlicher Tod.

Radiologische Veränderungen Eventuell unauffällig, Kardiomegalie, Thoraxerguss, Lungenödem (oft nicht sicher von anderer Lungenpathologie zu unterscheiden), Aszites, gestaute Lungengefäße.

Diagnostik Klinik, Auskultation (Arrhythmien, Herzgeräusche), Röntgen, EKG, Echokardiografie.

Therapie Die Therapien werden von Kleintieren extrapoliert, bisher keine Therapiestudien verfügbar.

- **Akutes Herzversagen:** Sauerstoff, Furosemid (1–4 mg/kg i.v., i.m., s.c. BID/TID), bei bestehendem Pleuraerguss evtl. Punktion (aufgrund der Größe aber schwierig)
- Je nach Bedarf Gaben von Furosemid, ACE-Hemmer (Benazepril 0,1 mg/kg p.o. SID oder Enalapril 0,5–1 mg/kg p.o. SID oder Imidapril 0,25 mg/kg p.o. SID oder Ramipril 0,125 mg/kg p.o. SID), Pimobendan (0,2–0,4 mg/kg p.o. BID), Antiarrhythmika (ggf. Digoxin 0,005–0,01 mg/kg p.o. SID–BID oder Diltiazem 0,5–1 mg/kg p.o. SID–BID)

Die **Prognose** ist je nach Ursache und Krankheitszustand meist schlecht, da die Tiere in fortgeschrittenem Krankheitszustand vorgestellt werden.

Neoplasien des Herz-Kreislauf-Systems

Häufigkeit Sehr selten.

Tumorarten Fibrosarkome und Mesenchymome des Myokards.[12,13]

Klinik Apathie, Dyspnoe, Tod.

Diagnostik Bisher nur pathologisch diagnostiziert, evtl. hinweisende Klinik, Echokardiografie.

Therapie Eventuell symptomatisch, Euthanasie.

Prognose Ungünstig.

4.8.6 Erkrankungen des Verdauungstrakts

Zahnerkrankungen

Häufigkeit Häufig auftretend.[27]

Vorkommen Übermäßiges Zahnwachstum, Fehlbiss, Zahnspitzen, Alveolarabszesse.

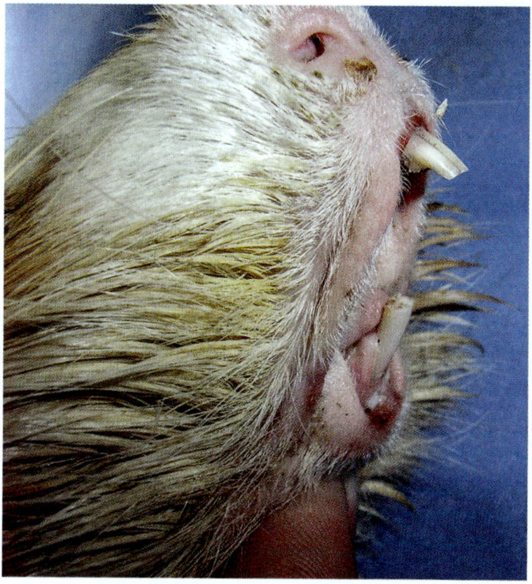

Abb. 4-6
Übermäßig gekürzte Schneidezähne eines Meerschweinchens. Diese Tier muss mehrere Wochen mit Spritze gefüttert werden, da es nicht mehr abbeißen kann.

Ursache Bleibt oft unklar, u.a. inadäquates (wenig abrasives) Futter (Trockenfutter), falsche Mineralstoffzusammensetzung des Futters, Fehlstellungen der Zähne, Fehlbiss durch Zahnveränderungen, z.B. aufgrund von Alveolitis, Abszessen, Neoplasien, Pseudoodontom; pathologische Veränderungen der Knochenstruktur am Schädel (Satinmeerschweinchen); längere Inappetenz, in seltenen Fällen durch Zahnfach-, Kieferfraktur.[28,29]

Übermäßiges Kürzen führt gelegentlich iatrogen zu Zahnerkrankungen (Abb. 4-6).

Klinik Vielfältig, evtl. Nebenbefund bei klinischer Untersuchung, Hypersalivation, futterverklebte Maulwinkel, selektive Futteraufnahme (v.a. weiche Futtermittel werden aufgenommen), teilweise Pseudoinappetenz, später Inappetenz, veränderte Kaubewegungen, verstärkte Kopfbewegung beim Kauen, deutlich verlängerte Futteraufnahme, Umfangsvermehrungen an Ober- oder Unterkiefer; übermäßiges Wachstum der Zähne, inadäquate Abnutzung der Schneidezähne, „Leerkauen", Schmerzäußerungen, Abmagerung; fehlender Kotabsatz, kleine Kotballen, Augen- und/oder Nasenausfluss, Exophthalmus, inspiratorische Dyspnoe und/oder eitriger Nasenausfluss etc.

Diagnostik Klinik, Maulhöhlenuntersuchung, Röntgen, CT.

Therapie Oft keine kausale Therapie möglich, da die Zahnerkrankung nicht selten zum Zeitpunkt der ersten Vorstellung schon stark fortgeschritten sind.

- **Futterumstellung:** nur Heu und Grünfutter, kein Trockenfutter (Pellets, bunte Mischung, Grünrollis, Yoghurtdrops etc.). Ohne diesen Schritt wird eine Verschlechterung der Zahngesundheit zwingend die Folge sein, in einigen Fällen kann die Futterumstellung dazu führen, dass die Tiere keine regelmäßigen Zahnkorrekturen benötigen.
- Kürzen überlanger **Schneidezähne** mit Trennscheibe (meist Wiederholung nach 3–6 Wochen notwendig), Extraktion lockerer bzw. stark veränderter schmerzhafter Schneidezähne

> **!** Eine **Extraktion aller Schneidezähne** sollte bei Meerschweinchen möglichst **nicht erfolgen**, da dann meist nicht mehr ausreichend selbstständig Nahrung (auch kleingeschnittene) aufgenommen werden kann.
> Eine **permanente Zufütterung** ist ggf. notwendig und muss vom Besitzer durchführbar sein.

- Unter Anästhesie regelmäßige **Wiederherstellung anatomisch korrekter Kauflächen** und Zahnlängen im Bereich der **Backenzähne** mit rotierenden Schleifinstrumenten
- Unter Anästhesie chirurgische Versorgung von **Zahnfachabszessen**; Entfernung *in toto*, wenn möglich, oder großzügiges Eröffnen, Ausräumen und Marsupialisation um ein schnelles Verschließen durch die Heilung der Haut zu verhindern; Einlegen von Drainagen (meist Iodoform) für die ersten Tage mit täglichem oder 2-tägigem Wechsel; Extraktion lockerer Zähne; systemische Antibiose nach Antibiogramm (Untersuchung auf Anaerobier nicht vergessen!); evtl. Verwendung von lokal desinfizierenden Mitteln oder lokalen Antibiotika (kontrovers diskutiert) – bisher keine Studien dazu
- **Retrobulbäre Abszesse** werden meist mit einer Bulbusexstirpation therapiert
- **Symptomatische Therapie:** je nach Zustand des Tieres mit Infusionen, Analgesie, assistierte Fütterung

- Bei Auftreten eines Zahnproblems muss mit einer **lebenslangen Therapie** gerechnet werden, zu Beginn engmaschige Kontrolle, später weitere Abstände, je nach Befund.

Prognose Je nach Ursache gut bis infaust, v. a. bei Erkrankungen der Backenzähne schlecht.

Prophylaxe Ausschließliche Fütterung mit adäquatem Futter wie Heu, Grünfutter, Gemüse; Verzicht auf Trockenfutter und Leckerlis (Yoghurtdrops, Knabberstangen etc.).

Weitere Erkrankungen der Maulhöhle

Häufigkeit Regelmäßig.

Vorkommen Gingivitis, Pharyngitis, Neoplasien, intraorale Abszesse.

Ursache Ursache der Gingivitis und Pharyngitis bleibt oft unklar, in seltenen Fällen Gingivitis, verursacht durch *Candida-albicans*-Infektion.

Klinik Wie bei Zahnerkrankungen.

Diagnostik Klinik, Untersuchung der Maulhöhle, Röntgen, bei intraoralen Neoplasien, Abszessen ggf. CT.

Therapie

- Intraorale Abszesse spalten, Vorgehen bei intraoralen Neoplasien wie bei Kleintieren.
- **Gingivitis:** lokal desinfizierende Lösungen (z. B. Hexidin-Lösung), Nystatin bei Verdacht/Nachweis einer *Candida*-Infektion im Maul
- **Pharyngitis:** Analgesie, ggf. Antibiose
- Analgesie, ggf. Antibiose, symptomatische Therapie mit Infusionen, assistierte Fütterung, bei Verdacht auf Mangel an Vitamin-C-Gaben (50–100 mg/kg s. c., p. o. SID)

Prognose Je nach Ursache gut bis infaust.

Gastritis/Magenulkus

Häufigkeit Gastritis unklar, da klinisch schwer zu diagnostizieren; Magenulcera regelmäßig.[30]

Ursache Unklar, vermutlich Stress, Medikamente (NSAIDs, Antibiotika), Gallenflüssigkeit, Leber- und Nierenerkrankungen etc.

Klinik Apathie, Anorexie, Abmagerung, Durchfall bei Ulcus, Melaena.

Diagnostik Am lebenden Tier schwierig, evtl. helfen Anamnese, Klinik, Röntgen, Ultraschall, Nachweis von okkultem Blut im Kot, Pathologie.

Therapie Magenschutz mit Protonenpumpenhemmer (Omeprazol [keine Angaben vorhanden] evtl. 1–5 mg/kg s. c., p. o. BID), Sucralfat (25–100 mg/kg p. o. BID–TID), symptomatische Therapie je nach Schweregrad mit Infusionen, Analgesie (Metamizol 80 mg/kg s.c., p.o. alle 4–6 h), assistierte Fütterung.

Prognose Je nach Ursache gut bis infaust.

> **Tipp**
>
> Bei Ereignissen, die mit Stress verbunden sind (OPs), bei leber- und nierenkranken Tieren und Tieren mit gastrointestinalen Erkrankungen sowie bei einer Langzeitgabe von NSAIDs, kann eine prophylaktische Gabe von **Protonenpumpenhemmer** (Omeprazol [keine Angaben vorhanden] evtl. 1–5 mg/kg s.c., p.o. BID) oder **Magensäurehemmern** (Ranitidin 2–5 mg/kg p.o. BID oder Cimetidin 5–10 mg/kg p.o., s.c., i.v., i.m. BID-QID) erwogen werden.

MS

Magentorsion

Häufigkeit Gelegentlich.

Ursache Unklar.

Klinik Apathie, Anorexie, Dyspnoe, aufgetriebenes Abdomen, Gewichtsverlust, plötzlicher Tod.[31–34]

Diagnostik Klinik, Röntgen (Magen auf der rechten Seite liegend), Pathologie.

Therapie Bisher nur bei einem Tier eine erfolgreiche Therapie beschrieben, oft versterben die Tiere vor einer weiteren Intervention, Stabilisierung mit Infusionen, Analgesie (Metamizol 80 mg/kg s.c., p.o. alle 4–6 h), evtl. Dekompression des Magens durch percutane Punktion, OP. Postoperativ Magenschutz mit Protonenpumpenhemmer (Omeprazol [keine Angaben vorhanden] evtl. 1–5 mg/kg s.c., p.o. BID), Sucralfat (25–100 mg/kg p.o. BID–TID); assistierte Fütterung, wenn Drehung behoben wurde.

Prognose Schlecht, da die Tiere oft versterben.

Tympanie

Häufigkeit Häufig.

Ursache Oft Folge von Dyspnoe (Aerophagie) verschiedener Ursachen, Inappetenz, seltener durch Erkrankung des Magen-Darm-Trakts verursacht (Magentorsion, gastrointestinale Hypomotilität, Enteritis, Dysbakterie durch abrupte Futterumstellung, inadäquates Futter).

Klinik Apathie, Anorexie; aufgetriebenes, tympanisches, schmerzhaftes Abdomen, Dehydratation.

Diagnostik Klinik, Röntgen, Ultraschall, Blutuntersuchung.

Therapie Symptomatische Therapie mit Infusionen, Spasmoanalgesie (Metamizol 80 mg/kg s. c., p. o. alle 4–6 h), Metoclopramid (0,2–1 mg/kg s. c., p. o. BID) (wenn keine Magendrehung vorliegt), Dimeticon (35–70 mg/kg p. o. 3–6 × tgl.), assistierte Fütterung, Therapie der Ursache extraintestinal verursachter Tympanie.
Prognose Je nach Ursache gut bis infaust.

Enteritis/Enterotoxämie

Häufigkeit Regelmäßig.
Ursache

- **Dysbakterie** durch abrupte Futterumstellung oder inadäquates Futter
- **Bakteriell** bedingt durch *Clostridium* spp., andere Bakterienarten oder durch Überwucherung mit Hefen (*Cyniclomyces guttulatus*) nach Antibiotikagabe oder sehr zuckerhaltiger Nahrung
- Selten **parasitär** (Kokzidien [*Eimeria caviae*], Oxyuren [*Paraspidodera uncinata*], Peitschenwürmer [*Trichuris gracilis*]), sehr selten *Trichomonas caviae*, *Entamoeba muris*; *Cryptosporidium wrairi; Giardia duodenalis*[35]
- **Zahnerkrankungen** und andere extraintestinale Ursachen (z. B. Nieren-, Herzerkrankungen)

Klinik Durchfall, Apathie, Inappetenz, Dehydratation, Rektumprolaps, Gewichtsverlust, plötzlicher Tod.
Diagnostik Klinik (einschließlich Maulhöhlenuntersuchung), koprologische Untersuchung (nativ oft schon hinweisend), Röntgen zum Ausschluss anderer Durchfallursachen, ggf. mikrobiologische Untersuchung. Einige Erreger müssen über spezielle Methoden nachgewiesen werden (z. B. Karbolfuchsinfärbung für Kryptosporidien oder Koproantigen-ELISA für Kryptosporidien und Giardien).
Therapie Behandlung je nach Ursache.

- **Symptomatische Therapie:** je nach Schweregrad mit Infusionen, Analgesie (Metamizol 80 mg/kg s. c., p. o. alle 4–6 h), Magenschutz mit Protonenpumpenhemmer (Omeprazol [keine Angaben vorhanden] evtl. 1–5 mg/kg s. c., p. o. BID), Sucralfat (25–100 mg/kg p. o. BID–TID)
- Bei Nachweis von hochgradigem *Cyniclomyces-guttulatus*-Befall Nystatin (60.000–90.000 IE/kg BID 7–14 d), bei Nachweis einer für Meerschweinchen pathologischen **bakteriellen Monokultur** (z. B. *E. coli*) Antibiose nach Antibiogramm; bei Verdacht auf übermäßiges **Clostridienwachstum** (z. B. nach Antibiotikagaben) Metronidazol (10–20 mg/kg p. o., s. c. BID)

- **Parasiten:** je nach parasitologischem Befund, Behandlung mit entsprechenden Medikamenten gegen Endoparasiten: Metronidazol (25 mg/kg p. o. BID 7–14 Tage) gegen *Trichomonas caviae*, *Entamoeba muris*, Giardien; Fenbendazol (20–50 mg/kg p. o. SID 5 Tage) gegen Giardien, Oxyuren; Toltrazuril (10 mg/kg p. o. SID 3 Tage, 5 Tage Pause, 3 Tage) oder Sulfonamide (Sulfadimethoxin 50 mg/kg p. o., einmal, dann 25 mg/kg SID 9 Tage) gegen Kokzidien; gegen Kryptosporidien keine Therapie bekannt (evtl. Paromomycin)
- Evtl. **Kotsuspensionen** gesunder Tiere, **Probiotika**

Prognose Je nach Ursache gut bis infaust.

Gastrointestinale Hypomotilität, gastrointestinale Obstruktion

Häufigkeit Hypomotilität häufig, gastrointestinale Obstruktion selten.

Ursache Erkrankungen, die Inappetenz zur Folge haben; Obstruktion durch Fremdkörper (Bezoar), Neoplasie, Abszess oder Magendrehung.

Klinik Reduzierte oder vollständig eingestellte Futteraufnahme, kleine Kotballen, reduzierte Kotmenge, Apathie, Anorexie, Dehydratation, bei Ileus oft schmerzhaftes Abdomen, Tympanie, Dyspnoe, Hypothermie (Schock).

Diagnostik Anamnese, Klinik, Röntgen, Ultraschall, Blutuntersuchung.

Therapie Symptomatische Therapie mit Infusionen, Spasmoanalgesie (Metamizol 80 mg/kg s. c., p. o. alle 4–6 h), Metoclopramid (0,2–1 mg/kg s. c., p. o. BID) (wenn keine Magendrehung vorliegt), Dimeticon (35–70 mg/kg p. o. 3–6 × tgl.), assistierte Fütterung, Therapie der Ursache.

> Die Therapie bei **Obstruktionen** ist oft schwierig, da **Neoplasien** im Bereich des Magen-Darm-Trakts bei Meerschweinchen oft nicht entfernbar sind.

Prognose Je nach Ursache gut bis infaust.

Neoplasien des Gastrointestinaltrakts

Häufigkeit Selten.

Tumorarten Leiomyom, -sarkom, Lipom, Adenom, Fibrom, Fibrosarkom, Liposarkom.[12,13]

Alter Meist ältere Tiere.

Klinik Sehr unterschiedlich, Apathie, Anorexie, Gewichtsverlust, aufgetriebenes, evtl. schmerzhaftes Abdomen (Tympanie, Magendrehung,

Obstruktion[36]); Dehydratation; palpierbare Masse im Abdomen; evtl. Melaena, Anämie.

Diagnostik Klinik, Röntgen, Ultraschall, Laparotomie, Pathologie.

Therapie Eventuell Chirurgie, aber Entfernung ist oft nicht möglich; symptomatische Therapie mit Infusionen, Analgesie (Metamizol 80 mg/kg s.c., p.o. alle 4–6 h), assistierte Fütterung, evtl. Metoclopramid (0,2–1 mg/kg s.c., p.o. BID), Dimeticon (35–70 mg/kg p.o. 3–6 × tgl.).

Prognose Oft schlecht bis infaust.

Leber- und hepatobiliäre Erkrankungen

Häufigkeit Häufig Leberverfettung, Leberneoplasien bis auf regelmäßig vorkommende Lymphosarkome selten (Adenom, Hämangiom, Leiomyosarkom, Gallengangskarzinom, Gallengangspapillom[12,13]).

Ursache Leberlipidose: Inappetenz von mehreren Stunden;[37] für Neoplasien unklar.

Klinik Apathie, Anorexie, Gewichtsverlust, Durchfall, Hepatomegalie, Ikterus selten. Bei schweren Lebererkrankungen sind vermutlich auch Hepatoenzephalopathie, Aszites und Koagulationsstörungen möglich.

Radiologische Veränderungen Eventuell Hepatomegalie, evtl. Kalzifizierungen der Leber.

Labordiagnostik Je nach Ausmaß der Erkrankung, Erhöhung der Aktivitäten von AST, ALT, GLDH, AP, GGT; Anstieg der Konzentration von Bilirubin, Cholesterin und vermutlich auch der Gallensäuren; bei Lipidose lipämisches Plasma; saurer Harn, Ketonurie bei Ketose; evtl. auch Einfluss auf die Gerinnungsparameter.

Diagnostik Klinik, Labor, Röntgen, Ultraschall, Zytologie, Laparotomie, Pathologie.

Therapie

- **Symptomatische Therapie:** Infusionen, Analgesie, ggf. Antibiose, assistierte Fütterung
- **Leberlipidose:** Infusionen, assistierte Fütterung, Metoclopramid (0,2–1 mg/kg s.c., p.o. BID), Metamizol (80 mg/kg s.c., p.o. alle 4–6 h), Ursache abstellen.

Prognose Je nach Ursache und Krankheitsstadium gut bis infaust (Leberneoplasie, fortgeschrittene Leberlipidose).

Prophylaxe Um eine Leberlipidose zu vermeiden, sollten inappetente Tiere sofort adäquat zugefüttert werden.

4.8.7 Erkrankungen des Harntrakts

Nierenerkrankungen

Häufigkeit Regelmäßig, meist werden chronisch-interstitielle Nephritiden nachgewiesen.

Alter Vor allem ältere Tiere.

Ursache Bleibt meist unklar, sekundär durch Infektionen, obstruktive Urolithiasis, fehlendes Wasserangebot, evtl. Mineralstoffimbalance (zu hoher P-Gehalt), längere hypovolämische Phasen (Dehydratation, Narkose), Folge einer postrenalen Obstruktion, sehr selten Neoplasien; *Klossiella cobayae* (Nierenkokzidien) bei Heimtiermeerschweinchen bisher nicht nachgewiesen.

Klinik Chronisches (CNI) und akutes Nierenversagen (ANI) sind möglich, meist unspezifische Symptome: Inappetenz, Apathie, Schwäche, Gewichtsverlust, bei CNI Polyurie/Polydipsie, bei ANI oft Olig- bzw. Anurie, Krämpfe, Hämaturie, plötzlicher Tod.

Labordiagnostik Erst wenn mehr als 75 % der Nierenfunktion eingeschränkt sind, kommt es zum Anstieg von Kreatinin und Harnstoff; Elektrolytveränderungen (wie Hyperkaliämie, Hyperphosphatämie, Hypo-, Hyperkalzämie), Anämie, Hypoglykämie, Hypoproteinämie, spezifisches Gewicht des Harns bei CNI ca. 1008–1012; bei akutem Versagen kann es höher sein (bis 1025); bei Pyelonephritis: Erythrozyten, Leukozyten, Leukozytenzylinder im Harn.

Radiologische Veränderungen Nicht unbedingt auffällig, evtl. röntgendichte Konkremente in Niere, Harnleiter, Blase, Harnröhre, Vergrößerung und/oder Verkleinerung einer oder beider Nieren.

Diagnostik Anamnese, Klinik, Labor (Nachweis einer renalen Azotämie, evtl. Elektrolytveränderungen), Röntgen, Ultraschall, Harn-Mikrobiologie.

Therapie

- Oft nur **symptomatisch** möglich, da Auslöser meist unklar bleibt; **Infusionen:** Wenn Tier nicht dehydratisiert ist und Harnproduktion unklar, Start mit 2 ml/kg/h i. v. plus die produzierte Urinmenge pro Stunde.

> **Tipp**
>
> Produziert das Tier unter Infusionstherapie adäquat Harn (Evaluierung evtl. über Harnkathetersystem, Gewichtsermittlung, Blasenpalpation, Haltung auf Handtuch/Zellstoff, Ultraschall der Blase) (möglichst > 1–2 ml/kg/h), kann mehr **Infusionsmenge** gegeben werden.

- Ist kein i. v.-Zugang möglich, **intraossäre, intraperitoneale** oder **subcutane Infusion** (Beginn mit halbem Erhaltungsbedarf, wenn Tier nicht dehydratisiert und Harnproduktion unklar; Erhöhung der Infusionsmenge bei Harnproduktion).

> **!** Hinweise auf eine **Überinfusion** beachten (angestrengte abdominale Atmung, Hypothermie, Thoraxerguss, Herzversagen).

- Wird unzureichend Harn produziert, Versuch Nierenstart mit Furosemid und Mannitol i. v.; regelmäßige engmaschige Reevaluierung des Patienten notwendig.
- **Antibiose** bei Verdacht auf Pyelonephritis, bakteriell bedingter Nephritis (möglichst mit Antibiogramm aus Zystozenteseharn) (mindestens 7–10 Tage), Analgesie (Metamizol 80 mg/kg s. c., p. o. alle 4–6 h), Magenschutz (Omeprazol [keine Angaben vorhanden] evtl. 1–5 mg/kg s. c., p. o. BID, Sucralfat 25–100 mg/kg p. o. BID–TID)
- Bei **chronischen Nierenversagen** evtl. ACE-Hemmer einsetzen, Erythropoetin (50–100 IE/kg 3× wöchentlich) evtl. bei nicht-regenerativer Anämie aufgrund einer CNI möglich.
- Assistierte Fütterung, Zufütterung bei Bedarf

Prognose Je nach Ursache, gut bis infaust.

Prophylaxe Hypovolämische Tiere ausreichend infundieren und bei diesen Tieren NSAIDs vermeiden.

Zystitis

Häufigkeit Häufig.

Ursache Bleibt häufig unklar, bakteriell bedingt (Streptokokken, Staphylokokken, Pseudomonaden, koliforme Keime) und durch Konkrementbildung (Grieß, Stein); ob die Grießbildung Ursache oder Folge von Zystitiden ist, ist unklar.

Klinik Strangurie, Pollakisurie, Inkontinenz, urinverschmutzter Anogenitalbereich, Dermatitis, Schmerzäußerungen beim Harnabsatz, gehäuftes Belecken der Anogenitalregion, Apathie, Inappetenz, Hämaturie; bei schweren Zystitiden Hämatombildung in Blase möglich, die nicht mit einer Neoplasie verwechselt werden sollte.

Radiologische Veränderungen Unauffällig oder evtl. röntgendichte Konkremente in Blase sichtbar (Abb. 4-7).

Diagnostik Klinik, Röntgen, Ultraschall, Harnuntersuchung, mikrobiologische Untersuchung von Zystozenteseharn.

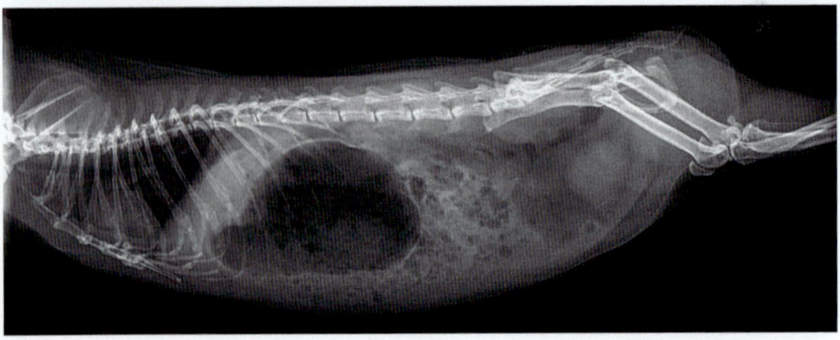

Abb. 4-7 Röntgenbild (laterolaterale Projektion) eines Meerschweinchens mit Harnblasengrieß

Differenzialdiagnosen Neurologische Erkrankung; Samenblasenentzündung, -stein bei männlichen Tieren; Diabetes mellitus als prädisponierender Faktor.[38]

Therapie Antibiose nach Antibiogramm, Analgesie (Metamizol 80 mg/kg s.c., p.o. alle 4–6 h), ggf. Infusionen.

> Nicht wenige Meerschweinchen leiden unter **rezidivierenden Zystitiden** und **Harngrießbildung**. Oft können in diesen Fällen keine bakteriellen Erreger durch Zystozentese nachgewiesen werden.

Prognose Gut bis schlecht (Rezidive).

Urolithiasis

Häufigkeit Regelmäßig.

Ursache Nicht sicher geklärt, diskutiert werden inadäquate Futterzusammensetzung (Calcium-, Vitamin-D-Überversorgung), chronische Harnwegsinfekte, Adipositas. Steinarten:

- **Calciumreich:** Mischsteine aus Calciumcarbonat, einem geringerem Anteil an Calciumphosphat, Ammonium-Magnesium-Phosphat, Calciumoxalat
- **Struvithaltige** Steine in Urethra[39,40]

Klinik Abhängig von Lokalisation, Urethrasteine weiblicher Tiere oft Nebenbefund bei klinischer Untersuchung, Hämaturie, Strangurie, Pollakisurie, Inkontinenz, urinverschmutzter Anogenitalbereich, Dermatitis im Anogenitalbereich, Schmerzäußerungen beim Harnabsatz, gehäuftes Belecken der Anogenitalregion, oft auch unspezifisch: Apathie, Inappetenz.

Radiologische Veränderungen Da die Steine meist calciumhaltig sind, sind sie als röntgendichte Konkremente im Bereich der Niere, Harnleiter, Harnblase und/oder Harnröhre sichtbar (Grieß ist deutlich weniger gut sichtbar im Vergleich zu Kaninchen).

Labordiagnostik Eventuell postrenale Azotämie.

Diagnostik Anamnese, Klinik, Röntgen, Ultraschall, Blutuntersuchung.

Therapie Abhängig von Befunden.

- Vorsichtige **manuelle Entleerung der Blase** nach Infusion (25 ml/kg s. c.) bei gering- bis mittelgradigem Harngrieß; evtl. auch durch eine Hydropropulsion (Spülung) in Narkose
- **Chirurgische Entfernung** von **Blasensteinen** und **hochgradigem Blasengrieß**; bei **Urethrasteinen** ggf. **Urethrostomie**, falls Stein nicht zu entfernen ist (bei weiblichen Tieren geht das oft in Narkose via naturalis)
- **Dilatierte Harnblase:** vorsichtige assistierte Entleerung, evtl. kann Bethanechol (keine Dosierung vorhanden, evtl. 0,5–1 mg/kg alle 8 h) zur Verbesserung der Funktion beitragen
- **Analgesie** (Metamizol 80 mg/kg s. c., p. o. alle 4–6 h), ggf. **Antibiose** (möglichst nach Antibiogramm)

Prophylaxe Vermeidung calciumreicher Futtermittel, ausreichend Grünfutter, Bewegung, bei rezidivierendem Blasengrieß regelmäßige Kontrolle der Blase und regelmäßige assistierte Entleerung.

Prognose Einige Tiere entwickeln immer wieder Blasengrieß/-steine trotz Umstellung der Fütterung, Nieren können trotz Grießablagerung noch lange Zeit funktionieren.

Neoplasien des Harntrakts

Häufigkeit Bisher nur sehr selten wissenschaftlich beschrieben.

Ursache Niere: ein osteogenes Sarkom erwähnt; für Blase zwei Übergangszellkarzinome, ein anaplastischer Tumor, ein Sarkom und ein Papillom aufgeführt.[12]

Klinik Subklinisch, Apathie, Inappetenz, Hämaturie, Pollakisurie, Schmerzen, evtl. pathologischer Zufallsbefund.

Diagnostik Klinik, Röntgen, Ultraschall, Harnuntersuchung mit Zytologie, Pathologie.

Therapie Meist nur symptomatisch möglich, evtl. Chirurgie, wenn möglich.

4.8.8 Erkrankungen des Reproduktionstrakts

Geburtsstörungen

MS

Häufigkeit Regelmäßig.

Ursache Zu früher Zuchteinsatz/versehentliche Belegung bei Gruppenhaltung mit intaktem Männchen, zu späte Bedeckung (älter als 7 Monate – zu diesem Zeitpunkt soll die Beckensymphyse bereits verknöchern), zu große Frucht (oft bei Erstlingsträchtigkeit), Jungtierfehlbildungen, falsche Lage und Stellung, adipöses Muttertier, Graviditätstoxikose, Schwäche, schwere Erkrankungen etc.

Klinik Trotz Anzeichen von Geburt keine oder nachlassende Wehentätigkeit, grün-brauner Vaginalausfluss, Apathie, Inappetenz, Unruhe, Schwäche, im Geburtsgang steckendes Jungtier, Uterusprolaps.

Radiologische Veränderungen Nachweis von Jungtieren, evtl. Nachweis von Deformationen, Lage- und Stellungsanomalien (Abb. 4-8).

Diagnostik Anamnese, Klinik, Röntgen, Ultraschall (einschließlich Beurteilung des Herzschlags der Feten).

Therapie Stabilisierung des Muttertieres: Infusionen, Analgesie, Calciumgaben (50–100 mg/kg p. o., i. m. SID), ggf. assistierte Fütterung; mithilfe von Gleitgel Entfernung von Jungtieren aus Geburtsgang:

- Jungtiere im Uterus **ohne mechanisches Hindernis** (z. B.: Deformation, Fehlbildung, verknöcherte Beckensymphyse): Oxytocinapplikation (bis 3 IE/kg s. c., i. m., i. v.) 30 min nach Calciumgabe

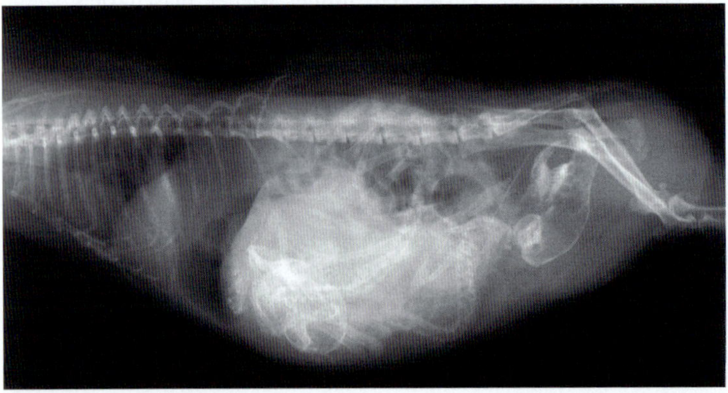

Abb. 4-8 Röntgenbild (laterolaterale Projektion) eines trächtigen Meerschweinchens mit Lageanomalie eines Jungtieres

- Jungtiere im Uterus, **mechanisches Hindernis** bzw. **erfolglose Oxtocingabe:** Kaiserschnitt, ggf. Ovariohysterektomie
- Gegebenenfalls systemische Antibiose

Prognose Je nach Ursache gut bis infaust, besonders schlecht ist Prognose bei Trächtigkeitstoxikose.

Endometritis

Häufigkeit Regelmäßig.
Alter Mittelalte Tiere.
Ursache Genaue Entstehung unklar, Bakterien, die beteiligt sind: *B. bronchiseptica, P. multocida, Y. pseudotuberculosis* etc.
Klinik Nicht selten Zufallsbefund bei der klinischen Untersuchung (geöffnete Vaginalmembran), Apathie, Inappetenz, Vaginalausfluss, evtl. umfangsvermehrtes Abdomen.
Labordiagnostik Bei fortgeschrittener Erkrankung evtl. Anämie, Leukozytose, Leukopenie, Hypoglykämie (Sepsis).
Diagnostik Anamnese, Klinik (einschließlich Zytologie von Vaginalflüssigkeit), Röntgen, Ultraschall, Labor.
Differenzialdiagnosen Für geöffnete Vaginalmembran: Östrus, vor kurzem stattgefundene Bedeckung, Uterusneoplasie.
Therapie Ovariohysterektomie; bei schlechtem Allgemeinzustand zunächst Stabilisierung durch Infusionen, assistierte Fütterung, Analgesie, systemische Antibiose, zusätzlich bei Pyometra/Endometritis: Aglepriston[41] (10–20 mg/kg s. c. 2 × im Abstand von 24 h, wdh. nach 8 Tagen) (zur Entleerung des Uterus).

> **Tipp**
>
> Oft kommt es zu Rezidiven, sodass eine **Operation** bei stabilen Patienten empfehlenswert ist.

Prognose Je nach Ursache gut bis infaust.

Ovarialzysten

Häufigkeit Häufig.
Alter Ovarialzysten wurden bereits bei 2 Wochen alten Meerschweinchen histologisch nachgewiesen,[42] meist sind die Tiere 2–4 Jahre alt.
Ursache Unbekannt, Inzidenz bis 100 % beschrieben.[37]
Klinik Oft Zufallsbefund bei klinischer Untersuchung (Umfangsvermehrungen im Abdomen, caudal der Nieren), umfangsvermehrtes Abdomen, teilweise bilateral symmetrischer Haarausfall in Lumbosakral-

MS

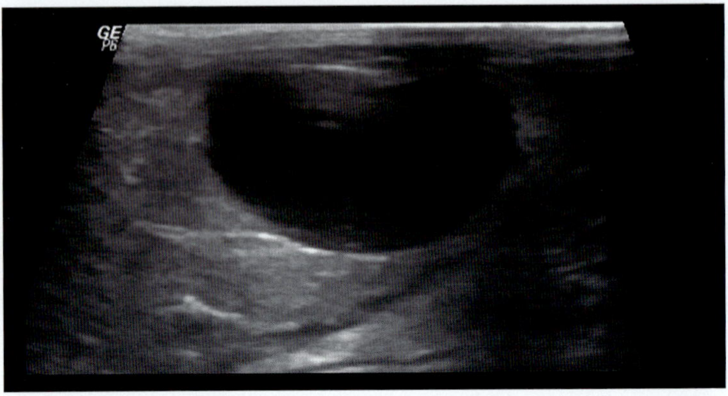

Abb. 4-9 Ultraschallbild eines Meerschweinchens mit Ovarialzysten (große hypoechogene Zubildung im Abdomen)

und Flankenregion ohne Pruritus,[43,44] Apathie, Inappetenz, Abmagerung ohne Gewichtsverlust, Dyspnoe.

Diagnostik Anamnese, Klinik, Röntgen, Ultraschall (besser als Röntgen zur Diagnosestellung geeignet) (Abb. 4-9).

Differenzialdiagnosen Ovarialtumore, Vergrößerung/Neoplasien anderer Organe, Trächtigkeit.

Therapie

- **Ovarektomie** bei jungen Tieren, kleinen Zysten und Tieren ohne Metraveränderungen; **Ovariohysterektomie**
- Wenn keine Operation möglich ist, **Punktion großer Zysten** für kurzzeitige Verbesserung von Symptomen.

Tipp

Bei **Alopezie** bewirkt **humanes Choriongonadotropin** (hCG) (100 IE/kg s. c. 3 × im Abstand von 7–14 Tagen) Wachstum der Haare für einige Wochen. Ob **Deslorelin** Einfluss auf Haarwachstum hat, ist unklar, die Größe der Ovarialzysten beeinflusst es nicht.[45]

Prognose Gut bis schlecht.

Neoplasien des Ovars und des Uterus

Häufigkeit Uterus: regelmäßig; Ovar: seltener.

Ursache

- **Uterus:** Leiomyome, seltener Leiomyosarkome, Fibrome, Myxosarkome, Adenokarzinome,[12] nicht selten in Kombination mit Ovarialzysten
- **Ovar:** Teratome, seltener Granolosazelltumore, Zystadenome etc.[12]

Klinik

- Subklinisch, Apathie, Inappetenz, palpierbare abdominale Umfangsvermehrung
- **Uterusneoplasie:** umfangsvermehrtes Abdomen, vaginaler Vorfall von Tumorgewebe, Schmerzen, evtl. pathologischer Zufallsbefund
- **Ovarialneoplasie:** palpierbare Zubildung im Abdomen

Diagnostik Klinik (Vaginalmembran oft geöffnet), Röntgen, Ultraschall, Pathologie.

Therapie Ovariaohysterektomie.

Prognose Gut, wenn Tier bei gutem Allgemeinzustand.

Erkrankungen der Mamma

Häufigkeit Mastitis: selten; Mammaneoplasien: regelmäßig.

Alter Mastitis: mittelalte weibliche Tiere; Mammaneoplasien: männliche und weibliche Tiere im Alter von 1,5–7,5 Jahren.[46]

Vorkommen Mastitis: Bakterien (Streptokokken, Staphylokokken, Pasteurellen); Neoplasien v. a. Adenokarzinome[12] oder Fibroadenome[47] bzw. Adenome und Lipome.[46]

Klinik Umgangsvermehrte Mammakomplexe, evtl. schmerzhaft, derb, ulzerierend, abszedierende Mammaneoplasien möglich, in fortgeschrittenen Fällen Apathie, Inappetenz, Dyspnoe bei Lungenmetastasen (selten).

Diagnostik Anamnese, Klinik, Röntgen, Ultraschall, Punktion und Zytologie, ggf. Labor.

Therapie Mastitis: evtl. noch säugende Jungtiere absetzen, Antibiose, Analgesie, evtl. Chirurgie; Mammaneoplasie: Entfernung des betroffenen Komplexes (wenn keine Metastasen nachweisbar). Symptomatische Therapie mit Infusionen, Analgesie, assistierte Fütterung.

Prognose Meist gut, wenn Veränderung nicht bereits sehr ausgeprägt ist.

Erkrankung der Hoden

Häufigkeit Selten.

Alter Alte Tiere bei Neoplasien, Abszesse bei mittelalten Tieren.

Vorkommen Bakterielle Hodenentzündung, nur ein Fall eines Hodentumors beschrieben.[48]
Klinik Asymptomatisch, Schwellung der Hoden, die schmerzhaft sein kann.
Diagnostik Klinik, Röntgen, Ultraschall.
Therapie Kastration bei Neoplasie, Hodentorsion, Hodenverletzung, Hodenabszess; bei Verdacht auf Orchitis zuerst symptomatische Therapie mit Analgesie, Antibiose, dann evtl. Kastration. Gegebenenfalls Infusionen, assistierte Fütterung bei Inappetenz.
Prognose Bei frühzeitiger Erkennung gut.

4.8.9 Neurologische Erkrankungen

Die diagnostische Aufarbeitung einschließlich einer sorgfältigen neurologischen Untersuchung muss systematisch erfolgen, damit alle relevanten Abweichungen erfasst werden. Mögliche Differenzialdiagnosen für neurologische Symptome sind im Allgemeinen Teil (Kap. 1.7.6) aufgeführt. Die Abklärung neurologischer Patienten kann sehr komplex sein und, wann immer möglich, sollten entsprechend **qualifizierte Kollegen** mit zu Rate gezogen werden.
Neurologische Erkrankungen treten bei Meerschweinchen **seltener** auf als bei Kaninchen. Häufige Ursachen für **Krämpfe** sind ein starker Juckreiz, verursacht durch Ektoparasiten, Hypoglykämien und Oleandervergiftungen. Kopfschiefhaltung tritt v. a. bei Otitis interna/media auf, wurde aber auch bei Hypoglykämie verursacht durch ein Insulinom beobachtet.[49]

Vestibularsyndrom

Häufigkeit Selten.
Ursache Bakteriell bedingte Mittel- und Innenohrinfektionen, seltener Trauma, Neoplasie, Hypoglykämie durch Insulinom verursacht.[49]
Klinik Kopfschiefhaltung.
Diagnostik Anamnese, Klinik einschließlich ausführlicher neurologischer und otoskopischer Untersuchung zur Unterscheidung eines zentralen und peripheren Vestibularsyndroms, Röntgen des Schädels, CT.
Therapie Meist nur symptomatisch möglich; Infusionen, Antibiose, Analgesie, Medikamente gegen Schwindel (Diphenhydramin 2–5 mg/kg p. o., s. c. BID-QID oder Metoclopramid 0,2–1 mg/kg s. c., p. o. BID), assistierte Fütterung.
Prognose Je nach Ursache gut bis infaust.

Enzephalitis

Häufigkeit Selten.
Ursache Bakterielle Infektionen.
Klinik Bewusstseinstrübung, ZNS-Ausfälle, Inappetenz, Apathie.
Diagnostik Anamnese, Klinik einschließlich ausführlicher neurologischer und otoskopischer Untersuchung, Röntgen des Schädels, CT, Pathologie.
Differenzialdiagnosen Traumata, metabolisch-toxische Ursachen (Urämie, Hepatitis, Endotoxämie), Neoplasien, degenerative (Hydrocephalus) oder vaskuläre Veränderungen (Myokardfibrose, Arteriosklerose).
Therapie Abhängig von Ursache, meist symptomatisch mit Infusionen, Analgesie, Antibiose, Antikonvulsiva (z. B. Diazepam 1–2 mg/kg i. m.), Medikamente gegen Schwindel (Diphenhydramin 2–5 mg/kg p. o., s. c. BID-QID oder Metoclopramid 0,2–1 mg/kg s. c., p. o. BID), Vitamin-B-Komplex (0,02–0,5 ml/kg p. o., s. c. SID).
Prognose Je nach Ursache.

MS

Erkrankungen des peripheren Nervensystems

Otitis interna/media

Häufigkeit Regelmäßig.
Ursache Auslöser bleibt oft unklar, Streptokokken, *B. bronchiseptica*, *P. aeruginosa*, Staphylokokken beteiligt.
Klinik Gleichgewichtsstörungen, Kopfschiefhaltung, Kreisbewegungen, Nystagmus, Apathie, Inappetenz.
Radiologische Veränderungen Verschattete Bulla tympanica, verdickte Wände.
Diagnostik Klinik, Röntgen, CT.
Therapie Systemische Antibiose, Analgesie, Infusionen, Medikamente gegen Schwindel (Diphenhydramin 2–5 mg/kg p. o., s. c. BID-QID oder Metoclopramid 0,2–1 mg/kg s. c., p. o. BID), assistierte Fütterung, evtl. Bullaosteotomie; oft bleibt Kopfschiefhaltung erhalten.
Prognose Gut bis zweifelhaft.

Paresen/Paralysen/spinale Ataxie

Häufigkeit Regelmäßig.
Ursache Sehr unterschiedlich, oft bleibt genaue Ursache unklar, Trauma mit oder ohne Bandscheibenvorfall, Wirbelfraktur, -luxation, Myositis, Neoplasien, toxisch-metabolische Ursachen.

Die **„Meerschweinchenlähmung"**, angeblich ausgelöst durch ein Poliovirus, wurde erstmalig in zwei älteren Publikationen über Labormeerschweinchen beschrieben.[50,51] In neueren Büchern wird diese Krankheit nicht mehr erwähnt[52,53] und es erscheint unwahrscheinlich, dass sie, falls sie wirklich existiert, bei Heimtiermeerschweinchen eine Rolle spielt.

Klinik Im Detail abhängig von Lokalisation und Ursache, Propriozeptionsdefizite, Parese/Paralyse der Vorder- und/oder Hintergliedmaßen, Kot- und Harnabsatzschwierigkeiten oder -inkontinenz, im Verlauf oft Verschlechterung des Allgemeinbefindens, Apathie, Inappetenz, Dehydrierung, Dekubitus.

Radiologische Veränderungen Eventuell Verengung eines Zwischenwirbelspalts, Verschiebungen, Frakturen von Wirbeln erkennbar; Kallusbildung bei älteren Wirbelfrakturen bzw. Luxationsfrakturen, Aussparung bei Kontrastmittelapplikation in den Wirbelkanal (Myelografie), bei Neoplasien evtl. Osteolysen, -sklerosen.

Diagnostik Klinik, neurologische Untersuchung, Labor, Röntgen (evtl. mit Myelografie), CT, (MRT), Ausschluss anderer Ursachen (s. a. Kap. 1.7.6).

Differenzialdiagnosen Nicht-neurologische Erkrankungen (Herzerkrankung, Schwäche etc.).

Therapie Abhängig von neurologischen Ausfallserscheinungen und Ursache.

- Verdacht/Nachweis von **Bandscheibenvorfall** konservativ mit Analgesie und Käfigruhe bei geringen bis mittelgradigen Propriozeptionsausfällen und vorhandenem Tiefenschmerz; u. U. chirurgisch (Hemilaminektomie) bei hochgradigen Propriozeptionsausfällen (bisher nicht beschrieben)
- **Wirbelfrakturen** und **-luxationen:** evtl. chirurgische Versorgung, wenn Prognose gegeben (siehe Kriterien aus der Kleintiermedizin)
- **Symptomatisch Therapie:** Analgesie, Vitamin-B-Komplex (0,02–0,5 ml/kg p. o., s. c. SID), Infusionen, assistierte Fütterung, Kontrolle/Assistenz bei eingeschränktem Harnabsatz (manuelle Entleerung oder Harnkatheter), Umlagerung

Prognose Je nach Lokalisation und Grad der neurologischen Ausfälle gut bis infaust (bei Verlust von Tiefenschmerz).

Encephalitozoon cuniculi

E. cuniculi wurde bei Meerschweinchen bisher noch nicht im Zusammenhang mit einer klinischen Erkrankung nachgewiesen. Bei Meerschweinchen ohne Symptome wurden Antikörper im Serum festgestellt.[51,54,55] Diese Meerschweinchen wurden teilweise mit Kaninchen gehalten, die an *E. cuniculi* erkrankt waren.[54] Histologische Veränderungen, die einer *E.-cuniculi*-Infektion ähnelten, wurden im Gehirn von Meerschweinchen beschrieben.[55,56]

Neoplasien des Nervensystems

Häufigkeit Sehr selten.
Tumorarten Teratom.[12]
Klinik Von Lokalisation und Ausprägung der Neoplasie abhängig.
Diagnostik Klinik, CT, (MRT), oft erst durch Pathologie.
Differenzialdiagnosen Alle Veränderungen, die zu neurologischen Ausfällen führen können.
Therapie In Anlehnung an Kleintiere, Hauptproblem ist, dass die Diagnose oft nicht ante mortem gestellt wird, evtl. Euthanasie.
Prognose Ungünstig.

MS

4.8.10 Knochen- und Muskelerkrankungen

Frakturen, Luxationen

Häufigkeit Regelmäßig.
Ursache Traumata, seltener Folge einer Neoplasie.
Klinik Je nach Lokalisation Lahmheit unterschiedliches Grades bis zur Paralyse bei Wirbelsäulenbeteiligung, Fehlstellung von Körperteilen.
Diagnostik Klinik, Röntgen, CT.
Therapie In Anlehnung an das Vorgehen in der Kleintiermedizin, je nach Befund; lange Röhrenknochen chirurgisch (intramedullärer Pin, Fixateur externe, parakortikale Fixation), Hüftgelenksluxationen entweder konservativ nach Reposition oder chirurgisch (Femurkopfhalsresektion).
Prognose Je nach Ursache gut bis infaust.

Arthritis/Arthrose

Häufigkeit Regelmäßig.
Ursache Oft unklar, evtl. Trauma, Infektion, Vitamin-C-Mangel bei einem Fall beschrieben.[57]
Klinik Je nach Lokalisation Lahmheit unterschiedliches Grades, evtl. verdickte Gelenke, Apathie, Bewegungsunlust.
Diagnostik Klinik, Röntgen.
Therapie Analgesie, ggf. systemische Antibiose, ggf. Gewichtsreduktion, Physiotherapie, bei Bedarf Vitamin-C-Gaben (50–100 mg/kg s. c., p. o.

SID), Kontrolle der anderen Gliedmaßen auf Entstehung einer Pododermatitis durch Überbelastung.
Prognose Meist schlecht hinsichtlich der Funktion, da die Veränderungen im Gelenksbereich oft irreversibel sind.

Osteodystrophie

Häufigkeit Mittlerweile selten.
Alter Satinmeerschweinchen meist ab einem Jahr; bei renaler Ursache ältere Tiere.
Ursache Vermutlich bei Satinmeerschweinchen genetisch bedingt (genauer Mechanismus unklar), bei anderen Rassen ist v.a. eine renal bedingte Osteodystrophie möglich; Calciummangel eher unwahrscheinlich.
Klinik Gewichtsabnahme, selektive Futteraufnahme, Hypersalivation, Speicheln, Bewegungsstörungen bis zur Bewegungsunfähigkeit, Gelenkschwellung, hochgradige Schmerzhaftigkeit.[58]
Diagnostik Klinik, Labor (Blut, Harn; Suche/Charakterisierung von Azotämien, Calcium-, AP-Bestimmung etc.), Röntgen, Ultraschall (für Bestätigung renaler Azotämien, Suche nach Nebennieren).
Therapie Für Satinmeerschweinchen mit vermutlich genetisch bedingter Osteodystrophie keine bekannt, Analgetika und Natriumrisedronat (Actonel®, sanofi -aventis) 0,25 mg/Tier 1× tgl. können den Krankheitsverlauf evtl. verzögern;[59] bei renaler Osteodystrophie Therapie wie bei Kleintieren.
Prognose Generell sehr schlecht.

Neoplasien der Knochen und der Muskulatur

Häufigkeit Selten.
Tumorarten Osteosarkome (v.a. Schädel,[60] lange Röhrenknochen,[61] Wirbelsäule[62]), Neoplasien der Muskulatur sehr selten (z.B. Lipomyxofibrom).[47]
Klinik Je nach Lokalisation, Lahmheit unterschiedliches Grades bis zur Paralyse bei Wirbelsäulenbeteiligung, Fehlstellung von Körperteilen.
Diagnostik Klinik, Röntgen, CT.
Therapie Bisher keine beschrieben.
Prognose Infaust.

4.8.11 Endokrine Erkrankungen und Stoffwechselerkrankungen

Diabetes mellitus

Häufigkeit Selten.
Alter Meist ältere Tiere.
Ursache Unklar, genetische[63] und nutritive Ursachen[64] vermutet.
Klinik Nicht selten Zufallsbefund bei Glucosebestimmung, einige Tiere werden aufgrund von Kataraktentstehung vorgestellt. Beschrieben sind auch Polydipsie, Polyurie, reduzierte Fertilität, Zystitis.[38]
Labordiagnostik Hyperglykämie, Glucosurie, selten Ketoazidose und Ketonurie.
Diagnostik Bestimmung der Glucose- **und** Fructosaminkonzentration.
Therapie

Da die Tiere oft **symptomlos** sind, wird von den Besitzern häufig **keine Therapie** durchgeführt. Dies scheint keinen negativen Einfluss auf die Tiere zu haben (z. B. wird meist keine Ketoazidose entwickelt).

- Bei einigen Tieren normalisiert sich die Glucosekonzentration durch eine **Futterumstellung** auf Heu und Grünfutter.
- **Insulingaben** nur bei sicherer Diagnose, schweren Symptomen und, wenn die Futterumstellung keine Besserung bringt (1–3 IE/kg 1–2 × täglich s. c.)

Tipp

Die **Besitzer** müssen über mögliche **Komplikationen der Insulingabe** (Hypoglykämie) und Notfallmaßnahmen **aufgeklärt** werden.

Sonstiges Meerschweincheninsulin weicht im Aufbau deutlich von dem anderer Säuger ab,[65] evtl. ist damit die geringe Wirksamkeit von Insulingaben bei Meerschweinchen erklärbar.
Prognose Meist gut.

Hypoglykämie

Häufigkeit Regelmäßig.
Alter Tiere aller Altersklassen.
Ursache Bleibt oft unklar, möglich sind Sepsis, Inappetenz, Lebererkrankungen, Insulinome.[49]
Klinik Apathie, Inappetenz, Schwäche, neurologische Ausfälle wie Krämpfe, Ataxie, Kopfschiefhaltung, plötzlicher Tod.

MS

Diagnostik Bestimmung der Glucosekonzentration; Aufarbeitung einer Hypoglykämie wie bei Kleintieren (Kap. 1.1.5).
Therapie Zufuhr hochprozentiger Glucose (1–2 ml/kg 50%ige Lösung p. o.) oder Dextrose p. o., i. v.; Behandlung je nach Ursache.
Prognose Meist schlecht, da nicht selten eine schwerwiegende Erkrankung Ursache der Hypoglykämie ist.

Hyperadrenokortizismus

Häufigkeit Sehr selten.
Alter Meist ältere Tiere.
Ursache Neoplasien der Nebennieren.[66,67]
Klinik Alopezie ohne Juckreiz, dünne Haut mit reduzierter Elastizität, Gewichtsverlust, Verlust von Muskelmasse, bilateraler Exophthalmus,[66] Polyurie, Polydipsie, Schwäche, Inappetenz.[67]
Diagnostik

- **Dexamethasonsuppressionstest**: 0,01–0,02 mg/kg i. m.; Blutentnahme vor sowie 4 und 8 h nach Dexamethasongabe
- **ACTH-Stimulationstest:** 5 µg/kg ACTH i. m., Probennahme vor und 1 h nach Applikation; ACTH-Stimulationstest v. a. für Therapieüberwachung hilfreich

> **!** Die **Cortisolkonzentrationen** klinisch gesunder Meerschweinchen sind sehr variabel und unterliegen **tageszeitlichen Schwankungen**.[68] In der Literatur werden Bereiche von 50–300 ng/ml erwähnt.[69,70] Die Cortisolkonzentrationen von mit ACTH stimulierten gesunden Tieren lag im Mittel bei 458 ng/ml.[69]
> Die eigenen Erfahrungen zeigen, dass die **Cortisolkonzentration** gesunder Meerschweinchen **unter klinischen Bedingungen** um 200 ng/ml (Basalwert) und über 630 ng/ml (stimulierter Wert 1 h nach ACTH-Gabe) liegen können. Das beauftragte Labor sollte entsprechend hohe Cortisolkonzentrationen messen können.

- Nachweis **vergrößerter Nebennieren** im Ultraschall (Normalgröße: 12,6–17,7 mm[71])
- Die Aussagekraft der **UCC** ist bisher nicht wissenschaftlich untersucht.

Differenzialdiagnosen Alopezie: Ovarialzysten, Dermatophyten.
Therapie Trilostan (2 mg/kg BID), Dosis je nach Symptomentwicklung anpassen; bei Überdosierung Gewichtsverlust und Inappetenz.[66]
Prognose Gut bis schlecht.

Hyperthyreose

Häufigkeit Gelegentlich.
Alter Meist ältere Tiere.
Ursache Schilddrüsenhyper- oder -neoplasie (v. a. Adenokarzinome, seltener Adenome).[72,73]
Klinik Gewichtsverlust, Umfangsvermehrung im Halsbereich, Hyperaktivität, verlängerte Schlafphasen, Polydipsie.
Diagnostik Bestimmung der Thyroxinkonzentration (Referenzbereich mit Chemielumineszenz: 14,2–66,9 nmol/l; 1,1–5,2 µg/dl[74]). Der alleinige Nachweis einer Umfangsvermehrung im Halsbereich ist kein Beweis für eine Hyperthyreose.
Therapie

- **Thiamazol** 1 mg/kg SID[72], für Carbimazol fehlen Angaben aus wissenschaftlichen Untersuchungen

> **Tipp**
>
> **Handschuhe** tragen, wenn Tabletten geteilt werden!

- Eventuell **Radioiodtherapie**;[72] evtl. Entfernung der vergrößerten Schilddrüse
- Die **Neoplasien** sind sehr häufig **sehr gut durchblutet** und von operativen und postoperativen Komplikationen wird berichtet.[75]

Prognose Unterschiedlich. Einige Tiere sprechen gut auf die Therapie an, manche allerdings auch nicht; Verlauf von Operationen ist je nach Quelle sehr unterschiedlich.

Hypothyreose

Häufigkeit Bisher nicht wissenschaftlich beschrieben.
Ursache Unbekannt.
Diagnostik Einen Hinweis kann nur ein TSH-Stimulationstest liefern.[76]
Differenzialdiagnosen Niedrige Schilddrüsenwerte werden auch bei Meerschweinchen gemessen, sind aber vermutlich eher Folge eines Euthyroid-Sick-Syndroms, das durch viele Erkrankungen verursacht werden kann.
Therapie Bisher nicht wissenschaftlich beschrieben.

Vitamin-C-Mangel

Häufigkeit Unklar, vermutlich selten.
Alter Alle Altersstufen möglich.
Ursache Einseitige Fütterung mit Vitamin-C-freien Futtermitteln (z. B.

MS

ausschließliche Brotfütterung), möglicherweise auch reduzierte Aufnahme, Resorption, erhöhter Verlust oder Verbrauch (z. B. durch Anorexie, Enteritiden, Nieren- und Zahnerkrankungen etc.).

Klinik Periarthritiden, fortschreitende Bewegungsstörung, Paresen, Schmerzen bei Berührung, Inappetenz, Apathie, Schwäche, Durchfall, Gewichtsverlust, Haarverlust, Gingivablutungen, Zahnverlust, Frakturen.[57,77]

Diagnostik Anamnese, Klinik, Röntgen, diagnostische Therapie, Bestimmung von Vitamin C im Blut.

Therapie Vitamin-C-Gaben (50–100 mg/kg s. c., p. o. SID), Analgesie, Frischfutter.

Prognose Bei rechtzeitiger Diagnose und Therapie meist sehr gut.

Prophylaxe Ausreichend Grünfutter,[78] ggf. bei kranken Tieren Vitamin C zusätzlich applizieren (50 mg/kg s. c., p. o. SID).

Fettmobilisationssyndrom, Ketose, Graviditätstoxikose bzw. -ketose

Häufigkeit Regelmäßig.

Alter Ältere Tiere.

Ursache Inappetenz, insbesondere bei sehr adipösen Tieren. Führt zu Energiemangel und nachfolgend zur Leberverfettung; besonders gefährdet sind trächtige Tiere.

Klinik Inappetenz, Apathie, Bewegungsunlust, Dyspnoe, ZNS-Störungen (Krämpfe, Paresen), evtl. DIC bei fortgeschrittener Leberverfettung; Aborte, Totgeburten, Jungtierverluste bei weiblichen Tieren.

Labordiagnostik Saurer Harn, lipämisches Plasma, Hypoglykämie, Hyperlipidämie, prärenale Azotämie, Proteinurie, selten Ketonurie (da viele Harnsticks nur Aceton und Acetoacetat, aber nicht β-Hydroxybutyrat nachweisen).

Diagnostik Anamnese, Klinik, Labor, Röntgen (Hepatomegalie).

Therapie Symptomatische Therapie mit Infusionen, Analgesie, assistierte Fütterung; nur bei Hypoglykämie Glucosegaben.

Prognose Oft schlecht, da spät erkannt.

Prophylaxe Frühzeitige Zufütterung inappetenter Tiere, Vermeidung von Adipositas durch artgerechte Fütterung und Haltung.

4.8.12 Vergiftungen

Häufigkeit Selten.
Ursache Vor allem Vergiftungen mit Oleander in der Literatur dokumentiert.[79,80]
Klinik Plötzlicher Tod, Durchfall, Inappetenz, Apathie, Krämpfe, Muskelzittern, kardiale Symptome.
Diagnostik Anamnese, Klinik, spezielle Untersuchung auf verschiedene Toxine in humanmedizinischem Labor möglich, Blutuntersuchungen bei Verdacht auf Blei oder Zinkintoxikation, Nachweis von Blutgerinnungsstörungen bei cumarinhaltigen Rodentiziden.
Therapie Je nach Zustand und Toxin (Information über Giftzentralen) Sauerstoff; Infusionen; Aktivkohle, um die Resorption zu reduzieren, Diazepam bei Krämpfen.

- **Intoxikation mit NSAIDs:** Es muss mit einem akuten Nierenversagen gerechnet werden. Darum sollten die Tiere infundiert und intensiv überwacht werden, Magenschutz (Omeprazol [keine Angaben vorhanden] evtl. 1–5 mg/kg s.c., p.o. BID, Sucralfat 25–100 mg/kg p.o. BID–TID).
- Nachgewiesene Aufnahme von **cumarinhaltigen Rodentiziden:** Vitamin K_1 (5 mg/kg über SID 4–6 Wochen, 24 h nach Absetzen Kontrolle der Blutgerinnung)
- **Symptomatische Therapie:** Infusionen, evtl. forcierte Diurese

Prognose Je nach Ursache, aufgenommener Menge und Zeitpunkt der Diagnose gut bis infaust.

4.8.13 Neoplastische Erkrankungen

Neoplasien kommen bei Meerschweinchen **regelmäßig** vor, die wichtigsten werden bei den am häufigsten betroffenen Organen erwähnt. Einige Neoplasien, wie Lymphom, extraskelettale Osteosarkome und peripherer Nervenscheidentumor treten an verschiedensten Lokalisationen auf.

Lymphom (Lymphosarkom)

Häufigkeit Regelmäßig.
Alter 2–4 Jahre.
Ursache Unklar, oft kein Virusnachweis.[13,21,22,81]
Klinik Abhängig von Lokalisation, Inappetenz, Apathie, Leber-, Milz-, Lymphknotenschwellung, Exophthalmus, Zubildung am Auge, Anä-

MS

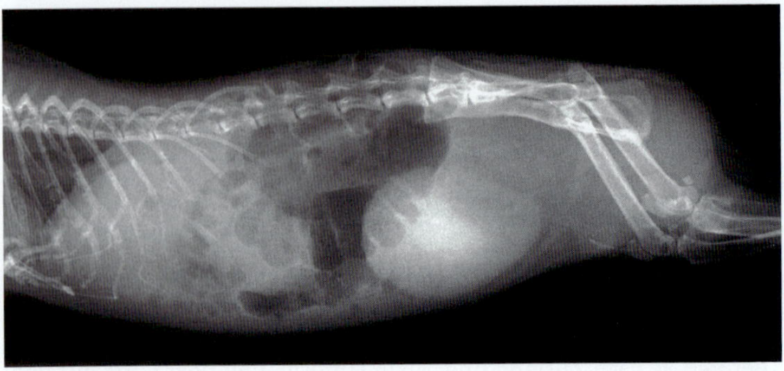

Abb. 4-10 Röntgenbild (laterolaterale Projektion) eines Meerschweinchens (männlich kastriert) mit deutlich vergrößertem Sublumballymphknoten und daraus resultierenden Harnabsatzstörungen

MS

mie, Leukozytose, Harn- und Kotabsatzbeschwerden, wenn Sublumballymphknoten vergrößert sind (Abb. 4-10).

Diagnostik Klinik, Röntgen (Abb. 4-10), Ultraschall, CT, Labor, Punktion/Biopsie und Zytologie/Histopathologie. Eine Typisierung kann helfen, die Prognose einer Therapie abzuschätzen.

Therapie Bei Exophthalmus und deutlich veränderter Cornea Enukleation, ansonsten wird Prednisolon empfohlen.

Prognose Einige Tiere versterben sehr schnell, andere Tiere sprechen sehr gut auf eine Cortisontherapie (0,5–1 mg/kg s. c., p. o. BID) an und sind längere Zeit damit zu halten. Andere Tiere leben ohne Therapie längere Zeit. Vermutlich ist der Verlauf stark abhängig von der Art der beteiligten Lymphozytenpopulation.

Milztumor

Häufigkeit Regelmäßig.

Alter Meist mittelalte Tiere.

Tumorarten Hämangioendotheliome, Hämangiosarkome.[82]

Klinik Nicht selten Nebenbefund bei Palpation oder Röntgenuntersuchung, Apathie, Schwäche, Inappetenz.

Diagnostik Klinik, Röntgen, Ultraschall, Probelaparotomie, Pathologie.

Differenzialdiagnosen Andere intraabdominale Zubildungen (Neoplasien, Abszesse, Ovarialzysten; s. a. Kap. 1.7.11).

Therapie Chirurgie.

Prognose Diese Tumoren können intraoperativ sehr stark bluten, darum ist die Prognose gut bis infaust.

4.8.14 Abszesse

Beschreibung Können an verschiedenen Stellen des Körpers auftreten.
Häufigkeit Regelmäßig.
Alter Alle Altersklassen, v. a. ältere Tiere.
Ursache Verletzung und nachfolgende bakterielle Infektion v. a. mit *Staphylococcus* spp., *Streptococcus* spp., aber auch Anaerobiern.
Klinik Je nach Lokalisation, Umfangsvermehrung, Inappetenz, Apathie, Umfangsvermehrung im Abdomen, Dyspnoe, Exophthalmus etc.
Labordiagnostik Eventuell Heterophilie, Lymphopenie, nicht-regenerative Anämie und ggf. spezifische Veränderungen, die die entsprechende Region betreffen.
Diagnostik Anamnese, Klinik, je nach Lokalisation Röntgen, Ultraschall, Punktion und zytologische Untersuchung, Laparotomie, bakteriologische Untersuchung mit Antibiogramm, Ursache suchen (z. B. bei Abszessen im Kopfbereich nach Zahnerkrankungen suchen).
Differenzialdiagnosen Alle Erkrankungen, die mit Umfangsvermehrungen einhergehen, v. a. Neoplasien, Ovarialzysten und Trächtigkeit bei weiblichen Tieren.
Therapie Möglichst vollständige chirurgische Entfernung, dann auch keine systemische Antibiose notwendig, ansonsten Drainieren, Analgesie, symptomatische Therapie mit Infusionen, assistierte Fütterung; Antibiose möglichst nach Antibiogramm.
Prognose Meist gut bei Abszessen der Haut/Unterhaut, Entfernung in einigen Bereichen besonders problematisch bzw. nicht möglich (z. B. Gastrointestinaltrakt, Lunge).

Literatur und Dosierungsvorschläge zu diesem Kapitel finden Sie unter www.schattauer.de/3111

5 Chinchilla

5.1 Allgemeines

- Die als Heimtiere gehaltenen Chinchillas stammen von den in der **chilenischen Andenregion** endemisch lebenden Langschwanz-Chinchillas (*Chinchilla lanigera*) ab.
- Chinchillas gehören in der Ordnung der Nagetiere (Rodentia) zur Unterordnung Hystericomorpha (Stachelschweinverwandte) und u.a. mit Meerschweinchen und Degus innerhalb der Teilordnung Hystricognathie zur Infraordnung Caviomorpha.
- Alle **Zähne** sind **wurzellos** und wachsen **lebenslänglich**.

Chinchillas sind **herbi- und folivor** und nehmen über den Tag verteilt viele kleine Mahlzeiten auf.

! Bei Chinchillas niemals Antibiotika mit gram-positivem Wirkspektrum einsetzen (s.a. Tab. 3-1)!

Steckbrief Chinchilla

Lebenserwartung	10–20 Jahre
Körpergewicht	0,4–0,6 kg
Körpertemperatur	37,0–39,5 °C
Herzfrequenz	100–240/min
Atemfrequenz	45–120/min
Geschlechtsreife	w: 4–6 Monate m: 8–9 Monate
Trächtigkeitsdauer	105–118 Tage
Jungtiertyp	Nestflüchter

Säugeperiode	6 Wochen
Geeignetes Kastrationsalter	w: nicht relevant m: 6 Monate
Uterus	Uterus duplex
Mammakomplexe	3 Paare
Urin-pH	alkalisch

5.2 Handling

- Der Umgang mit Chinchillas sollte **ruhig** und **umsichtig** erfolgen.

! Chinchillas versuchen sich dem Festhalten meist durch **Flucht** zu entziehen und sind sehr schnell. Einige Tiere **drohen** mit entsprechenden Lauten und versuchen sich durch Beißen, Fellverlust und Urinieren aus der unangenehmen Lage zu befreien.

Tipp

Um das Fell zu schonen, hat es sich bewährt Chinchillas mit **Einmalhandschuhen** anzufassen. Das vermeidet, dass das Fell durch den Schweiß an der Hand des Untersuchers leidet.

- Chinchillas werden durch Umfassen des Brustkorbs von ventral mit einer Hand vorne angehoben. Mit der anderen Hand werden von caudal kommend die Hinterbeine fixiert und das Chinchilla in aufgerichteter Position hochgehoben. Eine weitere Möglichkeit ist es, den Brustkorb mit einer Hand zu umfassen und mit der anderen die Schwanzbasis zu fixieren (Abb. 5-1).
- Für eine **Blutentnahme** an der **V. saphena lateralis** werden Chinchillas am besten so gehalten, wie in Abbildung 5-2 dargestellt.

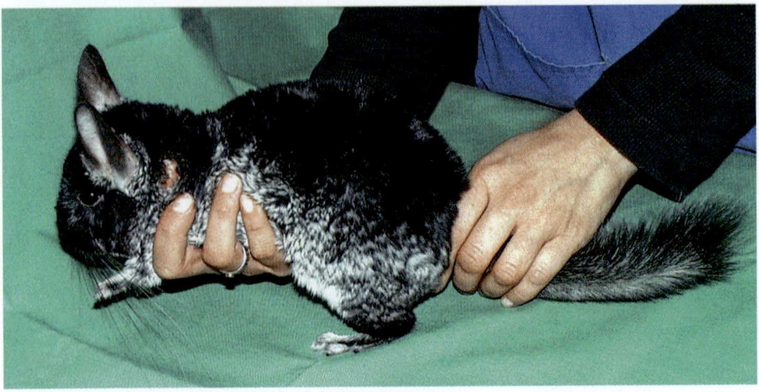

C

Abb. 5-1 Fixieren eines Chinchillas auf dem Untersuchungstisch

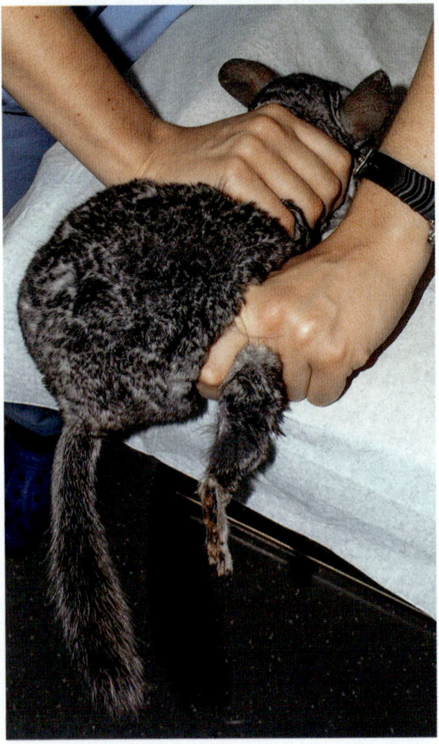

Abb. 5-2
Fixieren eines Chinchillas zur Blutentnahme an der V. saphena lateralis

5.3 Klinische Untersuchung

- Vor der klinischen Untersuchung sollte das Tier im **Transporter** unauffällig beobachtet werden.
- Zu einer gründlichen klinischen Untersuchung gehören neben der Ermittlung der **Vitalparameter** auch eine sorgfältige **Adspektion, Palpation** und **Auskultation**.
- Die für eine klinische Untersuchung notwendigen Parameter wurden bereits in Kapitel 1.1.3 dargestellt. Die Referenzbereiche der klinischen Parameter werden im „Steckbrief“ (s. oben) bzw. unter www.schattauer.de/3111 aufgeführt.
- Die rektale **Körpertemperatur** von Chinchillas liegt nach eigenen Daten zwischen 36,8 °C und 38,5 °C.
- Die **Atemfrequenz** ist bei der klinischen Untersuchung bedingt durch Aufregung meist erhöht. Oft steigt bei krankhaften Veränderungen nicht die Frequenz der Atemzüge, sondern der Typ der Atmung verändert sich von costoabdominal zu abdominal und die Tiefe der Atemzüge erhöht sich.
- Das **Körpergewicht** sollte bei jeder Vorstellung ermittelt werden, da ein schleichender Gewichtsverlust meist nicht erkennbar ist, aber ein wertvoller Hinweis auf eine Erkrankung sein kann. Für die objektive Beurteilung des Ernährungszustands ist immer auch eine **Palpation des gesamten Körpers**, insbesondere der Wirbelsäule notwendig. Zudem ist das Wissen um das „Normalgewicht“ des Patienten ebenfalls sehr hilfreich, um den Allgemeinzustand besser beurteilen zu können.
- Die Beurteilung der **Schleimhaut** und der **KFZ** sind bei Chinchillas keine gut erfassbaren Parameter und oft erst bei schwer kranken Tieren deutlich verändert.
- Während der Untersuchung kann es stressbedingt zu deutlichem **Haarausfall**, teilweise in großen Flocken, kommen. Darauf sollte der Besitzer hingewiesen werden.
- Die **Lymphknoten** sind bei Chinchillas so klein, dass sie ohne Vergrößerung nicht palpiert werden können.

Tipp

Wie bei allen weiblichen Nagern sollte der **Vaginalbereich** inspiziert werden. Eine offene Vaginalmembran kann Hinweis auf einen Östrus, einen vorher stattgefundenen Deckakt oder eine Geburt sein, aber auch auf eine pathologische Veränderung der Gebärmutter sein.

C

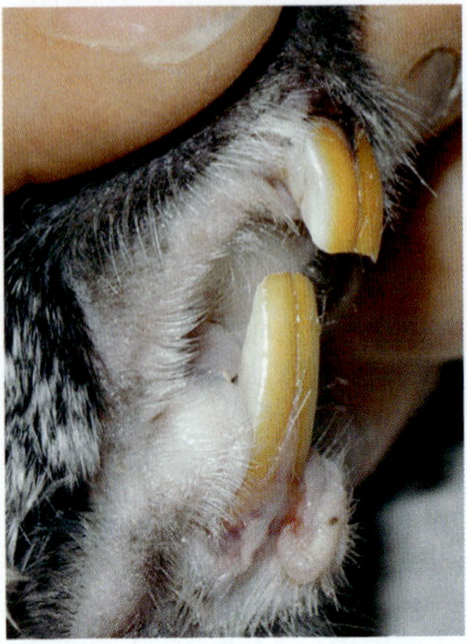

Abb. 5-3
Beurteilung des Aussehens, der Stellung und Länge der Schneidezähne eines zahngesunden Chinchillas

- Zur Allgemeinuntersuchung von Chinchillas gehört auch eine Untersuchung der **Maulhöhle** und der **Zähne**. Zuerst wird bei geschlossenem Maul die Stellung der Schneidezähne von vorn und von der Seite beurteilt, indem die Lippen vorsichtig nach oben bzw. unten verlagert werden (Abb. 5-3).
- **Schneidezähne** werden als gesund befundet, wenn sie gelb sind, keine Querrillen aufweisen, gerade stehen, das Verhältnis der Oberkiefer- zu den Unterkieferschneidezähnen 1:1 beträgt, die Schneideflächen der Inzisivi scharfkantig und gerade sind, die Schneideflächen der Unterkieferschneidezähne hinter den Oberkieferschneidezähnen liegen und keine Schleimhautläsionen caudal der Oberkieferschneidezähne verursachen sowie die Schleimhaut der Alveolen den Zähnen eng anliegt.

Tipp

Für eine oberflächliche Untersuchung der **Backenzähne** ohne Narkose können ein Wangenspreizer, ein Otoskop mit weitem Ohrentrichter oder ein Spreizspekulum verwendet werden.

- Es erfordert etwas Übung, um so die Maulhöhle gut beurteilen zu können. Ein **Stieltupfer** wird verwendet, um buccal und lingual zwischen Zahnreihen und Schleimhaut entlang zu fahren, um Zahnspitzen und Schleimhautläsionen zu erkennen und um den Bereich unter und neben der Zunge einzusehen.

5.4 Spezielle Untersuchungen

5.4.1 Bildgebung

Röntgen

- Die röntgenologische Beurteilung erfolgt in Grundsätzen wie bei den Kleintieren. Für eine vollständige Beurteilung sind immer **zwei Ebenen** notwendig, auf denen der gesamte Körper (außer Kopf) abgebildet sein sollte (Abb. 5-4a, b).

> Bei gleichem Ernährungszustand weisen Chinchillas im **Abdomen** im Vergleich zu Kaninchen deutlich weniger, im Vergleich zu Meerschweinchen aber mehr Fett auf. Die Erkennbarkeit der abdominalen Organe ist aus diesem Grund meist etwas besser als bei Meerschweinchen, aber schlechter als bei Kaninchen.

- In der laterolateralen Projektion erscheint das craniale **Lungenfeld** etwas röntgendichter als die caudalen Lungenbereiche.
- Das **Herz** von gesunden Chinchillas hat in der laterolateralen Projektion eine Größe von 2–3 Interkostalräumen.
- Der **Leber**schatten sollte in beiden Projektionen nicht über den Rippenbogen hinausragen.
- Der **Magen** liegt in ventrodorsalen Projektion links, seltener mittig.
- Einzelne Bereiche des Darmtrakts sind bei gesunden Tieren meist schwer zu unterscheiden. Bei Ansammlungen von Gas stellt sich der **Blinddarm** gut dar.
- Die **Nieren** sind oft nicht erkennbar.
- Die **Harnblase** liegt vor dem Beckeneingang und ist oft nicht sicher röntgenologisch identifizierbar.

> Männliche Chinchillas haben einen **Penisknochen**.

- Unveränderte **Uteri** weiblicher Tiere können in der laterolateralen Projektion nicht dargestellt werden.

C

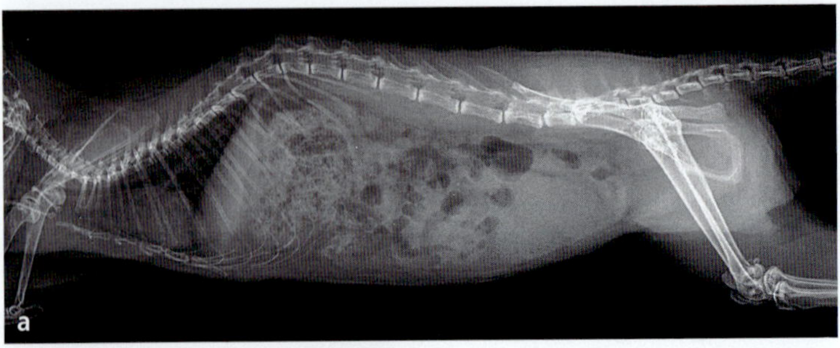

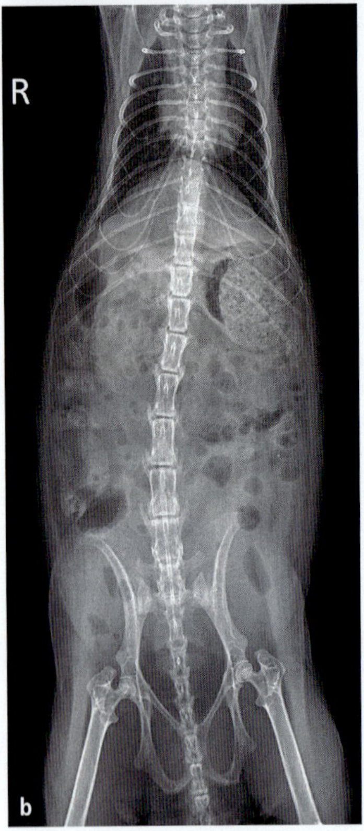

Abb. 5-4
Röntgenaufnahme eines gesunden weiblichen Chinchillas; laterolateraler (**a**) und ventrodorsaler (**b**) Strahlengang

Ultraschall

- Die Sonografie des **Abdomens** und des **Herzens** ist meist **ohne Sedation** möglich.
- Für den **Abdomenultraschall** eignen sich **Linearsonden**, für den **Herzultraschall Sektorschallköpfe** (7,5–12 MHz).
- Meist sind die **intraabdominalen Organe** bis auf wenige Ausnahmen (verschiedene Bereiche des Magen-Darm-Trakts, Pancreas) gut darstellbar. Tiere, die sehr viel Gas im Magen-Darm-Trakt aufweisen, lassen sich aber oft schlechter untersuchen. Gelegentlich hilft es, gashaltige Darmschlingen wegzuschieben bzw. aus einem anderen Winkel die Zielorgane anzuschallen.
- Die **Leber** ist homogen und ihre Echogenität im Vergleich zur Milz echoärmer. Die Gallenblase liegt rechts.
- Die **Milz** ist klein und liegt dem Magen links an.

Die **Nieren** sind bei Chinchillas etwas weniger echogen als bei Kaninchen und ihre Darstellung kann bei gasgefülltem Magen-Darm-Trakt erschwert sein. Die Nierenpapille ragt in den Ureter.

- Die **Blase** ist gut sonografisch erkennbar.
- Die **Uteri** sind kleine hypoechogene Gebilde. Die kleinen längsovalen Ovarien liegen caudal der Nieren.

Computertomografie

Die Computertomografie eignet sich auch bei Chinchillas sehr gut, insbesondere für die Darstellung knöcherner Strukturen in verschiedenen Körperregionen, v. a. der Wirbelsäule, des Beckens und des Kopfes.

Tipp

Besonders hilfreich ist die CT zur Darstellung von **Zahnveränderungen**. Dafür ist bei Chinchillas eine Narkose notwendig.

Endoskopie

Die Endoskopie ist nur für die **Untersuchung der äußeren Gehörgänge** und der **Maulhöhle** geeignet.

Elektrokardiografie

- Liegen **Arrhythmien** vor, sollte ein EKG angefertigt werden.
- Die Elektrokardiografie wird ist meist **in Brust-Bauch-Lage** oder im Rahmen einer Herzuntersuchung in **Seitenlage** vorgenommen.

Untersuchung der Maulhöhle in Narkose

- Eine ausführliche Untersuchung der Zähne und ggf. Zahnkorrektur sollte in **Narkose** erfolgen und möglichst **mit Röntgen/CT** kombiniert werden.
- Vor der Anästhesie müssen die Tiere ausreichend mit **Infusionen, Schmerzmitteln** und **assistierter Fütterung** stabilisiert werden. Bei älteren Patienten können eine **Blutuntersuchung** sowie **Ganzkörperröntgenaufnahmen** sinnvoll sein, um andere relevante Veränderungen zu diagnostizieren.

C

Tipp

Neben einer **Adspektion** können mit **Heidemann-Spatel** und **Dentalsonde** lockere Zähne und veränderte Alveolen gefunden werden.

5.4.2 Labordiagnostik

Blutprobenentnahme

Die Blutprobenentnahme bei Chinchillas erfolgt meist an der **V. saphena lateralis**, seltener an der **V. jugularis** oder an den **Ohrvenen**.

Hämatologie

Referenzbereiche finden sich unter www.schattauer.de/3111. Hämatologische Veränderungen werden grundsätzlich wie bei Kleintieren aufgearbeitet.

Blutchemie

Die Aufarbeitung blutchemischer Veränderungen erfolgt im Allgemeinen wie bei Kleintieren.

Eine Besonderheit der Herbivoren ist, dass die Tiere zur Blutentnahme **nicht nüchtern** sein müssen/sollen.

Harnuntersuchung

- Meist wird **spontan gewonnener Harn** von Chinchillas untersucht.

Tipp

Manuell sollte Harn sehr vorsichtig gewonnen werden und ggf. aufgrund der **Verletzungsgefahr** der **fragilen Harnblase** unterbleiben.

- Für eine mikrobiologische Untersuchung sollte **Zystozenteseharn** unter Ultraschallkontrolle entnommen werden. Da Chinchillas häufig während der Entnahme nicht stillhalten, muss die **Verletzungsgefahr** gegen den diagnostischen bzw. therapeutischen Nutzen gut abgewogen werden. Gegebenenfalls ist eine **Sedation** zu erwägen.
- Möglichkeiten und Einschränkungen der Harnuntersuchung werden in Kapitel 1.1.5 dargestellt. Eine **Nativ**- bzw. **Sedimentuntersuchung** des Harns ist immer notwendig, v. a. um Leukozyten festzustellen.
- Der physiologische **pH-Wert** des Harns ist **alkalisch**. Sollte der Harn sauer sein, ist dies meist ein Hinweis auf eine Acidose und eine schwere Erkrankung. Im Harn von Chinchillas sollten maximal Spuren von Protein, keine Glucose, kein Blut (vereinzelt Erythrozyten bei Zystozenteseharn möglich) und auch keine Leukozyten vorhanden sein. **Bakterien** sind ein normaler Befund bei Harn, der durch das Ausdrücken der Blase gewonnen wurde.
- **Glucosurien** werden v. a durch stressbedingte sowie iatrogen verursachte Hyperglykämien und Tubulusschäden in den Nieren verursacht. Ein **Diabetes mellitus** kommt bei Chinchillas gelegentlich vor.

C

5.5 Prophylaxemaßnahmen

5.5.1 Impfung

Für Chinchillas stehen **keine Impfungen** zur Verfügung.

5.5.2 Endoparasitenprophylaxe

- Eine regelmäßige Prophylaxe gegen Endoparasiten ist bei Chinchillas **nicht notwendig**. Bei Tieren, die in **größeren Gruppen** mit häufig wechselnder Zusammensetzung gehalten werden, sollte eine regelmäßige **Kontrolle des Kots** auf Endoparasiten erfolgen.

- Eine **Therapie** sollte durchgeführt werden, wenn ein konkreter Nachweis vorliegt.

5.5.3 Ektoparasitenprophylaxe

Eine regelmäßige Prophylaxe gegen Ektoparasiten ist **nicht notwendig**.

5.5.4 Sonstige Prophylaxemaßnahmen

- Eine **tierartgerechte Fütterung** ist eine wichtige Maßnahme, um Zahnerkrankungen bei Chinchillas vorzubeugen. Eine ausschließliche Fütterung mit Heu und Grünfutter hat einen entscheidenden Einfluss auf die Zahngesundheit.
- Da männliche Chinchillas gelegentlich Fellringe um Bereich des Penis entwickeln (Abb. 5-5), sollte der Penis immer ausgeschachtet und darauf kontrolliert werden und Fellringe ggf. entfernt werden.
- **Halskragen** sind bei Chinchillas nur selten notwendig. Bei unzureichender Analgesie kann es aber zur Automutilation kommen.
- Chinchillas sollten, wenn sie **inappetent** sind, zeitnah zugefüttert werden, da es insbesondere bei adipösen Tieren bei längerer Inappetenz schnell zu einer **Leberverfettung** und zur Entwicklung einer **Hypomotilität** des Darms kommen kann.

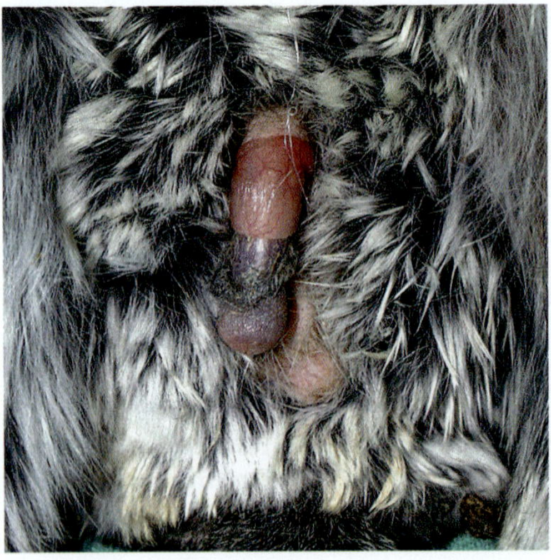

Abb. 5-5 Fellring bei einem männlichen Chinchilla.

5.6 Medikamenteneingabe

- Medikamente werden bei Chinchillas wie bei anderen Heimtieren appliziert (Kap. 1.2.1).

5.7 Anästhesie und Analgesie

- Vor jeder Anästhesie sollte eine **gründliche klinische Evaluierung** des Patienten erfolgen. Bei älteren Tieren sollte eine **Blut- und Röntgenuntersuchung** erwogen werden, da subklinische Erkrankungen intra- und postoperativ relevant werden können.
- Das zu erwartende **Narkoserisiko** des Patienten (ASA-Gruppe) und die Einschätzung der zu erwartenden **Schmerzen** helfen bei der Wahl der geeigneten Analgesie und Anästhesie.

Tipp

Da Chinchillas **nicht erbrechen** können, ist ein Wasser- und Nahrungsentzug vor Operationen nicht notwendig. Zudem kommt es bei Nahrungskarenz zu metabolischen Störungen.

5.7.1 Analgesie

Eine Übersicht möglicher Indikationen und der verwendbaren Analgetika findet sich in Tabelle 1-6. Die bei Chinchillas häufig eingesetzten Analgetika und deren Dosierungen finden sich in Tabelle 5-1.

Tab. 5-1 Analgetika für Chinchillas

Wirkstoff	Dosierung
Buprenorphin	0,05–0,1 mg/kg s. c. BID–TID
Butorphanol	0,2–2,0 mg/kg s. c., i. m. alle 2–4 Stunden
Meloxicam	0,1–0,3 mg/kg p. o., s. c. SID
Carprofen	2–5 mg/kg p. o., s. c. SID–BID
Metamizol	80 mg/kg s. c., p. o. alle 4–6 Stunden
Gabapentin	3–5 mg/kg p. o. SID–TID

5.7.2 Prämedikation, Sedation, Narkoseeinleitung und Operationsvorbereitung

- Eine **Infusion** sowie eine ausreichende **Analgesie** (abhängig vom geplanten Eingriff) sind wichtige präoperative Maßnahmen.
- Möglichkeiten zur **Sedation** und **Anästhesie** werden in Tabelle 5-2 aufgeführt.

Tab. 5-2 Wirkstoffe zur Sedierung und Anästhesie von Chinchillas

Wirkstoff	Dosis (mg/kg)	Applikationsart	Bemerkungen
Diazepam[1]	3,0	i. m.	• Sedation • Große Injektionsmenge
Midazolam[1]	3,0	i. m.	• Sedation • Große Injektionsmenge, nicht für Tiere zugelassen
Medetomidin[1]	0,15	i. m.	• Sedation und Analgesie • Reversion mit Atipamezol (gleiches Volumen wie Medetomidin s. c.)[2]
Ketamin/ Medetomidin[3]	5/ 0,06	i. m.	• Anästhesie 20–30 min
Ketamin/ Xylazin[3]	20–40/ 2	i. m.	• Anästhesie 20–30 min • Zur Einleitung für eine Isoflurannarkose nur 20–30 mg/kg Ketamin verabreichen.
Fentanyl/ Midazolam/ Medetomidin[1]	0,02/ 1,0/ 0,05	i. m.	• Anästhesie (ca. 45 min Anästhesie) • Midazolam für Tiere nicht zugelassen
Antagonisierung:			
Naloxon/ Flumazenil/ Atipamezol	0,05/ 0,1/ 0,5	s. c.	

- Schon direkt nach der Narkoseeinleitung sollten Maßnahmen ergriffen werden, die einer **Hypothermie** vorbeugen (Wärmematte etc.).

> **Scheren** und **Desinfizieren** sollten sparsam, aber ausreichend erfolgen.

5.7.3 Intubation

Eine Intubation wird bei Chinchillas in der Praxis meist nicht durchgeführt.

5.7.4 Narkoseaufrechterhaltung

- Eine reine **Injektionsnarkose** ist bei Chinchillas nicht ganz unproblematisch. Es sollte möglichst zusätzlich eine **Inhalationsnarkose** (Isofluran oder Sevofluran) zur Verfügung stehen. Circa 0,5–2 Vol% Isofluran sind für die Aufrechterhaltung einer Narkose je nach Prämedikation oft ausreichend.
- **Sauerstoff** dient meist als Trägergas.
- Offene Systeme benötigen normalerweise einen **minimalen Flow** von 1 l/min, damit ausreichend Narkosegas zum Patienten gelangt.

> ! Je höher der **Flow**, desto höher ist der Wärmeverlust des Patienten.

5.7.5 Narkoseüberwachung

Eine **Blutdruckmessung** wäre am verlässlichsten, ist unter Praxisbedingungen aber oft nicht vorhanden.

> Je nach Möglichkeiten erfolgt eine Überwachung mit **EKG**, **Pulsoxymetrie** (Ohr, Pfote, Schwanz).

C

5.8 Wichtige Erkrankungen bei Chinchillas

5.8.1 Erkrankungen der Haut und der Hautanhangsorgane

Die Abklärung von Hauterkrankungen sollte grundsätzlich wie bei Kleintieren erfolgen, damit eine korrekte Diagnose gestellt werden kann. Die im Folgenden dargestellten Hauterkrankungen sind regelmäßig auftretende Veränderungen. Seltene Erkrankungen sind der weiterführenden Literatur zu entnehmen.[4,5]

Dermatitis

Häufigkeit Regelmäßig.
Alter Alle Altersklassen, Dermatophyten v. a. bei jüngeren Tieren.
Ursache Sekundär infizierte Wunden; Dermatophyten: v. a. *Trichophyton mentagrophytes*, seltener andere Arten (Ursache meist schlechte Haltung, Stress)[6], Kontaktdermatitis bei Harninkontinenz, starkem Durchfall, starkem Speicheln.

C

Abgesehen von einer gelegentlich auftretenden Myiasis scheinen **Ektoparasiten** bei Heimtierchinchillas **keine Rolle** zu spielen.

Klinik Je nach Ursache trockene bis nässende Dermatitis, Alopezie, evtl. schuppend, ggf. schmerzhaft, evtl. Juckreiz.
Diagnostik Systematische dermatologische Aufarbeitung.
Therapie Spezifische Behandlung je nach Ursache.

- Ausgedehnten Dermatitiden: ggf. **systemische Antibiose** nach Antibiogramm, ggf. Analgesie
- **Dermatophytosen:** Systemische Pulstherapie mit Itrakonazol (5–10 mg/kg oral SID, 7 Tage, 7 Tage Pause 6–8 Wochen bzw. bis Kultur negativ); zusätzlich lokale Therapie mit Enilkonazol (0,2 %ige Lösung) alle 3–4 Tage auf die veränderten Stellen auftragen, Umgebungsbehandlung mit Chlorbleiche.[7]

Tipp

Aufgrund des **Zoonoserisikos** sollte eine gründliche Therapie durchgeführt und der Besitzer entsprechend aufgeklärt werden, zusätzlich muss die Haltung verbessert werden.
Badesand austauschen!

Prognose Gut, wenn Ursache therapiert werden kann.

> **!** Zoonosegefahr bei Trichophyten!

Bissverletzungen

Häufigkeit Regelmäßig.
Alter Vor allem adulte Tiere.
Ursache Auseinandersetzungen innerhalb der Gruppe.
Klinik Verletzungen, die über den gesamten Körper verteilt sein können (Abb. 5-6).

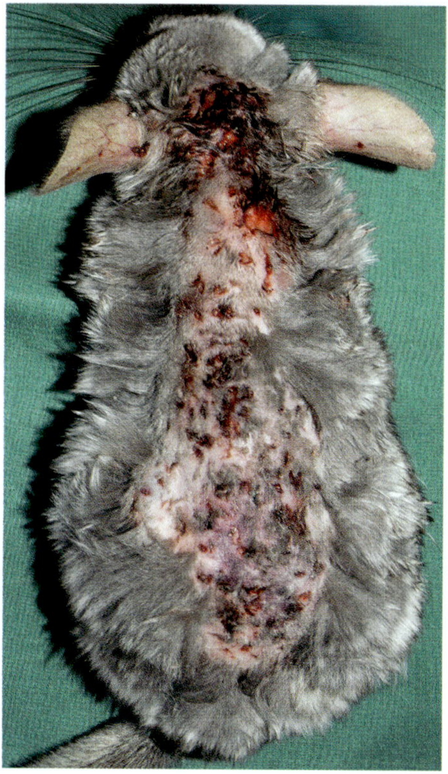

Abb. 5-6
Chinchilla mit Bissverletzungen durch Partnertiere

Diagnostik Klinik.
Therapie Wundreinigung, ggf. chirurgische Versorgung, bei Bildung von Abszessen möglichst vollständige Abszessentfernung, ansonsten Abszessspaltung mit Einlegen von Drainage (meist Iodoformdrainage), ggf. Marsupialisation, Analgesie, ggf. Infusionen, assistierte Fütterung, ggf. systemische Antibiose nach Antibiogramm.
Prognose Abhängig vom Ausmaß der Verletzungen, die auch so schwer sein können, dass die Tiere versterben oder euthanasiert werden müssen.

5.8.2 Ohrenerkrankungen

Otitis externa/media/interna

C

Häufigkeit Selten.
Ursache Meist bakteriell bedingt, Auslöser bleibt oft unklar.
Alter Vor allem ältere Tiere betroffen.
Klinik Subklinisch, Juckreiz, Krusten an den Pinnae und im Gehörgang, eitriges Ohrsekret; Kopfschütteln; bei Entwicklung einer Mittel- und Innenohrentzündung Symptome eines peripheren Vestibularsyndroms (Nystagmus, Ataxie, Kopfschiefhaltung, Horner-Syndrom etc.).
Diagnostik Klinik; Heterophile, Bakterien im Abstrich des Ohrsekrets; bei vestibularen Symptomen Röntgen der Bullae (Abb. 5-7) und/oder CT (Verschattung der Bulla, periostale Reaktionen); evtl. Endoskopie des Gehörgangs.
Therapie Antibiose nach Antibiogramm (Gewinnung von Material durch Punktion der Bulla möglich),[8] Analgesie, topische Behandlung der Otitis externa (Ohrreinigung, Ohrspülung)

Tipp

Therapie bei **Vestibularsyndrom:** Infusionen, Analgesie, H_1-Blocker (Diphenhydramin, Maropitant) gegen Schwindel; ggf. Bullaosteotomie.

Prognose Vorsichtig, v. a. ohne Bullaosteotomie; oft ist auch mit Langzeitantibiose, Ohrreinigung, Schmerzmitteln keine endgültige Abheilung der Infektion im Innen-/Mittelohr zu erreichen.

! Problematisch bei einer **Bullaosteotomie** ist, dass die **Bulla tympanica** von Chinchillas mit Septen durchzogen ist, sodass die vollständig Entfernung des Entzündungsmaterials schwierig bis unmöglich ist.

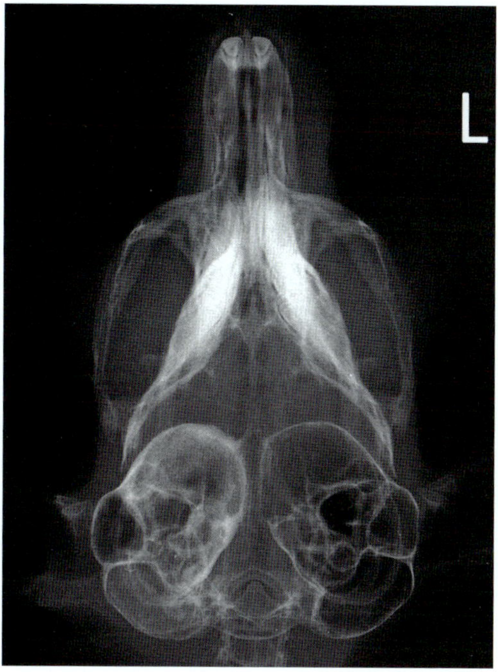

Abb. 5-7
Röntgenbild (dorsoventrale Projektion) eines Chinchillas mit deutlich verschatteter Bulla tympanica rechts

5.8.3 Augenerkrankungen

Untersuchung, Diagnose und Therapie von Augenerkrankungen werden bei Chinchillas grundsätzlich wie bei Kleintieren vorgenommen.

> Die Messung der **Tränenproduktion** muss mit dem **Phenolrot-Test** erfolgen, da der Schirmer-Tränentest zu unzuverlässig ist.[9]

Im Folgenden werden die wichtigsten Veränderungen kurz dargestellt.[10–13]

Exophthalmus

Häufigkeit Regelmäßig.
Ursache Meist retrobulbäre raumfordernde Prozesse, wie Abszess (durch Zahnproblem), Entzündung von Tränendrüse oder Glandula zygoma-

tica, Neoplasie (Lymphom), Hämatom, auch Bandwurmzysten als Ursache möglich.[14]

Klinik Heraustreten des Augapfels aus der Augenhöhle, Konjunktivitis, Keratitis, Hornhautulzeration.

Diagnostik Klinik, Röntgen/CT, Ultraschall, Punktion und zytologische Untersuchung; bei Abszessen Suche nach Ursache durch Maulhöhlenuntersuchung in Narkose, Röntgen/CT des Schädels.

Differenzialdiagnosen Buphthalmus durch Glaukom.

Therapie

- **Abszess, Mukozele** und **intakter Hornhaut:** evtl. bulbuserhaltende Chirurgie möglich
- **Irreversible Schädigung** der **Hornhaut:** Enukleation
- **Abszesse:** Ursache suchen und beheben (meist Zahnproblem, gelegentlich auch Fremdkörper), Antibiose nach Antibiogramm bei Abszessen (Anaerobier spielen auch oft eine Rolle); Analgesie
- Nachweis eines **Lymphoms:** ggf. Chemotherapie (z. B. mit Prednisolon 0,5–1 mg/kg s. c., p. o. BID)
- Solange kein ausreichender Lidschluss möglich ist, Schutz der Hornhaut durch häufiges Auftragen von **Tränenersatzmitteln**

Prognose Abhängig von Beeinträchtigung des Auges und der Ursache; oft Verlust des Auges.

Dakryozystitis

Häufigkeit Regelmäßig.

Ursache Vor allem Zahnerkrankungen.

Klinik Epiphora.

Diagnostik Klinik (einschließlich Maulhöhlenuntersuchung in Narkose), gründliche ophthalmologische Untersuchung, Röntgen/CT des Schädels, evtl. bakteriologische Untersuchung, Zytologie.

Differenzialdiagnosen Andere Erkrankungen, die mit Epiphora einhergehen (s. a. Kap. 1.7.17).

Therapie Je nach Ursache, Antibiose nach Antibiogramm, Analgesie, Zahnproblem lösen.

Prognose Abhängig von Ursache und deren Therapierbarkeit, bei Zahnerkrankungen oft keine dauerhafte Verbesserung, insbesondere, wenn das Problem schon länger besteht.

Prophylaxe Korrekte Fütterung.

C

Konjunktivitis

Häufigkeit Regelmäßig.

Ursache Bleibt oft unklar, Fremdkörper (Stroh, Heu, Badesand), Trauma, Zahnerkrankung, im Verlauf einer Erkrankung der oberen Atemwege, Infektion mit humanem Herpes-simplex-Virus 1.

Klinik Rötung und Schwellung der Konjunktiva, Epiphora (Abb. 5-8).

Diagnostik Klinik, einschließlich sorgfältiger ophthalmologischer Untersuchung, ggf. bakteriologische Untersuchung.

Therapie Antibiotikahaltige Augentropfen (Tetracyclin), Schmerzmittel (lokal und/oder systemisch), Reinigung der Augenumgebung.

> **Tipp**
>
> Bei Verdacht/Nachweis einer **humanen Herpes simplex-Infektion:** antivirale Augentropfen (Trifluridin, Triflumann®), antibiotikahaltige Augensalbe (Oxytetracyclin), Augengel zur Unterstützung der Hornhautheilung.

Prognose Meist gut.

Abb. 5-8 Chinchilla mit Epiphora und Blepharospasmus aufgrund einer Konjunktivitis verursacht durch einen Fremdkörper

Keratitis/Hornhautulkus

Häufigkeit Regelmäßig.

Ursache Bleibt oft unklar, meist Trauma (Fremdkörper, evtl. nicht adäquater Badesand), Expositionskeratitis (z. B. bei Exophthalmus, Fazialislähmung), unzureichender Hornhautschutz bei Anästhesie, Entropium, Distichiasis, ektopische Zilie, Ausbreitung einer Konjunktivitis auf die Hornhaut etc.[11,13]

Klinik Fluorescein-positive Trübung der Hornhaut, Konjunktivitis, Miosis, Blepharospasmus, im fortgeschrittenen Stadium Panophthalmie, Gefäßeinsprossung bei älteren Veränderungen, evtl. Exophthalmus.

Diagnostik Klinik einschließlich sorgfältiger ophthalmologischer Untersuchung, ggf. bakteriologische Untersuchung; bei Exophthalmus Maulhöhlenuntersuchung, Röntgen/CT.

C

Therapie

- **Lokale Antibiose** (Tetracyclin) mehrmals täglich, Vitamin-A-haltige Augensalben, lokale Analgesie mit Mydriatikum (Atropin), systemische Analgesie (Metamizol 80 mg/kg s. c., p. o. alle 4–6 h); Débridement/Keratektomie unter Anästhesie bei nicht-heilenden Ulzerationen
- **Entropium, Distichiasis, ektopische Zilie:** chirurgisch versorgen.
- Nachweis von **reduziertem Tränenfluss:** künstlicher Tränenersatz
- Verdacht/Nachweis einer **humanen Herpes simplex-Infektion:** antivirale Augentropfen (Trifluridin, Triflumann®), antibiotikahaltige Augensalbe (Oxytetracyclin), Augengel zur Unterstützung der Hornhautheilung
- Wenn notwendig, **symptomatische Therapie** mit Infusionen, Antibiose, Analgesie, assistierte Fütterung.

Prognose Gut bis infaust.

Katarakt/Linsentrübung

Häufigkeit Regelmäßig.

Ursache Folge eines Diabetes mellitus, altersbedingt (Nukleosklerose), traumatisch bedingt.[11,13]

Klinik Trübung der Linse.

Diagnosetik Klinik, spezielle Augenuntersuchung einschließlich Fluoresceinprobe und Schirmer-Tränentest; Glucose- und Fructosaminkonzentrationsbestimmung zum Nachweis eines Diabetes mellitus.

Differenzialdiagnosen Nukleosklerose.

Therapie Keine, wenn keine linseninduzierten Uveitis auftritt; dann ggf. steroidhaltige Augentropfen; Kontrolle auf Linsenluxation und Glaukomentwicklung; bei Diabetes mellitus Futterumstellung, meist keine weitere Therapie (Kap. 5.8.11).

Prognose Solange keine Uveitis auftritt und die Tiere sich in bekannter Umgebung bewegen, kommen viele Tiere sehr gut zurecht.

5.8.4 Erkrankungen des Respirationstrakts und des Thorax

In der klinischen Situation ist es nicht immer möglich, respiratorische Ursachen von Dyspnoe sicher von anderen Ursachen abzugrenzen. Eine sorgfältige Anamnese und gründliche Untersuchung sowie die Zuordnung der evtl. vorliegenden **Dyspnoeart** zu inspiratorisch, exspiratorisch und gemischt können wertvolle Hinweise liefern. **Röntgen** und **Blutanalyse** helfen ebenfalls bei der Diagnose.

C

Pneumonie

Häufigkeit Gelegentlich.

Ursache

- Vor allem Bakterien: z. B. Klebsiella, Bordetellen, Pasteurellen etc., sehr selten *Mycobacterium* spp.[15]
- Mykotische Ursachen: *Histoplasma capsulatum* bei Tieren aus Nordamerika beschrieben,[6] *Cryptococcus neoformans* bisher nicht erwähnt, aber sicherlich möglich
- Aspiration (v. a. bei Megaösophagus oder ösophagealen Fremdkörpern)

Alter Alle Altersklassen

Klinik Je nach Schweregrad und Ursache, v. a. Niesen, Dyspnoe, Schwäche, Inappetenz, Apathie, Nasen- und Augenausfluss, Konjunktivitis, Sepsis, Fieber, Hypothermie, Tod.

Labordiagnostik Eventuell unauffällig, möglich sind Heterophilie, Lymphopenie, Anämie.

Radiologische Veränderungen Deutlich erhöhte Röntgendichte des Lungengewebes, evtl. bei chronischem Verlauf sekundär Herzvergrößerung (Rechtsherzvergrößerung).

Diagnostik Anamnese, Klinik, Röntgen, evtl. CT, evtl. mikrobiologische Untersuchung von Nasenspülproben, obwohl die in der Nasenspülprobe nachgewiesenen Erreger nicht unbedingt Ursache der Pneumonie sein müssen.

Therapie Systemische Antibiose, Infusionen, Bronchodilatatoren (Theophyllin 4 mg/kg s. c., p. o. BID–TID oder Aminophyllin 4 mg/kg p. o., i. m. BID), Mukolytika (Acetylcystein 3 mg/kg p. o., s. c. BID oder Brom-

hexin 0,5–1 mg/kg p. o. BID), Antipyretika (Metamizol 80 mg/kg s. c., p. o. alle 4–6 h), assistierte Fütterung.
Prognose Je nach Ursache gut bis infaust.

Präkardiale Massen

Häufigkeit Sehr selten.
Ursache Lymphom, evtl. Thymom.
Alter Vor allem ältere Tiere betroffen.
Klinik Subklinisch, Apathie, Inappetenz, Dyspnoe, Würgen.
Diagnostik Klinik; Röntgen, Ultraschall, Punktion und Zytologie.
Therapie Bisher keine beschrieben, evtl. Prednisolongaben (0,5–1 mg/kg s. c., p. o. BID) bei Nachweis von Lymphom oder zellreichem Thymom.
Prognose Vorsichtig, wenn bereits Symptome vorhanden sind.

5.8.5 Herz-Kreislauf-Erkrankungen

Herzerkrankungen

Häufigkeit Gelegentlich.
Ursache Unbekannt.
Alter Vor allem ältere Tiere.
Vorkommen Unter anderem hypertrophe und dilatative Kardiomyopathien, Myokarditiden, Endokardiosen, Septumdefekte, Klappenerkrankungen etc.
Klinik Je nach Schweregrad asymptomatisch, Tachypnoe, Dyspnoe, Schwäche, Inappetenz, Apathie, Gewichtsverlust, verlängerte KFZ, Ödeme, plötzlicher Tod.
Radiologische Veränderungen Eventuell unauffällig, Kardiomegalie, Thoraxerguss, Lungenödem (oft nicht sicher von anderer Lungenpathologie zu unterscheiden), Aszites, gestaute Lungengefäße.
Diagnostik Klinik, Auskultation (Arrhythmien, Herzgeräusche), Röntgen, EKG, Echokardiografie.
Therapie Die Therapien werden von Kleintieren extrapoliert, bisher sind keine Therapiestudien verfügbar.

- **Akutes Herzversagen:** Sauerstoff, Furosemid (1–4 mg/kg i. v., i. m., s. c. BID/TID), bei bestehendem Pleuraerguss Punktion
- Je nach Bedarf Gaben von Furosemid, ACE-Hemmer (Benazepril 0,1 mg/kg p. o. SID oder Enalapril 0,5–1 mg/kg p. o. SID oder Imidapril 0,25 mg/kg p. o. SID oder Ramipril 0,125 mg/kg p. o. SID), Pimobendan (0,2–0,4 mg/kg p. o. BID), Antiarrhythmika (ggf. Digoxin 0,005–0,01 mg/kg p. o. SID–BID oder Diltiazem 0,5–1 mg/kg p. o. SID–BID)

Prognose Je nach Ursache und Krankheitszustand, meist schlecht, da die Tiere in fortgeschrittenem Krankheitszustand vorgestellt werden.

Bei Chinchillas können nicht selten auskultatorisch **Herzgeräusche** nachgewiesen werden, ohne dass diese mit einer Herzerkrankung assoziiert sind.[16]

5.8.6 Erkrankungen des Verdauungstrakts

Zahnerkrankungen

Häufigkeit Häufig auftretend.

Vorkommen Übermäßiges Zahnwachstum, Fehlbiss, Zahnspitzen, Alveolarabszesse, Karies etc.[17]

Ursache Bleibt oft unklar, u.a. inadäquates (wenig abrasives) Futter (Trockenfutter), falsche Mineralstoffzusammensetzung des Futters, Fehlstellungen der Zähne, Fehlbiss durch Zahnveränderungen, z.B. aufgrund von Alveolitis, Abszessen, evtl. Neoplasien; längere Inappetenz, in seltenen Fällen evtl. durch Zahnfach-, Kieferfraktur.

Klinik Vielfältig, evtl. Nebenbefund bei klinischer Untersuchung, Hypersalivation, futterverklebte Maulwinkel, selektive Futteraufnahme (v.a. weiche Futtermittel werden aufgenommen), teilweise Pseudoinappetenz, später Inappetenz, veränderte Kaubewegungen, verstärkte Kopfbewegung beim Kauen, deutlich verlängerte Futteraufnahme, Umfangsvermehrungen an Ober- oder Unterkiefer; übermäßiges Wachstum der Zähne, inadäquate Abnutzung der Schneidezähne, „Leerkauen", Schmerzäußerungen, Abmagerung; fehlender Kotabsatz, kleine Kotballen, Augen- und/oder Nasenausfluss, Dakryozystitis, Exophthalmus, inspiratorische Dyspnoe und/oder eitriger Nasenausfluss, Farb- und Strukturveränderungen der Inzisivi und der Backenzähne, Lippenverletzungen etc.

Der **Verlust** der **orange-gelben Färbung** der **rostralen Schneidezahnfläche** ist offenbar kein Hinweis auf einen Calcium- oder Eisenmangel. Teilweise tritt dies in Zusammenhang mit Veränderungen der Zahnstruktur bei **Entzündungen der Alveolen** auf, teilweise sind bis auf den Farbverlust keine anderen Veränderungen makroskopisch sichtbar.

Diagnostik Klinik, Maulhöhlenuntersuchung, Röntgen,[18,19] CT.

Therapie Oft keine kausale Therapie möglich, da die Zahnerkrankung nicht selten zum Zeitpunkt der ersten Vorstellung schon stark fortgeschritten sind.

- **Futterumstellung:** nur Heu und Grünfutter, kein Trockenfutter (Pellets, bunte Mischung, Grünrollis, Yoghurtdrops etc.). Ohne diesen Schritt wird eine Verschlechterung der Zahngesundheit zwingend die Folge sein, in einigen Fällen kann die Futterumstellung dazu führen, dass die Tiere keine regelmäßigen Zahnkorrekturen benötigen.
- Kürzen überlanger **Schneidezähne** mit Trennscheibe (meist Wiederholung nach 3–6 Wochen notwendig), Extraktion lockerer bzw. stark veränderter schmerzhafter Schneidezähne

C

! Eine **Extraktion aller Schneidezähne** sollte bei Chinchillas möglichst nicht erfolgen, da dann meist nicht mehr ausreichend selbstständig Nahrung (auch kleingeschnittene) aufgenommen werden kann – eine **permanente Zufütterung** ist ggf. notwendig und muss vom Besitzer durchführbar sein.

- Unter Anästhesie regelmäßige Wiederherstellung anatomisch korrekter Kauflächen und Zahnlängen im Bereich der **Backenzähne** mit rotierenden Schleifinstrumenten
- Unter Anästhesie chirurgische Versorgung von **Zahnfachabszessen:** Entfernung *in toto,* wenn möglich oder großzügiges Eröffnen, Ausräumen und Marsupialisation, um ein schnelles Verschließen durch die Heilung der Haut zu verhindern. Einlegen von Drainagen (meist Iodoform) für die ersten Tage mit täglichem oder 2-tägigem Wechsel; Extraktion lockerer Zähne; systemische Antibiose nach Antibiogramm (Untersuchung auf Anaerobier nicht vergessen!); evtl. Verwendung von lokal desinfizierenden Mitteln oder lokalen Antibiotika (kontrovers diskutiert) – bisher keine Studien dazu
- **Retrobulbäre Abszesse** werden meist mit einer Bulbusexstirpation therapiert.
- **Symptomatische Therapie:** je nach Zustand des Tieres, mit Infusionen, Analgesie, assistierte Fütterung

Bei Auftreten eines Zahnproblems muss mit einer **lebenslangen Therapie** gerechnet werden, zu Beginn engmaschige Kontrolle, später weitere Abstände, je nach Befund.

Prognose Je nach Ursache gut bis infaust, v.a. bei Erkrankungen der Backenzähne schlecht.
Prophylaxe Ausschließliche Fütterung mit adäquatem Futter wie Heu, Blätter, wenig Grünfutter und Gemüse; Verzicht auf Trockenfutter und Leckerlis (Yoghurtdrops, Knabberstangen etc.).

> **Tipp**
>
> **Nagematerial** wie Äste oder Porenbeton haben keinerlei Einfluss auf die Abrasion der Zähne.[20] **Äste** sind aber sicherlich eine sinnvolle Bereicherung der Fütterung und eine sinnvolle Beschäftigungsmaßnahme.

C

Erkrankungen des Ösophagus

Häufigkeit Selten.
Ursache Unklar für Megaösophagus,[21] Verlegung des Ösophagus mit Fremdmaterial (Nistmaterial, Körnern etc.) möglich.[6]
Klinik Hypersalivation, Dyspnoe, Würgen, Regurgitation, Apathie, Anorexie, Abmagerung, Aspirationspneumonie.
Diagnostik Klinik (Palpation des angeschoppten Materials evtl. möglich), Röntgen, Endoskopie.
Therapie Für Megaösophagus problematisch, evtl. Metoclopramid (0,2–1 mg/kg s.c., p.o. BID), Analgesie, aufrechte Fütterung; Fremdmaterial aus Ösophagus unter Anästhesie mit Endoskop entfernen, Protonenpumpenhemmer (Omeprazol [keine Angaben vorhanden] evtl. 1–5 mg/kg s.c., p.o. BID) oder Magensäurehemmern (Ranitidin 2–5 mg/kg p.o. BID, Cimetidin 2–5 mg/kg p.o. BID).
Prognose Je nach Ursache, für Megaösophagus schlecht; bei frühzeitiger Diagnose von Ösophagusfremdkörpern im vorderen Bereich des Ösophagus gut.

Enteritis/Enterotoxämie

Häufigkeit Regelmäßig.
Ursache

- **Dysbakterie** durch abrupte Futterumstellung oder inadäquates Futter, **bakteriell** bedingt durch *Clostridium* spp.,[6] *E. coli*[22] etc.
- Durch Überwucherung mit **Hefen** (*Cyniclomyces guttulatus*) nach Antibiotikagabe oder sehr zuckerhaltiger Nahrung
- Seltener **parasitär:** *Giardia* spp., Kokzidien (*Eimeria chinchillae*), Bandwürmer, selten Nematoden, Kryptosporidien

- **Zahnerkrankungen** und andere **extraintestinale Ursachen** (z. B. Nieren-, Herzerkrankungen)

Giardien werden von einigen Autoren als **physiologische Darmbewohner** von Chinchillas angesehen, die nur im Fall von Stress und schlechten Haltungsbedingungen Durchfall verursachen.[6]

Klinik Durchfall, Apathie, Inappetenz, Dehydratation, Rektumprolaps, Gewichtsverlust, plötzlicher Tod.

Diagnostik Klinik (einschließlich Maulhöhlenuntersuchung), koprologische Untersuchung (nativ oft schon hinweisend), Röntgen-Ausschluss anderer Durchfallursachen (Kap. 1.7.7), ggf. mikrobiologische Untersuchung, einige Erreger müssen über spezielle Methoden nachgewiesen werden (z. B. Karbolfuchsinfärbung für Kryptosporidien oder Koproantigen-ELISA für Kryptosporidien und Giardien).

C

Therapie Behandlung je nach Ursache.

- **Symptomatische Therapie:** je nach Schweregrad mit Infusionen, Analgesie (Metamizol 80 mg/kg s. c., p. o. alle 4–6 h)
- Je nach **parasitologischem Befund:** Behandlung mit entsprechenden Medikamenten gegen Endoparasiten: Metronidazol (25 mg/kg p. o. BID 7–14 Tage) gegen *Trichomonas caviae*, *Entamoeba muris*, Giardien; Fenbendazol (20–50 mg/kg p. o. SID 5 Tage) gegen Giardien, Oxyuren; Toltrazuril (10 mg/kg p. o. SID 3 Tage, 5 Tage Pause, 3 Tage) oder Sulfonamide (Sulfadimethoxin 50 mg/kg p. o., einmal, dann 25 mg/kg SID 9 Tage) gegen Kokzidien; gegen Kryptosporidien keine Therapie bekannt (evtl. Paromomycin)
- Nachweis von hochgradigem ***Cyniclomyces-guttulatus*-Befall:** Nystatin (60.000–90.000 IE/kg BID 7–14 d)
- Nachweis einer für Chinchillas pathologischen **bakteriellen Monokultur** (z. B. *E. coli*): Antibiose nach Antibiogram
- Verdacht auf übermäßiges **Clostridienwachstum** (z. B. nach Antibiotikagaben): Metronidazol (10–20 mg/kg p. o., s. c. BID)
- Eventuell **Kotsuspensionen** gesunder Tiere, Probiotika

Prognose Je nach Ursache gut bis infaust.

! Einige Parasiten, die bei Chinchillas in verschiedenen Ländern nachgewiesen wurden, besitzen **zoonotisches Potenzial** (z. B. *Giardia duodenalis*,[23] *Cryptosporidium ubiquitum*, *Enterocytozoon bieneusi*).[24]

Gastrointestinale Hypomotilität, gastrointestinale Obstruktion

Häufigkeit Hypomotilität häufig, gastrointestinale Obstruktion selten.
Ursache Erkrankungen, die Inappetenz zur Folge haben; Obstruktion durch Fremdkörper (Bezoar), Neoplasie, Abszess oder Magendrehung.
Klinik Reduzierte oder vollständig eingestellte Futteraufnahme, kleine Kotballen, reduzierte Kotmenge, Apathie, Anorexie, Dehydratation, bei Ileus oft schmerzhaftes Abdomen, Tympanie, Dyspnoe, Hypothermie (Schock).
Diagnostik Anamnese, Klinik, Röntgen, Ultraschall, Blutuntersuchung.
Therapie Symptomatische Therapie mit Infusionen, Spasmoanalgesie (Metamizol 80 mg/kg s. c., p. o. alle 4–6 h), Metoclopramid (0,2–1 mg/kg s. c., p. o. BID), Dimeticon (35–70 mg/kg p. o. 3–6 × tgl.), assistierte Fütterung, evtl. OP.
Prognose Im fortgeschrittenen Zustand oft schlecht, insbesondere, wenn bereits Darminhalt stark eingedickt ist, sodass er palpierbar ist.
Prophylaxe Dehydratationen korrigieren und bei inappetenten Tieren zeitnah zufüttern und Prokinetika einsetzen.

C

Tympanie

Häufigkeit Häufig.
Ursache Oft Folge von Dyspnoe (Aerophagie) verschiedener Ursachen, Inappetenz, seltener durch Erkrankung des Magen-Darm-Trakts verursacht (gastrointestinale Hypomotilität, Enteritis, Dysbakterie durch abrupte Futterumstellung, inadäquates Futter).
Klinik Apathie, Anorexie; aufgetriebenes, tympanisches, schmerzhaftes Abdomen, Dehydratation.
Diagnostik Klinik, Röntgen, Ultraschall, Blutuntersuchung.
Therapie Symptomatische Therapie mit Infusionen, Spasmoanalgesie (Metamizol 80 mg/kg s. c., p. o. alle 4–6 h), Metoclopramid (0,2–1 mg/kg s. c., p. o. BID), Dimeticon (35–70 mg/kg p. o. 3–6 × tgl.), assistierte Fütterung, Therapie der Ursache extraintestinal verursachter Tympanie.
Prognose Je nach Ursache gut bis infaust.

Leber- und hepatobiliäre Erkrankungen

Häufigkeit Häufig Leberverfettung,[6] andere Erkrankungen selten (eine Leber-Sarkozystose nachgewiesen).[25]
Ursache Inappetenz adipöser Tiere.
Klinik Apathie, Anorexie, Gewichtsverlust, Durchfall, Hepatomegalie, Ikterus selten, bei schweren Lebererkrankungen sind vermutlich auch Hepatoenzephalopathie, Aszites und Koagulationsstörungen möglich.

Radiologische Veränderungen Eventuell Hepatomegalie, evtl. Kalzifizierungen der Leber.
Labordiagnostik Je nach Ausmaß der Erkrankung Erhöhung der Aktivitäten von AST, ALT, GLDH, AP, GGT; Anstieg der Konzentration von Bilirubinkonzentration, Cholesterin und vermutlich auch der Gallensäuren; bei Lipidose lipämisches Plasma; saurer Harn, Ketonurie bei Ketose; evtl. auch Einfluss auf die Gerinnungsparameter.
Diagnostik Klinik, Labor, Röntgen, Ultraschall, Zytologie, Laparotomie, Pathologie.
Therapie

- **Symptomatische Therapie:** Infusionen, Analgesie, ggf. Antibiose, assistierte Fütterung
- **Leberlipidose:** Infusionen, assistierte Fütterung, Metoclopramid (0,2–1 mg/kg s.c., p.o. BID), Metamizol (80 mg/kg s.c., p.o. alle 4–6 h), Ursache abstellen.

Prognose Je nach Ursache und Krankheitsstadium gut bis infaust (Leberneoplasie, fortgeschrittene Leberlipidose).

C

> **Tipp**
>
> Um eine **Leberlipidose** zu vermeiden, sollten **inappetente Tiere** sofort adäquat zugefüttert werden.

5.8.7 Erkrankungen des Harntrakts

Nierenerkrankungen

Häufigkeit Regelmäßig, meist werden chronisch interstitielle Nephritiden nachgewiesen.
Alter Vor allem ältere Tiere.
Formen Bisher nur selten detaillierter beschrieben.
Ursache Bleibt meist unklar, sekundär durch Infektionen (*E.-coli*-Sepsis),[22] Oxalatnephrose,[26] längere hypovolämische Phasen (Dehydratation, Narkose), Folge einer postrenalen Obstruktion, evtl. Neoplasien etc.
Klinik Chronisches (CNI) und akutes Nierenversagen (ANI) sind möglich, meist unspezifische Symptome: Inappetenz, Apathie, Schwäche, Gewichtsverlust, bei CNI Polyurie/Polydipsie, bei ANI oft Olig- bzw. Anurie, Krämpfe, Hämaturie, plötzlicher Tod.
Labordiagnostik Erst wenn mehr als 75 % der Nierenfunktion eingeschränkt sind, kommt es zum Anstieg von Kreatinin und Harnstoff; Elektrolytveränderungen (wie Hyperkaliämie, Hyperphosphatämie,

Hypo-, Hyperkalzämie), Anämie, Hypoglykämie, Hypoproteinämie, spezifisches Gewicht des Harns bei CNI ca. 1008–1012; bei akutem Versagen kann es höher sein (bis 1025); bei Pyelonephritis: Erythrozyten, Leukozyten, Leukozytenzylinder im Harn.

Radiologische Veränderungen Nicht unbedingt auffällig, evtl. röntgendichte Konkremente in Niere, Harnleiter, Blase, Harnröhre, Vergrößerung und/oder Verkleinerung einer oder beider Nieren.

Diagnostik Anamnese, Klinik, Labor (Nachweis einer renalen Azotämie, evtl. Elektrolytveränderungen), Röntgen, Ultraschall, Harn-Mikrobiologie.

Therapie Oft nur symptomatisch möglich, da Auslöser meist unklar bleibt.

- **Infusionen:** Wenn das Tier nicht dehydratisiert ist und die Harnproduktion unklar, Start mit dem halben Erhaltungsbedarf (ca. 25 ml/kg/24 h intraossär, intraperitoneal oder subcutan). Produziert das Tier unter Infusionstherapie adäquat Harn (Evaluierung evtl. über Harnkathetersystem, Gewichtsermittlung, Blasenpalpation, Haltung auf Handtuch/Zellstoff, Ultraschall der Blase) (möglichst > 1–2 ml/kg/h), kann mehr Infusionsmenge gegeben werden.

> ! Hinweise auf eine **Überinfusion** beachten (angestrengte abdominale Atmung, Hypothermie, Thoraxerguss, Herzversagen).

- Wird unzureichend Harn produziert, Versuch **Nierenstart mit Furosemid** und **Mannitol** i. v.; regelmäßige engmaschige Reevaluierung des Patienten notwendig.
- **Antibiose** bei Verdacht auf Pyelonephritis, bakteriell bedingter Nephritis (möglichst mit Antibiogramm aus Zystozenteseharn) (mindestens 7–10 Tage), Analgesie (Metamizol 80 mg/kg s. c., p. o. alle 4–6 h), Magenschutz (Omeprazol [keine Angaben vorhanden] evtl. 1–5 mg/kg s. c., Sucralfat 25–100 mg/kg p. o. BID–TID)
- **Chronisches Nierenversagen:** evtl. ACE-Hemmer einsetzen, Erythropoetin evtl. bei nicht-regenerativer Anämie aufgrund einer CNI möglich.
- **Assistierte Fütterung**, Zufütterung bei Bedarf

Prognose Je nach Ursache gut bis infaust.

> **Hypovolämische Tiere** ausreichend infundieren und bei diesen Tieren NSAIDs vermeiden.

C

Blasenerkrankungen

Häufigkeit Selten.

Ursache Bleibt häufig unklar, Zystitis und Urolithiasis treten auf.

Klinik Strangurie, Pollakisurie, Inkontinenz, urinverschmutzter Anogenitalbereich, Dermatitis, Schmerzäußerungen beim Harnabsatz, gehäuftes Belecken der Anogenitalregion, Apathie, Inappetenz, Hämaturie.

Radiologische Veränderungen Unauffällig oder evtl. röntgendichte Konkremente in Blase sichtbar.

Diagnostik Klinik, Röntgen, Ultraschall, Harnuntersuchung, mikrobiologische Untersuchung von Zystozenteseharn.

Differenzialdiagnosen Neurologische Erkrankung; Phimose, Fellring bei männlichen Tieren.

Therapie Antibiose nach Antibiogramm, Analgesie (Metamizol 80 mg/kg s.c., p.o. alle 4–6 h), ggf. Infusionen, bei Urolithiasis Chirurgie.

Prognose Gut bis schlecht (Rezidive).

> Im Gegensatz zu Kaninchen, Meerschweinchen und Degus scheiden Chinchillas **überschüssiges Calcium** vorwiegend über den Darm aus, sodass calciumhaltige Harnsteine selten sind.[20]

5.8.8 Erkrankungen des Reproduktionstrakts

Geburtsstörungen

Häufigkeit Gelegentlich.

Ursache Zu große Frucht (oft bei Erstlingsträchtigkeit), Jungtierfehlbildungen (Abb. 5-9), falsche Lage und Stellung, adipöses Muttertier, Graviditätstoxikose, extrauterine Trächtigkeit, Schwäche, schwere Erkrankungen etc.

Klinik Trotz Anzeichen von Geburt keine oder nachlassende Wehentätigkeit, grün-brauner Vaginalausfluss, Apathie, Inappetenz, Unruhe, Schwäche, im Geburtsgang steckendes Jungtier, Uterusprolaps.

Radiologische Veränderungen Nachweis von Jungtieren, evtl. Nachweis von Deformationen, Lage- und Stellungsanomalien.

Diagnostik Anamnese, Klinik, Röntgen, Ultraschall (einschließlich Beurteilung des Herzschlages der Feten).

Therapie

- **Stabilisierung des Muttertieres** (Infusionen, Analgesie, Calciumgaben, ggf. assistierte Fütterung); mithilfe von Gleitgel Entfernung von Jungtieren aus Geburtsgang

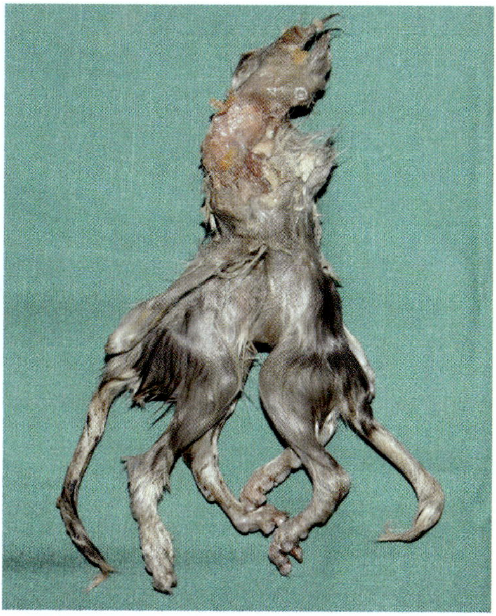

Abb. 5-9
Siamesische Zwillinge bei einem Chinchilla

C

- Jungtiere im Uterus **ohne mechanisches Hindernis** (z. B. Deformation, Fehlbildung, verknöcherte Beckensymphyse): Oxytocinapplikation 30 min nach Calciumgabe
- Jungtiere im Uterus, **mechanisches Hindernis** bzw. **erfolglose Oxtocingabe:** Kaiserschnitt, ggf. Ovariohysterektomie
- Gegebenenfalls **systemische Antibiose**

Prognose Je nach Ursache gut bis infaust. Besonders schlecht ist die Prognose bei Trächtigkeitstoxikose.

Endometritis/Mukometra

Häufigkeit Regelmäßig.
Alter Mittelalte Tiere (um 10 Jahre).
Ursache Genaue Ursache der Entstehung unklar.
Klinik Eventuell Zufallsbefund bei der klinischen Untersuchung (geöffnete Vaginalmembran, Vaginalausfluss), Apathie, Inappetenz, evtl. umfangsvermehrtes Abdomen.
Labordiagnostik Bei fortgeschrittener Erkrankung evtl. Anämie, Leukozytose, Leukopenie, Hypoglykämie (Sepsis).

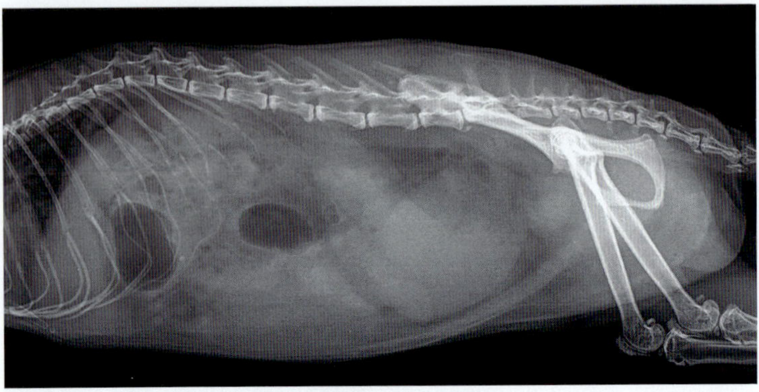

Abb. 5-10 Röntgenbild (laterolaterale Projektion) eines weiblichen Chinchillas mit Pyometra

Radiologische Veränderungen Eventuell vergrößerte Gebärmutter erkennbar (Abb. 5-10).
Diagnostik Anamnese, Klinik (einschließlich Zytologie von Vaginalflüssigkeit), Röntgen, Ultraschall, ggf. Labor.
Differenzialdiagnosen Für geöffnete Vaginalmembran: Östrus, vor kurzem stattgefundene Bedeckung, Uterusneoplasie.
Therapie

- **Ovariohysterektomie** als Therapie der Wahl
- **Schlechter Allgemeinzustand:** zuerst Stabilisierung durch Infusionen, assistierte Fütterung, Analgesie, systemische Antibiose
- Zusätzlich bei **Pyometra/Endometritis:** Aglepriston (10–20 mg/kg s.c. 2 × im Abstand von 24 h, wdh. nach 8 Tagen; zur Entleerung des Uterus)

Tipp

Oft kommt es aber zu **Rezidiven**, sodass eine **Operation** bei stabilen Patienten empfehlenswert ist.

Prognose Je nach Allgemeinzustand gut bis infaust.

Erkrankungen des Penis

Häufigkeit Selten.
Alter Vor allem ältere Tiere.
Ursache Phimose, Paraphimose, Fellring.

Klinik Asymptomatisch, Schwellung im Bereich des Penis und der Vorhaut, Apathie, Inappetenz.
Diagnostik Klinik.
Therapie Entfernung des Fellrings, lokale Reinigung und Desinfektion von Penisverletzungen, chirurgische Beseitigung der Phimose/Paraphimose, bei irreversibler Schädigung des Penis Penisamputation, Analgesie, ggf. Antibiose, ggf. Infusionen, assistierte Fütterung bei Inappetenz.
Prognose Bei frühzeitiger Erkennung gut.

5.8.9 Neurologische Erkrankungen

Die diagnostische Aufarbeitung einschließlich einer sorgfältigen neurologischen Untersuchung muss **systematisch** erfolgen, damit alle relevanten Abweichungen erfasst werden. Mögliche Differenzialdiagnosen für neurologische Symptome sind in Kapitel 1.7.6 aufgeführt.

Tipp

Die Abklärung neurologischer Patienten kann sehr komplex sein und wann immer möglich sollten entsprechend **qualifizierte Kollegen** mit zu Rate gezogen werden.

Krämpfe

Immer wieder treten bei Chinchillas **Krämpfe** auf.

- Die genaue Ursache bleibt meist unklar, da die Tiere sich oft innerhalb kurzer Zeit unter **symptomatischer Therapie** mit Glucose- und Calciumgaben, Infusionen, Wärme und ggf. Diazepam erholen.
- Differenzialdiagnostisch kommen die in Kapitel 1.7.6 aufgeführten Ursachen infrage, die systematisch diagnostisch abgeklärt werden sollten. Nicht selten treten diese Krämpfe bei betroffenen Tieren einmalig auf.

Vestibularsyndrom

Häufigkeit Selten.
Alter Alle Altersklassen.
Ursache Vermutlich meist bakteriell bedingte Mittel- und Innenohrinfektionen (Kap. 5.8.2), seltener Trauma.
Klinik Kopfschiefhaltung.

Diagnostik Anamnese, Klinik einschließlich ausführlicher neurologischer und otoskopischer Untersuchung zur Unterscheidung eines zentralen und peripheren Vestibularsyndroms, Röntgen des Schädels, CT.
Therapie Vor allem symptomatisch mit Infusionen, Analgesie, Medikamente gegen Schwindel (Diphenhydramin 2–5 mg/kg p. o., s. c. BID–QID oder Metoclopramid 0,2–1 mg/kg s. c., p. o. BID), assistierte Fütterung.
Prognose Je nach Ursache gut bis infaust.

Enzephalitis

Häufigkeit Selten.
Ursache Viren (humanes Herpes-simplex-Virus 1),[27] bakterielle Infektionen, aufsteigende Otitis interna/media, Larva migrans des Waschbärspulwurms *Baylisascaris procyonis*.[6]
Klinik Bewusstseinstrübung, ZNS-Ausfälle, Inappetenz, Apathie.
Diagnostik Anamnese, Klinik, einschließlich ausführlicher neurologischer und otoskopischer Untersuchung, Röntgen des Schädels, CT, Pathologie.
Differenzialdiagnosen Traumata, metabolisch-toxische Ursachen (Hypoglykämie, Urämie, Hepatitis, Endotoxämie, Intoxikation etc.), Neoplasien, degenerative (Hydrocephalus) oder vaskuläre Veränderungen etc.
Therapie Abhängig von Ursache, meist symptomatisch mit Infusionen, Analgesie, Antibiose, Antikonvulsiva (z. B. Diazepam 0,5–2 mg/kg i. m.), Medikamente gegen Schwindel (Diphenhydramin 2–5 mg/kg p. o., s. c. BID–QID oder Metoclopramid 0,2–1 mg/kg s. c., p. o. BID), Vitamin-B-Komplex (0,02–0,5 ml/kg p. o., s. c. SID).
Prognose Je nach Ursache.

> **Chinchillafutter** sollte so gelagert werden, dass keine Verunreinigung mit **Kot anderer Tiere** (u. a. Waschbärkot) erfolgen kann.

Erkrankungen des peripheren Nervensystems

Otitis interna/media

Häufigkeit Regelmäßig.
Ursache Auslöser bleibt oft unklar.
Klinik Gleichgewichtsstörungen, Kopfschiefhaltung, Kreisbewegungen, Nystagmus, Apathie, Inappetenz.
Radiologische Veränderungen Verschattete Bulla tympanica, verdickte Wände.

Diagnostik Klinik, Röntgen, CT.
Therapie Systemische Antibiose, Analgesie, Infusionen, Medikamente gegen Schwindel (Diphenhydramin 2–5 mg/kg p. o., s. c. BID–QID oder Metoclopramid 0,2–1 mg/kg s. c., p. o. BID), assistierte Fütterung, evtl. Bullaosteotomie; oft bleibt Kopfschiefhaltung erhalten.
Prognose Gut bis zweifelhaft.

Paresen/Paralysen/spinale Ataxie

Häufigkeit Selten.
Ursache Sehr unterschiedlich, oft bleibt die genaue Ursache unklar, Trauma mit oder ohne Bandscheibenvorfall, Wirbelfraktur, -luxation, Neoplasie,[28] toxisch-metabolische Ursachen.
Klinik Im Detail abhängig von Lokalisation, Propriozeptionsdefizite, Parese/Paralyse der Vorder- und/oder Hintergliedmaßen, Kot- und Harnabsatzschwierigkeiten oder -inkontinenz, im Verlauf oft Verschlechterung des Allgemeinbefindens, Apathie, Inappetenz, Dehydrierung, Dekubitus.
Radiologische Veränderungen Eventuell Verengung eines Zwischenwirbelspalts, Verschiebungen, Frakturen von Wirbeln erkennbar; Kallusbildung bei älteren Wirbelfrakturen bzw. Luxationsfrakturen, Aussparung bei Kontrastmittelapplikation in den Wirbelkanal (Myelografie), bei Neoplasien evtl. Osteolysen, -sklerosen.
Diagnostik Klinik, neurologische Untersuchung, Labor, Röntgen (evtl. mit Myelografie), CT, (MRT), Ausschluss anderer Ursachen (s. a. Kap. 1.7.6).
Differenzialdiagnosen Nicht-neurologische Erkrankungen (Herzerkrankung, Schwäche etc.).
Therapie Abhängig von neurologischen Ausfallserscheinungen und Ursache.

- Verdacht/Nachweis von **Bandscheibenvorfall:** konservativ mit Analgesie und Käfigruhe bei geringen bis mittelgradigen Propriozeptionsausfällen und vorhandenem Tiefenschmerz; u. U. chirurgisch (Hemilaminektomie) bei hochgradigen Propriozeptionsausfällen (bisher nicht beschrieben)
- **Wirbelfrakturen und -luxationen:** evtl. chirurgische Versorgung, wenn Prognose gegeben (siehe Kriterien aus der Kleintiermedizin)
- **Symptomatische Therapie:** Analgesie, Vitamin-B-Komplex (0,02–0,5 ml/kg p. o., s. c. SID), Infusionen, assistierte Fütterung, Kontrolle/Assistenz bei eingeschränktem Harnabsatz (manuelle Entleerung oder Harnkatheter), Umlagerung

Prognose Je nach Lokalisation und Grad der neurologischen Ausfälle gut bis infaust (bei Verlust von Tiefenschmerz)

5.8.10 Knochen- und Muskelerkrankungen

Frakturen, Luxationen

Häufigkeit Regelmäßig.
Ursache Trauma.
Klinik Je nach Lokalisation Lahmheit unterschiedliches Grades bis zur Paralyse bei Wirbelsäulenbeteiligung, Fehlstellung von Körperteilen; am häufigsten scheinen bei Chinchillas Tibiafrakturen aufzutreten.
Diagnostik Klinik, Röntgen, evtl. CT (Abb. 5-11).
Therapie In Anlehnung an das Vorgehen in der Kleintiermedizin, je nach Befund; lange Röhrenknochen chirurgisch (intramedullärer Pin,

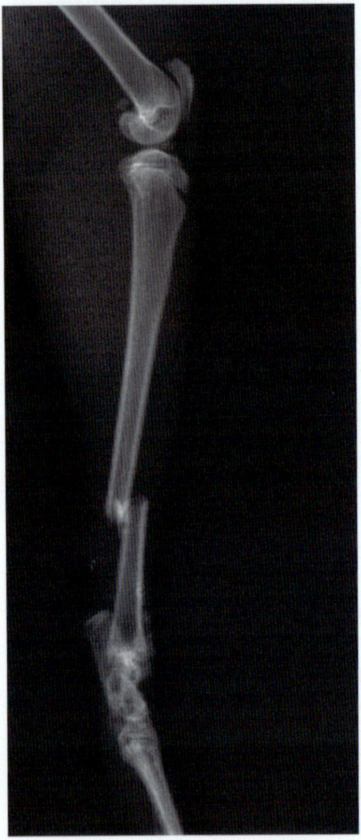

Abb. 5-11 Röntgenbild: laterolaterale Projektion eines Chinchillas mit einer Tibiotarsalfraktur

Fixateur externe, parakortikale Fixation), Hüftgelenksluxationen entweder konservativ nach Reposition oder chirurgisch (Femurkopfhalsresektion).
Prognose Je nach Ursache gut bis infaust.

Arthritis/Arthrose

Häufigkeit Gelegentlich.
Ursache Oft unklar, evtl. Trauma, Infektion.
Klinik Je nach Lokalisation Lahmheit unterschiedliches Grades, evtl. verdickte Gelenke, Apathie, Bewegungsunlust.
Diagnostik Klinik, Röntgen.
Therapie Analgesie, ggf. systemische Antibiose, ggf. Gewichtsreduktion, Physiotherapie, Kontrolle der anderen Gliedmaßen auf Entstehung einer Pododermatitis durch Überbelastung.
Prognose Meist schlecht hinsichtlich der Funktion, da die Veränderungen im Gelenksbereich oft irreversibel sind.

C

5.8.11 Endokrine Erkrankungen und Stoffwechselerkrankungen

Diabetes mellitus

Häufigkeit Selten.
Alter Meist mittelalte bis ältere Tiere.
Ursache Vermutlich meist ernährungsbedingt (Diabetes Typ 2, Entwicklung einer Insulinresistenz); Beeinträchtigung der β-Zellen des Pancreas z. B. durch Neoplasie, Entzündung, Degeneration, Atrophie.
Klinik Nicht selten Zufallsbefund bei Glucosebestimmung, einige Tiere werden aufgrund von Katarakten vorgestellt, beschrieben sind auch Polydipsie, Polyurie, Inappetenz, Apathie.
Labordiagnostik Hyperglykämie, Glucosurie, selten Ketoazidose und Ketonurie.
Diagnostik Bestimmung der Glucosekonzentration **und** der Fructosaminkonzentration.
Therapie

> Da die Tiere oft **symptomlos** sind, wird von den Besitzern oft keine Therapie durchgeführt; dies scheint keinen negativen Einfluss auf die Tiere zu haben (z. B. wird meist keine Ketoazidose entwickelt).

- Bei einigen Tieren normalisiert sich die Glucosekonzentration durch eine Futterumstellung auf Heu und Grünfutter.
- Insulingaben nur bei sicherer Diagnose, schweren Symptomen und wenn die Futterumstellung keine Besserung bringt (1 IE/kg 1–2 × täglich s. c.).

Tipp

Die Besitzer müssen über mögliche **Komplikationen der Insulingabe** (Hypoglykämie) und Notfallmaßnahmen aufgeklärt werden.

Sonstiges **Chinchillainsulin** weicht im Aufbau deutlich von dem anderer Säuger ab,[29] evtl. ist damit die geringe Wirksamkeit von Insulingaben bei Chinchillas erklärbar.[30]

Prognose Sind die Tiere bereits stark abgemagert und schwer erkrankt, sterben sie oft innerhalb kurzer Zeit.[30] Sind geringgradig Symptome vorhanden, bringt eine **Futterumstellung** oft eine schnelle Normalisierung der Blutglucose.[31]

Prophylaxe Vermeidung von kohlenhydratreichem Futter (z. B. Fertigfutter, Früchte, Trockenobst).

Hypoglykämie

Häufigkeit Regelmäßig.

Alter Tiere aller Altersklassen.

Ursache Bleibt oft unklar, möglich sind Sepsis, Inappetenz, Lebererkrankungen etc.

Klinik Apathie, Inappetenz, Schwäche, neurologische Ausfälle wie Krämpfe, Ataxie, plötzlicher Tod.

Diagnostik Bestimmung der Glucosekonzentration; Aufarbeitung einer Hypoglykämie wie bei Kleintieren (Kap. 1.1.5).

Therapie Zufuhr hochprozentiger Glucose oder Dextrose p. o. (1–2 ml/kg 50%ige Lösung p. o.); Behandlung je nach Ursache.

Die **Prognose** ist meist schlecht, da nicht selten eine schwerwiegende Erkrankung Ursache der Hypoglykämie ist.

Fettmobilisationssyndrom, Ketose, Graviditätstoxikose bzw. -ketose

Häufigkeit Regelmäßig.

Alter Ältere Tiere.

Ursache Inappetenz, insbesondere bei sehr adipösen Tieren führt zu Energiemangel und nachfolgend zur Leberverfettung; besonders gefährdet sind trächtige Tiere.
Klinik Inappetenz, Apathie, Bewegungsunlust, Dyspnoe, ZNS-Störungen (Krämpfe, Paresen), evtl. DIC bei fortgeschrittener Leberverfettung; Aborte, Totgeburten, Jungtierverluste bei weiblichen Tieren.
Labordiagnostik Saurer Harn, lipämisches Plasma, Hypoglykämie, Hyperlipidämie, prärenale Azotämie, Proteinurie, selten Ketonurie (vermutlich da viele Harnsticks nur Aceton und Acetoacetat nachweisen).
Diagnostik Anamnese, Klinik, Labor, Röntgen (Hepatomegalie).
Therapie Symptomatische Therapie mit Infusionen, Analgesie, assistierte Fütterung; nur bei Hypoglykämie Glucosegaben.
Prognose Oft schlecht, da spät erkannt.

Zur Prophylaxe sollten **inappetente Tiere** frühzeitig zugefüttert werden. Eine **Adipositas** sollte durch artgerechte Fütterung und Haltung vermieden werden.

Prophylaxe Frühzeitige Zufütterung.

5.8.12 Vergiftungen

Häufigkeit Selten.
Ursache Vergiftungen wurden bei Farmtieren beschrieben, bei Heimtieren scheinen Vergiftungen dagegen sehr selten zu sein (z. B. Vergiftung mit Blutblatt beschrieben)[32].
Klinik Plötzlicher Tod, Durchfall, Inappetenz, Apathie, Krämpfe, Muskelzittern, Fellverlust.
Diagnostik Anamnese, Klinik, spezielle Untersuchung auf verschiedene Toxine in humanmedizinischem Labor möglich, Blutuntersuchungen bei Verdacht auf Blei oder Zinkintoxikation, Nachweis von Blutgerinnungsstörungen bei cumarinhaltigen Rodentiziden.
Therapie Je nach Zustand und Toxin (Information über Giftzentralen) Sauerstoff; Infusionen; Aktivkohle, um die Resorption zu reduzieren, Diazepam bei Krämpfen.

- **Intoxikation mit NSAIDs:** Es muss mit einem akuten Nierenversagen gerechnet werden, darum sollten die Tiere infundiert und intensiv überwacht werden, Magenschutz (Omeprazol [keine Angaben vorhanden] evtl. 1–5 mg/kg s.c., p.o. BID, Sucralfat 25–100 mg/kg p.o. BID–TID).

- **Nachgewiesene Aufnahme von cumarinhaltigen Rodentiziden:** Vitamin K_1 (5 mg/kg über SID 4–6 Wochen, 24 h nach Absetzen Kontrolle der Blutgerinnung, wenn möglich)
- **Symptomatische Therapie:** Infusionen, evtl. forcierte Diurese

Prognose Je nach Ursache, aufgenommener Menge und Zeitpunkt der Diagnose gut bis infaust.

5.8.13 Neoplastische Erkrankungen

> Neoplasien kommen bei Chinchillas **sehr selten** vor.[6,33]

C

- Erwähnt werden einzelne Berichte von malignen Lymphomen, uterines Leiomyom, Leiomyosarkom, Leberkarzinomen, Adenokarzinomen des Magens und der Lunge, ein Hämangiom der Haut, ein Hypophysenadenom, ein Osteosarkom der Lendenwirbelsäule, ein Speicheldrüsenkarzinom,[6] ein Fibrosarkom der Schwanzbasis.[32]
- Im eigenen Patientengut traten **präkardiale Massen** (Thymom, Lymphom) bei Chinchillas auf.
- Je nach Lokalisation werden die **Symptome variieren**. Die Therapie muss von anderen Tierarten extrapoliert werden.

5.8.14 Abszesse

Häufigkeit Regelmäßig.

Beschreibung Können an verschiedenen Stellen des Körpers auftreten.

Alter Alle Altersklassen, v.a. ältere Tiere.

Ursache Verletzung und nachfolgende bakterielle Infektion v.a. mit *Staphylococcus* spp., *Streptococcus* spp., aber auch Anaerobiern.

Klinik Je nach Lokalisation, Umfangsvermehrung, Inappetenz, Apathie, Umfangsvermehrung im Abdomen, Dyspnoe, Exophthalmus etc.

Labordiagnostik Eventuell Heterophilie, Lymphopenie, nicht-regenerative Anämie und ggf. spezifischen Veränderungen, die die betroffene Region betreffen.

Diagnostik Anamnese, Klinik, je nach Lokalisation Röntgen, Ultraschall, Punktion und zytologische Untersuchung, Laparotomie, bakteriologische Untersuchung mit Antibiogramm, Ursache suchen (z.B. bei Abszessen im Kopfbereich nach Zahnerkrankungen suchen).

Differenzialdiagnosen Alle Erkrankungen, die mit Umfangsvermehrungen einhergehen, v. a. Neoplasien, Ovarialzysten und Trächtigkeit bei weiblichen Tieren.

Therapie Möglichst vollständige chirurgische Entfernung, dann auch keine systemische Antibiose notwendig; ansonsten Drainieren, Analgesie, symptomatische Therapie mit Infusionen, assistierte Fütterung; Antibiose möglichst nach Antibiogramm.

Prognose Gut meist bei Abszessen der Haut/Unterhaut, Entfernung in einigen Bereichen besonders problematisch bzw. nicht möglich (z. B. Gastrointestinaltrakt, Lunge).

Literatur und Dosierungsvorschläge zu diesem Kapitel finden Sie unter www.schattauer.de/3111

6 Degu

6.1 Allgemeines

- Degus (*Octodon degu*) gehören in der Ordnung der Nagetiere (Rodentia) zur Unterordnung Hystericomorpha (Stachelschweinverwandte) und innerhalb der Teilordnung Hystricognathie zur Infraordnung Caviomorpha.
- Frei lebende Degus kommen endemisch in den **Anden Chiles** bis zu einer Höhe von 1200 m vor.
- Degus sind **herbi-, foli-** und **granivor**.
- Alle **Zähne** sind **wurzellos** und wachsen **lebenslänglich**.

> ! Bei Degus niemals Antibiotika mit gram-positivem Wirkspektrum einsetzen (s. a. Tab. 1-3)!

Steckbrief Degu

Lebenserwartung	3–9 Jahre
Körpergewicht	170–300 g
Körpertemperatur	38,1–39,5 °C
Herzfrequenz	240–390/min
Atemfrequenz	123–264/min
Geschlechtsreife	3 Monate
Trächtigkeitsdauer	84–90 Tage
Jungtiertyp	Nestflüchter
Säugeperiode	14–28 Tage
Geeignetes Kastrationsalter	w: nicht relevant m: 6 Monate
Uterus	Uterus duplex
Mammakomplexe	4 Paare
Urin-pH	alkalisch

6.2 Handling

- Der Umgang mit Degus sollte **ruhig** und **umsichtig** erfolgen. Degus versuchen sich einer Fixierung meist durch Flucht zu entziehen und sind sehr schnell. Einige Tiere beißen und urinieren.
- Um das Fell zu schonen, hat es sich bewährt, die Tiere mit **Einmalhandschuhen** anzufassen. Das vermeidet, dass das Fell durch den Schweiß an der Hand des Untersuchers leidet.

Tipp

Degus werden am besten mit dem sog. **Zangengriff** fixiert (Abb. 6-1).

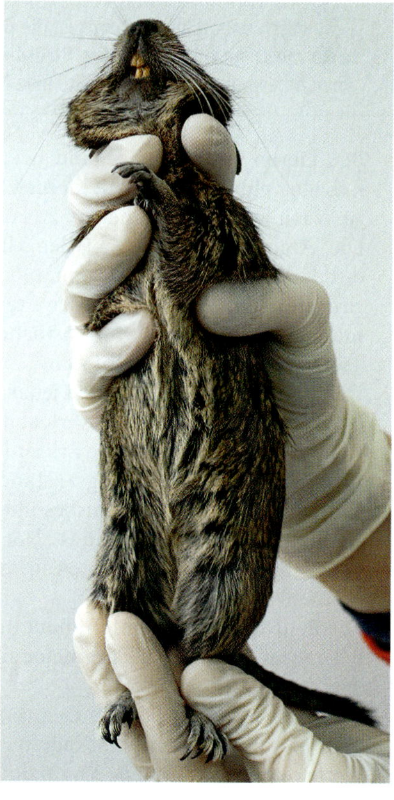

Abb. 6-1
Fixieren eines Degus mit Zangengriff

6.3 Klinische Untersuchung

- Vor der klinischen Untersuchung sollte das Tier im **Transporter** unauffällig beobachtet werden.
- Die für eine klinische Untersuchung notwendigen Parameter wurden bereits in Kapitel 1.1.3 dargestellt. Die Referenzbereiche der klinischen Parameter werden im Kasten „Steckbrief“ (s. oben) oder unter www.schattauer.de/3111 aufgeführt.
- Zu einer gründlichen klinischen Untersuchung gehören neben der Ermittlung der **Vitalparameter** auch eine sorgfältige **Adspektion, Palpation** und **Auskultation**.
- Die rektale **Körpertemperatur** von Degus liegt bei **38,1–39,5 °C**.[1]

> **!** Bei klinisch unauffälligen Degus ist die **Bestimmung der Körpertemperatur** meist mit **hochgradigem Stress** verbunden und führt zu starken Abwehrbewegungen, darum sollte eine Messung unterbleiben.

D

- Bei **Tieren in Seitenlage** und bei anästhesierten Tieren empfiehlt sich aber eine Messung mit **kleinen Sonden**, um über eine notwendige Wärmezufuhr entscheiden zu können.
- Die **Atemfrequenz** ist bei der klinischen Untersuchung bedingt durch Aufregung meist erhöht. Oft steigt bei krankhaften Veränderungen nicht die Frequenz der Atemzüge, sondern der Typ der Atmung verändert sich von costoabdominal zu abdominal und die Tiefe der Atemzüge erhöht sich.
- Das **Körpergewicht** sollte bei jeder Vorstellung ermittelt werden, da ein schleichender Gewichtsverlust meist nicht erkennbar ist, aber ein wertvoller Hinweis auf eine Erkrankung sein kann. Für die objektive Beurteilung des Ernährungszustands ist immer auch eine **Palpation des gesamten Körpers**, insbesondere der Wirbelsäule notwendig. Zudem ist das Wissen um das „Normalgewicht“ des Patienten ebenfalls sehr hilfreich, um den Allgemeinzustand besser beurteilen zu können.
- Die Beurteilung der **Schleimhaut** und der **KFZ** sind bei Degus keine besonders hilfreichen Parameter und oft erst bei schwer kranken Tieren deutlich verändert.
- Die **Lymphknoten** sind bei Degus nicht palpierbar.
- Wie bei allen weiblichen Nagern sollte der **Vaginalbereich** inspiziert werden. Eine offene Vaginalmembran kann Hinweis auf einen

Östrus, einen vorher stattgefundenen Deckakt oder eine Geburt, aber auch auf eine pathologische Veränderung der Gebärmutter sein.

- Zur Allgemeinuntersuchung von Degus gehört auch eine Untersuchung der **Maulhöhle** und der **Zähne**. Zuerst wird bei geschlossenem Maul die Stellung der **Schneidezähne** von vorn und von der Seite beurteilt, indem die Lippen vorsichtig nach oben bzw. unten verlagert werden.

Schneidezähne werden als gesund befundet, wenn sie folgende Kriterien erfüllen:

- **Keine Querrillen**
- Sie stehen **gerade**.
- Das **Verhältnis der Oberkiefer-** zu den **Unterkieferschneidezähnen** beträgt 1:1 bis 1:2.
- Die **Schneideflächen** der **Inzisivi** sind scharfkantig und gerade.
- Die **Schneideflächen der Unterkieferschneidezähne** liegen hinter den Oberkieferschneidezähnen und verursachen keine Schleimhautläsionen caudal der Oberkieferschneidezähne.
- Die **Schleimhaut der Alveolen** liegt den Zähnen eng an.

- Für eine oberflächliche Untersuchung der **Backenzähne** ohne Narkose können ein Wangenspreizer oder ein Otoskop mit Ohrentrichter verwendet werden. Es erfordert etwas Übung, um so die Maulhöhle gut beurteilen zu können.

Tipp

Ein **Stieltupfer** wird verwendet, um buccal und lingual zwischen Zahnreihen und Schleimhaut entlang zu fahren, um **Zahnspitzen** und **Schleimhautläsionen** zu erkennen und um den Bereich unter und neben der Zunge einzusehen.

6.4 Spezielle Untersuchungen

6.4.1 Bildgebung

Röntgen

- Die röntgenologische Beurteilung erfolgt in Grundsätzen wie bei den Kleintieren.

Für eine vollständige Beurteilung sind immer **zwei Ebenen** notwendig, auf denen der gesamte Körper (außer Kopf) abgebildet sein sollte. Eventuell müssen die Tiere für Röntgenaufnahmen sediert/anästhesiert werden.

- In der laterolateralen Projektion erscheint das craniale **Lungenfeld** etwas röntgendichter als die caudalen Lungenbereiche.
- Das **Herz** von gesunden Degus hat in der laterolateralen Projektion eine Größe von 2–3 Interkostalräumen.
- Der **Leber**schatten sollte in beiden Projektionen nicht über den Rippenbogen hinausragen.
- Der **Magen** liegt in ventrodorsaler Projektion links.
- Einzelne Bereiche des Darmtrakts sind bei gesunden Tieren meist nicht zu unterscheiden. Bei Ansammlungen von Gas stellt sich der **Blinddarm** gelegentlich gut dar.
- Die **Nieren** sind oft nicht erkennbar.
- Die **Harnblase** liegt vor dem Beckeneingang, ist aber meist nicht röntgenologisch identifizierbar.

Männliche Degus haben einen **Penisknochen**.

- Unveränderte **Uteri** weiblicher Tiere werden in der laterolateralen Projektion nicht dargestellt.

Ultraschall

- Die Sonografie des Abdomens und des Herzens ist meist **ohne Sedation** möglich.

D

Tipp

Es stehen immer nur **kurze Zeitfenster** zur Verfügung, da die Tiere sich der Untersuchung entziehen wollen. Zur Fixierung eignet sich der **Zangengriff** (Abb. 6-1). Dabei sollte das Tier aufrecht mit den Hinterbeinen auf einer Unterlage stehend geschallt werden.

- Für den **Abdomenultraschall** eignen sich **Linearsonden**, für den **Herzultraschall Sektorschallköpfe** (7,5–12 MHz).
- Meist sind die **intraabdominalen Organe** bis auf wenige Ausnahmen (verschiedene Bereiche des Magen-Darm-Trakts, Pancreas) gut darstellbar. Tiere, die sehr viel Gas im Magen-Darm-Trakt aufweisen, lassen sich aber oft schlecht untersuchen. Gelegentlich hilft es, gashaltige Darmschlingen wegzuschieben bzw. aus einem anderen Winkel die Zielorgane anzuschallen.
- Die **Leber** ist homogen und ihre Echogenität entspricht der Milz. Die **Gallenblase** liegt rechts.
- Die **Milz** ist klein und liegt dem Magen links an.
- Die **Nierenpapille** ragt in den Ureter.
- Die **Blase** ist gut sonografisch erkennbar.
- Meist sind nur die caudalen Anteile gesunder Uteri als kleine hypoechogene Gebilde darstellbar. Die kleinen längsovalen Ovarien liegen caudal der Nieren und sind nicht immer auffindbar.

D

! **Degus** sollten zur **Trächtigkeitsdiagnostik** möglichst **nicht sonografiert** werden, da evtl. Aborte auftreten könnten.

Computertomografie

Die Computertomografie eignet sich auch bei Degus sehr gut, insbesondere für die Darstellung knöcherner Strukturen in verschiedenen Körperregionen, v. a. der Wirbelsäule, des Beckens und des Kopfes.

Besonders hilfreich ist die CT zur Darstellung von **Zahnveränderungen**. Dafür ist bei Degus eine Narkose notwendig.

Endoskopie

Nur für die Untersuchung der **äußeren Gehörgänge** und der **Maulhöhle** geeignet.

Elektrokardiografie

Liegen **Arrhythmien** vor, kann versucht werden ein EKG anzufertigen.

> ! Die Durchführung eines EKGs ist bei klinisch munteren Tieren nicht unproblematisch, da die Tiere oft nicht stillhalten und die Klemmen vergleichsweise groß sind. Eventuell muss das Tier dafür kurz **sediert** werden.

Untersuchung der Maulhöhle in Narkose

- Eine ausführliche Untersuchung der Zähne und ggf. Zahnkorrektur sollte in Narkose erfolgen und möglichst **mit Röntgen/CT** kombiniert werden.
- Vor der Anästhesie müssen die Tiere ausreichend mit **Infusionen, Schmerzmitteln** und **assistierter Fütterung** stabilisiert werden.

> **Tipp**
>
> Bei **älteren Patienten** können eine **Blutuntersuchung** sowie **Ganzkörperröntgenaufnahmen** sinnvoll sein, um andere relevante Veränderungen zu diagnostizieren.

- Neben einer **Adspektion** können mit **Heidemann-Spatel** und **Dentalsonde** lockere Zähne und veränderte Alveolen gefunden werden.

6.4.2 Labordiagnostik

Blutprobenentnahme

> Die Blutprobenentnahme bei Degus erfolgt meist an der **V. cava cranialis**, der **V. saphena lateralis**, seltener an der **V. jugularis**.

Für die Blutentnahme müssen die Tiere ggf. **sediert** oder **anästhesiert** werden.

Hämatologie

- Referenzbereiche finden sich unter www.schattauer.de/3111.
- Hämatologische Veränderungen werden grundsätzlich wie bei Kleintieren aufgearbeitet.

Blutchemie

- Die Aufarbeitung blutchemischer Veränderungen erfolgt grundsätzlich wie bei Kleintieren.

Eine Besonderheit der Herbivoren ist, dass die Tiere zur Blutentnahme **nicht nüchtern** sein müssen/sollen.

Harnuntersuchung

- Meist ist eine Harnuntersuchung **nicht möglich**, da die Tiere nur selten spontan Harn absetzen.

! Von einer manuellen Entleerung der Blase sollte aufgrund des potenziellen **Verletzungsrisikos** abgesehen werden.

- Steht doch ein Tröpfchen Harn zur Verfügung, sollte neben der **Bestimmung des pH-Werts** eine **Nativuntersuchung** unter dem Mikroskop erfolgen.
- Möglichkeiten und Einschränkungen der Harnuntersuchung werden in Kapitel 1.1.5 dargestellt.
- Der physiologische **pH-Wert** des Harns ist **alkalisch**.

Sollte der Harn **sauer** sein, ist dies meist ein Hinweis auf eine **Acidose** und eine schwere Erkrankung.

- Im Harn von Degus sollten maximal **Spuren von Protein, keine Glucose, kein Blut** (vereinzelt Erythrozyten bei Zystozenteseharn möglich) und auch **keine Leukozyten** vorhanden sein. **Bakterien** sind ein normaler Befund bei manuell gewonnenem Harn.
- **Glucosurien** werden v.a. durch stressbedingte sowie iatrogen verursachte Hyperglykämien und Tubulusschäden in den Nieren verursacht. Ein **Diabetes mellitus** kommt bei Degus gelegentlich vor.

D

6.5 Prophylaxemaßnahmen

6.5.1 Impfung

Für Degus stehen **keine Impfungen** zur Verfügung.

6.5.2 Endoparasitenprophylaxe

- Eine regelmäßige Prophylaxe gegen Endoparasiten ist bei Degus **nicht notwendig**.

Bei Tieren, die in größeren Gruppen mit häufig wechselnder Zusammensetzung gehalten werden, sollte eine regelmäßige **Kontrolle des Kots auf Endoparasiten** erfolgen.

- Eine Therapie sollte durchgeführt werden, wenn ein konkreter Nachweis vorliegt.

D

6.5.3 Ektoparasitenprophylaxe

- Eine regelmäßige Prophylaxe gegen Ektoparasiten ist nicht notwendig.

6.5.4 Sonstige Prophylaxemaßnahmen

- Eine **tierartgerechte Fütterung** ist eine wichtige Maßnahme, um Zahnerkrankungen bei Chinchillas vorzubeugen. Eine ausschließliche Fütterung mit Heu und Grünfutter hat einen entscheidenden Einfluss auf die Zahngesundheit.
- **Halskragen** sind bei Degus nur selten notwendig. Bei unzureichender Analgesie kann es aber zur Automutilation kommen.

6.6 Medikamenteneingabe

- Medikamente werden bei Degus wie bei anderen Heimtieren appliziert (Kap. 1.2.1).
- Eine i. v. Applikation ist aufgrund der geringen Größe nicht möglich.

6.7 Anästhesie und Analgesie

- Vor jeder Anästhesie sollte eine **gründliche klinische Evaluierung** des Patienten erfolgen. Bei älteren Tieren sollte eine **Blut- und Röntgenuntersuchung** erwogen werden, da subklinische Erkrankungen intra- und postoperativ relevant werden können.
- Das zu erwartende **Narkoserisiko** des Patienten (ASA-Gruppe) und die Einschätzung der zu erwartenden **Schmerzen** helfen bei der Wahl der geeigneten Analgesie und Anästhesie.

Da Degus **nicht erbrechen** können, ist ein Wasser- und Nahrungsentzug vor Operationen nicht notwendig. Zudem kommt es bei Nahrungskarenz zu metabolischen Störungen.

6.7.1 Analgesie

Eine Übersicht möglicher Indikationen und der verwendbaren Analgetika findet sich in Tabelle 1-6. Die bei Degus häufig eingesetzten Analgetika und deren Dosierungen finden sich in Tabelle 6-1.

6.7.2 Prämedikation, Sedation, Narkoseeinleitung und Operationsvorbereitung

Eine **Infusion** sowie eine **ausreichende Analgesie** (abhängig vom geplanten Eingriff) sind wichtige präoperative Maßnahmen.

Tab. 6-1 Analgetika für Degus

Wirkstoff	Dosierung
Buprenorphin	0,05–0,1 mg/kg s. c. BID–TID
Butorphanol	0,2–2,0 mg/kg s. c., i. m. alle 2–4 Stunden
Meloxicam	0,1–0,3 mg/kg p. o., s. c. SID
Carprofen	2–5 mg/kg p. o., s. c. SID–BID
Metamizol	80 mg/kg s. c., p. o. alle 4–6 Stunden
Gabapentin	3–5 mg/kg p. o. SID–TID

D

Möglichkeiten zur Sedation und Anästhesie werden in Tabelle 6-2 aufgeführt.

Tab. 6-2 Wirkstoffe zur Sedierung und Anästhesie von Degus

Wirkstoff	**Dosis (mg/kg)**	**Applikationsart**	**Bemerkungen**
Diazepam[2]	1–5	i. m.	• Sedation • Große Injektionsmenge
Midazolam[3]	2,5–5,0	i. m.	• Sedation • Große Injektionsmenge, nicht für Tiere zugelassen
Medetomidin[1]	0,1–0,3	i. m., s. c.	• Sedation und Analgesie • Reversion mit Atipamezol (gleiches Volumen wie Medetomidin s. c.)[4]
Ketamin/ Medetomidin[5]	5/ 0,06	i. m.	Anästhesie 20–30 min
Ketamin/ Xylazin[5]	20–40/ 2	i. m.	• Anästhesie 20–30 min • Zur Einleitung für eine Isofluranarkose nur 20–30 mg/kg Ketamin verabreichen.
Fentanyl/ Midazolam/ Medetomidin[3]	0,005/ 2,0/ 0,15	i. m.	• Anästhesie • Midazolam für Tiere nicht zugelassen
Antagonisierung:			
Buprenorphin	0,1	i. m.	
oder			
Butorphanol/ Flumazenil/ Atipamezol	0,1/ 0,2/ 0,75	s. c.	

Tipp

Schon direkt nach der Narkoseeinleitung sollten Maßnahmen ergriffen werden, die einer **Hypothermie** vorbeugen (Wärmematte etc.). **Scheren** und **Desinfizieren** sollten sparsam, aber ausreichend erfolgen.

6.7.3 Intubation

Aufgrund der geringen Größe wird eine Intubation bei Degus in der Praxis meist nicht durchgeführt.

6.7.4 Narkoseaufrechterhaltung

! Eine reine **Injektionsnarkose** ist bei Degus aufgrund der geringen Körpergröße nicht ganz unproblematisch. Es sollte möglichst zusätzlich eine **Inhalationsnarkose** (Isofluran oder Sevofluran) zur Verfügung stehen.

D

- Circa 0,5–2 Vol% Isofluran sind für die **Aufrechterhaltung einer Narkose** je nach Prämedikation oft ausreichend.
- **Sauerstoff** dient meist als Trägergas.
- Offene Systeme benötigen meist einen **minimalen Flow von 1 l/min**, damit ausreichend Narkosegas zum Patienten gelangt.

Je höher der Flow, desto höher ist der **Wärmeverlust** des Patienten.

6.7.5 Narkoseüberwachung

Je nach Möglichkeiten erfolgt eine Überwachung mit **EKG, Pulsoxymetrie** (Ohr, Pfote, Schwanz).

6.8 Wichtige Erkrankungen bei Degus

6.8.1 Erkrankungen der Haut und der Hautanhangsorgane

Die Abklärung von Hauterkrankungen sollte grundsätzlich wie bei Kleintieren erfolgen, damit eine korrekte Diagnose gestellt werden kann.
Die im Folgenden dargestellten Hauterkrankungen sind regelmäßig auftretende Veränderungen. Seltene Erkrankungen sind der weiterführenden Literatur zu entnehmen.[1,6]

Dermatitis

Häufigkeit Regelmäßig.
Alter Alle Altersklassen.
Ursache Sekundär infizierte Wunden; Dermatophyten (v. a. *Trichophyton mentagrophytes*), Ektoparasiten (v. a. *Ornithonyssus bacoti*), Fellfressen (eigenes, durch Partnertiere), Verlust von Schwanzhaut durch inadäquate Fixierung oder Partnertiere[1,6]. Kontaktdermatitis bei Harninkontinenz, starkem Durchfall, starkem Speicheln.
Klinik Je nach Ursache trockene bis nässende Dermatitis, Alopezie, evtl. schuppend, ggf. schmerzhaft, evtl. Juckreiz.
Diagnostik Systematische dermatologische Aufarbeitung.
Differenzialdiagnosen Myxosarkom, malignes Histiozytom.[6]
Therapie Spezifische Behandlung je nach Ursache.

- **Ausgedehnte Dermatitiden:** ggf. **systemische Antibiose** nach Antibiogramm, ggf. Analgesie, gegen Pruritus Diphenhydramin (5 mg/kg p. o., s. c. BID–QID)
- **Dermatophytosen:** Systemische Pulstherapie mit Itrakonazol (5–10 mg/kg oral SID, 7 Tage, 7 Tage Pause 6–8 Wochen bzw. bis Kultur negativ); zusätzlich lokale Therapie mit Enilkonazol (0,2 %ige Lösung) alle 3–4 Tage auf die veränderten Stellen auftragen, Umgebungsbehandlung mit Chlorbleiche[7] Aufgrund des **Zoonoserisikos** sollte eine gründliche Therapie durchgeführt und der Besitzer entsprechend aufgeklärt werden, zusätzlich muss die Haltung verbessert werden. Badesand austauschen!
- **Ektoparasiten:** Ivermectin (0,2–0,4 mg/kg s. c., wdh. nach 10 Tagen) (v. a. bei Demodex-Milben), Doramectin (0,5 mg/kg s. c. 3 × im Abstand von 7 Tagen), Selamectin (20 mg/kg spot on percutan, wdh. nach 21–28 Tagen), Fipronil (1–2 Pumpstöße auf Handschuh geben – ca. 7,5 mg/kg – und auf dem Fell verteilen, 1–2 × im Abstand von 7–10 Tagen wiederholen) plus Umgebungstherapie mit entsprechenden Akariziden (z. B. Pyrethroiden) bei *Ornithonyssus-bacoti*-Befall[8]

Prognose Gut, wenn Ursache therapiert werden kann.

> ! Zoonosegefahr bei Trichophyten!

Bissverletzungen

Häufigkeit Regelmäßig.
Alter Vor allem adulte Tiere.

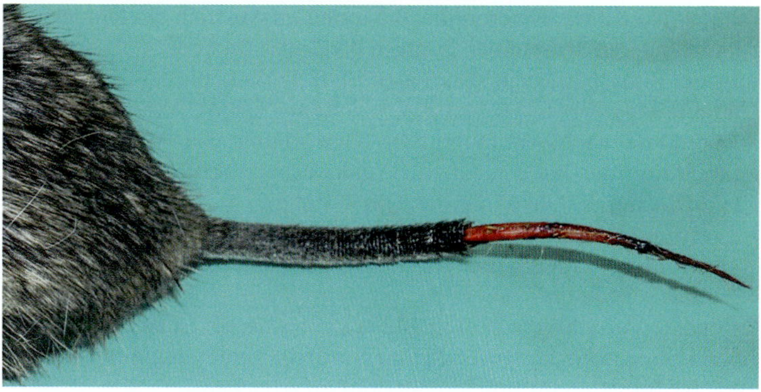

Abb. 6-2 Degu mit Schwanzverletzung

D

Ursache Auseinandersetzungen innerhalb der Gruppe.
Klinik Verletzungen, die über den gesamten Körper verteilt sein können (Abb. 6-2).
Diagnostik Klinik.
Therapie Wundreinigung, ggf. chirurgische Versorgung, bei Bildung von Abszessen möglichst vollständige Abszessentfernung, ansonsten Abszessspaltung mit Einlegen von Drainage (meist Iodoformdrainage), ggf. Marsupialisation, Analgesie, ggf. Infusionen, assistierte Fütterung, ggf. systemische Antibiose nach Antibiogramm.

> ! Die Prognose hängt vom Ausmaß der Verletzungen ab. Diese können auch so schwer sein, dass die Tiere versterben oder euthanasiert werden müssen.

6.8.2 Ohrenerkrankungen

Otitis externa/media/interna

Häufigkeit Selten.
Ursache Meist bakteriell bedingt, Auslöser bleibt oft unklar.
Alter Vor allem ältere Tiere betroffen.
Klinik Subklinisch, Juckreiz, Krusten an den Pinnae und im Gehörgang, eitriges Ohrsekret; Kopfschütteln; bei Entwicklung einer Mittel- und Innenohrentzündung Symptome eines peripheren Vestibularsyndroms (Nystagmus, Ataxie, Kopfschiefhaltung, Horner-Syndrom etc.).

Diagnostik Klinik; Heterophile, Bakterien im Abstrich des Ohrsekrets; bei vestibularen Symptomen Röntgen der Bullae und/oder CT (Verschattung der Bulla, periostale Reaktionen); evtl. Endoskopie des Gehörgangs.

Therapie

- Antibiose nach Antibiogramm (Gewinnung von Material durch Punktion der Bulla möglich), Analgesie, topische Behandlung der Otitis externa (Ohrreinigung, Ohrspülung)
- **Vestibularsyndrom:** Infusionen, Analgesie, H_1-Blocker (z. B. Diphenhydramin 1–2 mg/kg p. o., s. c. BID) gegen Schwindel; ggf. Bullaosteotomie

Prognose Vorsichtig, v. a. ohne Bullaosteotomie; oft ist auch mit Langzeitantibiose, Ohrreinigung, Schmerzmitteln keine endgültige Abheilung der Infektion im Innen-/Mittelohr zu erreichen.

6.8.3 Augenerkrankungen

D

Untersuchung, Diagnose und Therapie von Augenerkrankungen werden bei Degus grundsätzlich wie bei Kleintieren vorgenommen.

> **Tipp**
>
> Die Messung der Tränenproduktion muss mit dem **Phenolrot-Test** erfolgen, da der Schirmer-Tränentest zu unzuverlässig ist.

Im Folgenden werden die wichtigsten Veränderungen kurz dargestellt.

Exophthalmus

Häufigkeit Gelegentlich.

Ursache Meist retrobulbäre raumfordernde Prozesse, v. a. durch Abszess (durch Zahnerkrankung), evtl. Entzündung von Tränendrüse oder Glandula zygomatica, Neoplasie, Hämatom, Bandwurmzysten als Ursache möglich.

Klinik Heraustreten des Augapfels aus der Augenhöhle, Konjunktivitis, Keratitis, Hornhautulzeration.

Diagnostik Klinik, Röntgen/CT, Ultraschall, Punktion und zytologische Untersuchung; bei Abszessen Suche nach Ursache durch Maulhöhlenuntersuchung in Narkose, Röntgen/CT des Schädels.

Differenzialdiagnosen Buphthalmus durch Glaukom.

Therapie

- **Abszess, Mukozele** und **intakte Hornhaut:** evtl. bulbuserhaltende Chirurgie möglich

- **Irreversible Schädigung der Hornhaut:** Enukleation
- **Abszesse:** Ursache suchen und beheben (meist Zahnproblem, gelegentlich auch Fremdkörper)
- **Nachweis eines Lymphoms:** ggf. Einsatz von Prednisolon; Antibiose nach Antibiogramm bei Abszessen (Anaerobier spielen auch oft eine Rolle); Analgesie

Tipp

Solange kein ausreichender Lidschluss möglich ist, Schutz der Hornhaut durch häufiges Auftragen von **Tränenersatzmitteln**.

Prognose Abhängig von Beeinträchtigung des Auges und der Ursache; oft Verlust des Auges.

Dakryozystitis

Häufigkeit Regelmäßig.
Ursache Vor allem Zahnerkrankungen.
Klinik Epiphora.
Diagnostik Klinik (einschließlich Maulhöhlenuntersuchung in Narkose), gründliche ophthalmologische Untersuchung, Röntgen/CT des Schädels, evtl. bakteriologische Untersuchung, Zytologie.
Differenzialdiagnosen Andere Erkrankungen, die mit Epiphora einhergehen (s. a. Kap. 1.7.17).
Therapie Je nach Ursache, Antibiose nach Antibiogramm, Analgesie, Zahnproblem lösen.
Prognose Abhängig von Ursache und deren Therapierbarkeit, bei Zahnerkrankungen oft keine dauerhafte Verbesserung, insbesondere, wenn das Problem schon länger besteht.
Prophylaxe Korrekte Fütterung.

Konjunktivitis

Häufigkeit Regelmäßig.
Ursache Bleibt oft unklar, Fremdkörper (Stroh, Heu, Badesand), Trauma, Zahnerkrankung, im Verlauf einer Erkrankung der oberen Atemwege.
Klinik Rötung und Schwellung der Konjunktiva, Epiphora.
Diagnostik Klinik, einschließlich sorgfältiger ophthalmologischer Untersuchung, ggf. bakteriologische Untersuchung.
Therapie Je nach Ursache, Fremdkörper entfernen, Abszesse versorgen, antibiotikahaltige Augentropfen (Tetracyclin), Schmerzmittel (lokal und/oder systemisch), Reinigung der Augenumgebung.
Prognose Meist gut.

Keratitis/Hornhautulkus

Häufigkeit Regelmäßig.

Ursache Bleibt oft unklar, meist Trauma (Fremdkörper, evtl. nicht adäquater Badesand), Expositionskeratitis (z. B. bei Exophthalmus, Fazialislähmung), unzureichender Hornhautschutz bei Anästhesie, Entropium, Distichiasis, ektopische Zilie, Ausbreitung einer Konjunktivitis auf die Hornhaut etc.[9]

Klinik Fluorescein-positive Trübung der Hornhaut, Konjunktivitis, Miosis, Blepharospasmus, im fortgeschrittenen Stadium Panophthalmie, Gefäßeinsprossung bei älteren Veränderungen, evtl. Exophthalmus.

Diagnostik Klinik einschließlich sorgfältiger ophthalmologischer Untersuchung, ggf. bakteriologische Untersuchung; bei Exophthalmus Maulhöhlenuntersuchung, Röntgen/CT.

Therapie

- Lokale Antibiose (Tetracyclin) mehrmals täglich, Vitamin-A-haltige Augensalben, lokale Analgesie mit Mydriatikum (Atropin), systemische Analgesie (Metamizol 80 mg/kg s. c., p. o. alle 4–6 h); Débridement/Keratektomie unter Anästhesie bei nicht-heilenden Ulzerationen
- **Entropium, Distichiasis, ektopische Zilie:** chirurgisch versorgen
- Nachweis von **reduziertem Tränenfluss:** künstlicher Tränenersatz

Prognose Gut bis infaust.

D

Erkrankungen der Linse

Häufigkeit Regelmäßig.

Vorkommen Vor allem Katarakt, Nukleosklerose, seltener Linsenluxation.

Ursache Folge eines Diabetes mellitus (Katarakt) durch zuckerreiche Ernährung,[6] altersbedingt (Nukleosklerose), Uveitis bedingt durch Trauma oder Uveitis.

Klinik Trübung der Linse, Linse nicht in Position, Blepharospasmus, Epiphora, Nebenbefund ohne weitere Klinik.

Diagnostik Klinik, spezielle Augenuntersuchung einschließlich Fluoresceinprobe und Schirmer-Tränentest; Glucose- und Fructosaminkonzentrationsbestimmung zum Nachweis eines Diabetes mellitus.

Therapie

> Bei Vorliegen eines Katarakts ist meist keine Therapie notwendig, insbesondere, wenn keine linseninduzierten Uveitis auftritt.

- **Linseninduzierte Uveitis:** ggf. steroidhaltige Augentropfen
- **Systemisch:** Analgetika, Kontrolle auf Linsenluxation und Glaukomentwicklung
- **Diabetes mellitus:** meist nur Futterumstellung möglich (Kap. 6.8.11)

Prognose Solange keine Uveitis auftritt und die Tiere sich in bekannter Umgebung bewegen, kommen viele Tiere sehr gut zurecht.

6.8.4 Erkrankungen des Respirationstrakts und des Thorax

In der klinischen Situation ist es nicht immer möglich, **respiratorische Ursachen** von Dyspnoe sicher von **anderen Ursachen** abzugrenzen. Eine sorgfältige Anamnese und gründliche Untersuchung sowie die Zuordnung der evtl. vorliegenden **Dyspnoeart** zu inspiratorisch, exspiratorisch und gemischt können wertvolle Hinweise liefern. **Röntgen** und **Blutanalyse** helfen ebenfalls bei der Diagnose.

D

Rhinitis

Häufigkeit Regelmäßig.

Ursache Sehr häufig Zahnerkrankungen, seltener primär durch Bakterien verursacht.[6]

Klinik Nasenausfluss, inspiratorisches Atemgeräusch, Dyspnoe, Niesen, Inappetenz, Apathie, Gewichtverlust.

Diagnostik Klinik, Röntgen/CT, Endoskopie, mikrobiologische Untersuchung von Nasenspülproben bei Verdacht auf bakterielles Geschehen.

Therapie Behandlung je nach Ursache (siehe dort), Analgesie, ggf. systemische Antibiose.

Prognose Gut bei geringgradigen Symptomen und Veränderungen; schlecht bei vollständiger Verlegung der Nasenhöhlen und mittel- bis hochgradigen Symptomen oder, wenn kein Ansprechen auf die Therapie.

Pneumonie

Häufigkeit Gelegentlich.

Ursache Bleibt meist unklar, evtl. Bakterien (z. B. Klebsiellen, Pseudomonaden, Pasteurellen, *Staphylococcus aureus* etc.), evtl. Aspiration.[1,10]

Alter Alle Altersklassen.

Klinik Je nach Schweregrad und Ursache, v. a. Niesen, Dyspnoe, Schwäche, Inappetenz, Apathie, Nasen- und Augenausfluss, Konjunktivitis, Sepsis, Fieber, Hypothermie, Tod.

Labordiagnostik Eventuell unauffällig, möglich sind Heterophilie, Lymphopenie, Anämie.

Radiologische Veränderungen Deutlich erhöhte Röntgendichte des Lungengewebes, evtl. bei chronischem Verlauf sekundär Herzvergrößerung (Rechtsherzvergrößerung).
Diagnostik Anamnese, Klinik, Röntgen, evtl. CT, evtl. mikrobiologische Untersuchung von Nasenspülproben, obwohl die in der Nasenspülprobe nachgewiesenen Erreger nicht unbedingt Ursache der Pneumonie sein müssen.
Differenzialdiagnosen Lungenneoplasien (bronchioloalveolares Karzinom).[10]
Therapie Systemische Antibiose, Infusionen, Bronchodilatatoren (Theophyllin 4 mg/kg s.c., p.o. BID–TID), Mukolytika (Acetylcystein 3 mg/kg p.o., s.c. BID), Antipyretika (Metamizol 80 mg/kg s.c., p.o. alle 4–6 h), assistierte Fütterung.
Prognose Je nach Ursache gut bis infaust.

6.8.5 Herz-Kreislauf-Erkrankungen

D

Herzerkrankungen

Häufigkeit Gelegentlich.
Ursache Unbekannt.
Alter Vor allem ältere Tiere.
Vorkommen/Entität Vermutlich vergleichbar zu anderen Heimtierarten, bisher nicht genauer beschrieben.
Klinik Je nach Schweregrad asymptomatisch, Tachypnoe, Dyspnoe, Schwäche, Inappetenz, Apathie, Gewichtsverlust, verlängerte KFZ, Ödeme, plötzlicher Tod.
Radiologische Veränderungen Eventuell unauffällig, Kardiomegalie, Thoraxerguss, Lungenödem (oft nicht sicher von anderer Lungenpathologie zu unterscheiden), Aszites.
Diagnostik Klinik, Auskultation (Arrhythmien, Herzgeräusche), Röntgen, EKG, Echokardiografie.
Therapie Die Therapien werden von Kleintieren extrapoliert, bisher keine Therapiestudien verfügbar.

- **Akutes Herzversagen:** Sauerstoff, Furosemid (1–4 mg/kg i.v., i.m., s.c. BID/TID), bei bestehendem Pleuraerguss Punktion
- Je nach Bedarf Gaben von Furosemid, ACE-Hemmer (Benazepril 0,1 mg/kg p.o. SID oder Enalapril 0,5–1 mg/kg p.o. SID oder Imidapril 0,25 mg/kg p.o. SID oder Ramipril 0,125 mg/kg p.o. SID), Pimobendan (0,2–0,4 mg/kg p.o. BID), Antiarrhythmika (ggf. Digoxin 0,005–0,01 mg/kg p.o. SID–BID oder Diltiazem 0,5–1 mg/kg p.o. SID–BID)

Prognose Je nach Ursache und Krankheitszustand meist schlecht, da die Tiere in fortgeschrittenem Krankheitszustand vorgestellt werden.

6.8.6 Erkrankungen des Verdauungstrakts

Zahnerkrankungen

Häufigkeit Sehr häufig auftretend.[6]
Verbreitung Übermäßiges Zahnwachstum, Fehlbiss, Zahnspitzen, Alveolarabszesse, Elodontome etc.[6,11,12]
Ursache

Die Ursache bleibt oft unklar, u. a. können inadäquates (wenig abrasives) Futter (Trockenfutter), falsche Mineralstoffzusammensetzung des Futters (geringer Calcium-, hoher Phosphorgehalt)[13,14] ursächlich sein. Auch Fehlstellungen der Zähne, Fehlbiss durch Zahnveränderungen, z. B. aufgrund von Alveolitis, Abszessen, Neoplasien, längere Inappetenz, in seltenen Fällen evtl. eine Zahnfach- oder Kieferfraktur kommen als Ursache in Betracht.

D

Klinik Vielfältig, evtl. Nebenbefund bei klinischer Untersuchung, Hypersalivation, futterverklebte Maulwinkel, selektive Futteraufnahme (v. a. weiche Futtermittel werden aufgenommen), teilweise Pseudoinappetenz, später Inappetenz, veränderte Kaubewegungen, verstärkte Kopfbewegung beim Kauen, deutlich verlängerte Futteraufnahme, Umfangsvermehrungen an Ober- oder Unterkiefer; übermäßiges Wachstum der Zähne, inadäquate Abnutzung der Schneidezähne, „Leerkauen", Schmerzäußerungen, Abmagerung; fehlender Kotabsatz, kleine Kotballen, Augen- und/oder Nasenausfluss, Dakryozystitis, Exophthalmus, inspiratorische Dyspnoe und/oder eitriger Nasenausfluss, Farb- und Strukturveränderungen der Inzisivi und der Backenzähne, Lippenverletzung etc.

Der Verlust der **orange-gelben Färbung** der **rostralen Schneidezahnfläche** ist offenbar kein Hinweis auf einen Calcium- oder Eisenmangel. Teilweise tritt dies in Zusammenhang mit Veränderungen der Zahnstruktur bei **Entzündungen der Alveolen** auf, teilweise sind bis auf den Farbverlust keine anderen Veränderungen makroskopisch sichtbar.

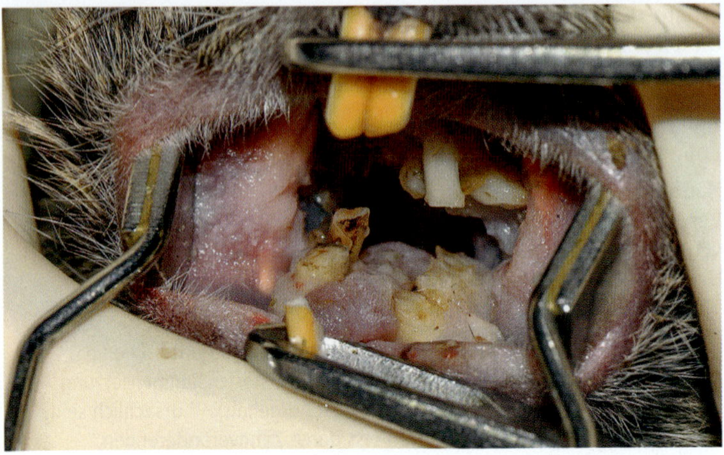

Abb. 6-3 Hochgradige Backenzahnveränderungen bei einem Degu

D

Diagnostik Klinik, Maulhöhlenuntersuchung (Abb. 6-3), Röntgen (Abb. 6-4a, b), CT.

Therapie

> **!** Oft ist **keine kausale Therapie** möglich, da die Zahnerkrankung nicht selten zum Zeitpunkt der ersten Vorstellung schon stark fortgeschritten sind

- **Futterumstellung:** nur Heu und Grünfutter, kein Trockenfutter (Pellets, bunte Mischung, Grünrollis, Yoghurtdrops etc.). Ohne diesen Schritt wird eine Verschlechterung der Zahngesundheit die Folge sein, in einigen Fällen kann die Futterumstellung dazu führen, dass die Tiere keine regelmäßigen Zahnkorrekturen benötigen.
- Kürzen überlanger **Schneidezähne** mit Trennscheibe (meist Wiederholung nach 3–6 Wochen notwendig), Extraktion lockerer bzw. stark veränderter schmerzhafter Schneidezähne;

> **!** Eine **Extraktion aller Schneidezähne** sollte bei Degus möglichst **nicht** erfolgen, da dann meist nicht mehr ausreichend selbstständig Nahrung (auch kleingeschnittene) aufgenommen werden kann. Eine **permanente Zufütterung** ist ggf. notwendig und muss vom Besitzer durchführbar sein.

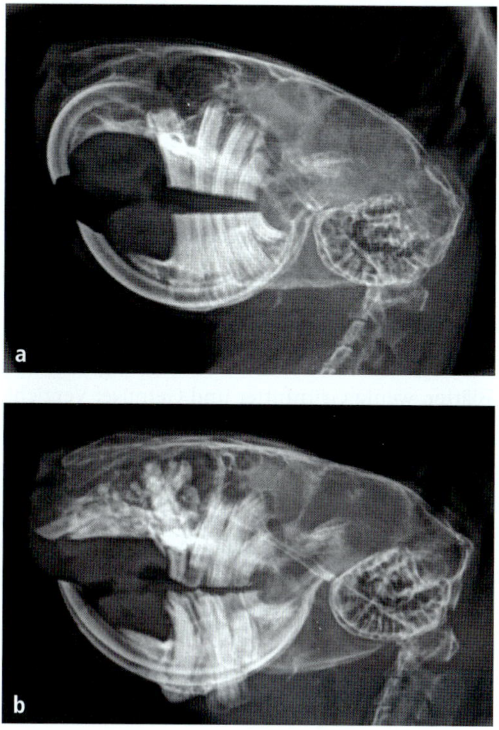

Abb. 6-4 Röntgenaufnahmen (laterolaterale Projektion) des Schädels: **a** zahngesunder Degu, **b** mit massiven Zahnveränderungen

- Unter Anästhesie regelmäßige **Wiederherstellung anatomisch korrekter Kauflächen** und **Zahnlängen** im Bereich der **Backenzähne** mit rotierenden Schleifinstrumenten
- Unter Anästhesie chirurgische Versorgung von **Zahnfachabszessen:** Entfernung *in toto* wenn möglich oder großzügiges Eröffnen, Ausräumen und Marsupialisation, um ein schnelles Verschließen durch die Heilung der Haut zu verhindern; Einlegen von Drainagen (meist Iodoform) für die ersten Tage mit täglichem oder 2-tägigem Wechsel; Extraktion lockerer Zähne; systemische Antibiose nach Antibiogramm (Untersuchung auf Anaerobier nicht vergessen!); evtl. Verwendung von lokal desinfizierenden Mitteln oder lokalen Antibiotika (kontrovers diskutiert) – bisher keine Studien dazu
- **Elodontome:** betroffenen Zahn extrahieren.

- **Retrobulbäre Abszesse** werden meist mit einer Bulbusexstirpation therapiert.
- **Symptomatische Therapie:** je nach Zustand des Tieres mit Infusionen, Analgesie, assistierte Fütterung

Bei Auftreten eines Zahnproblems muss mit einer **lebenslangen Therapie** gerechnet werden, zu Beginn engmaschige Kontrolle, später weitere Abstände, je nach Befund.

Prognose Je nach Ursache gut bis infaust, v.a. bei Erkrankungen der Backenzähne schlecht.
Prophylaxe Ausschließliche Fütterung mit adäquatem Futter wie Heu, Blätter, wenig Grünfutter und Gemüse; Verzicht auf Trockenfutter und Leckerlis (Yoghurtdrops, Knabberstangen etc.)

Tipp

Nagematerial wie Äste oder Porenbeton haben vermutlich keinen Einfluss auf die Abrasion der Zähne. **Äste** sind aber sicherlich eine sinnvolle Bereicherung der Fütterung und eine sinnvolle Beschäftigungsmaßnahme.

Gastroenteritis/Enterotoxämie

Häufigkeit Regelmäßig.
Ursache

- **Dysbakterie** v.a. durch abrupte Futterumstellung oder inadäquates Futter, vermehrtem Wachstum von *E. coli*[1] und nach Gabe von unverträglichen Antibiotika[6]
- Seltener **parasitär:** *Giardia* spp. erwähnt;[10] evtl. Kokzidien; Nematoden, Zestoden und Trematoden spielen bei Heimtierdegus keine Rolle.
- **Zahnerkrankungen** und andere **extraintestinale Ursachen** (z.B. Nieren-, Herzerkrankungen)

Klinik Durchfall, Apathie, Inappetenz, Dehydratation, Rektumprolaps, Gewichtsverlust, plötzlicher Tod.
Diagnostik Klinik (einschließlich Maulhöhlenuntersuchung), koprologische Untersuchung (nativ oft schon hinweisend), Röntgen zum Ausschluss anderer Durchfallursachen (s.a. Kap. 1.7.7), ggf. mikrobiologische Untersuchung, einige Erreger müssen über spezielle Methoden nachgewiesen werden (z.B. Koproantigen-ELISA für Giardien).

Therapie Behandlung je nach Ursache.

- **Symptomatische Therapie:** je nach Schweregrad mit Infusionen, Analgesie (Metamizol 80 mg/kg s. c., p. o. alle 4–6 h)
- Je nach **parasitologischem Befund:** Behandlung mit entsprechenden Medikamenten gegen Endoparasiten: bei Nachweis von hochgradigem *Cyniclomyces-guttulatus*-Befall Nystatin (60.000–90.000 IE/kg BID 7–14 d)
- Nachweis einer für Degus pathologischen **bakteriellen Monokultur** (z. B. *E. coli*): Antibiose nach Antibiogramm; bei Verdacht auf übermäßiges **Clostridienwachstum** (z. B. nach Antibiotikagaben) Metronidazol (10–20 mg/kg p. o., s. c. BID)
- Fenbendazol (20–50 mg/kg p. o. SID 5 Tage) gegen **Giardien**; Toltrazuril (10 mg/kg p. o. SID 3 Tage, 5 Tage Pause, 3 Tage) oder Sulfonamide (Sulfadimethoxin 50 mg/kg p. o., einmal, dann 25 mg/kg SID 9 Tage) gegen **Kokzidien**
- Evtl. **Kotsuspensionen** gesunder Tiere, Probiotika

Prognose Je nach Ursache gut bis infaust.

D

Gastrointestinale Hypomotilität, gastrointestinale Obstruktion

Häufigkeit Hypomotilität häufiger, gastrointestinale Obstruktion selten, gelegentlich Koprostase in Blinddarm oder Colon.

Ursache Oft unklar, vermutlich Erkrankungen, die Inappetenz zur Folge haben; Dehydratation; Obstruktion durch Fremdkörper (Bezoar), Neoplasie, Abszess.

Klinik Reduzierte oder vollständig eingestellte Futteraufnahme, kleine Kotballen, reduzierte Kotmenge, Apathie, Anorexie, Dehydratation, bei Ileus oft schmerzhaftes Abdomen, Tympanie, Dyspnoe, Hypothermie (Schock).

Diagnostik Anamnese, Klinik, Röntgen (ggf. mit Kontrastmittel), Ultraschall, Blutuntersuchung.

Therapie Symptomatische Therapie mit Infusionen, Spasmoanalgesie (Metamizol 80 mg/kg s. c., p. o. alle 4–6 h), Metoclopramid (0,2–1 mg/kg s. c., p. o. BID), Dimeticon (35–70 mg/kg p. o. 3–6 × tgl.), assistierte Fütterung, evtl. OP.

Prognose Im fortgeschrittenen Zustand oft schlecht, insbesondere, wenn bereits Blinddarminhalt stark eingedickt ist, sodass er palpierbar ist.

Prophylaxe Dehydratationen korrigieren und bei inappetenten Tieren zeitnah zufüttern und Prokinetika einsetzen.

Tympanie

Häufigkeit Regelmäßig.
Ursache Oft Folge von Dyspnoe (Aerophagie) verschiedener Ursachen (Kap. 1.7.4), Inappetenz, seltener durch Erkrankung des Magen-Darm-Trakts verursacht (gastrointestinale Hypomotilität, Enteritis, Dysbakterie durch abrupte Futterumstellung, inadäquates Futter).
Klinik Apathie, Anorexie; aufgetriebenes, tympanisches, schmerzhaftes Abdomen, Dehydratation.
Diagnostik Klinik, Röntgen, Ultraschall, Blutuntersuchung.
Therapie Symptomatische Therapie mit Infusionen, Spasmoanalgesie (Metamizol 80 mg/kg s. c., p. o. alle 4–6 h), Metoclopramid (0,2–1 mg/kg s. c., p. o. BID), Dimeticon (35–70 mg/kg p. o. 3–6 × tgl.), assistierte Fütterung, Therapie der Ursache extraintestinal verursachter Tympanie.
Prognose Je nach Ursache gut bis infaust.

Leber- und hepatobiliäre Erkrankungen

D

Häufigkeit Regelmäßig Leberverfettung, Leberveränderungen im Verlauf einer Trächtigkeitstoxikose,[10] andere Erkrankungen selten (Neoplasien vereinzelt erwähnt: hepatozelluläres Karzinom, Hepatom, Metastasen anderer Neoplasien).[10]
Ursache Leberverfettung: Inappetenz adipöser Tiere.
Klinik Apathie, Anorexie, Gewichtsverlust, Durchfall, Hepatomegalie, bei schweren Lebererkrankungen sind vermutlich auch Hepatoenzephalopathie, Aszites, Ikterus und Koagulationsstörungen möglich.
Radiologische Veränderungen Eventuell Hepatomegalie, evtl. Kalzifizierungen der Leber.
Labordiagnostik Je nach Ausmaß der Erkrankung Erhöhung der Aktivitäten von AST, ALT, GLDH, AP, GGT; Anstieg der Konzentration von Bilirubinkonzentration, Cholesterin und vermutlich auch der Gallensäuren; bei Lipidose lipämisches Plasma; saurer Harn, Ketonurie bei Ketose; evtl. auch Einfluss auf die Gerinnungsparameter.
Diagnostik Klinik, Labor, Röntgen, Ultraschall, Zytologie, Laparotomie, Pathologie.
Therapie

- **Symptomatische Therapie:** Infusionen, Analgesie, ggf. Antibiose, assistierte Fütterung
- **Leberlipidose:** Infusionen, assistierte Fütterung, Metoclopramid (0,2–1 mg/kg s. c., p. o. BID), Metamizol (80 mg/kg s. c., p. o. alle 4–6 h), Ursache abstellen.

Prognose Meist schlecht.

Um eine Leberlipidose zu vermeiden, sollten **inappetente Tiere** sofort adäquat **zugefüttert** werden.

6.8.7 Erkrankungen des Harntrakts

Nierenerkrankungen

Häufigkeit Selten.

Alter Vor allem ältere Tiere.

Formen Bisher nur selten detaillierter bei Heimtierdegus beschrieben, von Labortieren wurden Nephrosen, Pyelonephritiden, Nierenzysten, Nierenversagen und Nierenneoplasien erwähnt.

Ursache Bleibt meist unklar, evtl. längere hypovolämische Phasen (Dehydratation, Narkose) etc.

Klinik Chronisches (CNI) und akutes Nierenversagen (ANI) sind möglich, meist unspezifische Symptome: Inappetenz, Apathie, Schwäche, Gewichtsverlust, bei CNI Polyurie/Polydipsie, bei ANI oft Olig- bzw. Anurie, Krämpfe, Hämaturie, plötzlicher Tod.

Labordiagnostik Erst wenn mehr als 75 % der Nierenfunktion eingeschränkt sind, kommt es zum Anstieg von Kreatinin und Harnstoff; Elektrolytveränderungen (wie Hyperkaliämie, Hyperphosphatämie, Hypo-, Hyperkalzämie), Anämie, Hypoglykämie, Hypoproteinämie, spezifisches Gewicht des Harns bei CNI ca. 1008–1012; bei akutem Versagen kann es höher sein (bis 1025); bei Pyelonephritis: Erythrozyten, Leukozyten, Leukozytenzylinder im Harn.

Radiologische Veränderungen Nicht unbedingt auffällig, evtl. röntgendichte Konkremente in Niere, Harnleiter, Blase, Harnröhre, Vergrößerung und/oder Verkleinerung einer oder beider Nieren.

Diagnostik Anamnese, Klinik, Labor (Nachweis einer renalen Azotämie, evtl. Elektrolytveränderungen), Röntgen, Ultraschall, Harn-Mikrobiologie.

Therapie Oft nur symptomatisch möglich, da Auslöser meist unklar bleibt.

- **Infusionen:** Wenn Tier nicht dehydratisiert ist und die Harnproduktion unklar, Start mit dem halben Erhaltungsbedarf (ca. 25 ml/kg/24 h intraossär, intraperitoneal oder subcutan). Produziert das Tier unter Infusionstherapie adäquat Harn (Evaluierung evtl. über Harnkathetersystem, Gewichtsermittlung, Blasenpalpation, Haltung auf Hand-

D

tuch/Zellstoff, Ultraschall der Blase) (möglichst > 1–2 ml/kg/h), kann mehr Infusionsmenge gegeben werden.

> **!** Hinweise auf eine **Überinfusion** beachten (angestrengte abdominale Atmung, Hypothermie, Thoraxerguss, Herzversagen).

- Wird unzureichend Harn produziert, Versuch **Nierenstart** mit Furosemid und Mannitol i. v. Eine regelmäßige engmaschige Reevaluierung des Patienten ist notwendig.
- **Antibiose** bei Verdacht auf Pyelonephritis, bakteriell bedingter Nephritis (möglichst mit Antibiogramm aus Zystozenteseharn) (mindestens 7–10 Tage), Analgesie (Metamizol 80 mg/kg s. c., p. o. alle 4–6 h), Magenschutz (Omeprazol [keine Angaben vorhanden] evtl. 1–5 mg/kg s. c., p. o. BID, Sucralfat 25–100 mg/kg p. o. BID–TID)
- **Chronisches Nierenversagen** evtl. ACE-Hemmer einsetzen, Erythropoetin (50–100 IE/kg 3 × wöchentlich) evtl. bei nicht-regenerativer Anämie aufgrund einer CNI möglich.
- **Assistierte Fütterung**, Zufütterung bei Bedarf

D

Prognose Je nach Ursache gut bis infaust.
Prophylaxe Hypovolämische Tiere ausreichend infundieren und bei diesen Tieren NSAIDs vermeiden.

Blasenerkrankungen

Häufigkeit Selten.
Ursache Bleibt häufig unklar, Zystitis und Urolithiasis treten auf.
Klinik Strangurie, Pollakisurie, Inkontinenz, urinverschmutzter Anogenitalbereich, Dermatitis, Schmerzäußerungen beim Harnabsatz, gehäuftes Belecken der Anogenitalregion, Apathie, Inappetenz, Hämaturie.
Radiologische Veränderungen Unauffällig oder evtl. röntgendichte Konkremente in Blase sichtbar.
Diagnostik Klinik, Röntgen, Ultraschall, Harnuntersuchung.
Differenzialdiagnosen Neurologische Erkrankung.
Therapie Antibiose nach Antibiogramm, Analgesie (Metamizol 80 mg/kg s. c., p. o. alle 4–6 h), ggf. Infusionen, bei Urolithiasis Chirurgie.
Prognose Gut bis schlecht (Rezidive).
Bemerkungen Wie Kaninchen und Meerschweinchen scheiden Degus überschüssiges Calcium renal aus.[15]

6.8.8 Erkrankungen des Reproduktionstrakts

Geburtsstörungen

Häufigkeit Gelegentlich.
Ursache Zu große Frucht (oft bei Erstlingsträchtigkeit), Jungtierfehlbildungen, falsche Lage und Stellung, adipöses Muttertier, Graviditätstoxikose, Schwäche, schwere Erkrankungen etc.
Klinik Trotz Anzeichen von Geburt keine oder nachlassende Wehentätigkeit, grün-brauner Vaginalausfluss, Apathie, Inappetenz, Unruhe, Schwäche, im Geburtsgang steckendes Jungtier, Uterusprolaps.
Radiologische Veränderungen Nachweis von Jungtieren, evtl. Nachweis von Deformationen, Lage- und Stellungsanomalien.
Diagnostik Anamnese, Klinik, Röntgen, Ultraschall (einschließlich Beurteilung des Herzschlags der Feten).
Therapie

- **Stabilisierung des Muttertieres:** Infusionen, Analgesie, Calciumgaben (50–100 mg/kg p. o., i. m. SID), ggf. assistierte Fütterung; mithilfe von Gleitgel Entfernung von Jungtieren aus Geburtsgang
- Jungtiere im Uterus **ohne mechanisches Hindernis** (z. B.: Deformation, Fehlbildung, verknöcherte Beckensymphyse): Oxytocinapplikation (bis 3 IE/kg s. c., i. m., i. v.) 30 min nach Calciumgabe
- Jungtiere im Uterus, **mechanisches Hindernis bzw. erfolglose Oxtocingabe:** Kaiserschnitt, ggf. Ovariohysterektomie
- Ggf. **systemische Antibiose**

Prognose Je nach Ursache gut bis infaust.

> **!** Besonders schlecht ist Prognose bei **Trächtigkeitstoxikose**.

D

Erkrankungen des Uterus

Häufigkeit Selten.
Alter Ältere Tiere.
Entität/Vorkommen Endometritis, Pyometra, Hämometra, Vaginaltumore (Leiomyom, Leiomyosarkom).[6]
Ursache Genaue Ursache der Entstehung unklar, Pyometra und Hämometra traten immer postpartal auf.
Klinik Eventuell Zufallsbefund bei der klinischen Untersuchung (geöffnete Vaginalmembran, Vaginalausfluss), Apathie, Inappetenz, evtl. umfangsvermehrtes Abdomen, Vorfall von Gewebe aus Vaginalöffnung.

Labordiagnostik Bei fortgeschrittener Erkrankung evtl. Anämie, Leukozytose, Leukopenie, Hypoglykämie (Sepsis).
Radiologische Veränderungen Eventuell ist eine vergrößerte Gebärmutter zu sehen.
Diagnostik Anamnese, Klinik (einschließlich Zytologie von Vaginalflüssigkeit), Röntgen, Ultraschall, Labor.
Differenzialdiagnosen Für geöffnete Vaginalmembran: Östrus, vor kurzem stattgefundene Bedeckung, Uterusneoplasie.
Therapie Ovariohysterektomie als Therapie der Wahl; bei schlechtem Allgemeinzustand zunächst Stabilisierung durch Infusionen, assistierte Fütterung, Analgesie, systemische Antibiose, zusätzlich bei Pyometra/ Endometritis: Aglepriston (10–20 mg/kg s.c. 2 × im Abstand von 24 h, wdh. nach 8 Tagen) (zur Entleerung des Uterus).

Tipp

Oft kommt es zu Rezidiven, sodass eine **Operation** bei stabilen Patienten empfehlenswert ist.

D

Prognose Je nach Ursache gut bis infaust.

Erkrankungen des Penis

Häufigkeit Gelegentlich.
Alter Vor allem ältere Tiere.
Entität/Vorkommen Penisvorfall, Penis- und Präputialulzerationen.[6]
Ursache Nicht immer klar, teilweise durch Fellringe verursacht, oft aber auch ohne diese auftretend.
Klinik Asymptomatisch, Schwellungen und Ulzerationen im Bereich des Penis und der Vorhaut, Apathie, Inappetenz.
Diagnostik Klinik.
Therapie Entfernung des Fellrings, lokale Reinigung und Desinfektion, Reposition, bei irreversibler Schädigung des Penis Penisamputation, Analgesie, ggf. Antibiose, ggf. Euthanasie. Bei Bedarf zusätzlich Infusionen, Zufütterung bei Inappetenz.
Prognose Bei frühzeitiger Erkennung, geringen Läsionen und wenn Ursache abstellbar gut, sonst fraglich.

6.8.9 Neurologische Erkrankungen

Die diagnostische Aufarbeitung, einschließlich einer **sorgfältigen neurologischen** Untersuchung, muss systematisch erfolgen, damit alle relevanten Abweichungen erfasst werden. Mögliche Differenzialdiagnosen für neurologische Symptome sind in Kapitel 1.7.6 aufgeführt.

Tipp

Die Abklärung neurologischer Patienten kann sehr komplex sein und wann immer möglich sollten entsprechend **qualifizierte Kollegen** mit zu Rate gezogen werden.

Krämpfe

Häufigkeit Gelegentlich treten bei Degus Krämpfe auf.[6] Nicht selten treten diese Krämpfe bei betroffenen Tieren **einmalig** auf.
Ursache und Therapie Bleibt meist unklar (Differenzialdiagnosen Kap. 1.7.6), da die Tiere sich oft innerhalb kurzer Zeit unter **symptomatischer Therapie** mit Glucose- und Calciumgaben (50–100 mg/kg p. o., i. m. SID), Infusionen, Wärme und ggf. Diazepam (0,5–2 mg/kg s. c., i. m.) erholen.

Vestibularsyndrom

Häufigkeit Gelegentlich.
Alter Alle Altersklassen.
Ursache Vermutlich meist bakteriell bedingte Mittel- und Innenohrinfektionen (Kap. 6.8.1), seltener Trauma.
Klinik Kopfschiefhaltung.
Diagnostik Anamnese, Klinik einschließlich ausführlicher neurologischer und otoskopischer Untersuchung zur Unterscheidung eines zentralen und peripheren Vestibularsyndroms, Röntgen des Schädels, CT.
Therapie Meist symptomatische Therapie mit Infusionen, Analgetika, Medikamenten gegen Schwindel (Diphenhydramin 2–5 mg/kg p. o., s. c. BID–QID oder Metoclopramid 0,2–1 mg/kg s. c., p. o. BID), ggf. Antibiose.
Prognose Je nach Ursache gut bis infaust.

Enzephalitis

Häufigkeit Selten.
Ursache Bleibt meist unklar, evtl. bakterielle Infektion, aufsteigende Otitis interna/media.
Klinik Bewusstseinstrübung, ZNS-Ausfälle, Inappetenz, Apathie.
Diagnostik Anamnese, Klinik einschließlich ausführlicher neurologischer und otoskopischer Untersuchung, Röntgen des Schädels, CT, Pathologie.

D

Differenzialdiagnosen Traumata, metabolisch-toxische Ursachen (Hypoglykämie, Urämie, Hepatitis, Endotoxämie, Intoxikation etc.), Neoplasien, degenerative (Hydrocephalus) oder vaskuläre Veränderungen etc.
Therapie Abhängig von Ursache, meist symptomatisch mit Infusionen, Analgesie, Antibiose, Antikonvulsiva (0,5–2 mg/kg s. c., i. m.), Medikamente gegen Schwindel (Diphenhydramin 2–5 mg/kg p. o., s. c. BID-QID oder Metoclopramid 0,2–1 mg/kg s. c., p. o. BID), Vitamin-B-Komplex (0,02–0,5 ml/kg p. o., s. c. SID).
Prognose Je nach Ursache.

Erkrankungen des peripheren Nervensystems

Otitis interna/media

Häufigkeit Regelmäßig.[6]
Ursache Auslöser bleibt oft unklar.
Klinik Gleichgewichtsstörungen, Kopfschiefhaltung, Kreisbewegungen, Nystagmus, Apathie, Inappetenz.
Radiologische Veränderungen Verschattete Bulla tympanica, verdickte Wände.
Diagnostik Klinik, Röntgen, CT.
Therapie Systemische Antibiose, Analgesie, Infusionen, Medikamente gegen Schwindel (Diphenhydramin 2–5 mg/kg p. o., s. c. BID–QID oder Metoclopramid 0,2–1 mg/kg s. c., p. o. BID), assistierte Fütterung, evtl. Bullaosteotomie; oft bleibt Kopfschiefhaltung erhalten.
Prognose Gut bis zweifelhaft.

Paresen/Paralysen/spinale Ataxie

Häufigkeit Gelegentlich.
Ursache Sehr unterschiedlich, oft bleibt die genaue Ursache unklar, Trauma mit oder ohne Bandscheibenvorfall, Wirbelfraktur, -luxation, Neoplasie, toxisch-metabolische Ursachen.
Klinik Im Detail abhängig von Lokalisation, Propriozeptionsdefizite, Parese/Paralyse der Vorder- und/oder Hintergliedmaßen, Kot- und Harnabsatzschwierigkeiten oder -inkontinenz, im Verlauf oft Verschlechterung des Allgemeinbefindens, Apathie, Inappetenz, Dehydrierung, Dekubitus.
Radiologische Veränderungen Eventuell Verengung eines Zwischenwirbelspalts, Verschiebungen, Frakturen von Wirbeln erkennbar; Kallusbildung bei älteren Wirbelfrakturen bzw. Luxationsfrakturen, bei Neoplasien evtl. Osteolysen, -sklerosen.
Diagnostik Klinik, neurologische Untersuchung, Röntgen, CT, Ausschluss anderer Ursachen.

Differenzialdiagnosen Nicht-neurologische Erkrankungen (Schwäche etc.).

Therapie Abhängig von neurologischen Ausfallserscheinungen und Ursache.

- Verdacht/Nachweis von **Bandscheibenvorfall:** konservativ mit Analgesie und Käfigruhe bei geringen bis mittelgradigen Propriozeptionsausfällen und vorhandenem Tiefenschmerz
- **Wirbelfrakturen und -luxationen:** wenn Prognose gegeben (siehe Kriterien aus der Kleintiermedizin), evtl. Ruhigstellung
- **Symptomatische Therapie:** Analgesie, Vitamin-B-Komplex (0,02–0,5 ml/kg p. o., s. c. SID), Infusionen, assistierte Fütterung, Kontrolle/Assistenz bei eingeschränktem Harnabsatz (manuelle Entleerung oder Harnkatheter), Umlagerung

Prognose Je nach Lokalisation und Grad der neurologischen Ausfälle gut bis infaust (bei Verlust von Tiefenschmerz).

6.8.10 Muskel- und Skeletterkrankungen

D

Frakturen, Luxationen

Häufigkeit Gelegentlich.

Ursache Trauma.

Klinik Je nach Lokalisation Lahmheit unterschiedliches Grades bis zur Paralyse bei Wirbelsäulenbeteiligung, Fehlstellung von Körperteilen.

Diagnostik Klinik, Röntgen, evtl. CT.

Therapie In Anlehnung an das Vorgehen in der Kleintiermedizin, je nach Befund; lange Röhrenknochen chirurgisch (intramedullärer Pin, Fixateur externe, parakortikale Fixation), Hüftgelenksluxationen entweder konservativ nach Reposition oder chirurgisch (Femurkopfhalsresektion).

Prognose Je nach Ursache gut bis infaust.

Arthritis/Arthrose

Häufigkeit Gelegentlich.[6]

Ursache Oft unklar, evtl. Trauma, Infektion.

Klinik Je nach Lokalisation Lahmheit unterschiedliches Grades, evtl. verdickte Gelenke, Apathie, Bewegungsunlust.

Diagnostik Klinik, Röntgen.

Therapie Analgesie, ggf. systemische Antibiose, ggf. Gewichtsreduktion, Physiotherapie, Kontrolle der anderen Gliedmaßen auf Entstehung einer Pododermatitis durch Überbelastung.

Prognose Meist schlecht hinsichtlich der Funktion, da die Veränderungen im Gelenksbereich oft irreversibel sind.

6.8.11 Endokrine Erkrankungen und Stoffwechselerkrankungen

Diabetes mellitus

Häufigkeit Gelegentlich.

Alter Meist mittelalte bis ältere Tiere.[6]

Ursache Vermutlich meist ernährungsbedingt (Diabetes Typ 2, Entwicklung einer Insulinresistenz);[10] Beeinträchtigung der β-Zellen des Pancreas z. B. durch Neoplasie, Entzündung, Degeneration, Atrophie.

Klinik Kataraktbildung, evtl. Polydipsie, Polyurie, Inappetenz, Apathie.

Labordiagnostik Hyperglykämie, Glucosurie, selten Ketoazidose und Ketonurie.

Diagnostik Bestimmung der Glucosekonzentration **und** der Fructosaminkonzentration.

D

Therapie

- Da die Tiere **oft symptomlos** sind, wird von den Besitzern häufig keine Therapie durchgeführt. Dies scheint keinen negativen Einfluss auf die Tiere zu haben (z. B. wird meist keine Ketoazidose entwickelt).

> Bei einigen Tieren normalisiert sich die Glucosekonzentration durch eine **Futterumstellung auf Heu und Grünfutter**.

- **Insulingaben** nur bei sicherer Diagnose, schweren Symptomen, und wenn die Futterumstellung keine Besserung bringt (1 IE/kg 1–2 × täglich s. c.). Die Besitzer müssen über mögliche Komplikationen der Insulingabe (Hypoglykämie) und Notfallmaßnahmen aufgeklärt werden.

> **Deguinsulin** weicht im Aufbau deutlich von dem anderer Säuger ab,[16] evtl. ist damit die geringe Wirksamkeit von Insulingaben bei Degus erklärbar.

Prognose Sind die Tiere bereits stark abgemagert und schwer erkrankt, sterben sie oft innerhalb kurzer Zeit. Sind geringgradige Symptome vorhanden, bringt eine Futterumstellung oft eine schnelle Normalisierung der Blutglucose.

Prophylaxe Vermeidung von kohlenhydratreichem (z. B. Früchte) und fettreichem Futter (z. B. Sonnenblumensamen).

Fettmobilisationssyndrom, Ketose, Graviditätstoxikose bzw. -ketose

Häufigkeit Gelegentlich.
Alter Ältere Tiere.
Ursache Inappetenz.

> **!** Die **Inappetenz** führt insbesondere bei sehr adipösen Tieren zu **Energiemangel** und nachfolgend zur **Leberverfettung**. Besonders gefährdet sind trächtige Tiere.

Klinik Inappetenz, Apathie, Bewegungsunlust, Dyspnoe, ZNS-Störungen (Krämpfe, Paresen), evtl. DIC bei fortgeschrittener Leberverfettung; Aborte, Totgeburten, Jungtierverluste bei weiblichen Tieren.
Labordiagnostik Saurer Harn, lipämisches Plasma, Hypoglykämie, Hyperlipidämie, prärenale Azotämie, Proteinurie, evtl. Ketonurie.
Diagnostik Anamnese, Klinik, Labor, Röntgen (Hepatomegalie).
Therapie Symptomatische Therapie mit Infusionen, Analgesie, assistierte Fütterung; nur bei Hypoglykämie Glucosegaben.
Prognose Oft schlecht, da spät erkannt.
Prophylaxe Frühzeitige Zufütterung inappetenter Tiere, Vermeidung von Adipositas durch artgerechte Fütterung und Haltung.

6.8.12 Vergiftungen

Häufigkeit Sehr selten.
Ursache Vor allem durch Pflanzen möglich.
Klinik Plötzlicher Tod, Durchfall, Inappetenz, Apathie, Krämpfe, Muskelzittern.
Diagnostik Anamnese, Klinik, aufgrund der geringen Größe meist keine Blut- bzw. Harnuntersuchung auf verschiedene Toxine möglich, bleibt oft Verdachtsdiagnose, die vermutlich oft falsch ist.
Therapie Je nach Zustand und Toxin (Information über Giftzentralen).

- Sauerstoff; Infusionen; Aktivkohle, um die Resorption zu reduzieren, Diazepam bei Krämpfen
- **Intoxikation mit NSAIDs:** Es muss mit einem akuten Nierenversagen gerechnet werden. Darum sollten die Tiere infundiert und intensiv überwacht werden, Magenschutz (Omeprazol [keine Angaben

vorhanden] evtl. 1–5 mg/kg s.c., p.o. BID, Sucralfat 25–100 mg/kg p.o. BID–TID).

- Nachgewiesene Aufnahme von **cumarinhaltigen Rodentiziden:** Vitamin K_1 (5 mg/kg über SID 4–6 Wochen)
- **Symptomatische Therapie:** Infusionen, evtl. forcierte Diurese

Prognose Je nach Ursache, aufgenommener Menge und Zeitpunkt der Diagnose gut bis infaust.

6.8.13 Neoplastische Erkrankungen

Neoplasien kommen bei Degus **sehr selten** vor. Erwähnt wurden u.a. ein Übergangszellkarzinom und Choristom der Niere, ein bronchoalveoläres Karzinom, ein Adenokarzinom der Lunge, ein Adenokarzinom der Parathyroidea, ein Leberzellkarzinom, ein Hepatom, ein Hämangiosarkom der Milz, ein mesenteriales Lipom,[10] Elodontome, Melanome, Fibrosarkome im Bereich des Kopfes, Myxosarkom und malignes Histiozytom im Bereich der Haut sowie Vaginaltumore[6].

D

Je nach Lokalisation werden die **Symptome variieren**. Die Therapie muss von anderen Tierarten extrapoliert werden.

6.8.14 Abszesse

Häufigkeit Regelmäßig.
Beschreibung Können an verschiedenen Stellen des Körpers auftreten.
Alter Alle Altersklassen, v.a. ältere Tiere.
Ursache Verletzung und nachfolgende bakterielle Infektion v.a. mit *Staphylococcus* spp., *Streptococcus* spp., aber auch Anaerobier möglich.
Klinik Je nach Lokalisation, Umfangsvermehrung, Inappetenz, Apathie, Umfangsvermehrung im Abdomen, Dyspnoe, Exophthalmus etc.
Labordiagnostik Eventuell Heterophilie, Lymphopenie, nicht-regenerative Anämie und ggf. spezifischen Veränderungen, welche die betroffene Region betreffen.
Diagnostik Anamnese, Klinik, je nach Lokalisation Röntgen, Ultraschall, Punktion und zytologische Untersuchung, Laparotomie, bakteriologische Untersuchung mit Antibiogramm, Ursache suchen (z.B. bei Abszessen im Kopfbereich nach Zahnerkrankungen suchen).
Differenzialdiagnosen Alle Erkrankungen, die mit Umfangsvermehrungen einhergehen.
Therapie Möglichst vollständige chirurgische Entfernung, dann auch keine systemische Antibiose notwendig, ansonsten Drainieren, Analge-

sie, symptomatische Therapie mit Infusionen, assistierte Fütterung; Antibiose möglichst nach Antibiogramm.

Prognose Gut meist bei Abszessen der Haut/Unterhaut; Entfernung in einigen Bereichen besonders problematisch bzw. nicht möglich (z. B. Gastrointestinaltrakt, Lunge).

Literatur und Dosierungsvorschläge zu diesem Kapitel finden Sie unter www.schattauer.de/3111

7 Hamster

7.1 Allgemeines

- Hamster gehören in der Ordnung der Nagetiere (Rodentia) zur Unterordnung zur Überfamilie der Mäuseartigen (Muroidea), zur Familie der Wühler (Cricetidae) und zur Unterfamilie der Hamster (Cricetinae).[1]
- Als **Heimtiere** werden **verschiedene Hamsterarten** gehalten, die sich in Morphologie, biologischen Merkmale und geografischer Verbreitung teilweise deutlich unterscheiden.
- Die am häufigsten gehaltene Hamsterart ist der omnivore **Goldhamster** oder Syrische Goldhamster (*Mesocricetus auratus*). Die Art stammt aus einem kleinen Bereich im türkisch-syrischen Grenzgebiet. Goldhamster sind Einzelgänger, nachtaktiv und omnivor. Sie leben auf Feldern in weit verzweigten Bauen. Die frei lebende Population ist durch Lebensraumzerstörung und Nachstellung stark zurückgegangen.
- Zu den **Zwerghamsterarten**, die häufiger als Heimtiere gehalten werden, gehören **Dsungarische Zwerghamster** (*Phodopus sungorus*), **Campbell-Zwerghamster** (*Phodopus campbelli*) und **Roborowski-Zwerghamster** (*Phodopus roborovskii*), die zur Gattung der Kurzschwanz-Zwerghamster (*Phodopus*) gehören. Sie stammen aus dem asiatischen Raum und leben als Einzelgänger oder paarweise in Erdbauten in Steppen und Halbwüsten.

H

> **!** Bei Hamstern niemals Antibiotika mit gram-positivem Wirkspektrum einsetzen (s. a. Tab. 1-3)!

7.2 Handling

- Der Umgang mit Hamstern sollte **ruhig** und **umsichtig** erfolgen.

> **!** Hamster versuchen sich einer Fixierung meist durch **Flucht** zu entziehen und sind sehr **schnell**. Einige Tiere beißen und urinieren.

Steckbrief Hamster

Parameter	Goldhamster	Dsungarischer Zwerghamster	Roborowski Zwerghamster
Lebenserwartung	2–3 Jahre	2–3 Jahre	1,5–4 Jahre
Körpergewicht	85–130 g	19–45 g	20–28 g
Körpertemperatur	36,1–37,5 °C	36,1–38,9 °C	36,1–38,9 °C
Herzfrequenz	200–500/min	200–500/min	200–500/min
Atemfrequenz	35–135/min	35–135/min	35–135/min
Geschlechtsreife	w: 6 Wochen m: 7 Wochen	w: 6 Wochen m: 3 Monate	14–24 d (reproduzieren oft erst mit 5 Monaten)
Trächtigkeitsdauer	15–18 Tage	19 Tage	20–22 Tage
Jungtiertyp	Nesthocker	Nesthocker	Nesthocker
Säugeperiode	20–25 Tage	20–25 Tage	20–25 Tage
Geeignetes Kastrationsalter	nicht relevant	nicht relevant	nicht relevant
Uterus	Uterus bicornis	Uterus bicornis	Uterus bicornis
Mammakomplexe	6–11 Paare		
Urin-pH	neutral bis alkalisch	neutral bis alkalisch	neutral bis alkalisch

- Um das Fell zu schonen, hat es sich bewährt, die Tiere mit **Einmalhandschuhen** anzufassen. Das vermeidet, dass das Fell durch den Schweiß an der Hand des Untersuchers leidet.
- Für die Fixierung kann der **Zangengriff** verwendet werden. Die Tiere können aber auch mithilfe von Zellstoff und zwei Fingern an den Unterkieferästen fixiert werden.

Tipp

Eine weitere Möglichkeit ist, die Tiere **im Nackenfell** zu greifen. Dafür muss aber eine ausreichend große Hautfalte gefasst werden, da die Tiere sich sonst trotzdem umdrehen und beißen können.

Nach jeder Fixierung muss kontrolliert werden, ob die **Augen** in physiologischer Position sind, da es gelegentlich durch die Fixierung zum **Vorfall des Bulbus** kommen kann oder die Lider hinter dem Augapfel liegen.

7.3 Klinische Untersuchung

- Vor der klinischen Untersuchung sollte das Tier im **Transporter** unauffällig beobachtet werden.
- Zu einer gründlichen klinischen Untersuchung gehört neben der Ermittlung der **Vitalparameter** auch eine sorgfältige **Adspektion, Palpation** und **Auskultation**.
- Die für eine klinische Untersuchung notwendigen Parameter wurden bereits in Kapitel 1.1.3 dargestellt. Die Referenzbereiche der klinischen Parameter werden im Kasten „Steckbrief“ (s. oben) oder unter www.schattauer.de/3111 aufgeführt.
- Die normale **Körpertemperatur** von Hamstern liegt bei 36,1–38,9 °C.[2] Aufgrund der geringen Größe wird die Körpertemperatur meist nicht im Verlauf der klinischen Untersuchung gemessen. Bei Tieren in Seitenlage und bei anästhesierten Tieren empfiehlt sich aber eine Messung mit kleinen Sonden, um über eine notwendige Wärmezufuhr entscheiden zu können.
- Die **Atemfrequenz** ist bei der klinischen Untersuchung bedingt durch Aufregung meist erhöht. Oft steigt bei krankhaften Veränderungen nicht die Frequenz der Atemzüge, sondern der Typ der Atmung verändert sich von costoabdominal zu abdominal und die Tiefe der Atemzüge erhöht sich.
- Das **Körpergewicht** sollte bei jeder Vorstellung ermittelt werden, da ein schleichender Gewichtsverlust meist nicht erkennbar ist, aber ein wertvoller Hinweis auf eine Erkrankung sein kann. Für die objektive Beurteilung des Ernährungszustands ist immer auch eine Palpation des gesamten Körpers, insbesondere der Wirbelsäule notwendig. Zudem ist das Wissen um das „Normalgewicht“ des Patienten eben-

falls sehr hilfreich, um den Allgemeinzustand besser beurteilen zu können.

- Die Beurteilung der **Schleimhaut** und der **KFZ** ist bei Hamstern meist schwierig. Oft sind diese Parameter erst bei schwer erkrankten Tieren deutlich verändert.

Die **Lymphknoten** sollten bei Hamstern nicht palpierbar sein.

- Wie bei allen weiblichen Nagern sollte der **Vaginalbereich** inspiziert werden. Eine offene Vaginalmembran kann Hinweis auf einen Östrus, einen vorher stattgefundenen Deckakt oder eine Geburt, aber auch auf eine pathologische Veränderung der Gebärmutter sein.
- Zur Allgemeinuntersuchung von Hamstern gehört die Beurteilung der **Inzisivi**. Die Vorderseite der Inzisivi ist gelb gefärbt. Die Unterkiefermandibeln sind nur bindegewebig miteinander verbunden, sodass die Zähne gegeneinander beweglich sind. Dies sollte nicht als pathologisch gewertet werden.
- Die **Backentaschen** werden palpiert. Futterbestandteile sollten nicht mit pathologischen Veränderungen verwechselt werden. Futterbestandteile können meist vorsichtig aus dem Maul massiert werden.

Bei Goldhamstern sollten die **Flankendrüsen**, bei Zwerghamstern die **Bauchdrüsen** auf Veränderungen kontrolliert werden.

7.4 Spezielle Untersuchungen

- Aufgrund ihrer geringen Größe sind weiterführende diagnostische Maßnahmen bei Gold- und Zwerghamstern oft **nur bedingt** möglich.
- **Röntgen** und **Ultraschall** sind **gut** möglich, **Blutentnahmen** dagegen **schwierig** und werden meist nicht durchgeführt.

7.4.1 Bildgebung

Röntgen

- Die röntgenologische Beurteilung erfolgt in Grundsätzen wie bei den Kleintieren. Für eine vollständige Beurteilung sind immer **zwei Ebenen** notwendig, auf denen der gesamte Körper (außer Kopf) abgebildet sein sollte. Eventuell müssen die Tiere für Röntgenaufnahmen **sediert/anästhesiert** werden.

- In der laterolateralen Projektion erscheint das craniale **Lungenfeld** etwas röntgendichter als die caudalen Lungenbereiche.
- Das **Herz** von gesunden Hamstern hat in der laterolateralen Projektion eine Größe von 2–3 Interkostalräumen.
- Der **Leber**schatten sollte in beiden Projektionen nicht über den Rippenbogen hinausragen.
- Der **Magen** liegt in ventrodorsalen Projektion links.
- Einzelne Bereiche des Darmtrakts sind bei gesunden Tieren meist nicht zu unterscheiden. Bei Ansammlungen von Gas stellt sich der **Blinddarm** gelegentlich gut dar.
- Die **Nieren** sind oft nicht erkennbar.
- Die **Harnblase** liegt vor dem Beckeneingang, ist aber meist nicht röntgenologisch identifizierbar.

Männliche Hamster haben einen **Penisknochen**.

- Unveränderte **Uteri** weiblicher Tiere werden in der laterolateralen Projektion nicht dargestellt.

H

Ultraschall

- Die Sonografie des **Abdomens** und des **Herzens** ist meist **ohne Sedation** möglich. Zur Fixierung eignet sich wieder der **Zangengriff**. Dabei sollte das Tier aufrecht mit den Hinterbeinen auf einer Unterlage stehend geschallt werden.
- Für den **Abdomenultraschall** eignen sich **Linearsonden**, für den **Herzultraschall Sektorschallköpfe** (7,5–12 MHz).
- Meist sind die **intraabdominalen Organe** bis auf wenige Ausnahmen (verschiedene Bereiche des Magen-Darm-Trakts, Pancreas) gut darstellbar. Tiere, die sehr viel Gas im Magen-Darm-Trakt aufweisen, lassen sich aber oft schlechter untersuchen. Gelegentlich hilft es, gashaltige Darmschlingen wegzuschieben bzw. aus einem anderen Winkel die Zielorgane anzuschallen.
- Die **Leber** ist homogen und ihre Echogenität entspricht der Milz. Die **Gallenblase** liegt rechts.
- Die **Milz** ist klein und liegt dem Magen links an.

Nierenrinde und **-mark** sind meist nicht voneinander zu unterscheiden. Die **Nierenpapille** von Hamstern ragt in den Ureter.

- Eine gefüllte **Blase** ist sonografisch gut erkennbar.
- Meist sind nur die caudalen Anteile gesunder **Uteri** als kleine hypoechogene Gebilde darstellbar. Die kleinen längsovalen Ovarien liegen caudal der Nieren und sind nicht immer auffindbar.

Computertomografie

- Die Computertomografie eignet sich auch bei Hamstern besonders für die Darstellung **knöcherner Strukturen** in verschiedenen Körperregionen, v. a. der Wirbelsäule, des Beckens und des Kopfes.
- Eine **Narkose** ist notwendig. Aus **Kostengründen** wird diese Diagnostik aber selten eingesetzt.

Endoskopie

Die Endoskopie ist nur für die Untersuchung der **äußeren Gehörgänge** und der **Maulhöhle** geeignet.

Elektrokardiografie

- Liegen **Arrhythmien** vor, kann versucht werden, ein EKG anzufertigen.
- Das ist bei klinisch **munteren Tieren problematisch**, da die Tiere oft nicht stillhalten und die Klemmen vergleichsweise groß sind. Die Tiere müssen dafür kurz **sediert** werden.

Untersuchung der Maulhöhle

Bei der klinischen Untersuchung werden die **Schneidezähne** mit beurteilt.

Da **Zahnerkrankungen** bei Hamstern eine **untergeordnete Rolle** spielen, ist meist nur bei deutlichen Hinweisen auf eine Erkrankung im Maul eine eingehende Untersuchung in Narkose notwendig.

7.4.2 Labordiagnostik

Blutprobenentnahme

Eine Blutprobenentnahme wird bei **Zwerghamstern** unter klinischen Bedingungen **nicht durchgeführt**.

Bei **Goldhamstern** sind kleinere Blutmengen mit einem Kapillarröhrchen an der **V. saphena lateralis** möglich. Eventuell müssen die Tiere dafür sediert oder anästhesiert werden.

Hämatologie

Hämatologische Veränderungen werden grundsätzlich wie bei Kleintieren aufgearbeitet.

Blutchemie

Die Aufarbeitung blutchemischer Veränderungen erfolgt im Grundsatz wie bei Kleintieren.

Harnuntersuchung

- Meist ist eine Harnuntersuchung **nicht möglich**, da die Tiere nur selten spontan Harn absetzen.

! Von einer manuellen Entleerung der Blase sollte aufgrund des potenziellen **Verletzungsrisikos** abgesehen werden.

- Steht doch ein Tröpfchen Harn zur Verfügung, sollte neben der Bestimmung des **pH-Werts** eine **Nativuntersuchung** unter dem Mikroskop erfolgen.
- Möglichkeiten und Einschränkungen der **Harnuntersuchung** werden in Kapitel 1.1.5 dargestellt.

7.5 Prophylaxemaßnahmen

7.5.1 Impfung

Für Hamster stehen **keine Impfungen** zur Verfügung.

7.5.2 Endoparasitenprophylaxe

- Eine regelmäßige Prophylaxe gegen Endoparasiten ist bei Hamstern **nicht notwendig**.
- Eine Therapie sollte durchgeführt werden, wenn ein konkreter Nachweis vorliegt.

7.5.3 Ektoparasitenprophylaxe

Eine regelmäßige Prophylaxe gegen Ektoparasiten ist **nicht notwendig**.

7.5.4 Sonstige Prophylaxemaßnahmen

- Eine **tierartgerechte Fütterung** ist eine wichtige Maßnahme, um Adipositas bei Hamstern zu vermeiden.
- **Halskragen** sind bei Hamstern aufgrund der Anatomie nur schwer anzulegen und meist nicht notwendig.

7.6 Medikamenteneingabe

Medikamente werden bei Hamstern wie bei anderen Heimtieren appliziert (Kap. 1.2.1).

Die **Injektion von Medikamenten** i. v. oder i. m. ist aufgrund der geringen Größe **nicht möglich** bzw. **nicht empfehlenswert**.

7.7 Anästhesie und Analgesie

- Vor jeder Anästhesie sollte eine gründliche klinische Evaluierung des Patienten erfolgen. Bei älteren Tieren sollten eine Röntgenuntersuchung, ggf. eine Blutuntersuchung erwogen werden, da subklinische Erkrankungen intra- und postoperativ relevant werden können.
- Das zu erwartende Narkoserisiko des Patienten (ASA-Gruppe) und die Einschätzung der zu erwartenden Schmerzen helfen bei der Wahl der geeigneten Analgesie und Anästhesie.
- Da Hamster nicht erbrechen können, ist ein Wasser- und Nahrungsentzug vor Operationen nicht notwendig. Zudem kommt es bei Nahrungskarenz zu metabolischen Störungen.

7.7.1 Analgesie

Eine Übersicht möglicher Indikationen und der verwendbaren Analgetika findet sich in Tabelle 1-6. Die bei Hamstern häufig eingesetzten Analgetika und deren Dosierungen finden sich in Tabelle 7-1.

H

! **Opiate** können bei Hamstern Erregungserscheinungen verursachen und sollten deshalb vermieden werden.

Tab. 7-1 Analgetika für Hamster

Wirkstoff	Dosierung
Buprenorphin	0,5 mg/kg s.c. TID
Butorphanol	1–5 mg/kg s.c. alle 4 Stunden
Meloxicam	0,5 mg/kg p.o., s.c. SID
Carprofen	5 mg/kg p.o., s.c. SID
Metamizol	100 mg/kg s.c., p.o. TID–QID
Gabapentin	50 mg/kg p.o. SID

7.7.2 Prämedikation, Sedation, Narkoseeinleitung und Operationsvorbereitung

- Eine **Infusion** sowie eine ausreichende **Analgesie** (abhängig vom geplanten Eingriff) sind wichtige präoperative Maßnahmen.
- **Injektionsnarkosen** sind bei Hamstern problematisch, da sie schlecht steuerbar sind. Aus diesem Grund sollten sie vorsichtig eingesetzt werden.
- Schon direkt nach der Narkoseeinleitung sollten Maßnahmen ergriffen werden, die einer **Hypothermie** vorbeugen (Wärmematte etc.). **Scheren** und **Desinfizieren** sollten sparsam, aber ausreichend erfolgen.
- Möglichkeiten zur Sedation und Anästhesie werden in Tabelle 7-2 aufgeführt.

7.7.3 Intubation

Aufgrund der geringen Größe wird eine Intubation bei Hamstern in der Praxis **nicht durchgeführt**.

7.7.4 Narkoseaufrechterhaltung

- Eine ausschließliche **Injektionsnarkose** ist bei Hamstern aufgrund der geringen Körpergröße problematisch.
- Es sollte möglichst zusätzlich eine **Inhalationsnarkose** (Isofluran oder Sevofluran) zur Verfügung stehen. Circa 0,5–2 Vol% Isofluran sind für die Aufrechterhaltung einer Narkose je nach Prämedikation oft ausreichend.
- **Sauerstoff** dient normalerweise als Trägergas.
- Offene Systeme benötigen meist einen minimalen **Flow von 1 l/min**, damit ausreichend Narkosegas zum Patienten gelangt. Je höher der Flow, desto höher ist der Wärmeverlust des Patienten.

7.7.5 Narkoseüberwachung

Je nach Möglichkeiten erfolgt eine Überwachung mit **EKG, Pulsoxymetrie** (Ohr, Pfote).

Tab. 7-2 Wirkstoffe zur Sedierung und Anästhesie von Hamstern

Wirkstoff	Dosis (mg/kg)	Applikationsart	Bemerkungen
Diazepam[3]	5,0	i. p.	• Sedation • Große Injektionsmenge
Midazolam[3]	5,0	i. p.	• Sedation • Große Injektionsmenge, nicht für Tiere zugelassen
Medetomidin[3]	0,2–0,3	s. c.	• Sedation und Analgesie • Reversion mit Atipamezol (gleiches Volumen wie Medetomidin s. c.)[4]
Ketamin/ Medetomidin[5]	100/ 0,25	s. c.	• Nicht empfehlenswert, Anästhesie ca. 20–30 min • Lange Nachschlafzeiten, nur teilweise antagonisierbar
Ketamin/ Xylazin[5]	80/ 5	i. m.	• Nicht empfehlenswert, Anästhesie ca. 20–30 min • Zur Einleitung für eine Isoflurannarkose nur 20–30 mg/kg Ketamin verabreichen. • Hyperthermie möglich
Fentanyl/ Midazolam/ Medetomidin[3]	0,033/ 3,3/ 0,33	s. c.	• Anästhesie (ca. 45 min Anästhesie) • Midazolam für Tiere nicht zugelassen
Antagonisierung:			
Naloxon/ Flumazenil/ Atipamezol	0,8/ 0,33/ 1,7	s. c.	
Tiletamin (T)/ Zolazepam Ketamin (K)[5]	T 30/ K 10	i. p., i. m.	

7.8 Wichtige Erkrankungen bei Goldhamstern

Im Folgenden werden nur die häufigsten Krankheiten von Hamstern aufgeführt. Es gibt sehr viel mehr Erkrankungen. Durch eine systematische Untersuchung und Aufarbeitung sowie Literaturrecherche können diese diagnostiziert werden.

7.8.1 Erkrankungen der Haut und der Hautanhangsorgane

Die Abklärung von Hauterkrankungen sollte grundsätzlich wie bei Kleintieren erfolgen, damit eine korrekte Diagnose gestellt werden kann.
Die im Folgenden dargestellten Hauterkrankungen sind regelmäßig auftretende Veränderungen. Seltene Erkrankungen sind der weiterführenden Literatur zu entnehmen.[2,6–9]

Dermatitis

Häufigkeit Regelmäßig.
Alter Alle Altersklassen.
Ursache Sekundär infizierte Wunden; Dermatophyten (v. a. *Trichophyton mentagrophytes*), Ektoparasiten (v. a. *Ornithonyssus bacoti*, *Demodex* spp., *Notoedres* spp.).[7,8] Lymphom (Abb. 7-1), Kontaktdermatitis bei Harninkontinenz, starkem Durchfall, starkem Speicheln.

H

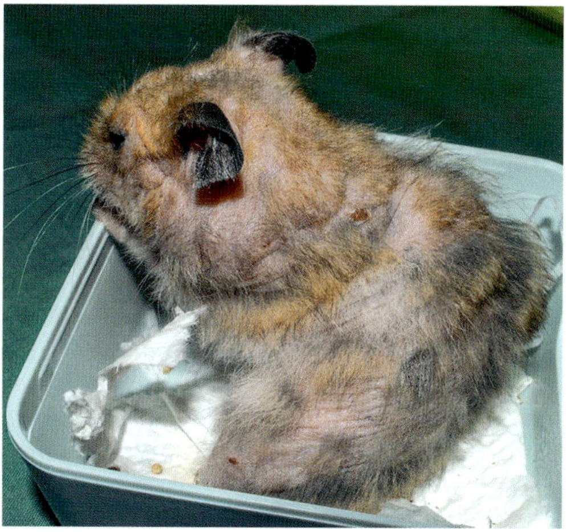

Abb. 7-1 Lymphom der Haut bei einem Goldhamster

Klinik Je nach Ursache trockene bis nässende Dermatitis, Alopezie, evtl. schuppend, ggf. schmerzhaft, evtl. Juckreiz.
Diagnostik Systematische dermatologische Aufarbeitung.
Differenzialdiagnosen Lymphom der Haut.
Therapie Spezifische Behandlung je nach Ursache.

- **Ausgedehnte Dermatitiden:** ggf. systemische Antibiose nach Antibiogramm, ggf. Analgesie
- **Dermatophytosen:** Systemische Pulstherapie mit Itrakonazol (5–10 mg/kg oral SID, 7 Tage, 7 Tage Pause 6–8 Wochen bzw. bis Kultur negativ); zusätzlich lokale Therapie mit Enilkonazol (0,2 %ige Lösung) alle 3–4 Tage auf die veränderten Stellen auftragen, Umgebungsbehandlung mit Chlorbleiche.[10] Aufgrund des Zoonoserisikos sollte eine gründliche Therapie durchgeführt und der Besitzer entsprechend aufgeklärt werden, zusätzlich muss die Haltung verbessert werden.

Tipp

Badesand austauschen!

- **Ektoparasiten:** Ivermectin (0,2–0,4 mg/kg s.c. 1 × pro Woche, 3 × wdh.), Moxidectin (1 mg/kg spot on 1–2 × alle 30 Tage), Doramectin (0,5 mg/kg s.c. 3 im Abstand von 7 Tagen), Selamectin (15–30 mg/kg spot on, wdh. nach 21 Tagen), Fipronil (7,5 mg/kg lokal 1 ×, wiederholen nach 30–60 Tagen) plus Umgebungstherapie mit entsprechenden Akariziden (z. B. Pyrethroiden) bei *Ornithonyssus-bacoti*-Befall[11]

Prognose Gut, wenn die Ursache therapiert werden kann.
Sonstiges Zoonosegefahr bei Trichophyten.

Bissverletzungen

Häufigkeit Bei korrekter Haltung nur gelegentlich auftretend.
Alter Alle Altersklassen.
Ursache Auseinandersetzungen bei Paarungsversuchen.
Klinik Verletzungen, die über den gesamten Körper verteilt sein können.
Diagnostik Klinik.
Therapie Wundreinigung, ggf. chirurgische Versorgung, bei Bildung von Abszessen möglichst vollständige Abszessentfernung, ansonsten Abszessspaltung mit Einlegen von Drainage (meist Iodoformdrainage), ggf. Marsupialisation, Analgesie, ggf. Infusionen, assistierte Fütterung, ggf. systemische Antibiose nach Antibiogramm.

> **!** Die Prognose hängt vom Ausmaß der Verletzungen ab. Diese können auch so schwer sein, dass die Tiere versterben oder euthanasiert werden müssen.

Abschnürung von Gliedmaßen

Häufigkeit Gelegentlich.
Alter Alle Altersklassen.
Ursache Fadenförmiges Nestmaterial, das sich um Gliedmaßen legt.
Klinik Lahmheit, Absterben von Gliedmaßen, Zehen.
Diagnostik Klinik.
Therapie Entfernung des Fremdmaterials, Wundreinigung, ggf. systemische Antibiose, ggf. Amputation. Analgesie, ggf. Infusionen, assistierte Fütterung.
Prognose Abhängig vom Ausmaß der Verletzungen, die auch so schwer sein können, dass die Tiere versterben oder euthanasiert werden müssen.
Prophylaxe Heu als Nestmaterial.

Neoplasien der Haut

Häufigkeit Selten.
Alter Vor allem ältere Tiere.
Tumorarten Trichoepitheliome, cutane Lymphosarkome (evtl. durch Polyomaviren verursacht),[12,13] Melanome etc.[14]
Klinik Umfangsvermehrung der Haut, Farbveränderung (Melanom).
Diagnostik Klinik, Zytologie.
Therapie Wenn möglich, chirurgische Entfernung.
Prognose Abhängig von Tumorart, bisher sind keine systematischen Untersuchungen zur Prognose publiziert.

H

7.8.2 Ohrenerkrankungen

Otitis externa/media/interna

Häufigkeit Gelegentlich.
Ursache Meist bakteriell bedingt (*Pasteurella pneumotropica*, Streptokokken, Salmonellen).[15] Auslöser bleibt aber oft unklar. Gelegentlich Neoplasien (Trichoepitheliom) (Abb. 7-2).
Alter Vor allem ältere Tiere betroffen.
Klinik Subklinisch, Juckreiz, Krusten an den Pinnae und im Gehörgang, eitriges Ohrsekret; Kopfschütteln; bei Entwicklung einer Mittel-

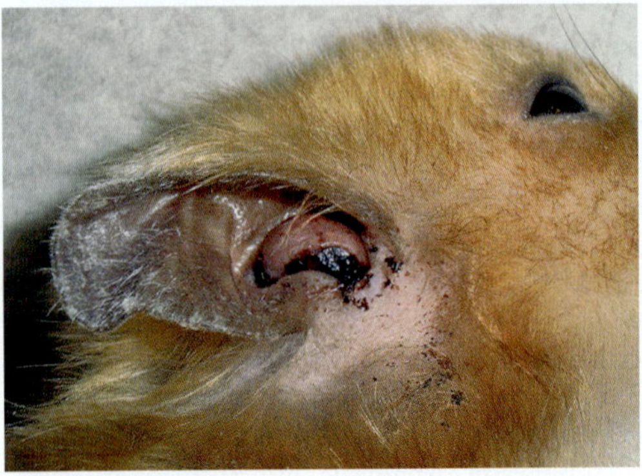

Abb. 7-2
Trichoepitheliom im Gehörgang eines Goldhamsters

und Innenohrentzündung Symptome eines peripheren **Vestibularsyndroms** (Nystagmus, Ataxie, Kopfschiefhaltung, Horner-Syndrom etc.).

Diagnostik Klinik; Heterophile, Bakterien im Abstrich des Ohrsekrets; bei vestibularen Symptomen Röntgen der Bullae und/oder CT (Verschattung der Bulla, periostale Reaktionen); evtl. Endoskopie des Gehörgangs.

Therapie

- Antibiose nach Antibiogramm (Gewinnung von Material durch Punktion der Bulla möglich), Analgesie, topische Behandlung der Otitis externa (Ohrreinigung, Ohrspülung)
- **Vestibularsyndrom:** Infusionen, Analgesie, H_1-Blocker (Diphenhydramin 1–2 mg/kg p. o., s. c. BID) gegen Schwindel; ggf. Bullaosteotomie
- **Trichoepitheliom:** Chirurgie

Prognose Vorsichtig, v. a. ohne Bullaosteotomie.

> ! Oft ist auch mit Langzeitantibiose, Ohrreinigung, Schmerzmitteln **keine endgültige Abheilung** der Infektion im Innen-/Mittelohr zu erreichen.

7.8.3 Augenerkrankungen

Untersuchung, Diagnose und Therapie von Augenerkrankungen werden grundsätzlich wie bei Kleintieren vorgenommen. Die Messung der **Tränenproduktion** muss mit dem **Phenolrot-Test** erfolgen, da der Schirmer-Tränentest zu unzuverlässig ist. Im Folgenden werden die wichtigsten Veränderungen kurz dargestellt.[16]

H

Exophthalmus

Häufigkeit Gelegentlich.

Ursache Meist retrobulbäre raumfordernde Prozesse, v.a. durch Abszess, evtl. Entzündung von Tränendrüse oder Glandula zygomatica, Neoplasie, Hämatom.

Klinik Heraustreten des Augapfels aus der Augenhöhle, Konjunktivitis, Keratitis, Hornhautulzeration.

Diagnostik Klinik, Röntgen/CT, Ultraschall, Punktion und zytologische Untersuchung; bei Abszessen Suche nach Ursache durch Maulhöhlenuntersuchung in Narkose, Röntgen/CT des Schädels.

Differenzialdiagnosen Buphthalmus durch Glaukom.

Therapie

- **Intakte Hornhaut:** evtl. bulbuserhaltende Chirurgie möglich
- **Irreversible Schädigung der Hornhaut:** Enukleation
- Nachweis eines **Lymphoms:** ggf. Prednisolon (0,5–1 mg/kg p. o. BID)
- **Abszess:** Antibiose nach Antibiogramm (Anaerobier spielen auch oft eine Rolle)
- Analgesie

Tipp

Solange **kein ausreichender Lidschluss** möglich ist, Schutz der Hornhaut durch häufiges Auftragen von **Tränenersatzmitteln**.

Prognose Abhängig von Beeinträchtigung des Auges und der Ursache; oft Verlust des Auges.

Bulbusprolaps

Häufigkeit Regelmäßig.

Ursache Im Verlauf einer Fixierung, insbesondere bei Nackengriff, Verlagerung von Unter- und Oberlid hinter den Bulbus.

Klinik Vorfall des Bulbus, eingetrocknete Hornhaut, Visusverlust.

Diagnostik Anamnese, Klinik.

Therapie Wenn Auge intakt ist, Rückverlagerung und ggf. Tarsoraphie, bei starker Schädigung Enukleation. Analgesie.

Prognose Abhängig von Ursache und deren Therapierbarkeit. Bei Zahnerkrankungen gibt es oft keine dauerhafte Verbesserung, insbesondere, wenn das Problem schon länger besteht.

Prophylaxe Kontrolle der Augen, nachdem Tiere wieder in Transportbox gesetzt wurden.

Konjunktivitis

Häufigkeit Regelmäßig.

Ursache Bleibt oft unklar, Fremdkörper (Stroh, Heu, Badesand von Zwerghamstern), Trauma, bakterielle (Pasteurellen, Bordetellen) oder virale Infektion (lymphozytäre Choriomeningitis, LCM), Folge von Zahnwurzelabszessen, im Verlauf einer Erkrankung der oberen Atemwege.

Klinik Rötung und Schwellung der Konjunktiva, Epiphora.

Diagnostik Klinik einschließlich sorgfältiger ophthalmologischer Untersuchung, ggf. bakteriologische Untersuchung.

Therapie Je nach Ursache, Fremdkörper entfernen, Abszesse versorgen, antibiotikahaltige Augentropfen (Tetracyclin), Schmerzmittel (lokal und/oder systemisch), Reinigung der Augenumgebung.

Prognose Je nach Ursache gut bis schlecht.

Keratitis/Hornhautulkus

Häufigkeit Gelegentlich.

Ursache Bleibt oft unklar, meist Trauma (Fremdkörper, evtl. indäquater Badesand), Expositionskeratitis (z. B. bei Exophthalmus, Fazialislähmung), unzureichender Hornhautschutz bei Anästhesie, Entropium, Distichiasis, ektopische Zilie, Ausbreitung einer Konjunktivitis auf die Hornhaut etc.

H

Klinik Fluorescein-positive Trübung der Hornhaut, Konjunktivitis, Miosis, Blepharospasmus, im fortgeschrittenen Stadium Panophthalmie, Gefäßeinsprossung bei älteren Veränderungen, evtl. Exophthalmus.

Diagnostik Klinik, einschließlich sorgfältiger ophthalmologischer Untersuchung, ggf. bakteriologische Untersuchung; bei Exophthalmus Maulhöhlenuntersuchung, Röntgen/CT.

Therapie

- Lokale Antibiose (Tetracyclin) mehrmals täglich, Vitamin-A-haltige Augensalben, lokale Analgesie mit Mydriatikum (Atropin), systemische Analgesie (Metamizol 100 mg/kg s. c., p. o. TID–QID)
- **Nicht-heilende Ulzerationen:** Débridement/Keratektomie unter Anästhesie
- **Entropium, Distichiasis, ektopische Zilie:** chirurgisch versorgen.
- Nachweis von **reduziertem Tränenfluss:** künstlicher Tränenersatz
- Enuklueation

Prognose Gut bis infaust.

Katarakt/Linsentrübung

Häufigkeit Gelegentlich.
Ursache Bleibt oft unklar, evtl. altersbedingt, gelegentlich traumatisch, Diabetes mellitus.
Klinik Trübung der Linse.
Diagnostik Klinik, spezielle Augenuntersuchung einschließlich Fluoresceinprobe und Schirmer-Tränentest; ggf. Glucose- und Fructosaminkonzentrationsbestimmung zum Nachweis eines Diabetes mellitus, wenn Blutentnahme möglich.
Differenzialdiagnosen Nukleosklerose.
Therapie Keine, wenn keine linseninduzierten Uveitis auftritt; dann ggf. steroidhaltige Augentropfen; Kontrolle auf Linsenluxation und Glaukomentwicklung.

> Solange keine Uveitis auftritt und die Tiere sich **in bekannter Umgebung** bewegen, kommen viele Tiere sehr gut zurecht.

Neoplasien des Auges

Häufigkeit Sehr selten.
Tumorarten Melanom.[17]
Klinik Umfangsvermehrung um Auge/Lid.
Diagnostik Klinik, Zytologie.
Differenzialdiagnosen Abszess.
Therapie Enukleation nach Ausschluss von Metastasen.
Prognose Wenn Metastasen vorhanden sind, schlecht.

7.8.4 Erkrankungen des Respirationstrakts und des Thorax

In der klinischen Situation ist es nicht immer möglich, **respiratorische Ursachen von Dyspnoe** sicher von anderen Ursachen abzugrenzen. Eine sorgfältige **Anamnese** und **gründliche Untersuchung** sowie die Zuordnung der evtl. vorliegenden Dyspnoeart zu inspiratorisch, exspiratorisch und gemischt können wertvolle Hinweise liefern. **Röntgen** hilft ebenfalls bei der Diagnosestellung.

Rhinitis

Häufigkeit Regelmäßig.
Ursache Vor allem Bakterien, evtl. *Trichosomoides nasalis*-Befall.[18]

H

Klinik Nasenausfluss, Niesen, inspiratorisches Atemgeräusch, gemischte Dyspnoe bei Beteiligung der Lunge, Inappetenz, Apathie, Gewichtverlust.
Diagnostik Klinik, Röntgen/CT, mikrobiologische Untersuchung von Nasenspülproben bei Verdacht auf bakterielles Geschehen.
Therapie Gegebenenfalls systemische Antibiose, Mukolytika (Acetylcystein 3 mg/kg p. o., s. c. BID oder Bromhexin 0,5–1 mg/kg p. o. BID), bei *T. nasalis*-Nachweis Fenbendazol (20–50 mg/kg p. o. SID 5 Tage), ggf. Analgesie.
Prognose Gut bei geringgradigen Symptomen und Veränderungen; schlecht bei vollständiger Verlegung der Nasenhöhlen und mittel- bis hochgradigen Symptomen oder, wenn kein Ansprechen auf die Therapie.

Pneumonie

Häufigkeit Gelegentlich.
Ursache Bleibt meist unklar, evtl. Bakterien (z. B. *Pasteurella pneumotropica*, Streptokokken, Salmonellen etc.), evtl. Viren (Sendaivirus, Mäusepneumonievirus, LCM-Virus).[12,19]
Alter Alle Altersklassen.
Klinik Je nach Schweregrad und Ursache, v. a. Niesen, Dyspnoe, Schwäche, Inappetenz, Apathie, Nasen- und Augenausfluss, Konjunktivitis, Sepsis, Fieber, Hypothermie, Tod.
Radiologische Veränderungen Deutlich erhöhte Röntgendichte des Lungengewebes, evtl. bei chronischem Verlauf sekundär Herzvergrößerung (Rechtsherzvergrößerung).
Diagnostik Anamnese, Klinik, Röntgen, Pathologie.
Differenzialdiagnosen Lungenneoplasien.
Therapie Systemische Antibiose, Infusionen, Bronchodilatatoren (Theophyllin 4 mg/kg s. c., p. o. BID–TID), Mukolytika (Acetylcystein 3 mg/kg p. o., s. c. BID oder Bromhexin 0,5–1 mg/kg p. o. BID), Antipyretika (Metamizol 100 mg/kg s. c., p. o. TID–QID), Zufütterung.
Prognose Je nach Ursache gut bis infaust.

Neoplasien der Atmungsorgane

Häufigkeit Selten.
Tumorarten Bisher v. a. bei Labortieren beschrieben: Polypen der Nase und Trachea, Adenome und Karzinome der Bronchien.[20] Gelegentlich Nachweis von Metastasen anderer Neoplasien (Nebennierenkarzinomen, Melanomen der Haut etc.).[20]
Alter Vor allem ältere Tiere.

Klinik Je nach Ausprägung und Lokalisation, ggf. Nasenausfluss, Niesen, Dyspnoe, Schwäche, Inappetenz, Apathie, Abmagerung, Tod.
Radiologische Veränderungen Eventuell umschriebene Verdichtung des Lungengewebes, evtl. bei chronischem Verlauf sekundär Herzvergrößerung (Rechtsherzvergrößerung).
Diagnostik Anamnese, Klinik, Röntgen, Pathologie.
Differenzialdiagnosen Pneumonie.
Therapie Nur symptomatisch möglich, ggf. Euthanasie.
Prognose Infaust.

7.8.5 Herz-Kreislauf-Erkrankungen

Herzerkrankungen

Häufigkeit Gelegentlich.
Ursache Unbekannt.
Alter Vor allem ältere Tiere.
Vorkommen Vermutlich vergleichbar zu anderen Heimtierarten, HCM beschrieben,[14] Endokardiose, Atriumthrombosen.
Klinik Je nach Schweregrad asymptomatisch, Tachypnoe, Dyspnoe, Schwäche, Inappetenz, Apathie, Gewichtsverlust, Ödeme, plötzlicher Tod.
Radiologische Veränderungen Eventuell unauffällig, Kardiomegalie, Thoraxerguss, Lungenödem (oft nicht sicher von anderer Lungenpathologie zu unterscheiden), Aszites.
Diagnostik Klinik, Auskultation (Arrhythmien, Herzgeräusche), Röntgen, EKG, Echokardiografie.
Therapie Die Therapien werden von Kleintieren extrapoliert, bisher keine Therapiestudien verfügbar.

- **Akutes Herzversagen:** Sauerstoff, Furosemid (1–4 mg/kg i. m., s. c. BID/TID), bei bestehendem Pleuraerguss Punktion
- Je nach Bedarf Gaben von Furosemid, ACE-Hemmer (Benazepril 0,1 mg/kg p. o. SID oder Enalapril 0,5–1 mg/kg p. o. SID oder Imidapril 0,25 mg/kg p. o. SID oder Ramipril 0,125 mg/kg p. o. SID), Pimobendan (0,2–0,4 mg/kg p. o. BID), Antiarrhythmika (ggf. Digoxin 0,005–0,01 mg/kg p. o. SID–BID oder Diltiazem 0,5–1 mg/kg p. o. SID–BID)

Prognose Je nach Ursache und Krankheitszustand meist schlecht, da die Tiere in fortgeschrittenem Krankheitszustand vorgestellt werden.

H

7.8.6 Erkrankungen des Verdauungstrakts

Erkrankungen der Backentaschen

Häufigkeit Gelegentlich.

Vorkommen Backentaschenvorfall, Backentaschenabszess.

Ursache Trauma, Verletzung durch Futter und sekundäre bakterielle Infektion.

Alter Alle Altersklassen.

Klinik Umfangsvermehrung im Maul oder Maulwinkel (Backentaschenvorfall) (Abb. 7-3); Umfangsvermehrung im Backentaschenbereich (Abszess).

Diagnostik Klinik, Zytologie.

Differenzialdiagnosen Abszesse und Neoplasien im Maulbereich, unabhängig von den Backentaschen.

Therapie

- **Backentaschenvorfall:** Reposition, ggf. mit Einzelheft an äußerer Haut fixieren, bei schwerer Verletzung Amputation
- **Backentaschenabszess:** Backentaschen umstülpen, Wundreinigung, ggf. Abszessspaltung
- Gegebenenfalls **systemische Antibiose** nach Antibiogramm, Analgesie, **symptomatische Therapie** mit Infusionen, ggf. assistierte Fütterung

Prognose Meist gut bei frühzeitiger Therapie.

H

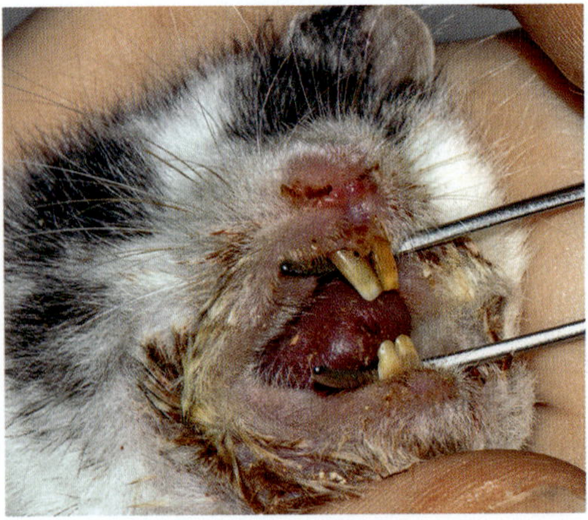

Abb. 7-3 Vorfall einer Backentasche bei einem Goldhamster

Zahnerkrankungen

Häufigkeit Regelmäßig.

Vorkommen Fehlbiss durch Trauma und nicht tierartgerechte Fütterung; Karies, Zahnwurzelabszesse, Infektionen, altersbedingter Zahnausfall oder als Folge einer Parodontopathie mit sekundärer Zahnlockerung.

Ursache Bleibt oft unklar, u.a. Fehlstellungen der Zähne durch Trauma, Fehlbiss durch Zahnveränderungen, z.B. aufgrund von Alveolitis, Abszessen, Neoplasien.

Klinik Vielfältig, evtl. Nebenbefund bei klinischer Untersuchung, Hypersalivation, selektive Futteraufnahme, teilweise Pseudoinappetenz, später Inappetenz, veränderte Kaubewegungen, Augen- und/oder Nasenausfluss, Exophthalmus etc.

Diagnostik Klinik, Maulhöhlenuntersuchung, Röntgen, CT.

Therapie

- Kürzen überlanger **Schneidezähne** mit Trennscheibe (meist Wiederholung nach 3–6 Wochen notwendig), Extraktion lockerer bzw. stark veränderter schmerzhafter Schneidezähne
- Unter Anästhesie chirurgische Versorgung von **Zahnfachabszessen**
- **Symptomatische Therapie:** je nach Zustand des Tieres mit Infusionen, Analgesie, assistierte Fütterung
- Gelegentlich **lebenslanges Kürzen** eines oder mehrerer Inzisivi notwendig

Prognose Je nach Ursache gut bis infaust.

Prophylaxe Fütterung mit adäquatem Futter.

H

Enteritis/Enterotoxämie

Häufigkeit Regelmäßig.

Ursache Faktorenerkrankung (Stress, Futterumstellungen, Antibiotikagaben), Bakterien (z.B. *Lawsonia intracellularis*, *E. coli*, Pasteurellen, Clostridien, Salmonellen etc.), Endoparasiten, seltener extraintestinale Ursachen (z.B. Nieren-, Herzerkrankungen).

Klinik Durchfall (Abb. 7-4), Apathie, Inappetenz, Dehydratation, Rektumprolaps, Gewichtsverlust, plötzlicher Tod.

Diagnostik Klinik, koprologische Untersuchung, zum Ausschluss anderer Durchfallursachen (Kap. 1.7.7) ggf. Röntgen, ggf. mikrobiologische Untersuchung. Einige Erreger müssen über spezielle Methoden nachgewiesen werden.

Therapie Behandlung je nach Ursache.

- **Symptomatische Therapie:** je nach Schweregrad mit Infusionen, Analgesie (Metamizol 100 mg/kg s.c., p.o. TID–QID)

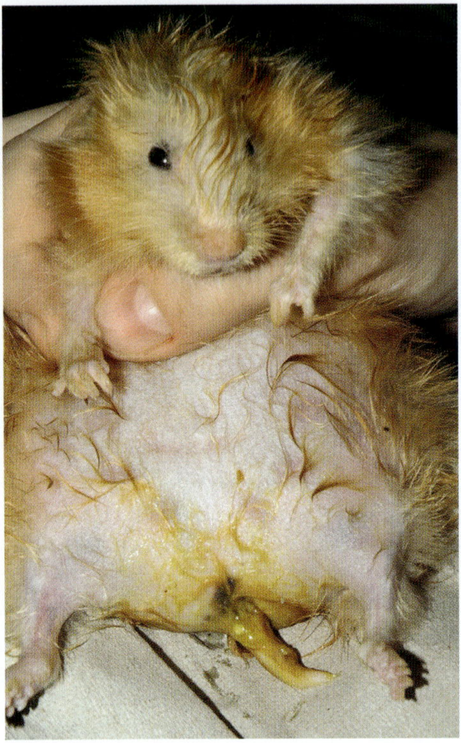

Abb. 7-4
Goldhamster mit Durchfall aufgrund einer Enteritis

- Je nach **parasitologischem Befund:** Behandlung mit entsprechenden Medikamenten gegen Endoparasiten; bei Nachweis von hochgradigem *Cyniclomyces-guttulatus*-Befall Nystatin (60.000–90.000 IE/kg BID 7–4 Tage); Fenbendazol (20–50 mg/kg p. o. SID 5 Tage) gegen Giardien; Toltrazuril (10 mg/kg p. o. SID 3 Tage, 5 Tage Pause, 3 Tage) oder Sulfonamide (Sulfadimethoxin 50 mg/kg p. o., einmal, dann 25 mg/kg SID 10 Tage) gegen Kokzidien
- Nachweis einer für Hamster pathologischen **bakteriellen Monokultur** (z. B. E. *coli*): Antibiose nach Antibiogramm; bei Verdacht auf übermäßiges **Clostridienwachstum** (z. B. nach Antibiotikagaben) Metronidazol (20 mg/kg p. o., s. c. BID)
- Probiotika

Prognose Je nach Ursache gut bis infaust.

„Wet tail disease" ist keine spezifische Erkrankung, sondern die Beschreibung eines Symptoms. Neben Durchfall können auch Endometritiden/ Pyometra und Zystitiden die Ursache dafür sein.

Obstipation

Häufigkeit Gelegentlich.
Ursache Endoparasiten, bakterielle Darminfektion, Aufnahme von Nestmaterial etc.
Klinik Apathie, Inappetenz, Dehydratation, Rektumprolaps, plötzlicher Tod.
Diagnostik Klinik, Röntgen (ggf. mit Kontrastmittel), koprologische und mikrobiologische Untersuchung.
Therapie Infusionen, Spasmoanalgetika (Metamizol 100 mg/kg s. c., p. o. TID–QID), Prokinetika (Metoclopramid 0,2–1 mg/kg s. c., p. o. BID), Lactulose (1–3 ml/kg p. o. BID–TID), ggf. Chirurgie bei Obstipationen, die sich nicht konservativ behandeln lassen; bei Rektumprolaps: Reponierung, Tabaksbeutelnaht für 3–4 Tage, u. U. chirurgische Entfernung von vorgefallenen und nekrotischen Darmteilanteilen; Abstellen der Ursache, ggf. assistierte Fütterung.
Prognose Je nach Ausmaß der Erkrankung gut bis infaust.

Tympanie

Häufigkeit Regelmäßig.
Ursache Eventuell Folge von Dyspnoe (Aerophagie) verschiedener Ursachen (Kap. 1.7.4), durch Erkrankung des Magen-Darm-Trakts (Enteritis, Dysbakterie durch abrupte Futterumstellung, inadäquates Futter).
Klinik Apathie, Anorexie; aufgetriebenes, tympanisches, schmerzhaftes Abdomen, Dehydratation.
Diagnostik Klinik, Röntgen, Ultraschall, Blutuntersuchung.
Therapie Symptomatische Therapie mit Infusionen, Spasmoanalgesie (Metamizol 100 mg/kg s. c., p. o. TID–QID), Metoclopramid (0,2–1 mg/kg s. c., p. o. BID), Dimeticon (35–70 mg/kg p. o. 3–6-× tgl.), assistierte Fütterung, Therapie der Ursache extraintestinal verursachter Tympanie.
Prognose Je nach Ursache gut bis infaust.

Leber- und hepatobiliäre Erkrankungen

Häufigkeit Gelegentlich Leberzysten, sekundäre Leberveränderungen durch andere Erkrankungen (z. B. *Clostridium piliforme, Clostridium difficile*),[7] Lymphom.
Ursache Inappetenz, Ursache für Leberzysten unklar (Zystenbildung auch in anderen Organen, wie Nebenhoden, Samenblasendrüse, Pancreas, Endometrium, Ovar, Ösophagus und Nebennieren möglich).[14,21]
Klinik Apathie, Anorexie, Gewichtsverlust, Schwäche, Hepatomegalie, bei schweren Lebererkrankungen sind vermutlich auch Hepatoenzephalopathie, Aszites, Ikterus und Koagulationsstörungen möglich.
Radiologische Veränderungen Eventuell Hepatomegalie, Detailverlust im Abdomen.
Diagnostik Klinik, Röntgen, Ultraschall, Laparotomie, Pathologie.
Therapie Symptomatische Therapie mit Infusionen, Analgesie, ggf. Antibiose, assistierte Fütterung; bei Lymphom evtl. Prednisolon (0,5–1 mg/kg p. o. BID).
Prognose Meist schlecht.

Neoplasien der Verdauungsorgane

H

Häufigkeit Gelegentlich.
Vorkommen Adenokarzinome (v. a. im Caecum und Colon), Cholangiome, Leiomyome, Liposarkome und Fibrosarkome als Neoplasien der Verdauungsorgane, Lymphom.[14]
Klinik Je nach Lokalisation, Apathie, Anorexie, Gewichtsverlust, Durchfall, Schwäche, Hepatomegalie etc.
Diagnostik Klinik, Röntgen, Ultraschall, Laparotomie, Zytologie, Pathologie.
Therapie Keine beschrieben, symptomatische Therapie mit Infusionen, Analgesie, ggf. Antibiose, assistierte Fütterung.
Prognose Meist schlecht.

7.8.7 Erkrankungen des Harntrakts

Nierenerkrankungen

Häufigkeit Selten.
Alter Vor allem ältere Tiere.
Formen Glomerulonephropathie bei Laborhamstern beschrieben; Formen bei Heimtiergoldhamster nicht wissenschaftlich beschrieben.
Ursache Bleibt meist unklar, evtl. längere hypovolämische Phasen (Dehydratation, Narkose) etc.

Klinik Chronisches (CNI) und akutes Nierenversagen (ANI) sind möglich, meist unspezifische Symptome: Inappetenz, Apathie, Schwäche, Gewichtsverlust, bei CNI Polyurie/Polydipsie, bei ANI oft Olig- bzw. Anurie, Krämpfe, Hämaturie, plötzlicher Tod.

Labordiagnostik Erst wenn mehr als 75 % der Nierenfunktion eingeschränkt sind, kommt es zum Anstieg von Kreatinin und Harnstoff; Elektrolytveränderungen (wie Hyperkaliämie, Hyperphosphatämie, Hypo-, Hyperkalzämie), Anämie, Hypoglykämie, Hypoproteinämie, spezifisches Gewicht des Harns bei CNI ca. 1008–1012; bei akutem Versagen kann es höher sein (bis 1025); bei Pyelonephritis: Erythrozyten, Leukozyten, Leukozytenzylinder im Harn.

Radiologische Veränderungen Nicht unbedingt auffällig, evtl. Vergrößerung und/oder Verkleinerung einer oder beider Nieren.

Diagnostik Anamnese, Klinik, Labor (Nachweis einer renalen Azotämie, evtl. Elektrolytveränderungen), Röntgen, Ultraschall.

Therapie Oft nur symptomatisch möglich, da Auslöser meist unklar bleibt.

- **Infusionen:** Wenn Tier nicht dehydratisiert ist und Harnproduktion unklar, Start mit dem halben Erhaltungsbedarf (ca. 25 ml/kg/24 h intraossär, intraperitoneal oder subcutan). Produziert das Tier unter Infusionstherapie adäquat Harn (Evaluierung evtl. über Harnkathetersystem, Gewichtsermittlung, Blasenpalpation, Haltung auf Handtuch/Zellstoff, Ultraschall der Blase) (möglichst > 1–2 ml/kg/h), kann mehr Infusionsmenge gegeben werden.

> **!** Hinweise auf eine **Überinfusion** beachten: angestrengte abdominale Atmung, Hypothermie, Thoraxerguss, Herzversagen!

- Wird unzureichend Harn produziert, Versuch Nierenstart mit Furosemid und Mannitol i. o.; regelmäßige engmaschige Reevaluierung des Patienten notwendig.
- **Antibiose** bei Verdacht auf Pyelonephritis, bakteriell bedingter Nephritis (möglichst mit Antibiogramm aus Zystozenteseharn; mindestens 7–10 Tage), Analgesie (Metamizol 100 mg/kg s. c., p. o. TID–QID), Magenschutz (Omeprazol [keine Angaben vorhanden] evtl. 1–5 mg/kg s. c., p. o. BID, Sucralfat 25–100 mg/kg p. o. BID–TID)
- **Chronisches Nierenversagen:** evtl. **ACE-Hemmer** einsetzen. **Erythropoetin** (50–100 IE/kg 3× wöchentlich) evtl. bei nicht-regenerativer Anämie aufgrund einer CNI möglich.
- **Assistierte Fütterung,** Zufütterung bei Bedarf

H

Prognose Je nach Ursache gut bis infaust.
Prophylaxe Hypovolämische Tiere ausreichend infundieren und bei diesen Tieren NSAIDs vermeiden.

Ovarialzysten

Häufigkeit Gelegentlich.
Ursache Im Rahmen der polyzystischen Erkrankung von Goldhamstern auftretend, deren Ursache unklar ist.[14]
Klinik Subklinisch; bei großen Zysten Dyspnoe, Umfangsvermehrung des Abdomens, abdominaler Schmerz, Verdauungsstörungen, Abmagerung bei zunehmendem Bauchumfang.
Diagnostik Klinik, Röntgen, Ultraschall.
Therapie Punktion; Ovariohysterektomie.

7.8.8 Erkrankungen des Reproduktionstrakts

Erkrankungen des Uterus

Häufigkeit Gelegentlich.
Vorkommen Vor allem Endometritis, Pyometra (*Pasteurella pneumotropica*, Staphylokokken, Streptokokken, Korynebakterien etc.); seltener Neoplasien (u. a. unilaterale Granulosa- bzw. Thekazelltumore des Ovars, Leiomyome, Adenokarzinome, Polypen der Gebärmutter).
Alter Ältere Tiere.
Klinik Eventuell Zufallsbefund bei der klinischen Untersuchung (geöffnete Vaginalmembran, Vaginalausfluss), Apathie, Inappetenz, evtl. umfangsvermehrtes Abdomen.
Labordiagnostik Bei fortgeschrittener Erkrankung evtl. Anämie, Leukozytose, Leukopenie, Hypoglykämie (Sepsis).
Radiologische Veränderungen Eventuell vergrößerte Gebärmutter zu sehen.
Diagnostik Anamnese, Klinik (einschließlich Zytologie von Vaginalflüssigkeit), Röntgen, Ultraschall, Labor.
Therapie Ovariohysterektomie als Therapie der Wahl; bei schlechtem Allgemeinzustand zunächst Stabilisierung durch Infusionen, assistierte Fütterung, Analgesie, systemische Antibiose, zusätzlich bei Pyometra/Endometritis: Aglepriston (10–20 mg/kg s. c. 2 × im Abstand von 24 h, wdh. nach 8 Tagen) (zur Entleerung des Uterus).[22] Oft kommt es aber zu Rezidiven, sodass eine Operation bei stabilen Patienten empfehlenswert ist.
Prognose Je nach Ursache gut bis infaust.

Erkrankungen der Mamma

Häufigkeit Gelegentlich.
Vorkommen Adenokarzinome der Mamma,[20] Mastitis.
Alter Ältere Tiere.
Klinik Umfangsvermehrung der Mamma.
Diagnostik Anamnese, Klinik (einschließlich Zytologie von Punktat).
Therapie Chirurgie, Analgesie, Antibiose, Infusionen.
Prognose Meist gut bei Mastitis, gut bis infaust bei Neoplasie.

7.8.9 Neurologische Erkrankungen

Die diagnostische Aufarbeitung, einschließlich einer **sorgfältigen neurologischen Untersuchung**, muss systematisch erfolgen, damit alle relevanten Abweichungen erfasst werden. Mögliche Differenzialdiagnosen für neurologische Symptome sind in Kapitel 1.7.6 aufgeführt.

> **Tipp**
>
> Die Abklärung neurologischer Patienten kann sehr komplex sein und wann immer möglich sollten entsprechend **qualifizierte Kollegen** mit zu Rate gezogen werden.

H

Krämpfe

Häufigkeit Gelegentlich.[14]
Alter Vor allem ältere Tiere.
Ursache Bleibt oft unklar, nicht selten im Endstadium einer schweren systemischen Erkrankung.
Klinik Krämpfe, Seitenlage.
Diagnostik Anamnese, Klinik, einschließlich ausführlicher neurologischer Untersuchung, ggf. Blutuntersuchung, Röntgen (Ganzkörperaufnahmen), evtl. CT.
Therapie Erstversorgung: orale Glucosegaben (1–2 ml 50 %ige Lösung p. o.), Calciumgaben (50–100 mg/kg p. o., i. m. SID), Infusionen, Antibiose, ggf. Diazepam (1–2 mg/kg s. c., i. m.), kausale Therapie oft nicht möglich.
Prognose Meist schlecht.

Vestibularsyndrom

Häufigkeit Gelegentlich.
Alter Vor allem ältere Tiere.

Ursache Vermutlich meist bakteriell bedingte Mittel- und Innenohrinfektionen (Kap. 7.8.2), seltener Trauma.
Klinik Kopfschiefhaltung, Ataxie.
Diagnostik Anamnese, Klinik, einschließlich ausführlicher neurologischer und otoskopischer Untersuchung zur Unterscheidung eines zentralen und peripheren Vestibularsyndroms, Röntgen des Schädels, CT.
Therapie Abhängig von Ursache. Vor allem symptomatisch mit Infusionen, Analgesie, Medikamente gegen Schwindel (Diphenhydramin 2–5 mg/kg p. o., s. c. BID–QID oder Metoclopramid 0,2–1 mg/kg s. c., p. o. BID), assistierte Fütterung.
Prognose Je nach Ursache gut bis infaust.

Enzephalitis

Häufigkeit Selten.
Ursache Bleibt meist unklar, evtl. bakterielle Infektion, aufsteigende Otitis interna/media, Viren (lymphozytäre Choriomeningitis, LCM),[23,24] Affenpocken.[25]
Alter Alle Altersklassen, LCM bei jüngeren Tieren.
Klinik Oft subklinischer Verlauf, Bewusstseinstrübung, ZNS-Ausfälle, Inappetenz, Apathie.
Diagnostik Anamnese, Klinik einschließlich ausführlicher neurologischer und otoskopischer Untersuchung, Röntgen des Schädels, CT, Pathologie.
Differenzialdiagnosen Traumata, metabolisch-toxische Ursachen (Hypoglykämie, Urämie, Hepatitis, Endotoxämie, Intoxikation etc.), Neoplasien, degenerative (Hydrocephalus) oder vaskuläre Veränderungen etc.
Therapie Abhängig von Ursache, meist symptomatisch mit Infusionen, Analgesie, Antibiose, Antikonvulsiva (Diazepam 1–2 mg/kg s. c., i. m.), Medikamente gegen Schwindel (Diphenhydramin 1–2 mg/kg p. o., s. c. BID oder Metoclopramid 0,2–1 mg/kg s. c., p. o. BID), Vitamin-B-Komplex (0,02–0,5 ml/kg p. o., s. c. SID).
Prognose Meist schlecht.

> ! **LCM** (Lymphozytäre Choriomeningitis) ist eine **Zoonose**.

H

Erkrankungen des peripheren Nervensystems

Otitis interna/media

Häufigkeit Gelegentlich.
Ursache Auslöser bleibt oft unklar.
Klinik Gleichgewichtsstörungen, Kopfschiefhaltung, Kreisbewegungen, Nystagmus, Apathie, Inappetenz.
Radiologische Veränderungen Verschattete Bulla tympanica, verdickte Wände.
Diagnostik Klinik, Röntgen, CT.
Therapie Systemische Antibiose, Analgesie, Infusionen, Medikamente gegen Schwindel (Diphenhydramin 1–2 mg/kg p.o., s.c. BID oder Metoclopramid 0,2–1 mg/kg s.c., p.o. BID), assistierte Fütterung, evtl. Bullaosteotomie; oft bleibt Kopfschiefhaltung erhalten.
Prognose Gut bis zweifelhaft.

Paresen/Paralysen/spinale Ataxie

Häufigkeit Gelegentlich.
Ursache Sehr unterschiedlich, oft bleibt die genaue Ursache unklar. Trauma mit oder ohne Bandscheibenvorfall, Wirbelfraktur, -luxation, Neoplasie, toxisch-metabolische Ursachen.
Klinik Im Detail abhängig von Lokalisation, Propriozeptionsdefizite, Parese/Paralyse der Vorder- und/oder Hintergliedmaßen, Kot- und Harnabsatzschwierigkeiten oder -inkontinenz, im Verlauf oft Verschlechterung des Allgemeinbefindens, Apathie, Inappetenz, Dehydrierung, Dekubitus.
Radiologische Veränderungen Eventuell Verengung eines Zwischenwirbelspalts, Verschiebungen, Frakturen von Wirbeln erkennbar; Kallusbildung bei älteren Wirbelfrakturen bzw. Luxationsfrakturen (Abb. 7-5), bei Neoplasien evtl. Osteolysen, -sklerosen.
Diagnostik Klinik, neurologische Untersuchung, Röntgen, CT, Ausschluss anderer Ursachen (s. a. Kap. 1.7.6).
Differenzialdiagnosen Nicht-neurologische Erkrankungen (Schwäche etc.).
Therapie Abhängig von neurologischen Ausfallserscheinungen und Ursache.

- Verdacht/Nachweis von **Bandscheibenvorfall:** konservativ mit Analgesie und Käfigruhe bei geringen bis mittelgradigen Propriozeptionsausfällen und vorhandenem Tiefenschmerz
- **Wirbelfrakturen** und **-luxationen:** wenn Prognose gegeben (siehe Kriterien aus der Kleintiermedizin), evtl. Ruhigstellung

H

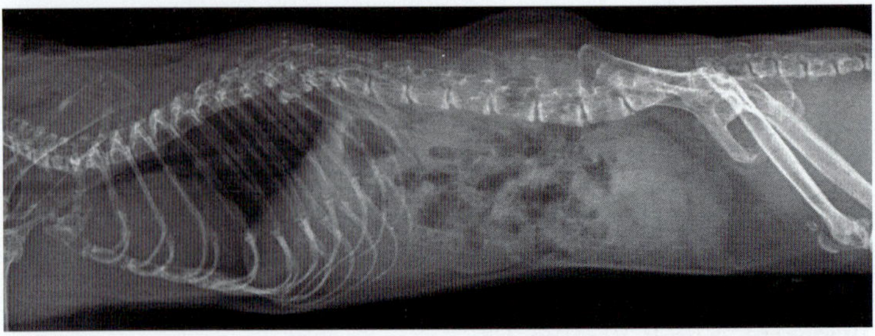

Abb. 7-5 Röntgenbild (laterolaterale Projektion) eines Goldhamsters mit Wirbelluxationsfraktur im Bereich des 10. und 11. Brustwirbels nach einem Sturz

- **Symptomatische Therapie:** Analgesie, Vitamin-B-Komplex (0,02–0,5 ml/kg p. o., s. c. SID), Infusionen, assistierte Fütterung, Kontrolle/Assistenz bei eingeschränktem Harnabsatz (manuelle Entleerung oder Harnkatheter), Umlagerung

Prognose Je nach Lokalisation und Grad der neurologischen Ausfälle gut bis infaust (bei Verlust von Tiefenschmerz).

H

7.8.10 Knochen- und Muskelerkrankungen

Frakturen, Luxationen

Häufigkeit Gelegentlich.
Ursache Trauma.
Klinik Je nach Lokalisation Lahmheit unterschiedliches Grades bis zur Paralyse bei Wirbelsäulenbeteiligung, Fehlstellung von Körperteilen.
Diagnostik Klinik, Röntgen, evtl. CT.
Therapie In Anlehnung an das Vorgehen in der Kleintiermedizin, je nach Befund; lange Röhrenknochen chirurgisch (intramedullärer Pin, Fixateur externe, parakortikale Fixation), Hüftgelenksluxationen entweder konservativ nach Reposition oder chirurgisch (Femurkopfhalsresektion).
Prognose Je nach Ursache gut bis infaust.

Arthritis/Arthrose

Häufigkeit Gelegentlich.
Ursache Oft unklar, evtl. Trauma, Infektion.
Klinik Je nach Lokalisation Lahmheit unterschiedliches Grades, evtl. verdickte Gelenke, Apathie, Bewegungsunlust.

Diagnostik Klinik, Röntgen.
Therapie Analgesie, ggf. systemische Antibiose, ggf. Gewichtsreduktion, Physiotherapie, Kontrolle der anderen Gliedmaßen auf Entstehung einer Pododermatitis durch Überbelastung.
Prognose Meist schlecht hinsichtlich der Funktion, da die Veränderungen im Gelenksbereich oft irreversibel sind.

7.8.11 Endokrine Erkrankungen und Stoffwechselerkrankungen

Hyperadrenokortizismus

Häufigkeit Gelegentlich.
Alter Meist ältere männliche Tiere.
Ursache

- **Bei klinischer Erkrankung:** Hypophysenadenome und Nebennierenadenokarzinome[26]
- **Pathologisch** ohne Erwähnung von Symptomen: Nebennierenrindenhyperplasien und -adenome[20]

Klinik Alopezie ohne Juckreiz,[26,27] evtl. Polyurie, Polydipsie, Schwäche, Inappetenz.[28]
Labordiagnostik Anstieg der AP-Aktivität und der Cortisolplasmakonzentration möglich [Referenzbereich 2,3–3,2 µg/dl[29]].
Diagnostik Klinik, evtl. Nachweis vergrößerter Nebennieren im Ultraschall [Normalgröße: 12,6–17,7 mm[30]].
Differenzialdiagnosen Alopezie anderer Genese (z. B. Ovarialzysten, Dermatophyten).
Therapie Metyrapone (8 mg p. o. SID) soll bei einem Tier klinisch Besserung gebracht haben.[26]
Prognose Gelegentlich Überlebenszeiten ohne Therapie von mehreren Monaten.

7.8.12 Vergiftungen

Häufigkeit Sehr selten.
Ursache Vor allem durch Pflanzen möglich.
Klinik Plötzlicher Tod, Durchfall, Inappetenz, Apathie, Krämpfe, Muskelzittern.
Diagnostik Anamnese, Klinik, aufgrund der geringen Größe meist keine Blut- bzw. Harnuntersuchung auf verschiedene Toxine möglich, bleibt oft Verdachtsdiagnose, die vermutlich oft falsch ist.

H

Therapie Je nach Zustand und Toxin (Information über Giftzentralen).

- Sauerstoff; Infusionen; Aktivkohle, um die Resorption zu reduzieren, Diazepam bei Krämpfen
- **Intoxikation mit NSAIDs:** Es muss mit einem akuten Nierenversagen gerechnet werden. Darum sollten die Tiere infundiert und intensiv überwacht werden, Magenschutz (Omeprazol [keine Angaben vorhanden] evtl. 1–5 mg/kg s.c., p.o. BID, Sucralfat 25–100 mg/kg p.o. BID–TID).
- Nachgewiesene Aufnahme von **cumarinhaltigen Rodentiziden:** Vitamin K_1 (5 mg/kg über SID 4–6 Wochen)
- **Symptomatische Therapie:** Infusionen, evtl. forcierte Diurese

Prognose Je nach Ursache, aufgenommener Menge und Zeitpunkt der Diagnose gut bis infaust.

7.8.13 Neoplastische Erkrankungen

Neoplasien kommen bei Hamstern gelegentlich vor. Der Großteil der Neoplasien wurde bei **Laborhamstern** beschrieben. Die häufigsten Neoplasien wurden bereits bei den Organerkrankungen erwähnt. Je nach Lokalisation **variieren die Symptome**. Die Therapie muss von anderen Tierarten extrapoliert werden.

H

Lymphom (Lymphosarkom)

Häufigkeit Regelmäßig.
Alter Abhängig von Lymphomart.

Es sind **drei Formen** bekannt:[31]

- Lymphom des **hämatopoetischen Systems**
- Lymphom der **Haut**
- Lymphom verursacht durch **Hamsterpolyomavirus**[12]

Klinik Abhängig von Lokalisation.

- **Ältere Tiere, Typ 1:** Inappetenz, Apathie, Gewichtsverlust, Leber-, Milz-, Lymphknotenschwellung
- **Typ 2:** Hautveränderungen wie Alopezie, exfoliative Dermatitis
- **Junge Hamster, Typ 3:** Abmagerung, Vergrößerung von abdominalen Organen und mesenterialen sowie peripheren Lymphknoten

Diagnostik Klinik, Röntgen (Abb. 7-6), Ultraschall, Punktion/Biopsie und Zytologie/Histopathologie.

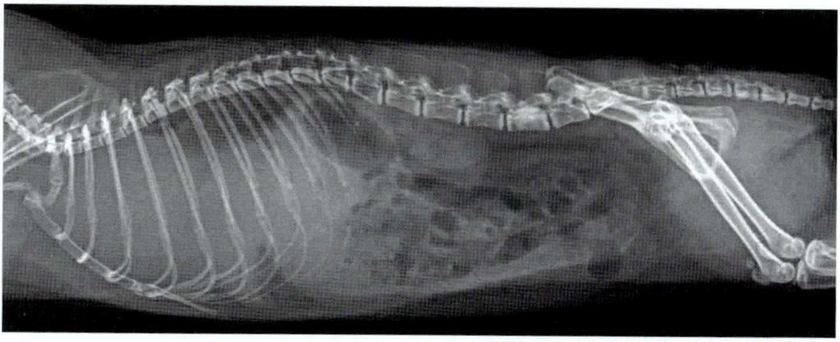

Abb. 7-6 Röntgenbild eines 3 Monate alten Goldhamsters (laterolaterale Projektion) mit mediastinalem Lymphom (Herzschatten nicht abgrenzbar; Differenzialdiagnose u. a. Kardiomegalie)

Therapie Bisher keine Therapie beschrieben, evtl. Besserung unter Prednisolon (0,5–1 mg/kg p. o. BID).
Prognose Schlecht.

7.8.14 Abszesse

Häufigkeit Regelmäßig.
Beschreibung Können an verschiedenen Stellen des Körpers auftreten.
Alter Alle Altersklassen, v. a. ältere Tiere.
Ursache Verletzung und nachfolgende bakterielle Infektion v. a. mit *Staphylococcus* spp., *Streptococcus* spp., aber auch Anaerobiern möglich.
Klinik Je nach Lokalisation, Umfangsvermehrung (Abb. 7-7), Inappetenz, Apathie, Umfangsvermehrung im Abdomen, Dyspnoe, Exophthalmus etc.
Diagnostik Anamnese, Klinik, je nach Lokalisation Röntgen, Ultraschall, Punktion und zytologische Untersuchung, Laparotomie, bakteriologische Untersuchung mit Antibiogramm, Ursache suchen.
Differenzialdiagnosen Alle Erkrankungen, die mit Umfangsvermehrungen einhergehen.
Therapie Möglichst vollständige chirurgische Entfernung, dann auch keine systemische Antibiose notwendig, ansonsten Drainieren, Analgesie, symptomatische Therapie mit Infusionen, assistierte Fütterung; Antibiose möglichst nach Antibiogramm.
Prognose Gut meist bei Abszessen der Haut/Unterhaut, Entfernung in einigen Bereichen besonders problematisch bzw. nicht möglich (z. B. Gastrointestinaltrakt, Lunge).

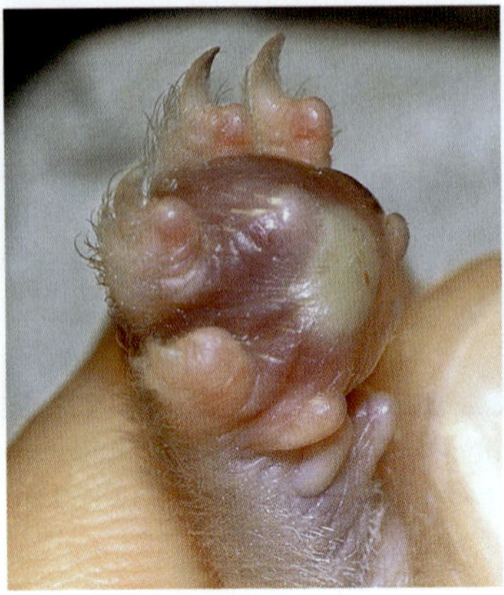

Abb. 7-7
Abszess im Bereich des Ballens bei einem Goldhamster

7.9 Wichtige Erkrankungen bei Zwerghamstern

H

Für Zwerghamster wurden bisher nur wenige Krankheiten wissenschaftlich beschrieben. Es ist davon auszugehen, dass der Großteil der Erkrankungen, die Goldhamster betreffen, auch bei Zwerghamstern vorkommen können.

Bei Dsungarischen Zwerghamstern wurden folgende Erkrankungen beschrieben:

- Infektionen mit *Trichophyton mentagrophytes* (in einer Kolonie)[32]
- Ektoparasiten: *Myocoptes-musculinus*-Befall
- Abszesse der Haut durch Wunden
- Ovarialzysten
- Neoplasien: Thymome Adenome und Adenokarzinome der Mamma, cutane Papillome, Plattenepithelkarzinome, Sarkome und Basalzelltumore, pulmonale Adenome und Adenokarzinome, Leberadenome und -karzinome, renale Karzinome, Lymphosarkome, Ovarialkarzinome etc.[2,33,34]
- Veränderungen der Bauchdrüse (v. a. Entzündungen)
- Konjunktivitis und Katarakte (unklarer Genese)

Generell entspricht die Therapie der Erkrankungen dem Vorgehen bei anderen Heimsäugern.

Literatur und Dosierungsvorschläge zu diesem Kapitel finden Sie unter www.schattauer.de/3111

8 Ratte

8.1 Allgemeines

- Die von Wanderratten (*Rattus norwegicus*) abstammenden **omnivoren** Heimtierratten gehören in der Ordnung der Nagetiere (Rodentia) und der Familie der Langschwanzmäuse (Muridae) zur Unterfamilie der Altweltmäuse (Murinae).[1]
- Ratten sind **soziale**, vorwiegend **dämmerungs- und nachtaktive** Tiere.

Steckbrief Ratte

Lebenserwartung	1,5–4 Jahre
Körpergewicht	250–550 g
Körpertemperatur	37,5–39,5 °C
Herzfrequenz	200–500/min
Atemfrequenz	70–200/min
Geschlechtsreife	40–70 Tage
Trächtigkeitsdauer	21–23 Tage
Jungtiertyp	Nesthocker
Säugeperiode	21–24 Tage
Geeignetes Kastrationsalter	w: nicht relevant m: 3–4 Monate
Uterus	Uterus duplex
Mammakomplexe	6 Paare
Urin-pH	neutral bis alkalisch

8.2 Handling

- Der Umgang mit Ratten sollte **ruhig** und **umsichtig** erfolgen. Die meisten Tiere sind sehr **umgänglich** und **zahm**. Einige Tiere versuchen sich durch Flucht der Untersuchung zu entziehen und urinieren stressbedingt. Wenige Tiere beißen.
- Bei zahmen und umgänglichen Tieren kann eine **Fixierung** zur Untersuchung durch Umfassen des Brustbereichs vorgenommen werden (Abb. 8-1).
- Der **Zangengriff** wird bei weniger kooperativen Tieren verwendet. Eine weitere Möglichkeit ist es, das **Nackenfell** zu greifen. Dafür muss eine ausreichend große Hautfalte gefasst werden.

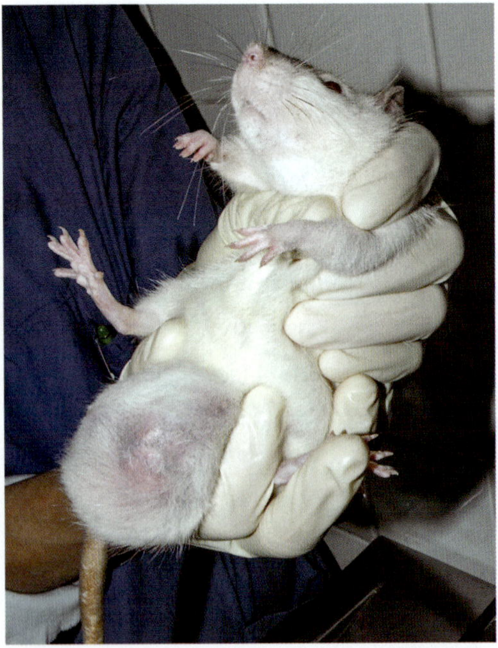

Abb. 8-1 Fixieren einer kooperativen Ratte (mit Mammatumor) durch Umfassen des Brustkorbs

8.3 Klinische Untersuchung

- Vor der klinischen Untersuchung sollte das Tier im **Transporter** unauffällig beobachtet werden.
- Zu einer gründlichen klinischen Untersuchung gehören neben der Ermittlung der **Vitalparameter** auch eine sorgfältige **Adspektion, Palpation** und **Auskultation**.
- Die für eine klinische Untersuchung notwendigen Parameter wurden bereits in Kapitel 1.1.3 dargestellt. Die Referenzbereiche der klinischen Parameter werden im Kasten „Steckbrief" (s. oben) oder unter www.schattauer.de/3111 aufgeführt.
- Die normale **Körpertemperatur** von Ratten liegt bei **37,5–39,5 °C.**[2]

> **!** Bei Ratten mit ungestörtem Allgemeinbefinden ist die Bestimmung der Körpertemperatur meist mit **hochgradigem Stress** verbunden und führt zu **starken Abwehrbewegungen**. Darum sollte eine Messung unterbleiben.

- Bei Tieren in **Seitenlage** und bei **anästhesierten Tieren** empfiehlt sich eine Messung mit kleinen **Sonden**, um über eine notwendige Wärmezufuhr entscheiden zu können.
- Die **Atemfrequenz** ist bei der klinischen Untersuchung bedingt durch Aufregung meist erhöht. Oft steigt bei krankhaften Veränderungen nicht die Frequenz der Atemzüge, sondern der Typ der Atmung verändert sich von costoabdominal zu abdominal und die Tiefe der Atemzüge erhöht sich.
- Das **Körpergewicht** sollte bei jeder Vorstellung ermittelt werden, da ein schleichender Gewichtsverlust meist nicht erkennbar ist, aber ein wertvoller Hinweis auf eine Erkrankung sein kann. Für die objektive Beurteilung des Ernährungszustands ist immer auch eine Palpation des gesamten Körpers, insbesondere der Wirbelsäule notwendig. Zudem ist das Wissen um das „Normalgewicht" des Patienten ebenfalls sehr hilfreich, um den Allgemeinzustand besser beurteilen zu können.
- Die Beurteilung der **Schleimhaut** und der **KFZ** ist bei munteren Ratten meist schwierig. Oft sind diese Parameter erst bei schwer kranken Ratten deutlich verändert.
- Die **Lymphknoten** sollten bei Ratten nicht palpierbar sein.

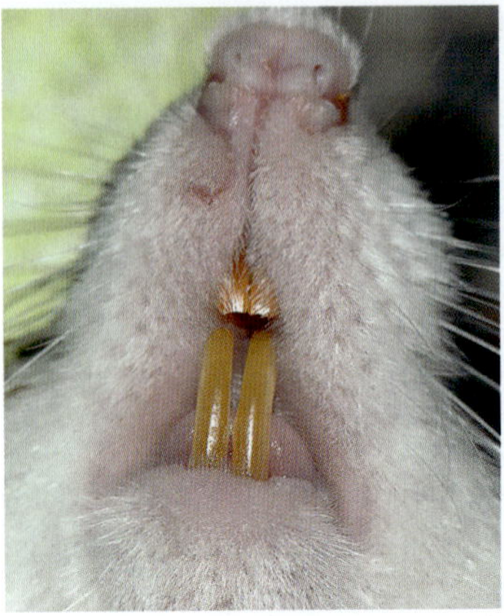

Abb. 8-2
Normal gestellte und gefärbte Inzisivi einer Ratte.

Wie bei allen weiblichen Nagern sollte der **Vaginalbereich** inspiziert werden. Eine offene Vaginalmembran kann Hinweis auf einen Östrus, einen vorher stattgefundenen Deckakt oder eine Geburt sein, aber auch auf eine pathologische Veränderung der Gebärmutter sein.

- Zur Allgemeinuntersuchung von Ratten gehört die Beurteilung der **Inzisivi** (Abb. 8-2).

R

Die Vorderseite der Inzisivi ist **gelb gefärbt**. Die Unterkiefermandibeln sind bindegewebig miteinander verbunden, sodass die Zähne etwas **gegeneinander beweglich** sind. Dies sollte nicht als pathologisch gewertet werden.

- Eine **rötlich gefärbte Augen- und Nasenumgebung** bei erkrankten Ratten wird meist durch Porphyrine verursacht und sind nur ein unspezifischer Hinweis auf eine Erkrankung (Abb. 8-3).

Tipp

Zur Differenzierung von Blut kann ein **Harnstick** verwendet werden.

8.4 Spezielle Untersuchungen

- Aufgrund ihrer geringen Größe sind weiterführende diagnostische Maßnahmen bei Ratten oft nur bedingt möglich.
- **Röntgen** und **Ultraschall** sind gut möglich.
- Bei **Blutentnahmen** kann es schwierig sein, ausreichend Material zu gewinnen.

8.4.1 Bildgebung

Röntgen

- Die röntgenologische Beurteilung erfolgt in Grundsätzen wie bei den Kleintieren. Für eine vollständige Beurteilung sind immer **zwei Ebenen** notwendig, auf denen der gesamte Körper (außer Kopf) abgebildet sein sollte. Eventuell müssen die Tiere für Röntgenaufnahmen **sediert/anästhesiert** werden.
- In der laterolateralen Projektion erscheint das craniale **Lungenfeld** etwas röntgendichter als die caudalen Lungenbereiche.
- Das **Herz** von gesunden Ratten hat in der laterolateralen Projektion eine Größe von 2–3 Interkostalräumen.
- Der **Leber**schatten sollte in beiden Projektionen nicht über den Rippenbogen hinausragen.
- Der **Magen** liegt in ventrodorsalen Projektion links.
- Einzelne Bereiche des Darmtrakts sind bei gesunden Tieren meist nicht zu unterscheiden. Bei Ansammlungen von Gas stellt sich der **Blinddarm** gelegentlich gut dar.
- Die **Nieren** sind oft nicht erkennbar.
- Die **Harnblase** liegt vor dem Beckeneingang, ist aber meist nicht röntgenologisch identifizierbar.

> Männliche Ratten haben einen **Penisknochen.**

- Unveränderte **Uteri** weiblicher Tiere werden in der laterolateralen Projektion nicht dargestellt.

Ultraschall

- Die Sonografie des **Abdomens** und des **Herzens** ist meist **ohne Sedation** möglich. Zur Fixierung eignet sich wieder der **Zangengriff**. Dabei sollte das Tier aufrecht mit den Hinterbeinen auf einer Unterlage stehend geschallt werden.

- Für den **Abdomenultraschall** eignen sich **Linearsonden**, für den **Herzultraschall Sektorschallköpfe** (7,5–12 MHz).
- Meist sind die **intraabdominalen Organe** bis auf wenige Ausnahmen (verschiedene Bereiche des Magen-Darm-Trakts, Pancreas) gut darstellbar. Tiere, die sehr viel Gas im Magen-Darm-Trakt aufweisen, lassen sich aber oft schlechter untersuchen. Gelegentlich hilft es, gashaltige Darmschlingen wegzuschieben bzw. aus einem anderen Winkel die Zielorgane anzuschallen.
- Der leere **Magen** ist im Ultraschall durch seine radiären Falten gut erkennbar.
- Die **Leber** ist homogen und ihre Echogenität entspricht der Milz.

Ratten haben **keine Gallenblase**.

- Die **Milz** ist klein und liegt dem Magen links an.
- **Nierenrinde** und **-mark** sind gut unterscheidbar.
- Eine gefüllte **Harnblase** ist sonografisch gut erkennbar.
- Meist sind nur die caudalen Anteile gesunder **Uteri** als kleine hypoechogene Gebilde darstellbar. Die kleinen rundlichen hypoechogenen **Ovarien** liegen caudal der Nieren und sind nicht immer auffindbar.

Computertomografie

R

- Die Computertomografie eignet sich auch bei Ratten sehr gut, insbesondere für die **Darstellung knöcherner Strukturen** in verschiedenen Körperregionen, v. a. der Wirbelsäule, des Beckens und des Kopfes.
- Eine **Narkose** ist notwendig. Aus Kostengründen werden wird diese Diagnostik aber selten eingesetzt.

Endoskopie

Die Endoskopie ist nur für die **Untersuchung der äußeren Gehörgänge** und der **Maulhöhle** geeignet.

Elektrokardiografie

- Liegen **Arrhythmien** vor, kann versucht werden ein EKG anzufertigen.
- Das ist bei klinisch munteren Tieren problematisch, da die Tiere oft nicht stillhalten und die Klemmen vergleichsweise groß sind. Die Tiere müssen dafür kurz **sediert** werden.

Untersuchung der Maulhöhle

Bei der klinischen Untersuchung werden die Schneidezähne mit beurteilt.

Da Zahnerkrankungen bei Ratten eine **untergeordnete Rolle** spielen, ist meist nur bei deutlichen Hinweisen auf eine Erkrankung im Maul eine eingehende Untersuchung in **Narkose** notwendig.

8.4.2 Labordiagnostik

Blutprobenentnahme

- Eine Blutprobenentnahme wird bei Ratten unter klinischen Bedingungen **selten** durchgeführt.
- Kleinere Blutmengen können an der **V. cava cranialis**, **V. saphena lateralis** oder an den lateralen Schwanzvenen entnommen werden.
- Eventuell müssen die Tiere dafür **sediert** oder **anästhesiert** werden.

Hämatologie

- Referenzbereiche finden sich unter www.schattauer.de/3111.
- Hämatologische Veränderungen werden grundsätzlich wie bei Kleintieren aufgearbeitet.

Blutchemie

Die Aufarbeitung blutchemischer Veränderungen erfolgt generell wie bei Kleintieren.

Harnuntersuchung

Tipp

Wenn Ratten **gestresst** werden, setzen sie häufig **spontan** Harn ab. Dieser kann untersucht werden.
Vom **manuellen Ausdrücken** der **Harnblase** sollte aufgrund der **Verletzungsgefahr** abgesehen werden.

- Möglichkeiten und Einschränkungen der Harnuntersuchung werden in Kapitel 1.1.5 dargestellt.
- Der physiologische **pH-Wert des Harns** ist **neutral bei alkalisch**.

Sollte der **Harn sauer** sein, ist dies meist ein Hinweis auf eine **Acidose** und eine schwere **Erkrankung**. Bakterien sind ein normaler Befund bei manuell gewonnenem Harn.

8.5 Prophylaxemaßnahmen

8.5.1 Impfung

Für Ratten stehen **keine Impfungen** zur Verfügung.

8.5.2 Endoparasitenprophylaxe

- Eine regelmäßige Prophylaxe gegen Endoparasiten ist bei Ratten **nicht notwendig**.
- Eine Therapie sollte durchgeführt werden, wenn ein konkreter Nachweis vorliegt.

8.5.3 Ektoparasitenprophylaxe

Eine regelmäßige Prophylaxe gegen Ektoparasiten ist **nicht notwendig**.

8.5.4 Sonstige Prophylaxemaßnahmen

Eine **tierartgerechte Fütterung** ist eine wichtige Maßnahme, um Adipositas bei Ratten zu vermeiden.

8.6 Medikamenteneingabe

Medikamente werden bei Ratten wie bei anderen Heimtieren appliziert (Kap. 1.2.1).

8.7 Anästhesie und Analgesie

- Vor jeder Anästhesie sollte eine gründliche **klinische Evaluierung** des Patienten erfolgen. Bei **älteren Tieren** sollten, wenn möglich, eine **Röntgenuntersuchung**, ggf. eine **Blutuntersuchung** erwogen werden, da subklinische Erkrankungen intra- und postoperativ relevant werden können.
- Das zu erwartende **Narkoserisiko** des Patienten (ASA-Gruppe) und die Einschätzung der zu erwartenden **Schmerzen** helfen bei der Wahl der geeigneten Analgesie und Anästhesie.

Da Ratten **nicht erbrechen** können, ist ein Wasser- und Nahrungsentzug vor Operationen nicht notwendig. Zudem kommt es bei Nahrungskarenz zu metabolischen Störungen.

8.7.1 Analgesie

Eine Übersicht möglicher Indikationen und der verwendbaren Analgetika findet sich in Tabelle 1-6. Die bei Ratten häufig eingesetzten Analgetika und deren Dosierungen finden sich in Tabelle 8-1.

Tipp

Bei Verwendung von **Opioiden** (z. B. Buprenorphin) zu beachten, dass einige Ratten zur **Allotriophagie** (Essen von Dingen, die nicht zum Essen gedacht sind, z. B. Einstreu) neigen.[3] Mit der Wahl eines anderen Schmerzmittels, der Gabe eines Antiemetikums und der entsprechenden Einrichtung des Käfigs kann dies vermieden werden.

R

Tab. 8-1 Analgetika für Ratten

Wirkstoff	Dosierung
Buprenorphin	0,02–0,1 mg/kg s. c., i. m., i. p. BID–QID
Butorphanol	0,2–2 mg/kg s. c., i. m. alle 2–4 Stunden
Meloxicam	1–2 mg/kg p. o., s. c. SID
Carprofen	2–5 mg/kg p. o., s. c. SID
Metamizol	100 mg/kg s. c., p. o. TID–QID

8.7.2 Prämedikation, Sedation, Narkoseeinleitung und Operationsvorbereitung

- Eine **Infusion** sowie eine **ausreichende Analgesie** (abhängig vom geplanten Eingriff) sind wichtige präoperative Maßnahmen.

Injektionsnarkosen sind bei Ratten problematisch, da sie schlecht steuerbar sind.

- Möglichkeiten zur **Sedation** und **Anästhesie** werden in Tabelle 8-2 aufgeführt.
- Schon direkt nach der Narkoseeinleitung sollten Maßnahmen ergriffen werden, die einer **Hypothermie** vorbeugen (Wärmematte etc.). **Scheren** und **Desinfizieren** sollten sparsam, aber ausreichend erfolgen.

Tipp

Bei Ratten kann zur **Vermeidung von Wärmeverlust** der Schwanz gewärmt bzw. mit isolierenden Materialien umwickelt werden.

8.7.3 Intubation

Aufgrund der geringen Größe wird eine Intubation bei Ratten in der Praxis nicht durchgeführt.

8.7.4 Narkoseaufrechterhaltung

- Eine reine **Injektionsnarkose** ist bei Ratten aufgrund der geringen Körpergröße problematisch. Es sollte möglichst zusätzlich eine **Inhalationsnarkose** (Isofluran oder Sevofluran) zur Verfügung stehen.
- Circa **0,5–2 Vol% Isofluran** sind für die Aufrechterhaltung einer Narkose je nach Prämedikation oft ausreichend.
- **Sauerstoff** dient meist als Trägergas.
- Offene Systeme benötigen meist einen **minimalen Flow** von 1 l/min, damit ausreichend Narkosegas zum Patienten gelangt. Je höher der Flow, desto höher ist der Wärmeverlust des Patienten.

Tab. 8-2 Wirkstoffe zur Sedierung und Anästhesie von Ratten

Wirkstoff	Dosis (mg/kg)	Applikationsart	Bemerkungen
Diazepam[4]	1–5	i. m	• Sedation • Große Injektionsmenge
Midazolam[2]	2,5	i. m., i. v.	• Sedation • Große Injektionsmenge, nicht für Tiere zugelassen
Medetomidin[2]	0,135	i. m.	• Sedation und Analgesie • Reversion mit Atipamezol (gleiches Volumen wie Medetomidin s. c.)[5]
Ketamin/ Medetomidin[2]	60–75/ 0,25–0,5	i. m.	• Anästhesie 20–30 min • Nicht empfehlenswert, Todesfälle möglich
Ketamin/ Xylazin[2]	100/ 5	i. m.	• Anästhesie 20–30 min, nicht empfehlenswert, Todesfälle möglich • Zur Einleitung für eine Isoflurannarkose nur 40 mg/kg Ketamin verabreichen.
Fentanyl/ Midazolam/ Medetomidin[2]	0,005/ 2,0/ 0,15	i. m.	• Anästhesie (ca. 45 min Anästhesie) • Midazolam für Tiere nicht zugelassen
Antagonisierung:			
Naloxon/ Flumazenil/ Atipamezol	0,12/ 0,2/ 0,75	s. c.	

8.7.5 Narkoseüberwachung

Je nach Möglichkeiten erfolgt eine Überwachung mit **EKG, Pulsoxymetrie** (Ohr, Pfote).

8.8 Wichtige Erkrankungen bei Ratten

Grundsätzlich sollten die in Kapitel 1.7 dargestellten allgemeinen Differenzialdiagnosenlisten sowie Listen aus der Kleintierliteratur zu Rate gezogen werden.

8.8.1 Erkrankungen der Haut und der Hautanhangsorgane

Die Abklärung von Hauterkrankungen sollte grundsätzlich wie bei Kleintieren erfolgen, damit eine korrekte Diagnose gestellt werden kann. Die im Folgenden dargestellten Hauterkrankungen sind regelmäßig auftretende Veränderungen. Seltene Erkrankungen sind der weiterführenden Literatur zu entnehmen.[6,7]

Dermatitis

Häufigkeit Regelmäßig.
Alter Alle Altersklassen.
Ursache

- Sekundär infizierte **Wunden**
- **Bakterien:** *Staphylococcus aureus*, Streptokokken etc.
- **Dermatophyten:** v. a. *Trichophyton mentagrophytes,* seltener *Microsporum gypseum*
- **Ektoparasiten:** v. a. Milben wie *Radfordia ensifera*, *Ornithonyssus bacoti*, *Demodex* spp.; *Notoedres* spp. Läuse, Flöhe
- Viren (Kuhpocken)
- **Kontaktdermatitis** bei Harninkontinenz, starkem Durchfall, starkem Speicheln

Klinik

- Je nach Ursache trockene bis nässende Dermatitis, Alopezie, evtl. schuppend, ggf. schmerzhaft, evtl. Juckreiz (v. a. bei Ektoparasiten)
- Anämie bei Läusebefall
- Knötchen am Ohrrand, oft durch *Notoedres muris* verursacht

> **Kuhpocken** gehen mit ulzerierenden Hautveränderungen an Gliedmaßen, Zehen, Schwanz einher.

Diagnostik Systematische dermatologische Aufarbeitung, bei Verdacht auf Kuhpocken Nachweis der Erreger in Krusten oder Biopsie.

Therapie Spezifische Behandlung je nach Ursache. Bei ausgedehnte Dermatitiden: ggf. systemische Antibiose nach Antibiogramm, ggf. Analgesie.

- **Dermatophytosen:** Systemische Pulstherapie mit Itrakonazol (5–10 mg/kg oral SID, 7 Tage, 7 Tage Pause, über 6–8 Wochen bzw. bis Kultur negativ); zusätzlich lokale Therapie mit Enilkonazol (0,2 %ige Lösung) alle 3–4 Tage auf die veränderten Stellen auftragen, Umgebungsbehandlung mit Chlorbleiche.[8]

Tipp

Aufgrund des **Zoonoserisikos** sollte eine gründliche Therapie durchgeführt und der Besitzer entsprechend aufgeklärt werden, zusätzlich muss die Haltung verbessert werden. **Einrichtungsgegenstände sollten ausgetauscht werden**!

- **Ektoparasiten:** Ivermectin (0,2–0,4 mg/kg s.c. einmal pro Woche, 3 × wdh.), Moxidectin (1 mg/kg spot on 1–2 × alle 30 Tage), Doramectin (0,5 mg/kg s.c. 3 × im Abstand von 7 Tagen), Selamectin (15–30 mg/kg spot on, wdh. nach 21 Tagen), Fipronil (7,5 mg/kg lokal einmal, wiederholen nach 30–60 Tagen) plus Umgebungstherapie mit entsprechenden Akariziden (z. B. Pyrethroiden)
- Verdacht auf **Kuhpocken** und schwere Erkrankung: Euthanasie erwägen, ansonsten symptomatische Therapie mit Infusionen, Antibiose, Analgesie

Prognose Gut, wenn Ursache therapiert werden kann. Bei Erkrankung mit Kuhpocken verstirbt ein Teil der Tiere.

R

! **Zoonosegefahr** bei Trichophyten und Kuhpocken!
Bei Hautläsionen in Kombination mit respiratorischen Symptomen **Kuhpocken** in Betracht ziehen.

Bissverletzungen

Häufigkeit Regelmäßig.
Alter Alle Altersklassen.
Ursache Auseinandersetzungen bei Paarungen, Eingewöhnung neuer Tiere.
Klinik Verletzungen, die über den gesamten Körper verteilt sein können, v. a. auch im Bereich der Zehen und Nase.
Diagnostik Klinik.

Differenzialdiagnosen Kuhpocken oder andere Hauterkrankung; Selbstverletzung durch Juckreiz (s. a. Kap. 1.7.10).
Therapie Wundreinigung, ggf. chirurgische Versorgung, bei Bildung von Abszessen möglichst vollständige Abszessentfernung, ansonsten Abszessspaltung mit Einlegen von Drainage (meist Iodoformdrainage), ggf. Marsupialisation, Analgesie, ggf. Infusionen, assistierte Fütterung, ggf. systemische Antibiose nach Antibiogramm.
Prognose Abhängig vom Ausmaß der Verletzungen.

Ring tail/Schwanznekrose

Häufigkeit Gelegentlich.
Alter Jungtiere im Alter von 7–14 Tagen kurz vor dem Absetzen.
Ursache Bleibt oft unklar, nachgewiesen wurden der Einfluss von geringer Luftfeuchtigkeit (30–40 %),[9] Mangel an freien Fettsäuren,[10] niedrige Umgebungstemperatur,[11] evtl. auch Dehydratation und genetische Prädisposition begünstigend.[12]
Klinik Einschnürung/-en im Bereich des Schwanzes, der Zehen, Pathologie.
Diagnostik Klinik.
Therapie Lokal Lanolin (Wollwachs) führte zu Verbesserung der Symptome.[13] Amputation von abgestorbenen Bereichen.
Prophylaxe Optimierung der Haltungsbedingungen, Luftfeuchtigkeit mindestens 50 %.[9]

Neoplasien der Haut

R

Häufigkeit Gelegentlich.
Alter Vor allem ältere Tiere.
Tumorart Fibrome, Fibrosarkome, Sarkome, Plattenepithelkarzinome.[14]
Klinik Umfangsvermehrung in der Haut.
Diagnostik Klinik, Zytologie.
Differenzialdiagnose Mammatumor, Abszess.
Therapie Wenn möglich, chirurgische Entfernung.
Prognose Abhängig von Tumorart, bisher sind keine systematischen Untersuchungen zur Prognose publiziert

8.8.2 Ohrenerkrankungen

Otitis externa/media/interna

Häufigkeit Gelegentlich.
Ursache Meist bakteriell bedingt (z. B. *Mycoplasma pulmonis*, Streptokokken), Auslöser bleibt oft unklar.

Alter Vor allem ältere Tiere betroffen.
Klinik Subklinisch, Juckreiz, Krusten an den Pinnae und im Gehörgang, eitriges Ohrsekret; Kopfschütteln; bei Entwicklung einer Mittel- und Innenohrentzündung Symptome eines peripheren **Vestibularsyndroms** (Nystagmus, Ataxie, Kopfschiefhaltung, Horner-Syndrom etc.).
Diagnostik Klinik; Heterophile, Bakterien im Abstrich des Ohrsekrets; bei vestibularen Symptomen Röntgen der Bullae und/oder CT (Verschattung der Bulla, periostale Reaktionen); evtl. Endoskopie des Gehörgangs.
Differenzialdiagnosen Für Otitis externa: Neoplasie des Ohrs (z.B. Plattenepithelkarzinom), für Vestibularsyndrom: Hypophysenneoplasie.
Therapie

- Antibiose nach **Antibiogramm** (Gewinnung von Material durch Punktion der Bulla möglich), Analgesie, topische Behandlung der Otitis externa (Ohrreinigung, Ohrspülung).
- **Vestibularsyndrom:** Infusionen, Analgesie, H_1-Blocker (Diphenhydramin 1–2 mg/kg p.o., s.c. BID) gegen Schwindel; ggf. Bullaosteotomie
- **Neoplasie:** Chirurgie

Prognose Vorsichtig, v.a. ohne Bullaosteotomie. Oft ist auch mit Langzeitantibiose, Ohrreinigung, Schmerzmitteln keine endgültige Abheilung der Infektion im Innen-/Mittelohr zu erreichen.

8.8.3 Augenerkrankungen

Untersuchung, Diagnose und Therapie von Augenerkrankungen werden grundsätzlich wie bei Kleintieren vorgenommen. Die Messung der Tränenproduktion muss mit dem **Phenolrot-Test** erfolgen, da der Schirmer-Tränentest zu unzuverlässig ist. Im Folgenden werden die wichtigsten Veränderungen kurz dargestellt. Für weitere Informationen sollte die Literatur konsultiert werden.[15,16]

R

Chromodakryorrhoe

Häufigkeit Häufig.
Ursache Vermehrte Porphyrinsekretion der Harder-Drüse durch Stress, Krankheiten (Mykoplasmen) oder altersbedingt.
Klinik Rotfärbung des Fells um Augen und Nase, wird nicht selten mit Blutungen verwechselt (Abb. 8-3).
Diagnostik Klinik (Porphyrine fluoreszieren unter Wood-Lampe, Blutfeld des Harnstreifens verfärbt sich nicht).
Therapie Suche nach Grunderkrankung und Behandlung.
Prognose Je nach Ursache gut bis schlecht.

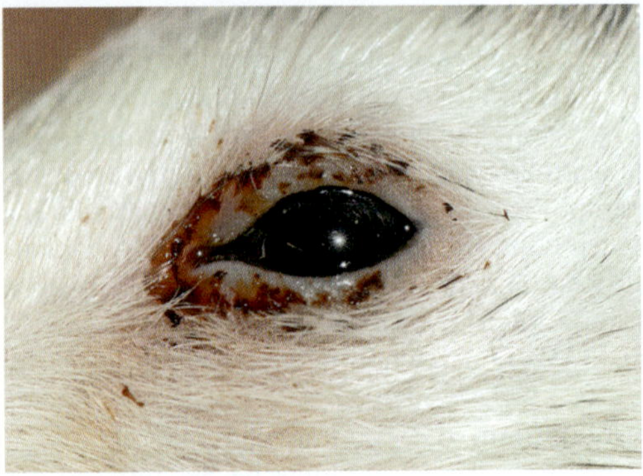

Abb. 8-3
Chromodakryorrhoe einer Ratte

Exophthalmus

Häufigkeit Gelegentlich.
Ursache Meist retrobulbäre raumfordernde Prozesse, v. a. durch Abszess, evtl. Entzündung von Tränendrüse oder Glandula zygomatica, Neoplasie, Hämatom.
Klinik Heraustreten des Augapfels aus der Augenhöhle, Konjunktivitis, Keratitis, Hornhautulzeration (Abb. 8-3).
Diagnostik Klinik, Röntgen/CT, Ultraschall, Punktion und zytologische Untersuchung; bei Abszessen Suche nach Ursache durch Maulhöhlenuntersuchung in Narkose, Röntgen/CT des Schädels.
Differenzialdiagnosen Buphthalmus durch Glaukom.
Therapie

- **Intakte Hornhaut:** evtl. bulbuserhaltende Chirurgie möglich
- Irreversible **Schädigung der Hornhaut:** Enukleation
- Nachweis eines **Lymphoms:** ggf. Prednisolongabe (0,5–1 mg/kg p. o. BID)
- **Abszesse:** Antibiose nach Antibiogramm (Anaerobier spielen auch oft eine Rolle)
- Analgesie

R

Tipp

Solange kein ausreichender Lidschluss möglich ist, Schutz der Hornhaut durch häufiges Auftragen von **Tränenersatzmitteln.**

Prognose Abhängig von Beeinträchtigung des Auges und der Ursache; oft Verlust des Auges.

Konjunktivitis

Häufigkeit Regelmäßig.
Ursache Bleibt oft unklar, Fremdkörper (Stroh, Heu), Trauma, Bakterien (Mykoplasmen, Pasteurellen, Salmonellen, Staphylokokken), Viren (Kuhpocken, Sialodakryoadentitis – Bedeutung für Heimtierratten aber unklar), Folge von Zahnwurzelabszessen, im Verlauf einer Erkrankung der oberen Atemwege.
Klinik Rötung und Schwellung der Konjunktiva, Epiphora.
Diagnostik Klinik einschließlich sorgfältiger ophthalmologischer Untersuchung, ggf. bakteriologische Untersuchung.
Therapie Je nach Ursache, Fremdkörper entfernen, Abszesse versorgen, antibiotikahaltige Augentropfen (Tetracyclin), Schmerzmittel (lokal und/oder systemisch), Reinigung der Augenumgebung.
Prognose Je nach Ursache gut bis schlecht.

> ! Bei respiratorischen Symptomen in Kombination mit Hautläsionen, **Kuhpocken** in Betracht ziehen – **Zoonosegefahr**!

Keratitis/Hornhautulkus

Häufigkeit Gelegentlich.
Ursache Bleibt oft unklar, Trauma (Fremdkörper), Expositionskeratitis (z.B. bei Exophthalmus, Fazialislähmung), unzureichender Hornhautschutz bei Anästhesie, Entropium, Distichiasis, ektopische Zilie, Ausbreitung einer Konjunktivitis auf die Hornhaut etc.
Klinik Fluorescein-positive Trübung der Hornhaut (Abb. 8-4), Konjunktivitis, Miosis, Blepharospasmus, im fortgeschrittenen Stadium Panophthalmie, Gefäßeinsprossung bei älteren Veränderungen, evtl. Exophthalmus.
Diagnostik Klinik, einschließlich sorgfältiger ophthalmologischer Untersuchung, ggf. bakteriologische Untersuchung; bei Exophthalmus Maulhöhlenuntersuchung, Röntgen/CT.
Therapie

- Lokale Antibiose (Tetracyclin) mehrmals täglich, Vitamin-A-haltige Augensalben, lokale Analgesie mit Mydriatikum (Atropin), systemische Analgesie (Metamizol 100 mg/kg s.c., p.o. QID)
- **Nicht-heilende Ulzerationen:** Débridement/Keratektomie unter Anästhesie
- **Entropium, Distichiasis, ektopische Zilie:** chirurgisch versorgen.

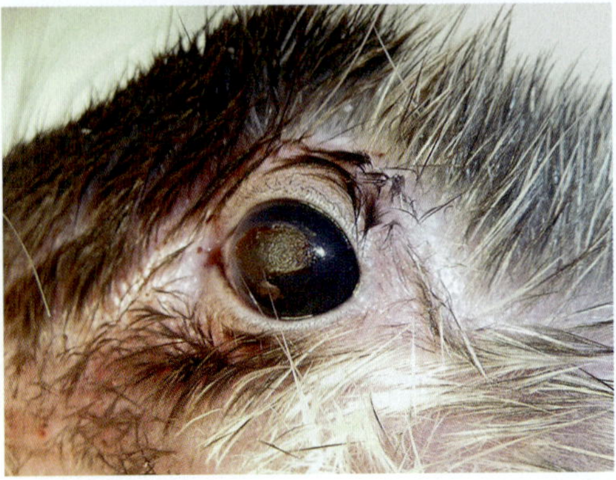

Abb. 8-4
Hornhautulkus unbekannter Genese bei einer Ratte

- Nachweis von **reduziertem Tränenfluss:** künstlicher Tränenersatz
- Enuklueation

Prognose Gut bis infaust.

Blutung in die vordere Augenkammer

Häufigkeit Gelegentlich.
Ursache Verzögerte Rückbildung embryonaler Gefäße um Linse und Iris.
Klinik Meist Blutung in vordere Augenkammer bei Tieren ab Alter von 5–6 Wochen[17] (Abb. 8-5).
Diagnostik Klinik.
Differenzialdiagnosen Blutung aus anderem Grund, z. B. Trauma, Uveitis, Bluthochdruck.
Therapie Meist keine notwendig.
Prognose Gut, da Blutung resorbiert wird und meist keine Schädigungen resultieren.

R

Katarakt/Linsentrübung

Häufigkeit Gelegentlich.
Ursache Bleibt oft unklar, altersbedingt, gelegentlich traumatisch, evtl. Diabetes mellitus, kongenital möglich.
Klinik Trübung der Linse.
Diagnostik Klinik, spezielle Augenuntersuchung einschließlich Fluoresceinprobe und Schirmer-Tränentest; ggf. Glucose- und Fructosaminkonzentrationsbestimmung zum Nachweis eines Diabetes mellitus, wenn Blutentnahme möglich.

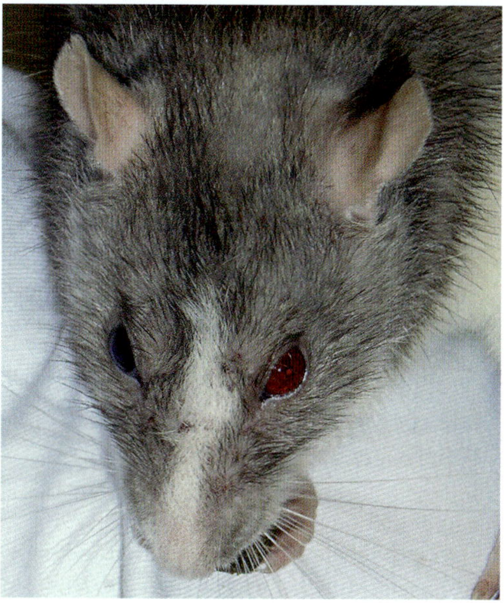

Abb. 8-5
Blutung in die vordere Augenkammer bei einer Ratte mit persistierter A. hyaloidea

Differenzialdiagnosen Nukleosklerose.
Therapie Keine, wenn keine linseninduzierten Uveitis auftritt; dann ggf. steroidhaltige Augentropfen; Kontrolle auf Linsenluxation und Glaukomentwicklung.

R

Solange **keine Uveitis** auftritt und die Tiere sich in bekannter Umgebung bewegen, kommen viele Tiere sehr gut zurecht.

Neoplasien am Auge und in der Augenumgebung

Häufigkeit Gelegentlich.
Vorkommen Orbitale Neoplasien (Adenokarzinome, Karzinome, Sarkome), Plattenepithelkarzinome der Konjunktiva sowie der Nase und des Tränennasengangs.[18]
Klinik Epiphora, Chromodakryorrhoe, Exophthalmus, Keratitis, Schwellung periorbital oder im Bereich der Nase (bei Neoplasien des Tränennasenkanals[18]) (Abb. 8-6).

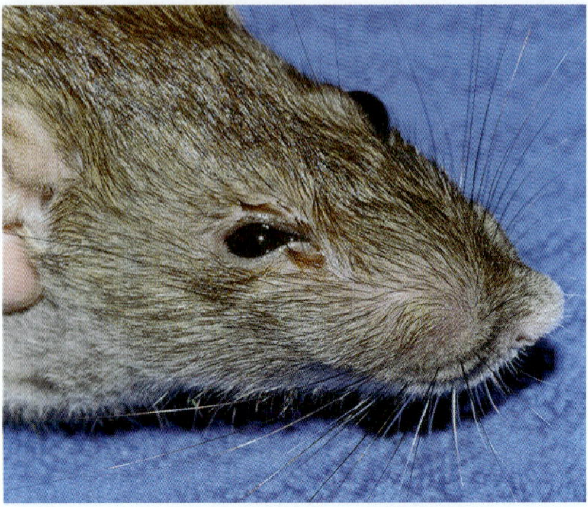

Abb. 8-6
Ratte mit Epiphora und einseitiger Schwellung der Nase aufgrund eines invasiv wachsenden Plattenepithelkarzinoms der Konjunktiva mit Beteiligung des Tränennasenkanals

Diagnostik Klinik, spezielle Augenuntersuchung, ggf. Röntgen, Ultraschall, Punktion und Zytologie.
Differenzialdiagnosen Abszesse, Entzündungen.
Therapie Eventuell chirurgische Entfernung, ggf. Enukleation oder Euthanasie.
Prognose Fraglich, mit Rezidiven muss gerechnet werden.

8.8.4 Erkrankungen des Respirationstrakts und des Thorax

R

In der klinischen Situation ist es nicht immer möglich, **respiratorische Ursachen** von **Dyspnoe** sicher von anderen Ursachen abzugrenzen. Eine **sorgfältige Anamnese** und **gründliche Untersuchung** sowie die Zuordnung der evtl. vorliegenden Dyspnoeart zu inspiratorisch, exspiratorisch und gemischt können wertvolle Hinweise liefern. **Röntgen** hilft ebenfalls bei der Diagnosestellung.

Rhinitis

Häufigkeit Regelmäßig.
Ursache Vor allem Bakterien (v. a. Mykoplasmen, seltener Pasteurellen, Streptokokken), Viren (Kuhpocken).
Klinik Nasenausfluss (oft gerötet durch Porphyrine), Niesen, inspiratorisches Atemgeräusch, gemischte Dyspnoe bei Beteiligung der Lunge, Inappetenz, Apathie, Gewichtverlust.
Diagnostik Klinik, Röntgen/CT, Pathologie.

Therapie Gegebenenfalls Infusionen, systemische Antibiose, Mukolytika (Acetylcystein 3 mg/kg p. o., s. c. BID oder Bromhexin 0,5–1 mg/kg p. o. BID).

Prognose Gut bei geringgradigen Symptomen und Veränderungen; schlecht bei vollständiger Verlegung der Nasenhöhlen und mittel- bis hochgradigen Symptomen, oder wenn kein Ansprechen auf die Therapie.

> ! Bei **respiratorischen Symptomen** in Kombination mit **Hautläsionen** Kuhpocken in Betracht ziehen – **Zoonosegefahr**.

Pneumonie

Häufigkeit Häufig.

Ursache Bakterien (v. a. *Mycoplasma pulmonis*, seltener *Pasteurella pneumotropica*, Streptokokken etc.)[19], Viren (Kuhpocken); evtl. mykotisch (*Pneumocystis carinii* oder *wakefieldiae*).[12]

Alter Alle Altersklassen, bei Mykoplasmen v. a. ältere Tiere.

Klinik Je nach Schweregrad und Ursache, v. a. Niesen, Dyspnoe, Schwäche, Inappetenz, Apathie, Nasen- und Augenausfluss, Konjunktivitis, Sepsis, Fieber, Hypothermie, Tod.

Radiologische Veränderungen Deutlich erhöhte Röntgendichte des Lungengewebes, Nachweis von Rundschatten: eher Abszesse als Neoplasie, evtl. bei chronischem Verlauf sekundär Herzvergrößerung (Rechtsherzvergrößerung).

Diagnostik Anamnese, Klinik, Röntgen, Pathologie.

Differenzialdiagnosen Lungenneoplasien (selten).

Therapie Systemische Antibiose (bei Pneumocystis wird Cotrimoxazol empfohlen), Infusionen, Bronchodilatatoren (Theophyllin 4 mg/kg s. c., p. o. BID–TID oder Aminophyllin 4 mg/kg p. o. BID), Mukolytika (Acetylcystein 3 mg/kg p. o., s. c. BID oder Bromhexin 0,5–1 mg/kg p. o. BID), ggf. Antipyretika (Metamizol 100 mg/kg s. c., p. o. QID), assistierte Fütterung; ggf. Euthanasie bei ausgeprägten Abszessen und therapieresistenter Dyspnoe.

Prognose Je nach Ursache gut bis infaust; ggf. Röntgen, um Prognose zu klären.

> Bei **älteren Tieren** lassen sich die Mykoplasmenpneumonien meist nur noch bedingt behandeln.

Bemerkungen Bei respiratorischen Symptomen in Kombination mit Hautläsionen **Kuhpocken** in Betracht ziehen – Zoonosegefahr.

Neoplasien der Atmungsorgane

Häufigkeit Sehr selten.
Tumorarten Bisher v. a. bei Labortieren beschrieben; Gelegentlich Nachweis von Metastasen anderer Neoplasien, vereinzelt wurden auch Lymphome des Thymus beschrieben.[12]
Alter Vor allem ältere Tiere.
Klinik Je nach Ausprägung und Lokalisation, ggf. Nasenausfluss, Niesen, Dyspnoe, Schwäche, Inappetenz, Apathie, Abmagerung, Tod.
Radiologische Veränderungen Eventuell umschriebene Verdichtung des Lungengewebes, evtl. bei chronischem Verlauf sekundär Herzvergrößerung (Rechtsherzvergrößerung).
Diagnostik Anamnese, Klinik, Röntgen, Pathologie.
Differenzialdiagnosen Pneumonie, Lungenabszess.
Therapie Nur symptomatisch möglich, ggf. Euthanasie.
Prognose Infaust.

8.8.5 Herz-Kreislauf-Erkrankungen

Herzerkrankungen

Häufigkeit Gelegentlich.
Ursache Vielfältig, Bakterien, Hypoxie, Medikamentenunverträglichkeit etc.
Alter Vor allem ältere Tiere.
Vorkommen Myokarditis, Infarkte der Ventrikelwände wurden nachgewiesen.
Klinik Je nach Schweregrad asymptomatisch, Tachypnoe, Dyspnoe, Schwäche, Inappetenz, Apathie, Gewichtsverlust, Ödeme, plötzlicher Tod.
Radiologische Veränderungen Eventuell unauffällig, Kardiomegalie, Thoraxerguss, Lungenödem (oft nicht sicher von anderer Lungenpathologie zu unterscheiden), Aszites.
Diagnostik Klinik, Auskultation (Arrhythmien, Herzgeräusche), Röntgen, EKG, Echokardiografie.
Therapie Die Therapien werden von Kleintieren extrapoliert, bisher keine Therapiestudien verfügbar.

- **Akutes Herzversagen:** Sauerstoff, Furosemid (1–4 mg/kg i. v., i. m., s. c. BID/TID), bei bestehendem Pleuraerguss Punktion

R

- Je nach Bedarf Gaben von Furosemid, ACE-Hemmer (Benazepril 0,1 mg/kg p. o. SID oder Enalapril 0,5–1 mg/kg p. o. SID oder Imidapril 0,25 mg/kg p. o. SID oder Ramipril 0,125 mg/kg p. o. SID), Pimobendan (0,2–0,4 mg/kg p. o. BID), Antiarrhythmika (ggf. Digoxin 0,005–0,01 mg/kg p. o. SID–BID oder Diltiazem 0,5–1 mg/kg p. o. SID–BID)

Prognose Je nach Ursache und Krankheitszustand. Meist schlecht, da die Tiere in fortgeschrittenem Krankheitszustand vorgestellt werden.

8.8.6 Erkrankungen des Verdauungstrakts

Zahnerkrankungen

Häufigkeit Gelegentlich.

Vorkommen Fehlbiss durch Trauma und nicht tierartgerechte Fütterung; Karies, Zahnwurzelabszesse, Infektionen, altersbedingter Zahnausfall oder als Folge einer Parodontopathie mit sekundärer Zahnlockerung.

Ursache Bleibt oft unklar, u. a. Fehlstellungen der Zähne durch Trauma, Fehlbiss durch Zahnveränderungen, z. B. aufgrund von Alveolitis, Abszessen, Neoplasien.

Klinik Vielfältig, evtl. Nebenbefund bei klinischer Untersuchung, Hypersalivation, selektive Futteraufnahme, teilweise Pseudoinappetenz, später Inappetenz, veränderte Kaubewegungen, Augen- und/oder Nasenausfluss, Exophthalmus etc.

Diagnostik Klinik, Maulhöhlenuntersuchung, Röntgen, CT.

Therapie

- Kürzen überlanger **Schneidezähne** mit Trennscheibe (meist Wiederholung nach 3–6 Wochen notwendig), Extraktion lockerer bzw. stark veränderter schmerzhafter Schneidezähne
- Unter Anästhesie chirurgische Versorgung von **Zahnfachabszessen**
- **Symptomatische Therapie:** je nach Zustand des Tieres mit Infusionen, Analgesie, assistierte Fütterung

> Gelegentlich ist ein **lebenslanges Kürzen** eines oder mehrerer Inzisivi notwendig.

Prognose Je nach Ursache gut bis infaust.

Prophylaxe Fütterung mit adäquatem Futter.

R

Enteritis/Enterotoxämie

Häufigkeit Regelmäßig.
Alter Vor allem junge Tiere (Absetzalter).
Ursache Faktorenerkrankung (Stress, Futterumstellungen, Antibiotikagaben), Bakterien (z. B. *E. coli*, *Clostridium* spp., Salmonellen, *Campylobacter* spp. etc.), Endoparasiten (Flagellaten, Kokzidien, Kryptosporidien, Nematoden – v. a. Oxyuren etc.), seltener extraintestinale Ursachen (z. B. Nieren-, Herzerkrankungen).
Klinik Durchfall, Apathie, Inappetenz, Dehydratation, Rektumprolaps, Gewichtsverlust, plötzlicher Tod, bei Oxyurenbefall Juckreiz im Analbereich.
Diagnostik Klinik, koprologische Untersuchung (perianaler Tesaabklatsch zum Nachweis von Oxyuren), zum Ausschluss anderer Durchfallursachen (s. a. Kap. 1.7.7) ggf. Röntgen und ggf. mikrobiologische Untersuchung, einige Erreger müssen über spezielle Methoden nachgewiesen werden.
Therapie Behandlung je nach Ursache.

- **Symptomatische Therapie:** je nach Schweregrad mit Infusionen, Analgesie (Metamizol 100 mg/kg s. c., p. o. QID)
- Je nach **parasitologischem Befund:** Behandlung mit entsprechenden Medikamenten gegen Endoparasiten; bei Nachweis von hochgradigem *Cyniclomyces-guttulatus*-Befall Nystatin (60.000–90.000 IE/kg BID 7–14 Tage); Fenbendazol (20–50 mg/kg p. o. SID 5 Tage) gegen Giardien und Nematoden; Toltrazuril (10 mg/kg p. o. SID 3 Tage, 5 Tage Pause, 3 Tage) oder Sulfonamide (Sulfadimethoxin 50 mg/kg p. o., einmal, dann 25 mg/kg SID 10 Tage) gegen Kokzidien, keine Therapie gegen Kryptosporidien bekannt
- Nachweis einer für Ratten pathologischen **bakteriellen Monokultur** (z. B. *E. coli*): Antibiose nach Antibiogramm; Metronidazol (20 mg/kg p. o., s. c. BID) bei Verdacht auf übermäßiges Clostridienwachstum (z. B. nach Antibiotikagaben) und bei massivem Flagellatenbefall
- Probiotika

Prognose Je nach Ursache und Schweregrad der Erkrankung gut bis infaust.

Obstipation

Häufigkeit Gelegentlich.
Ursache Endoparasiten, bakterielle Darminfektion, Aufnahme von Fremdmaterial, Bezoare etc.
Klinik Apathie, Inappetenz, Dehydratation, Rektumprolaps, plötzlicher Tod.

Diagnostik Klinik, Röntgen (ggf. mit Kontrastmittel), koprologische und mikrobiologische Untersuchung.
Differenzialdiagnosen Megakolon von Huskyratten.[20]
Therapie Infusionen, Spasmoanalgetika (Metamizol 100 mg/kg s. c., p. o. TID–QID), Prokinetika (Metoclopramid 0,2–1 mg/kg s. c., p. o. BID), Lactulose (1–3 ml/kg p. o. BID–TID), ggf. Chirurgie bei Obstipationen, die sich nicht konservativ behandeln lassen.
Prognose Je nach Ausmaß der Erkrankung gut bis infaust.

Tympanie

Häufigkeit Gelegentlich.
Ursache Eventuell Folge von Dyspnoe (Aerophagie) verschiedener Ursachen (Kap. 1.7.4), durch Erkrankung des Magen-Darm-Trakts (Enteritis, Dysbakterie durch abrupte Futterumstellung, inadäquates Futter).
Klinik Apathie, Anorexie; aufgetriebenes, tympanisches, schmerzhaftes Abdomen, Dehydratation.
Diagnostik Klinik, Röntgen, Ultraschall, Blutuntersuchung.
Therapie Symptomatische Therapie mit Infusionen, Spasmoanalgesie (Metamizol 100 mg/kg s. c., p. o. QID), Metoclopramid (0,2–1 mg/kg s. c., p. o. BID), Dimeticon (35–70 mg/kg p. o. 3–6 × tgl.), assistierte Fütterung, Therapie der Ursache extraintestinal verursachter Tympanie.
Prognose Je nach Ursache gut bis infaust.

Leber- und hepatobiliäre Erkrankungen

Häufigkeit Selten.
Vorkommen Leberverfettung, gelegentlich Leberabszesse, Granulome, Neoplasien.
Ursache Leberverfettung: Inappetenz; Leberabszesse: aufsteigende Infektionen (u. a. *Corynebacterium kutscheri*, *Pasteurella pneumotropica*), Granulome: Salmonellen.
Klinik Apathie, Anorexie, Gewichtsverlust, Schwäche, Hepatomegalie, bei schweren Lebererkrankungen sind vermutlich auch Hepatoenzephalopathie, Aszites, Ikterus und Koagulationsstörungen möglich.
Radiologische Veränderungen Eventuell Hepatomegalie, Detailverlust im Abdomen.
Diagnostik Klinik, Röntgen, Ultraschall, Laparotomie, Pathologie.
Therapie

- **Symptomatische Therapie:** Infusionen, Analgesie, ggf. Antibiose, assistierte Fütterung

- **Leberlipidose:** Infusionen, assistierte Fütterung, Metoclopramid (0,2–1 mg/kg s.c., p.o. BID), Metamizol (100 mg/kg s.c., p.o. QID), Ursache abstellen.

Prognose Je nach Ursache und Krankheitsstadium gut bis infaust.

Prophylaxe Um eine Leberlipidose zu vermeiden, sollten inappetente Tiere sofort adäquat zugefüttert werden.

Neoplasien der Verdauungsorgane

Häufigkeit Selten.

Tumorarten Bei Ratten wurde verschiedene gastrointestinale Neoplasien beschrieben, die aber überwiegend bei Sektionen festgestellt wurden, z. B. Papillome, Plattenepithelkarzinome, Adenome.

Klinik Je nach Lokalisation, Apathie, Anorexie, Gewichtsverlust, Durchfall, Schwäche, Hepatomegalie etc.

Diagnostik Klinik, Röntgen, Ultraschall, Laparotomie, Zytologie, Pathologie.

Therapie Keine beschrieben, symptomatische Therapie mit Infusionen, Analgesie, ggf. Antibiose, assistierte Fütterung.

Prognose Meist schlecht.

8.8.7 Erkrankungen des Harntrakts

Nierenerkrankungen

R

Häufigkeit Gelegentlich.

Alter Vor allem ältere Tiere.

Ursache Bleibt meist unklar, evtl. längere hypovolämische Phasen (Dehydratation, Narkose), Relevanz von Nierenkokzidien (*Klossiella muris*) für Heimtierratten unklar.

Klinik Chronisches (CNI) und akutes Nierenversagen (ANI) sind möglich, meist unspezifische Symptome: Inappetenz, Apathie, Schwäche, Gewichtsverlust, bei CNI Polyurie/Polydipsie, bei ANI oft Olig- bzw. Anurie, Krämpfe, Hämaturie, plötzlicher Tod.

Labordiagnostik Erst wenn mehr als 75 % der Nierenfunktion eingeschränkt sind, kommt es zum Anstieg von Kreatinin und Harnstoff. Elektrolytveränderungen (wie Hyperkaliämie, Hyperphosphatämie, Hypo-, Hyperkalzämie), Anämie, Hypoglykämie, Hypoproteinämie, spezifisches Gewicht des Harns bei CNI ca. 1008–1012; bei akutem Versagen kann es höher sein (bis 1025); bei Pyelonephritis: Erythrozyten, Leukozyten, Leukozytenzylinder im Harn.

Radiologische Veränderungen Nicht unbedingt auffällig, evtl. Vergrößerung und/oder Verkleinerung einer oder beider Nieren.
Diagnostik Anamnese, Klinik, Labor (Nachweis einer renalen Azotämie, evtl. Elektrolytveränderungen), Röntgen, Ultraschall.
Therapie Oft nur **symptomatisch** möglich, da Auslöser meist unklar bleibt.

- **Infusionen:** Wenn Tier nicht dehydratisiert ist und Harnproduktion unklar, Start mit dem halben Erhaltungsbedarf (ca. 25 ml/kg/24 h intraossär, intraperitoneal oder subcutan). Produziert das Tier unter Infusionstherapie adäquat Harn (Evaluierung evtl. über Harnkathetersystem, Gewichtsermittlung, Blasenpalpation, Haltung auf Handtuch/Zellstoff, Ultraschall der Blase) (möglichst > 1–2 ml/kg/h), kann mehr Infusionsmenge gegeben werden.

Hinweise auf eine **Überinfusion** beachten: angestrengte abdominale Atmung, Hypothermie, Thoraxerguss, Herzversagen!

- Wird unzureichend Harn produziert, Versuch Nierenstart mit Furosemid und Mannitol i. v.; regelmäßige engmaschige Reevaluierung des Patienten notwendig
- **Antibiose** bei Verdacht auf Pyelonephritis, bakteriell bedingter Nephritis (möglichst mit Antibiogramm aus Zystozenteseharn) (mindestens 7–10 Tage), Analgesie (Metamizol 100 mg/kg s. c., p. o. QID), Magenschutz (Omeprazol [keine Angaben vorhanden], evtl. 1–5 mg/kg s. c., p. o. BID, Sucralfat 25–100 mg/kg p. o. BID–TID)
- **Chronisches Nierenversagen:** evtl. ACE-Hemmer einsetzen, Erythropoetin (50–100 IE/kg 3 × wöchentlich) evtl. bei nicht-regenerativer Anämie aufgrund einer CNI möglich.
- **Toltrazuril** (10 mg/kg p. o. SID 3 Tage, 5 Tage Pause, 3 Tage) oder **Sulfonamide** (Sulfadimethoxin 50 mg/kg p. o., einmal, dann 25 mg/kg SID 10 Tage) bei Kokzidien
- Zufütterung bei Bedarf

Prognose Je nach Ursache gut bis infaust.

! **Hypovolämische Tiere** ausreichend infundieren und bei diesen Tieren NSAIDs vermeiden.

Blasenerkrankungen

Häufigkeit Gelegentlich.
Vorkommen Blasenerkrankungen werden selten erwähnt, bakteriell bedingte Zystitis; Relevanz des Blasenwurms *Trichosomoides crassicauda* bei Heimtierratten unklar, einzelne Fälle wurden berichtet.
Klinik Oft subklinisch, Strangurie, Pollakisurie, blutiger Harn, intermittierende Blutungen aus Urethra (Blasenwurm).
Diagnostik Klinik, Harnuntersuchung, Pathologie.
Therapie Ivermectin (0,2–0,4 mg/kg s. c. einmal pro Woche, 3 × wdh.) oder Fenbendazol (2–50 mg/kg p. o. SID 5 Tage) bei Blasenwurm, symptomatische Therapie mit Infusionen, Analgesie, ggf. Antibiose bei bakteriell bedingter Zystitis, ggf. assistierte Fütterung.
Prognose Gut.

8.8.8 Erkrankungen des Reproduktionstrakts

Ovarialzysten

Häufigkeit Gelegentlich.
Ursache Unklar.
Klinik Subklinisch, Juckreiz (evtl. bei Hormonproduzierenden Ovarialzysten), bei großen Zysten Umfangsvermehrung des Abdomens, abdominaler Schmerz, Verdauungsstörungen, Abmagerung bei zunehmendem Bauchumfang.
Diagnostik Klinik, Röntgen, Ultraschall.
Therapie Punktion; Ovariohysterektomie, wenn nur Ovar betroffen ist.

Erkrankungen des Uterus

Häufigkeit Regelmäßig.
Vorkommen Vor allem Endometritis, Pyometra (*Pasteurella pneumotropica*, Staphylokokken, Streptokokken, Korynebakterien, Mykoplasmen etc.); seltener Neoplasien, Hämometra; seltener Uterus-, Vaginalprolaps.
Alter Ältere Tiere.
Ursache Genaue Ursache der Entstehung unklar.
Klinik Eventuell Zufallsbefund bei der klinischen Untersuchung (geöffnete Vaginalmembran, Vaginalausfluss), Apathie, Inappetenz, evtl. umfangsvermehrtes Abdomen; bei Uterus-/Vaginalprolaps vaginaler Vorfall von Gewebe.
Labordiagnostik Bei fortgeschrittener Erkrankung evtl. Anämie, Leukozytose, Leukopenie, Hypoglykämie (Sepsis).
Radiologische Veränderungen Eventuell vergrößerte Gebärmutter.

Diagnostik Anamnese, Klinik (einschließlich Zytologie von Vaginalflüssigkeit), Röntgen, Ultraschall, Labor.
Therapie Ovariohysterektomie als Therapie der Wahl; bei schlechtem Allgemeinzustand zunächst Stabilisierung durch Infusionen, assistierte Fütterung, Analgesie, systemischer Antibiose, zusätzlich bei Pyometra/Endometritis: Aglepriston (10–20 mg/kg s.c. 2 im Abstand von 24 h, wdh. nach 8 Tagen) (zur Entleerung des Uterus – oft kommt es aber zu Rezidiven, sodass eine Operation bei stabilen Patienten empfehlenswert ist). Bei Uterus-/Vaginalprolaps vorgefallenes Gewebe evtl. reponieren und mit Tabaksbeutelnaht oder seitlichen Einzelheften Vaginalöffnung verkleinern, bei größeren Vorfällen Ovariohysterektomie.
Prognose Je nach Ursache gut bis infaust.

Neoplasien der Mamma

Häufigkeit Sehr häufig.
Vorkommen Vor allem Fibrome, Fibroadenome, seltener Adenokarzinome.
Alter Ältere männliche und weibliche Tiere.
Ursache Genaue Ursache der Entstehung unklar.
Klinik Eventuell Zufallsbefund bei der klinischen Untersuchung, Umfangsvermehrung der Mamma.

> Da das **Mammagewebe** bei Ratten sehr **ausgedehnt** ist, sind alle subcutanen Umfangsvermehrungen generell verdächtig, vom Mammagewebe auszugehen.

R

Radiologische Veränderungen Keine zu erwarten, Metastasierung findet selten statt.
Diagnostik Anamnese, Klinik, Punktion und Zytologie.
Therapie Entfernung der Umfangsvermehrung.
Prognose Auch bei großen Neoplasien oft sehr gut.

> **Tipp**
>
> Leider neigen einige Tiere dazu, immer wieder **neue Mammatumore** zu bilden. Eventuell kann die Gabe von **Cabergolin** (0,6 mg/kg p.o., s.c. alle 72 h) die Bildung prolactinabhängiger Mammatumore hemmen.[21] Eventuell kann eine **Kastration weiblicher Tiere** die Bildung von Mammatumoren reduzieren.

8.8.9 Neurologische Erkrankungen

Die diagnostische Aufarbeitung, einschließlich einer sorgfältigen neurologischen Untersuchung muss **systematisch** erfolgen, damit alle relevanten Abweichungen erfasst werden. Mögliche Differenzialdiagnosen für neurologische Symptome sind in Kapitel 1.7.6 aufgeführt. Die Abklärung neurologischer Patienten kann sehr komplex sein und wann immer möglich sollten entsprechend **qualifizierte Kollegen** mit zu Rate gezogen werden.

Krämpfe

Häufigkeit Gelegentlich.
Alter Vor allem ältere Tiere.
Ursache Bleibt oft unklar, nicht selten treten sie im Endstadium einer schweren systemischen Erkrankung auf.
Klinik Krämpfe, Seitenlage.
Diagnostik Anamnese, Klinik einschließlich ausführlicher neurologischer Untersuchung, ggf. Blutuntersuchung, Röntgen (Ganzkörperaufnahmen), evtl. CT.
Therapie Abhängig von Ursache.

> **Erstversorgung:** orale Glucosegaben (1–2 ml 50 %ige Lösung p. o.), Calciumgaben (50–100 mg/kg p. o., i. m. SID), Infusionen, ggf. Diazepam (1–2 mg/kg s. c., i. m.), wenn möglich Suche nach Ursache.

R

Prognose Meist schlecht.

Vestibularsyndrom

Häufigkeit Gelegentlich.
Alter Vor allem ältere Tiere.
Ursache Vermutlich meist bakteriell bedingte Mittel- und Innenohrinfektionen, seltener Trauma, Hypophysenneoplasie.
Klinik Kopfschiefhaltung (Abb. 8-7), Ataxie.
Diagnostik Anamnese, Klinik einschließlich ausführlicher neurologischer und otoskopischer Untersuchung zur Unterscheidung eines zentralen und peripheren Vestibularsyndroms, Röntgen des Schädels, CT.
Therapie Symptomatische Therapie mit Infusionen, Analgetika, Mittel gegen Schwindel (Diphenhydramin 2–5 mg/kg p. o., s. c. BID–QID oder Metoclopramid 0,2–1 mg/kg s. c., p. o. BID), assistierte Fütterung; evtl.

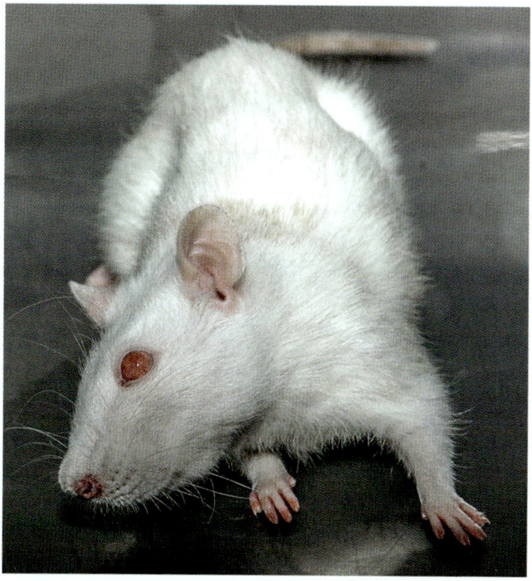

Abb. 8-7 Kopfschiefhaltung bei einer Ratte mit pathologisch nachgewiesener Hypophysenneoplasie

kann Cabergolin (0,6 mg/kg p.o. alle 72 h) zu einer zeitweiligen Verbesserung der Symptome führen.[21]

Prognose Je nach Ursache gut bis infaust.

Enzephalitis

Häufigkeit Selten.

Ursache Bleibt meist unklar, evtl. bakterielle Infektion, aufsteigende Otitis interna/media.

Alter Alle Altersklassen.

Klinik Oft subklinischer Verlauf, Bewusstseinstrübung, ZNS-Ausfälle, Inappetenz, Apathie.

Diagnostik Anamnese, Klinik einschließlich ausführlicher neurologischer und otoskopischer Untersuchung, Röntgen des Schädels, CT, Pathologie.

Differenzialdiagnosen Traumata, metabolisch-toxische Ursachen (Hypoglykämie, Urämie, Hepatitis, Endotoxämie, Intoxikation etc.), Neoplasien, degenerative (Hydrocephalus) oder vaskuläre Veränderungen etc.

Therapie Abhängig von Ursache, meist symptomatisch mit Infusionen, Analgesie, Antibiose, Antikonvulsiva (Diazepam 1–2 mg/kg s.c., i.m.), Medikamente gegen Schwindel (Diphenhydramin 2–5 mg/kg p.o., s.c.

R

BID–QID oder Metoclopramid 0,2–1 mg/kg s. c., p. o. BID), Vitamin-B-Komplex (0,02–0,5 ml/kg p. o., s. c. SID).
Prognose Je nach Ursache.

Neoplasien des zentralen Nervensystems

Häufigkeit Gelegentlich.
Tumorarten Vor allem Hypophysenadenome.
Alter Vor allem ältere Tiere.
Klinik Verändertes Verhalten und Futteraufnahme, Ataxie, Parese, Kopfschiefhaltung, Kreisbewegungen, Schwäche, Inappetenz, Apathie, Abmagerung, Tod.
Diagnostik Anamnese, Klinik, CT, Pathologie.
Differenzialdiagnosen Je nach neurologischen Ausfällen entsprechende Differenzialdiagnosen bedenken.
Therapie Nur symptomatisch möglich, evtl. kann eine Gabe von Prednisolon zu einer kurzzeitigen Besserung führen, Neoplasien mit Prolacinrezeptoren sprechen evtl. auf Cabercholin[21] an; ggf. Euthanasie.
Prognose Infaust.

Erkrankungen des peripheren Nervensystems

Otitis interna/media

Häufigkeit Gelegentlich.
Ursache Auslöser bleibt oft unklar.
Klinik Gleichgewichtsstörungen, Kopfschiefhaltung, Kreisbewegungen, Nystagmus, Apathie, Inappetenz.
Radiologische Veränderungen Verschattete Bulla tympanica, verdickte Wände.
Diagnostik Klinik, Röntgen, CT.
Differenzialdiagnosen Hypophysenneoplasie.
Therapie Systemische Antibiose, Analgesie, Infusionen, Medikamente gegen Schwindel (Diphenhydramin 1–2 mg/kg p. o., s. c. BID oder Metoclopramid 0,2–1 mg/kg s. c., p. o. BID), assistierte Fütterung, evtl. Bullaosteotomie; oft bleibt Kopfschiefhaltung erhalten.
Prognose Gut bis zweifelhaft.

Paresen/Paralysen/spinale Ataxie

Häufigkeit Gelegentlich.
Ursache Sehr unterschiedlich, oft bleibt genaue Ursache unklar, Trauma mit oder ohne Bandscheibenvorfall, Wirbelfraktur, -luxation, Abszesse, Neoplasien (Hypophysenneoplasie, Neoplasien des Rückenmarks), to-

xisch-metabolische Ursachen, Altersdegeneration des Rückenmarks, nicht-neurologische Erkrankung.

Klinik Im Detail abhängig von Lokalisation, Propriozeptionsdefizite, Parese/Paralyse der Vorder- und/oder Hintergliedmaßen, Kot- und Harnabsatzschwierigkeiten oder -inkontinenz, im Verlauf oft Verschlechterung des Allgemeinbefindens, Apathie, Inappetenz, Dehydrierung, Dekubitus.

Radiologische Veränderungen Eventuell Verengung eines Zwischenwirbelspalts, Verschiebungen, Frakturen von Wirbeln erkennbar; Kallusbildung bei älteren Wirbelfrakturen bzw. Luxationsfrakturen, bei Neoplasien evtl. Osteolysen, -sklerosen.

Diagnostik Klinik, neurologische Untersuchung, Röntgen, CT, Ausschluss anderer Ursachen (s. a. Kap. 1.7.6).

Differenzialdiagnosen Nicht-neurologische Erkrankungen (Herzerkrankung, Schwäche etc.).

Therapie Abhängig von neurologischen Ausfallserscheinungen und Ursache.

- **Verdacht/Nachweis von Bandscheibenvorfall:** konservativ mit Analgesie und Käfigruhe bei geringen bis mittelgradigen Propriozeptionsausfällen und vorhandenem Tiefenschmerz
- **Wirbelfrakturen und -luxationen:** Wenn Prognose gegeben (siehe Kriterien aus der Kleintiermedizin), evtl. Ruhigstellung.
- **Symptomatische Therapie:** Analgesie, Vitamin-B-Komplex (0,02–0,5 ml/kg p. o., s. c. SID), Infusionen, assistierte Fütterung, Kontrolle/Assistenz bei eingeschränktem Harnabsatz (manuelle Entleerung oder Harnkatheter), Umlagerung

Prognose Je nach Lokalisation und Grad der neurologischen Ausfälle gut bis infaust (bei Verlust von Tiefenschmerz).

8.8.10 Muskel- und Skeletterkrankungen

Frakturen, Luxationen

Häufigkeit Gelegentlich.

Ursache Trauma.

Klinik Je nach Lokalisation Lahmheit unterschiedliches Grades bis zur Paralyse bei Wirbelsäulenbeteiligung, Fehlstellung von Körperteilen.

Diagnostik Klinik, Röntgen, evtl. CT.

Therapie In Anlehnung an das Vorgehen in der Kleintiermedizin, je nach Befund; lange Röhrenknochen chirurgisch (intramedullärer Pin, Fixateur externe, parakortikale Fixation), Hüftgelenksluxationen ent-

weder konservativ nach Reposition oder chirurgisch (Femurkopfhalsresektion).
Prognose Je nach Ursache gut bis infaust.

Arthritis/Arthrose

Häufigkeit Gelegentlich.
Ursache Oft unklar, evtl. Trauma, Infektion.
Klinik Je nach Lokalisation Lahmheit unterschiedliches Grades, evtl. verdickte Gelenke, Apathie, Bewegungsunlust.
Diagnostik Klinik, Röntgen.
Therapie Analgesie, ggf. systemische Antibiose, ggf. Gewichtsreduktion, Physiotherapie, Kontrolle der anderen Gliedmaßen auf Entstehung einer Pododermatitis durch Überbelastung.
Prognose Meist schlecht hinsichtlich der Funktion, da die Veränderungen im Gelenksbereich oft irreversibel sind.

8.8.11 Vergiftungen

Häufigkeit Sehr selten.
Ursache Vor allem durch Pflanzen möglich.
Klinik Plötzlicher Tod, Durchfall, Inappetenz, Apathie, Krämpfe, Muskelzittern.
Diagnostik Anamnese, Klinik, aufgrund der geringen Größe meist keine Blut- bzw. Harnuntersuchung auf verschiedene Toxine möglich, bleibt oft Verdachtsdiagnose, die vermutlich oft falsch ist.
Therapie Je nach Zustand und Toxin (Information über Giftzentralen).

- Sauerstoff; Infusionen; Aktivkohle, um die Resorption zu reduzieren, Diazepam bei Krämpfen
- **Intoxikation mit NSAIDs:** Es muss mit einem akuten Nierenversagen gerechnet werden. Darum sollten die Tiere infundiert und intensiv überwacht werden, Magenschutz (Omeprazol [keine Angaben vorhanden] evtl. 1–5 mg/kg s.c., p.o. BID, Sucralfat 25–100 mg/kg p.o. BID–TID).
- Nachgewiesene Aufnahme von **cumarinhaltigen Rodentiziden:** Vitamin K_1 (5 mg/kg über SID 4–6 Wochen)
- **Symptomatische Therapie:** Infusionen, evtl. forcierte Diurese

Prognose Je nach Ursache, aufgenommener Menge und Zeitpunkt der Diagnose gut bis infaust.

8.8.12 Neoplastische Erkrankungen

Die Neoplasien von Heimtierratten werden bei den Organerkrankungen näher beschrieben.

8.8.13 Abszesse

Häufigkeit Regelmäßig.
Beschreibung Können an verschiedenen Stellen des Körpers auftreten (v. a. im Kopfbereich), bei männlichen Tieren im Bereich der Präputialdrüsen.
Alter Alle Altersklassen, v. a. ältere Tiere.
Ursache Entstehungsgenese nicht immer klar; abszessbildende Bakterien u. a. *Staphylococcus* spp., *Streptococcus* spp., *Corynebacterium kutscheri*, *Pasteurella pneumotropica*, *Pseudomonas aeruginosa* etc.
Klinik Je nach Lokalisation, Umfangsvermehrung, Inappetenz, Apathie, Umfangsvermehrung im Abdomen, Dyspnoe, Exophthalmus etc.
Diagnostik Anamnese, Klinik, je nach Lokalisation Röntgen, Ultraschall, Punktion und zytologische Untersuchung, Laparotomie, bakteriologische Untersuchung mit Antibiogramm, Ursache suchen.
Differenzialdiagnosen Neoplasien, Hernien etc. Alle Erkrankungen, die mit Umfangsvermehrungen einhergehen.
Therapie Möglichst vollständige chirurgische Entfernung, dann auch keine systemische Antibiose notwendig, ansonsten Drainieren, Analgesie, symptomatische Therapie mit Infusionen, assistierte Fütterung; Antibiose möglichst nach Antibiogramm.
Prognose Meist gut bei Abszessen der Haut/Unterhaut, Entfernung in einigen Bereichen besonders problematisch bzw. nicht möglich (z. B. Gastrointestinaltrakt, Lunge).

Literatur und Dosierungsvorschläge zu diesem Kapitel finden Sie unter www.schattauer.de/3111

9 Maus

9.1 Allgemeines

- Die von der Hausmaus (*Mus musculus*) abstammenden **omnivoren** Heimtiermäuse gehören in der Ordnung der Nagetiere (Rodentia) und in der Familie der Langschwanzmäuse (Muridae) zur Unterfamilie der Altweltmäuse (Murinae).[1]
- Mäuse sind **soziale**, vorwiegend **dämmerungs- und nachtaktive** Tiere.

Steckbrief Maus

Lebenserwartung	2–3 Jahre
Körpergewicht	20–60 g
Körpertemperatur	37,5–38,5 °C
Herzfrequenz	300–840/min
Atemfrequenz	100–200/min
Geschlechtsreife	28–49 Tage
Trächtigkeitsdauer	18–21 Tage
Jungtiertyp	Nesthocker
Säugeperiode	21–24 Tage
Geeignetes Kastrationsalter	w: nicht relevant m: 2 Monate
Uterus	Uterus bicornis
Mammakomplexe	5 Paare
Urin-pH	neutral bis alkalisch

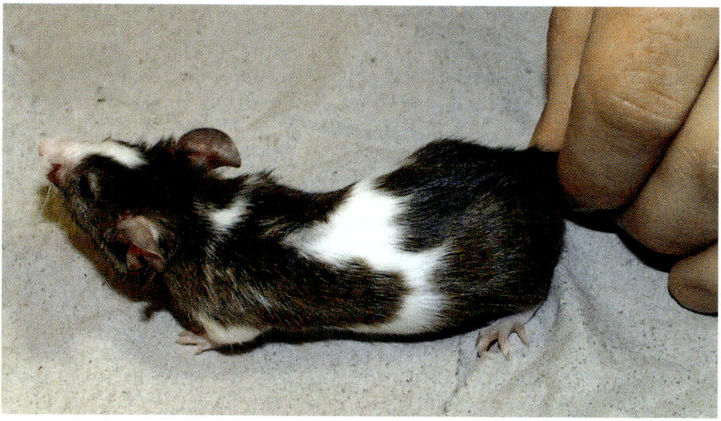

Abb. 9-1 Fixierung einer Maus an der Schwanzbasis. Die Vorder- und Hintergliedmaßen haben Kontakt zur Unterlage.

9.2 Handling

- Der Umgang mit Mäusen sollte **ruhig** und **umsichtig** erfolgen. Mäuse versuchen sich einer Fixierung meist durch Flucht zu entziehen und sind sehr schnell. Einige Tiere beißen und urinieren.

> **Tipp**
>
> Um das Fell zu schonen, hat es sich bewährt, die Tiere mit **Einmalhandschuhen** anzufassen. Das vermeidet, dass das Fell durch den Schweiß an der Hand des Untersuchers leidet.

- Für die Fixierung kann der **Zangengriff** verwendet werden. Die Tiere können aber auch mithilfe von **Zellstoff** und **zwei Fingern** an den Unterkieferästen fixiert werden. Eine weitere Möglichkeit ist, die Tiere im **Nackenfell** zu greifen. Dafür muss aber eine ausreichend große Hautfalte gefasst werden, da die Tiere sich sonst trotzdem umdrehen und beißen können.
- Mäuse können auch an der Schwanzbasis fixiert werden (Abb. 9-1). Dabei sollte darauf geachtet werden, dass zumindest die Vorderbeine Kontakt zu einer Unterlage haben.

9.3 Klinische Untersuchung

- Die für eine klinische Untersuchung notwendigen Parameter wurden bereits in Kapitel 1.1.3 dargestellt. Die Referenzbereiche der klinischen Parameter werden im Kasten „Steckbrief" (s. oben) oder unter www.schattauer.de/3111 aufgeführt.
- Die normale **Körpertemperatur** von Mäusen liegt bei **37,5–38,5 °C.**[2] Bei Mäusen mit ungestörtem Allgemeinbefinden ist die Bestimmung der Körpertemperatur mit hochgradigem Stress verbunden und führt zu starken Abwehrbewegungen, darum sollte eine Messung unterbleiben.

Tipp

Bei Tieren in Seitenlage und bei anästhesierten Tieren empfiehlt sich aber eine Messung der Körpertemperatur mit **kleinen Sonden**, um über eine notwendige Wärmezufuhr entscheiden zu können.

- Das **Körpergewicht** sollte bei jeder Vorstellung ermittelt werden, da ein schleichender Gewichtsverlust meist nicht erkennbar ist, aber ein wertvoller Hinweis auf eine Erkrankung sein kann. Für die objektive Beurteilung des Ernährungszustands ist immer auch eine Palpation des gesamten Körpers, insbesondere der Wirbelsäule notwendig. Zudem ist das Wissen um das „Normalgewicht" des Patienten ebenfalls sehr hilfreich, um den Allgemeinzustand besser beurteilen zu können.
- Die **Lymphknoten** sollten bei Mäusen nicht palpierbar sein.
- Die Beurteilung der **Schleimhaut** und der **KFZ** sind bei Mäusen meist schwierig. Oft sind diese Parameter erst bei schwer kranken Tieren deutlich verändert.
- Männliche Mäuse weisen einen **Penisknochen** auf.
- Wie bei allen weiblichen Nagern sollte der **Vaginalbereich** inspiziert werden. Eine offene Vaginalmembran kann Hinweis auf einen Östrus, einen vorher stattgefundenen Deckakt oder eine Geburt sein, aber auch auf eine pathologische Veränderung der Gebärmutter sein.
- Zur Allgemeinuntersuchung von Mäusen gehört die Beurteilung der **Inzisivi**. Die Vorderseite der Inzisivi ist gelb gefärbt. Die Unterkiefermandibeln sind bindegewebig miteinander verbunden, sodass die Zähne etwas gegeneinander beweglich sind. Dies sollte nicht als pathologisch gewertet werden.

9.4 Spezielle Untersuchungen

- Aufgrund ihrer geringen Größe sind weiterführende diagnostische Maßnahmen bei Mäusen oft nur bedingt möglich.
- **Röntgen** und **Ultraschall** sind gut möglich.

Bei der **Blutentnahme** kann meist nicht ausreichend Material gewonnen werden. Sie wird darum für eine Routinediagnostik nicht eingesetzt.

9.4.1 Bildgebung

Röntgen

- Für eine vollständige Beurteilung sind immer **zwei Ebenen** notwendig. Evntuell müssen die Tiere für Röntgenaufnahmen sediert/anästhesiert werden.
- In der laterolateralen Projektion erscheint das craniale **Lungenfeld** etwas röntgendichter als die caudalen Lungenbereiche.
- Das **Herz** nimmt in der laterolateralen Projektion 2–3 Interkostalräume ein.

Einzelne **abdominale Organe** sind meist nicht erkennbar.

Ultraschall

- Die Sonografie des **Abdomens** und des **Herzens** ist ohne Sedation meist nicht möglich.
- Meist sind die **intraabdominalen Organe** bis auf wenige Ausnahmen (verschiedene Bereiche des Magen-Darm-Trakts, Pancreas) gut darstellbar. Tiere, die sehr viel Gas im Magen-Darm-Trakt aufweisen, lassen sich oft schlechter untersuchen.

Computertomografie

- Die Computertomografie eignet sich auch bei Mäusen sehr gut, insbesondere für die Darstellung **knöcherner Strukturen** in verschiedenen Körperregionen, v. a. der Wirbelsäule, des Beckens und des Kopfes.
- Eine **Narkose** ist notwendig. Aus Kostengründen wird diese Diagnostik aber meist nicht eingesetzt.

Endoskopie

Die Endoskopie ist nur für die Untersuchung der **äußeren Gehörgänge** und der **Maulhöhle** geeignet. Dafür müssen die Tiere aber anästhesiert werden.

Elektrokardiografie

Diese Untersuchungsmethode spielt bei Mäusen nur im Rahmen der Anästhesie eine Rolle.

Untersuchung der Maulhöhle

- Bei der klinischen Untersuchung werden die **Schneidezähne** mit beurteilt.
- Da Zahnerkrankungen bei Mäusen eine **untergeordnete Rolle** spielen, ist meist nur bei deutlichen Hinweisen auf eine Erkrankung im Maul eine eingehende Untersuchung in Narkose notwendig.

9.4.2 Labordiagnostik

Blutprobenentnahme

- Aufgrund der geringen Größe wird meist in der tierärztlichen Praxis **keine Blutentnahme** vorgenommen.
- Kleinere Blutmengen können an der **V. cava cranialis**, **V. saphena lateralis** oder an den lateralen Schwanzvenen entnommen werden.
- Die Tiere müssen dafür **sediert** bzw. **anästhesiert** werden oder es müssen spezielle **Fixierungen** verwendet werden.

Hämatologie und Blutchemie

- Aufgrund der geringen Größe wird in der tierärztlichen Praxis meist keine Blutentnahme vorgenommen.
- Die Aufarbeitung von Veränderungen im Blut erfolgt grundsätzlich wie bei Kleintieren.

Harnuntersuchung

- Meist ist eine Harnuntersuchung nicht möglich, da die Tiere spontan nur selten und wenig Harn absetzen. Von einer manuellen Entleerung der Blase sollte aufgrund des potenziellen **Verletzungsrisikos** abgesehen werden. Steht doch ein Tröpfchen Harn zur Verfügung, sollte neben der Bestimmung des **pH-Werts** eine **Nativuntersuchung** unter dem Mikroskop erfolgen.

- Möglichkeiten und Einschränkungen der Harnuntersuchung werden in Kapitel 1.1.5 dargestellt.
- Der physiologische **pH-Wert** des Harns ist **neutral bei alkalisch**.

Sollte der Harn **sauer** sein, ist dies meist ein Hinweis auf eine **Acidose** und eine schwere Erkrankung.

9.5 Prophylaxemaßnahmen

9.5.1 Impfung

Für Mäuse stehen **keine Impfungen** zur Verfügung.

9.5.2 Endoparasitenprophylaxe

Eine regelmäßige Prophylaxe gegen Endoparasiten ist bei Mäusen **nicht notwendig**. Eine Therapie sollte durchgeführt werden, wenn ein konkreter Nachweis vorliegt.

9.5.3 Ektoparasitenprophylaxe

Eine regelmäßige Prophylaxe gegen Ektoparasiten ist nicht notwendig.

9.5.4 Sonstige Prophylaxemaßnahmen

- Eine **tierartgerechte Fütterung** ist eine wichtige Maßnahme, um Adipositas bei Mäusen zu vermeiden.
- **Halskragen** sind aufgrund der anatomischen Gegebenheiten bei Mäusen meist nicht anzubringen. Wunden können evtl. durch **Wundauflagen** geschützt werden.

9.6 Medikamenteneingabe

Medikamente werden bei Mäusen wie bei anderen Heimtieren appliziert (Kap. 1.2.1).

9.7 Anästhesie und Analgesie

- Vor jeder Anästhesie sollte eine gründliche **klinische Evaluierung** des Patienten erfolgen. Bei **älteren Tieren** sollte, wenn möglich, eine **Röntgenuntersuchung** erwogen werden, da subklinische Erkrankungen intra- und postoperativ relevant werden können.
- Das zu erwartende **Narkoserisiko** des Patienten (ASA-Gruppe) und die Einschätzung der zu erwartenden **Schmerzen** helfen bei der Wahl der geeigneten Analgesie und Anästhesie.

Da Mäuse **nicht erbrechen** können, ist ein Wasser- und Nahrungsentzug vor Operationen nicht notwendig. Zudem kommt es bei Nahrungskarenz zu metabolischen Störungen.

9.7.1 Analgesie

Eine Übersicht möglicher **Indikationen** und der verwendbaren Analgetika findet sich in Tabelle 1-6. Die bei Mäusen häufig eingesetzten Analgetika und deren Dosierungen finden sich in Tabelle 9-1.

9.7.2 Prämedikation, Sedation, Narkoseeinleitung und Operationsvorbereitung

- Eine **Infusion** sowie eine ausreichende **Analgesie** (abhängig vom geplanten Eingriff) sind wichtige präoperative Maßnahmen.
- **Injektionsnarkosen** sind bei Mäusen problematisch, da sie schlecht steuerbar sind.

Tab. 9-1 Analgetika für Mäuse

Wirkstoff	Dosierung
Buprenorphin	0,05–2,5 mg/kg s. c., i. m., i. p. BID-QID
Butorphanol	1–5 mg/kg s. c. alle 4 Stunden
Meloxicam	1–5 mg/kg p. o., s. c. SID
Carprofen	2–5 mg/kg p. o., s. c. SID
Metamizol	200 mg/kg s. c., p. o. QID

- Schon direkt nach der Narkoseeinleitung sollten Maßnahmen ergriffen werden, die einer **Hypothermie** vorbeugen (Wärmematte etc.). **Scheren** und **Desinfizieren** sollten sparsam, aber ausreichend erfolgen.

Tipp

Bei Mäusen kann zur **Vermeidung von Wärmeverlust** der Schwanz gewärmt bzw. mit isolierenden Materialien umwickelt werden.

- Möglichkeiten zur Sedation und Anästhesie werden in Tabelle 9-2 aufgeführt.

Tab. 9-2 Wirkstoffe zur Sedierung und Anästhesie von Mäusen

Wirkstoff	Dosis (mg/kg)	Applikationsart	Bemerkungen
Diazepam[2]	5,0	i. p.	• Sedation • Große Injektionsmenge
Midazolam[2]	5,0	i. p.	• Sedation • Nicht für Tiere zugelassen
Medetomidin[2]	0,25	s. c.	• Sedation und Analgesie • Reversion mit Atipamezol (gleiches Volumen wie Medetomidin s. c.)[3]
Ketamin/ Medetomidin[2]	100–150/ 0,25	i. p.	• Nicht empfehlenswert • Chirurgische Toleranz ca. 30 min
Fentanyl/ Midazolam/ Medetomidin[2]	0,05/ 5,0/ 0,5	i. p.	• Chirurgische Toleranz ca. 10–20 min • Deutliche Unterschiede in der Wirkung der Dosierung zwischen verschiedenen Mäusestämmen • Midazolam für Tiere nicht zugelassen
Antagonisierung:			
Naloxon/ Flumazenil/ Atipamezol	1,2/ 0,5/ 2,5	s. c.	

9.7.3 Intubation

Aufgrund der geringen Größe wird eine Intubation bei Mäusen in der Praxis **nicht durchgeführt**.

9.7.4 Narkoseaufrechterhaltung

- Eine reine **Injektionsnarkose** ist bei Mäusen aufgrund der geringen Körpergröße problematisch.
- Es sollte möglichst zusätzlich eine **Inhalationsnarkose** (Isofluran oder Sevofluran) zur Verfügung stehen.
- Circa 0,5–2 Vol% **Isofluran** sind für die Aufrechterhaltung einer Narkose je nach Prämedikation oft ausreichend.
- **Sauerstoff** dient meist als Trägergas.
- Offene Systeme benötigen meist einen minimalen Flow von 1 l/min, damit ausreichend Narkosegas zum Patienten gelangt. Je höher der Flow, desto höher ist der Wärmeverlust des Patienten.

9.7.5 Narkoseüberwachung

Je nach Möglichkeiten erfolgt eine Überwachung mit **EKG, Pulsoxymetrie** (Ohr, Pfote).

9.8 Wichtige Erkrankungen bei Mäusen

9.8.1 Erkrankungen der Haut und der Hautanhangsorgane

M

Die Abklärung von Hauterkrankungen sollte grundsätzlich wie bei Kleintieren erfolgen, damit eine korrekte Diagnose gestellt werden kann.[4,5]

Dermatitis

Häufigkeit Regelmäßig.
Alter Alle Altersklassen.
Ursache
- Sekundär infizierte Wunden
- Bakterien: *Staphylococcus aureus*, Streptokokken etc.
- Dermatophyten: selten, v.a. *Trichophyton mentagrophytes*, sehr selten *Microsporum canis*

- Ektoparasiten: v.a. Fellmilben: *Myobia musculi, Myocoptes musculinus, Radfordia affinis*; Grabmilbe: *Trixacarus diversus*, Haarbalgmilbe: *Psorergates simplex*, Tropische Rattenmilbe: *Ornithonyssus bacoti*; Läuse, Flöhe etc.
- Kontaktdermatitis bei Harninkontinenz, starkem Durchfall, starkem Speicheln

Klinik Je nach Ursache trockene bis nässende Dermatitis, Alopezie, evtl. schuppend, ggf. schmerzhaft, evtl. Juckreiz (v.a. bei Ektoparasiten); Anämie bei Läusebefall; Knötchen in der Haut, Krusten an den Pinnae durch *Psorergates simplex* verursacht.

Diagnostik Systematische dermatologische Aufarbeitung.

Therapie Spezifische Behandlung je nach Ursache.

- **Ausgedehnte Dermatitiden:** ggf. systemische Antibiose nach Antibiogramm, ggf. Analgesie
- **Dermatophytosen:** Systemische Pulstherapie mit Itrakonazol (5–10 mg/kg oral SID, 7 Tage, 7 Tage Pause 6–8 Wochen bzw. bis Kultur negativ); zusätzlich lokale Therapie mit Enilkonazol (0,2 %ige Lösung) alle 3–4 Tage auf die veränderten Stellen auftragen, Umgebungsbehandlung mit Chlorbleiche. Aufgrund des **Zoonoserisikos** sollte eine gründliche Therapie durchgeführt und der Besitzer entsprechend aufgeklärt werden, zusätzlich muss die Haltung verbessert werden.
- **Ektoparasiten:** Ivermectin (0,2–0,4 mg/kg s.c. einmal pro Woche, 3 × wdh.), Moxidectin (1 mg/kg spot on 1–2 × alle 30 Tage), Doramectin (0,5 mg/kg s.c. 3 × im Abstand von 7 Tagen), Selamectin (15–30 mg/kg spot on, wdh. nach 21 Tagen), Fipronil (7,5 mg/kg lokal einmal, wiederholen nach 30–60 Tagen) plus Umgebungstherapie mit entsprechenden Akariziden (z. B. Pyrethroiden)

Prognose Gut, wenn Ursache therapiert werden kann.

Sonstiges Zoonosegefahr bei Trichophyten.

Chronisch-ulzerative Dermatitis

Häufigkeit Regelmäßig.

Alter Vor allem Tiere zwischen 10 und 16 Monaten.

Ursache Unklar, es wird eine Überempfindlichkeitsreaktion auf Ektoparasiten, Verletzungen oder ähnliches vermutet.

Klinik Hochgradiger Juckreiz (Video 9-1), Unruhe, Selbstverletzung, zuerst v.a. an Kopf (v.a. den Pinnae) und Nacken, Ausdehnung auf den gesamten Körper möglich (Abb. 9-2)

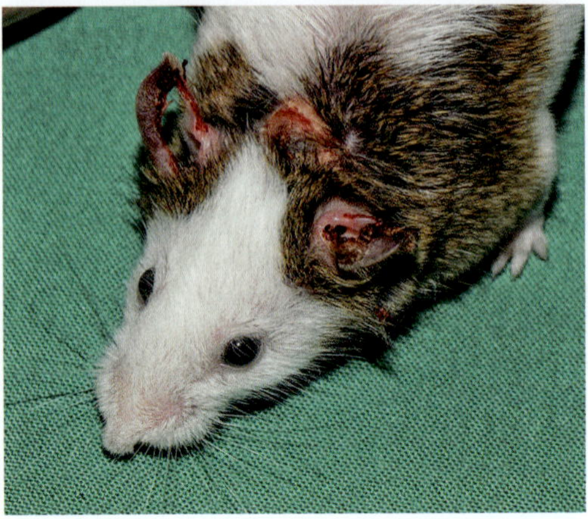

Abb. 9-2
Ulzerative Dermatitis bei einer Heimtiermaus

Video 9-1 Maus mit chronisch ulzerativer Dermatitis und hochgradigem Juckreiz (ca. 30 sek)
www.schattauer.de/3111

Diagnostik Klinik, systematische dermatologische Aufarbeitung und Ausschluss anderer Ursachen (s. a. Kap. 1.7.10).

Therapie Bisher ist keine wirksame Therapie bekannt. Versucht werden neben Behandlung mit Antiparasitika (Selamectin etc.) systemische Antibiose nach Antibiogramm, Analgesie, Maropitant (1 mg/kg intraperitoneal über 5–10 Tage, Heilung soll erst nach 57 Tagen zu erwarten sein – aus eigener Erfahrung nicht hilfreich),[7] Vitamin-E-reiches Futter (3000 IE/kg Futter 8 Wochen),[8] Omega-3-Fettsäuren,[9] evtl. H_1-Antihistaminika (Diphenhydramin 1–2 mg/kg p. o., s. c. BID oder Ähnliches) oder auch Prednisolon (0,5 mg/kg p. o. BID) (oft aber keine ausreichende Wirkung gegen Juckreiz).

M

Oft kommt es zu Beginn der Therapie zu einem **Abklingen der Symptome**, die später wieder aufflammen.

Prognose Meist infaust.

Bissverletzungen

Häufigkeit Gelegentlich.
Alter Alle Altersklassen.
Ursache Auseinandersetzungen bei Paarungen, Eingewöhnung neuer Tiere.
Klinik Verletzungen, die über den gesamten Körper verteilt sein können, v. a. auch im Bereich der Zehen und Nase.
Diagnostik Klinik.
Differenzialdiagnosen Andere Hauterkrankung (s. a. Kap. 1.7); Selbstverletzung durch Juckreiz.
Therapie Wundreinigung, ggf. chirurgische Versorgung, bei Bildung von Abszessen möglichst vollständige Abszessentfernung, ansonsten Abszessspaltung mit Einlegen von Drainage (meist Iodoformdrainage), ggf. Marsupialisation, Analgesie, ggf. Infusionen, assistierte Fütterung, ggf. systemische Antibiose nach Antibiogramm.
Prognose Abhängig vom Ausmaß der Verletzungen.

Fellfressen/Trichotillomanie

Häufigkeit Gelegentlich.
Alter Vor allem ältere Tiere.
Ursache Unklar, wird als Verhaltensstörung angesehen, dominantes Verhalten, Stress.
Klinik Eigenes Fell oder Fell von Partnertieren wird abgebissen.
Diagnostik Anamnese, Klinik.
Therapie Optimierung der Haltung, Entfernen von Stressfaktoren, Bereicherung des Käfigs.

> **Tipp**
> Wird das Partnertier beknabbert – **Fellfresser entfernen**!

Prognose Gut bis fraglich.

> **!** Bei Entfernung des Fellfressers kann es passieren, dass ein anderes Tier die **dominante Rolle** und damit das Fellfressen übernimmt.

Prophylaxe Optimierung der Haltungsbedingungen.

Neoplasien der Haut

Häufigkeit Selten.
Alter Vor allem ältere Tiere.
Tumorarten Plattenepithelkarzinomen, Papillome, Fibrosarkome, Haarfollikel-, Talgdrüsen- und Mastzelltumore, Lymphome.[10,11]
Klinik Umfangsvermehrung der Haut.
Diagnostik Klinik, Zytologie.
Therapie Wenn möglich, chirurgische Entfernung.
Prognose Abhängig von Tumorart, bisher sind keine systematischen Untersuchungen zur Prognose publiziert.

9.8.2 Ohrenerkrankungen

Otitis externa/media/interna

Häufigkeit Gelegentlich.
Ursache Meist bakteriell bedingt (z. B. *Bordetella bronchiseptica*, *Mycoplasma pulmonis*, Streptokokken), Auslöser bleibt oft unklar.
Alter Vor allem ältere Tiere betroffen.
Klinik Subklinisch, Juckreiz, Krusten an den Pinnae und im Gehörgang, eitriges Ohrsekret; Kopfschütteln; bei Entwicklung einer Mittel- und Innenohrentzündung Symptome eines peripheren **Vestibularsyndroms** (Nystagmus, Ataxie, Kopfschiefhaltung, Horner-Syndrom etc.).
Diagnostik Klinik; Heterophile, Bakterien im Abstrich des Ohrsekrets; bei vestibularen Symptomen Röntgen der Bullae und/oder CT (Verschattung der Bulla, periostale Reaktionen); evtl. Endoskopie des Gehörgangs.
Differenzialdiagnosen Andere Ursachen eines Vestibularsyndroms (s. a. Kap. 1.7.6).
Therapie

- Antibiose nach Antibiogramm (Gewinnung von Material durch Punktion der Bulla möglich), Analgesie, topische Behandlung der Otitis externa (Ohrreinigung, Ohrspülung)
- **Vestibularsyndrom** durch Otitis media/interna: Infusionen, Analgesie, H_1-Blocker (Diphenhydramin 1–2 mg/kg p. o., s. c. BID) gegen Schwindel; ggf. Bullaosteotomie

Prognose Vorsichtig, v. a. ohne Bullaosteotomie

> Oft ist auch mit Langzeitantibiose, Ohrreinigung, Schmerzmitteln **keine endgültige Abheilung** der Infektion im Innen-/Mittelohr zu erreichen.

M

9.8.3 Augenerkrankungen

Untersuchung, Diagnose und Therapie von Augenerkrankungen werden grundsätzlich wie bei Kleintieren vorgenommen. Die Messung der Tränenproduktion muss mit dem **Phenolrot-Test** erfolgen, da der Schirmer-Tränentest zu unzuverlässig ist. Im Folgenden werden die wichtigsten Veränderungen kurz dargestellt.

Exophthalmus

Häufigkeit Gelegentlich.
Ursache Meist retrobulbäre raumfordernde Prozesse, v. a. durch Abszess, evtl. Entzündung von Tränendrüse oder Glandula zygomatica, Neoplasie, Hämatom.
Klinik Heraustreten des Augapfels aus der Augenhöhle, Konjunktivitis, Keratitis, Hornhautulzeration.
Diagnostik Klinik, Röntgen/CT, Ultraschall, Punktion und zytologische Untersuchung; bei Abszessen Suche nach Ursache durch Maulhöhlenuntersuchung in Narkose, Röntgen/CT des Schädels.
Differenzialdiagnosen Buphthalmus durch Glaukom.
Therapie Meist Enukleation; Antibiose nach Antibiogramm bei Abszessen (Anaerobier spielen auch oft eine Rolle); Analgesie.

Tipp

Solange kein ausreichender Lidschluss möglich ist, Schutz der Hornhaut durch häufiges Auftragen von **Tränenersatzmitteln**.

Prognose Abhängig von Beeinträchtigung des Auges und der Ursache; oft Verlust des Auges.

Konjunktivitis

Häufigkeit Regelmäßig.
Ursache Bleibt oft unklar, Fremdkörper (Stroh, Heu), Trauma, Bakterien (Mykoplasmen, Pasteurellen, Salmonellen, Staphylokokken), Viren (Sialodakryoadentitis – Bedeutung für Heimtiermäuse aber unklar), Folge von Zahnwurzelabszessen, im Verlauf einer Erkrankung der oberen Atemwege.
Klinik Rötung und Schwellung der Konjunktiva, Epiphora.
Diagnostik Klinik, einschließlich sorgfältiger ophthalmologischer Untersuchung, ggf. bakteriologische Untersuchung.

Therapie Je nach Ursache, Fremdkörper entfernen, Abszesse versorgen, antibiotikahaltige Augentropfen (Tetracyclin), Schmerzmittel (lokal und/oder systemisch), Reinigung der Augenumgebung.
Prognose Je nach Ursache gut bis schlecht.

Keratitis/Hornhautulkus

Häufigkeit Gelegentlich.
Ursache Bleibt oft unklar, Trauma (Fremdkörper), Expositionskeratitis (z.B. bei Exophthalmus, Fazialislähmung), unzureichender Hornhautschutz bei Anästhesie, Entropium, Distichiasis, ektopische Zilie, Ausbreitung einer Konjunktivitis auf die Hornhaut etc.
Klinik Fluorescein-positive Trübung der Hornhaut (Abb. 9-3), Konjunktivitis, Miosis, Blepharospasmus, im fortgeschrittenen Stadium Panophthalmie, Gefäßeinsprossung bei älteren Veränderungen, evtl. Exophthalmus.
Diagnostik Klinik, einschließlich sorgfältiger ophthalmologischer Untersuchung, ggf. bakteriologische Untersuchung; bei Exophthalmus Maulhöhlenuntersuchung, Röntgen/CT.
Therapie

- Lokale Antibiose (Tetracyclin) mehrmals täglich, Vitamin-A-haltige Augensalben, lokale Analgesie mit Mydriatikum (Atropin), systemische Analgesie (Metamizol 200 mg/kg s.c., p.o. QID); Débridement/Keratektomie unter Anästhesie bei nicht-heilenden Ulzerationen
- **Entropium, Distichiasis, ektopische Zilie:** chirurgisch versorgen.

M

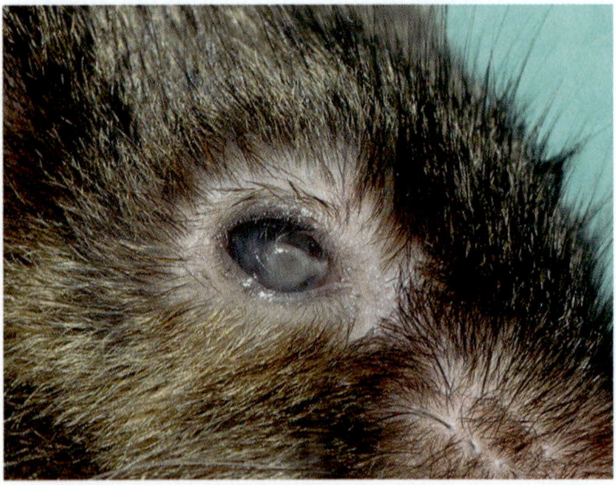

Abb. 9-3 Hornhautulkus bei einer Heimtiermaus

- Nachweis von **reduziertem Tränenfluss:** künstlicher Tränenersatz
- Enuklueation

Prognose Gut bis infaust.

Katarakt/Linsentrübung

Häufigkeit Gelegentlich.
Ursache Bleibt oft unklar, altersbedingt, gelegentlich traumatisch, evtl. Diabetes mellitus.
Klinik Trübung der Linse.
Diagnostik Klinik, spezielle Augenuntersuchung einschließlich Fluoresceinprobe und Schirmer-Tränentest; ggf. Glucose- und Fructosaminkonzentrationsbestimmung zum Nachweis eines Diabetes mellitus, wenn Blutentnahme möglich.
Differenzialdiagnosen Nukleosklerose.
Therapie Keine, wenn keine linseninduzierten Uveitis auftritt; dann ggf. steroidhaltige Augentropfen; Kontrolle auf Linsenluxation und Glaukomentwicklung.
Prognose Solange keine Uveitis auftritt und die Tiere sich in bekannter Umgebung bewegen, kommen viele Tiere sehr gut zurecht.

9.8.4 Erkrankungen des Respirationstrakts und des Thorax

In der klinischen Situation ist es nicht immer möglich, **respiratorische Ursachen** von Dyspnoe sicher von anderen Ursachen abzugrenzen. Eine **sorgfältige Anamnese** und **gründliche Untersuchung** sowie die Zuordnung der evtl. vorliegenden **Dyspnoeart** zu inspiratorisch, exspiratorisch und gemischt können wertvolle Hinweise liefern. **Röntgen** hilft ebenfalls bei der Diagnosestellung.

Rhinitis

Häufigkeit Regelmäßig.
Ursache Vor allem Bakterien (v.a. Mykoplasmen, Pasteurellen, Staphylokokken, Streptokokken), evtl. Viren.
Klinik Nasenausfluss, Niesen, inspiratorisches Atemgeräusch, gemischte Dyspnoe bei Beteiligung der Lunge, Inappetenz, Apathie, Gewichtverlust.
Diagnostik Klinik, Röntgen/CT, Pathologie.
Therapie Gegebenenfalls Infusionen, systemische Antibiose, Mukolytika (Acetylcystein 3 mg/kg p.o., s.c. BID oder Bromhexin 0,5–1 mg/kg p.o. BID).

Prognose Gut bei geringgradigen Symptomen und Veränderungen; schlecht bei vollständiger Verlegung der Nasenhöhlen und mittel- bis hochgradigen Symptomen oder bei fehlendem Ansprechen auf die Therapie.

Pneumonie

Häufigkeit Häufig.
Ursache Bakterien (*Mycoplasma pulmonis*, *Pasteurella pneumotropica*, Streptokokken, Bordetellen, Corynebakterien, Klebsiellen etc.), evtl. Viren (Sendaiviren, murines Pneumonievirus – Relevanz für Heimtiermäuse unklar); evtl. mykotisch (*Pneumocystis murina*)
Alter Alle Altersklassen.
Klinik Je nach Schweregrad und Ursache, v. a. Niesen, Dyspnoe, Schwäche, Inappetenz, Apathie, Nasen- und Augenausfluss, Konjunktivitis, Sepsis, Tod.
Radiologische Veränderungen Deutlich erhöhte Röntgendichte des Lungengewebes. Nachweis von Rundschatten: eher Abszesse als Neoplasie, evtl. bei chronischem Verlauf sekundär Herzvergrößerung (Rechtsherzvergrößerung).
Diagnostik Anamnese, Klinik, Röntgen, Pathologie.
Differenzialdiagnosen Lungenneoplasien (selten).
Therapie Systemische Antibiose (bei Pneumocystis werden Sulfonamid-Trimethoprim-Kombinationen empfohlen 15–30/4–8 mg/kg p. o., s. c. BID), Infusionen, Bronchodilatatoren (Theophyllin 4 mg/kg s. c., p. o. BID–TID oder Aminophyllin 4 mg/kg p. o. BID), Mukolytika (Acetylcystein 3 mg/kg p. o., s. c. BID oder Bromhexin 0,5–1 mg/kg p. o. BID), ggf. Antipyretika (Metamizol 200 mg/kg s. c., p. o. QID), assistierte Fütterung; ggf. Euthanasie bei ausgeprägten Abszessen und therapieresistenter Dyspnoe.
Prognose Je nach Ursache gut bis infaust.

Neoplasien der Atmungsorgane

Häufigkeit Selten.
Tumorarten Bisher v. a. bei Labortieren beschrieben; gelegentlich Nachweis von Metastasen anderer Neoplasien (Adenokarzinom der Mamma).
Alter Vor allem ältere Tiere.
Klinik Je nach Ausprägung und Lokalisation, ggf. Nasenausfluss, Niesen, Dyspnoe, Schwäche, Inappetenz, Apathie, Abmagerung, Tod.
Radiologische Veränderungen Eventuell umschriebene Verdichtung des Lungengewebes, evtl. bei chronischem Verlauf sekundär Herzvergrößerung (Rechtsherzvergrößerung).

Diagnostik Anamnese, Klinik, Röntgen, Pathologie.
Differenzialdiagnosen Pneumonie, Lungenabszess.
Therapie Nur symptomatisch möglich, ggf. Euthanasie.
Prognose Infaust.

9.8.5 Herz-Kreislauf-Erkrankungen

Herzerkrankungen

Häufigkeit Gelegentlich.
Ursache Nicht genau beschrieben, evtl. Bakterien, Hypoxie, Medikamentenunverträglichkeit etc.
Alter Vor allem ältere Tiere.
Vorkommen Myokarditis, Myokardmineralisierungen wurden nachgewiesen.
Klinik Je nach Schweregrad asymptomatisch, Tachypnoe, Dyspnoe, Schwäche, Inappetenz, Apathie, Gewichtsverlust, Ödeme, plötzlicher Tod.
Radiologische Veränderungen Eventuell unauffällig, Kardiomegalie, Thoraxerguss, Detailverlust im Abdomen (bedingt durch Aszites).
Diagnostik Klinik, Auskultation (Arrhythmien, Herzgeräusche), Röntgen, EKG, Echokardiografie.
Therapie Die Therapien werden von Kleintieren extrapoliert, bisher keine Therapiestudien verfügbar.

- **Akutes Herzversagen:** Sauerstoff, Furosemid (1–4 mg/kg i.m., s.c. BID/TID), bei bestehendem Pleuraerguss Punktion
- Je nach Bedarf Gaben von Furosemid, ACE-Hemmer (Benazepril 0,1 mg/kg p.o. SID oder Enalapril 0,5–1 mg/kg p.o. SID oder Imidapril 0,25 mg/kg p.o. SID oder Ramipril 0,125 mg/kg p.o. SID), Pimobendan (0,2–0,4 mg/kg p.o. BID), Antiarrhythmika (ggf. Digoxin 0,005–0,01 mg/kg p.o. SID–BID oder Diltiazem 0,5–1 mg/kg p.o. SID–BID)

Prognose Je nach Ursache und Krankheitszustand, meist schlecht, da die Tiere in fortgeschrittenem Krankheitszustand vorgestellt werden.

M

9.8.6 Erkrankungen des Verdauungstrakts

Zahnerkrankungen

Häufigkeit Gelegentlich.
Vorkommen Fehlbiss durch Trauma und nicht tierartgerechte Fütterung; Karies, Zahnwurzelabszesse, Infektionen, altersbedingter Zahnausfall oder als Folge einer Parodontopathie mit sekundärer Zahnlockerung.

Ursache Bleibt oft unklar, u. a. Fehlstellungen der Zähne durch Trauma, Fehlbiss durch Zahnveränderungen, z. B. aufgrund von Alveolitis, Abszessen, Neoplasien.
Klinik Vielfältig, evtl. Nebenbefund bei klinischer Untersuchung, Hypersalivation, selektive Futteraufnahme, teilweise Pseudoinappetenz, später Inappetenz, veränderte Kaubewegungen, Augen- und/oder Nasenausfluss, Exophthalmus etc.
Diagnostik Klinik, Maulhöhlenuntersuchung, Röntgen, CT.
Therapie

- Kürzen überlanger **Schneidezähne** mit Trennscheibe (meist Wiederholung nach 3–6 Wochen notwendig), Extraktion lockerer bzw. stark veränderter schmerzhafter Schneidezähne
- Unter Anästhesie chirurgische Versorgung von **Zahnfachabszessen**
- **Symptomatische Therapie:** je nach Zustand des Tieres mit Infusionen, Analgesie, assistierte Fütterung
- Gelegentlich **lebenslanges Kürzen** eines oder mehrerer Inzisivi notwendig

Prognose Je nach Ursache gut bis infaust.
Prophylaxe Fütterung mit adäquatem Futter.

Enteritis/Enterotoxämie

Häufigkeit Regelmäßig.
Alter Vor allem junge Tiere (Absetzalter).
Ursache Faktorenerkrankung (Stress, Futterumstellungen, Antibiotikagaben), Bakterien (z. B. *E. coli*, *Clostridium* spp., Salmonellen etc.), Endoparasiten (Flagellaten, Kokzidien, Kryptosporidien, Nematoden – v. a. Oxyuren etc.), seltener extraintestinale Ursachen (z. B. Nieren-, Herzerkrankungen).
Klinik Durchfall, Apathie, Inappetenz, Dehydratation, Rektumprolaps, Gewichtsverlust, plötzlicher Tod, bei Oxyurenbefall Juckreiz im Analbereich.
Diagnostik Klinik, koprologische Untersuchung (perianaler Tesaabklatsch zum Nachweis von Oxyuren), zum Ausschluss anderer Durchfallursachen (s. a. Kap. 1.7.7) ggf. Röntgen und ggf. mikrobiologische Untersuchung, einige Erreger müssen über spezielle Methoden nachgewiesen werden.
Therapie Behandlung je nach Ursache.

- **Symptomatische Therapie:** je nach Schweregrad mit Infusionen, Analgesie (Metamizol 200 mg/kg s. c., p. o. QID)

- Je nach **parasitologischem Befund:** Behandlung mit entsprechenden Medikamenten gegen Endoparasiten; Fenbendazol (20–50 mg/kg p. o. SID 5 Tage) gegen Giardien, Nematoden (v. a. Oxyuren); Toltrazuril (10 mg/kg p. o. SID 3 Tage, 5 Tage Pause, 3 Tage) oder Sulfonamide (Sulfadimethoxin 50 mg/kg p. o., einmal, dann 25 mg/kg SID 10 Tage) gegen Kokzidien, keine Therapie gegen Kryptosporidien bekannt
- Nachweis einer für Mäuse pathologischen **bakteriellen Monokultur** (z. B. *E. coli*): Antibiose nach Antibiogramm; Metronidazol (20 mg/kg p. o., s. c. BID) bei Verdacht auf übermäßiges Clostridienwachstum (z. B. nach Antibiotikagaben) und bei massivem Flagellatenbefall
- Probiotika

Prognose Je nach Ursache und Schweregrad der Erkrankung gut bis infaust.

Obstipation

Häufigkeit Gelegentlich.

Ursache Endoparasiten, bakterielle Darminfektion, Aufnahme von Fremdmaterial, Bezoare etc.

Klinik Apathie, Inappetenz, Dehydratation, Rektumprolaps, plötzlicher Tod.

Diagnostik Klinik, Röntgen (ggf. mit Kontrastmittel), koprologische und mikrobiologische Untersuchung.

Therapie Infusionen, Spasmoanalgetika (Metamizol 200 mg/kg s. c., p. o. TID–QID), Prokinetika (Metoclopramid 0,2–1 mg/kg s. c., p. o. BID), Lactulose (1–3 ml/kg p. o. BID–TID), Prokinetika, Lactulose, ggf. Chirurgie bei Obstipationen, die sich nicht konservativ behandeln lassen.

Prognose Je nach Ausmaß der Erkrankung gut bis infaust.

Tympanie

Häufigkeit Gelegentlich.

Ursache Eventuell Folge von Dyspnoe (Aerophagie) verschiedener Ursachen (Kap. 1.7.4), durch Erkrankung des Magen-Darm-Trakts (Enteritis, Dysbakterie durch abrupte Futterumstellung, inadäquates Futter).

Klinik Apathie, Anorexie; aufgetriebenes, tympanisches, schmerzhaftes Abdomen, Dehydratation.

Diagnostik Klinik, Röntgen, Ultraschall, Blutuntersuchung.

Therapie Symptomatische Therapie mit Infusionen, Spasmoanalgesie (Metamizol 200 mg/kg s. c., p. o. QID), Metoclopramid (0,2–1 mg/kg s. c.,

p. o. BID), Dimeticon (35–70 mg/kg p. o. 3–6 × tgl.), assistierte Fütterung, Therapie der Ursache extraintestinal verursachter Tympanie.
Prognose Je nach Ursache gut bis infaust.

Leber- und hepatobiliäre Erkrankungen

Häufigkeit Selten.
Vorkommen Leberverfettung, gelegentlich Leberabszesse, Granulome, Neoplasien (verschiedenste).
Häufigkeit Selten.
Ursache Leberverfettung: Inappetenz; Leberabszesse: aufsteigende Infektionen (u. a. *Corynebacterium kutscheri*, *Pasteurella pneumotropica*), Granulome: Salmonellen.
Klinik Apathie, Anorexie, Gewichtsverlust, Schwäche, Hepatomegalie, bei schweren Lebererkrankungen sind vermutlich auch Hepatoenzephalopathie, Aszites, Ikterus und Koagulationsstörungen möglich.
Radiologische Veränderungen Eventuell Hepatomegalie, Detailverlust im Abdomen.
Diagnostik Klinik, Röntgen, Ultraschall, Laparotomie, Pathologie.
Therapie

- **Symptomatische Therapie:** Infusionen, Analgesie, ggf. Antibiose, assistierte Fütterung
- **Leberlipidose:** Infusionen, assistierte Fütterung, Metoclopramid (0,2–1 mg/kg s. c., p. o. BID), Metamizol (200 mg/kg s. c., p. o. QID), Ursache abstellen.

Prognose Je nach Ursache und Krankheitsstadium gut bis infaust.

> Um eine Leberlipidose zu vermeiden, sollten **inappetente Tiere** sofort adäquat **zugefüttert** werden.

9.8.7 Erkrankungen des Harntrakts

Nierenerkrankungen

Häufigkeit Gelegentlich.
Alter Vor allem ältere Tiere.
Formen Chronische Niereninsuffizienzen erwähnt.[12]
Ursache Bleibt meist unklar, evtl. längere hypovolämische Phasen (Dehydratation, Narkose), Amyloidose der Nieren beschrieben.

Klinik Chronisches (CNI) und akutes Nierenversagen (ANI) sind möglich, meist unspezifische Symptome: Inappetenz, Apathie, Schwäche, Gewichtsverlust, bei CNI Polyurie/Polydipsie, bei ANI oft Olig- bzw. Anurie, Krämpfe, Hämaturie, plötzlicher Tod.

Labordiagnostik Wird aufgrund der geringen Größe der Tiere meist nicht vorgenommen, Befunde in Anlehnung an andere Nager.

Radiologische Veränderungen Nicht unbedingt auffällig, evtl. Vergrößerung und/oder Verkleinerung einer oder beider Nieren.

Diagnostik Bei lebenden Tiere schwierig, da aufgrund der Größe meist keine Blutentnahme vorgenommen wird; hinweisend können Anamnese, Klinik, Röntgen, Ultraschall sein.

Therapie Oft nur symptomatisch möglich, da Auslöser meist unklar bleibt.

Infusionen: Wenn Tier nicht dehydratisiert ist und Harnproduktion unklar, Start mit dem halben Erhaltungsbedarf (ca. 25 ml/kg/24 h intraossär, intraperitoneal oder subcutan). Produziert das Tier unter Infusionstherapie adäquat Harn (Evaluierung evtl. über Harnkathetersystem, Gewichtsermittlung, Blasenpalpation, Haltung auf Handtuch/Zellstoff, Ultraschall der Blase) (möglichst > 1–2 ml/kg/h), kann mehr Infusionsmenge gegeben werden.

> **!** Hinweise auf eine **Überinfusion** beachten: angestrengte abdominale Atmung, Hypothermie, Thoraxerguss, Herzversagen!

- Antibiose bei Verdacht auf Pyelonephritis, bakteriell bedingter Nephritis (mindestens 7–10 Tage); Analgesie (Metamizol 200 mg/kg s. c., p. o. QID), Magenschutz (Omeprazol [keine Angaben vorhanden] evtl. 1–5 mg/kg s. c., p. o. BID, Sucralfat 25–100 mg/kg p. o. BID–TID)
- **Chronisches Nierenversagen:** evtl. ACE-Hemmer einsetzen, Erythropoetin (50–100 IE/kg 3× wöchentlich) evtl. bei nicht-regenerativer Anämie aufgrund einer CNI möglich.
- Zufütterung bei Bedarf

Prognose Je nach Ursache gut bis infaust.

Prophylaxe Hypovolämische Tiere ausreichend infundieren und bei diesen Tieren NSAIDs vermeiden.

Blasenerkrankungen

Häufigkeit Selten.
Vorkommen Blasenerkrankungen werden selten erwähnt, evtl. bakteriell bedingte Zystitis.
Klinik Oft subklinisch, Strangurie, Pollakisurie, blutiger Harn.
Diagnostik Klinik, Harnuntersuchung, Pathologie.
Therapie Symptomatische Therapie mit Infusionen, Analgesie (Metamizol 200 mg/kg s. c., p. o. QID), Antibiose bei Verdacht auf bakteriell bedingte Zystitis, ggf. assistierte Fütterung.
Prognose Gut.

Harnabsatzstörungen

Häufigkeit Gelegentlich.
Ursache Verlegung der Urethra mit Grieß- oder Proteinpfropfen, Urethraverletzungen, -entzündungen.
Klinik Strangurie, Anurie, vergrößertes Abdomen.
Diagnostik Klinik, Röntgen, Ultraschall.
Therapie Es kann versucht werden, die Verlegung in Narkose zu beseitigen, Spasmoanalgesie (Metamizol 200 mg/kg s. c., p. o. QID), Antibiose bei Verdacht auf bakterielle Beteiligung; Euthanasie, wenn Verlegung nicht beseitigt werden kann.
Prognose Schlecht, wenn Verlegung nicht beseitigt werden kann.

9.8.8 Erkrankungen des Reproduktionstrakts

Erkrankungen des Uterus

Häufigkeit Gelegentlich.
Vorkommen Endometritis, endometriale Hyperplasie.
Alter Ältere Tiere.
Ursache Genaue Ursache der Entstehung unklar.
Klinik Eventuell Zufallsbefund bei der klinischen Untersuchung (geöffnete Vaginalmembran, Vaginalausfluss), Apathie, Inappetenz, evtl. umfangsvermehrtes Abdomen.
Radiologische Veränderungen Eventuell vergrößerte Metraschlingen.
Diagnostik Anamnese, Klinik (einschließlich Zytologie von Vaginalflüssigkeit), ggf. Röntgen, Ultraschall.
Therapie Ovariohysterektomie als Therapie der Wahl; bei schlechtem Allgemeinzustand zunächst Stabilisierung durch Infusionen, assistierte Fütterung, Analgesie, systemischer Antibiose, zusätzlich bei Pyometra/Endometritis: Aglepriston (10–20 mg/kg s. c. 2 × im Abstand von 24 h,

wdh. nach 8 Tagen) (zur Entleerung des Uterus). Oft kommt es aber zu Rezidiven, sodass eine Operation bei stabilen Patienten empfehlenswert ist.

Prognose Je nach Ursache gut bis infaust.

Neoplasien der Mamma

Häufigkeit Regelmäßig.

Tumorarten Vor allem Adenokarzinome, Fibrosarkome.

Ursache Genaue Ursache der Entstehung bei Heimtiermäusen bleibt meist unklar, Maus-Mammatumorvirus ist bei Labormäusen als Ursache bekannt.

Klinik Eventuell Zufallsbefund bei der klinischen Untersuchung, Umfangsvermehrung der Mamma (Abb. 9-4).

> Da das Mammagewebe bei Mäusen sehr ausgedehnt ist, sind alle **subcutanen Umfangsvermehrungen** generell verdächtig, vom Mammagewebe auszugehen

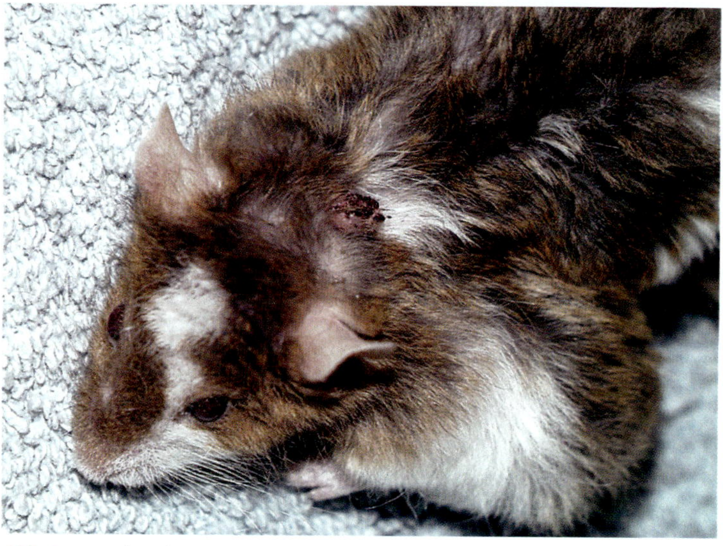

Abb. 9-4 Adenokarzinom der Mamma bei einer Maus

Radiologische Veränderungen Metastasen in der Lunge.
Diagnostik Anamnese, Klinik, Punktion und Zytologie.
Differenzialdiagnose Vor allem Abszesse.
Therapie Entfernung der Umfangsvermehrung, wenn keine Metastasen nachgewiesen wurden und Neoplasie noch klein ist.
Prognose Bei Adenokarzinomen aufgrund der Metastasierung schlecht, Rezidive oder das Auftreten neuer Neoplasien an anderen Lokalisationen sind bei benignen Neoplasien nicht selten.

9.8.9 Neurologische Erkrankungen

Die diagnostische Aufarbeitung, einschließlich einer **sorgfältigen neurologischen Untersuchung**, muss systematisch erfolgen, damit alle relevanten Abweichungen erfasst werden. Mögliche **Differenzialdiagnosen** für neurologische Symptome sind in Kapitel 1.7.6 aufgeführt.
Die Abklärung neurologischer Patienten kann sehr komplex sein und wann immer möglich sollten entsprechend qualifizierte Kollegen mit zu Rate gezogen werden.

Vestibularsyndrom

Häufigkeit Gelegentlich.
Alter Vor allem ältere Tiere.
Ursache Vermutlich meist bakteriell bedingte Mittel- und Innenohrinfektionen, seltener Trauma.
Klinik Kopfschiefhaltung, Ataxie, Nystagmus etc.
Diagnostik Anamnese, Klinik, einschließlich ausführlicher neurologischer und otoskopischer Untersuchung zur Unterscheidung eines zentralen und peripheren Vestibularsyndroms, Röntgen des Schädels, (CT).
Therapie Abhängig von Ursache, Medikamente gegen Schwindel (z. B. Diphenhydramin 2–5 mg/kg p. o., s. c. BID–QID oder Metoclopramid 0,2–1 mg/kg s. c., p. o. BID), Antibiose, Analgesie, Infusionen.
Prognose Je nach Ursache gut bis infaust.

Enzephalitis

Häufigkeit Selten.
Ursache Bleibt meist unklar, evtl. bakterielle Infektion, aufsteigende Otitis interna/media.
Alter Alle Altersklassen.
Klinik Oft subklinischer Verlauf, Bewusstseinstrübung, ZNS-Ausfälle, Inappetenz, Apathie.

Diagnostik Anamnese, Klinik einschließlich ausführlicher neurologischer und otoskopischer Untersuchung, Röntgen des Schädels, CT, Pathologie.
Differenzialdiagnosen Traumata, metabolisch-toxische Ursachen (Hypoglykämie, Urämie, Hepatitis, Endotoxämie, Intoxikation etc.), Neoplasien, degenerative (Hydrocephalus) oder vaskuläre Veränderungen etc.
Therapie Abhängig von der Ursache, meist symptomatisch mit Infusionen, Analgesie, Antibiose, Antikonvulsiva (1–2 mg/kg s.c., i.m.), Medikamente gegen Schwindel (Diphenhydramin 2–5 mg/kg p.o., s.c. BID–QID oder Metoclopramid 0,2–1 mg/kg s.c., p.o. BID), Vitamin-B-Komplex (0,02–0,5 ml/kg p.o., s.c. SID).
Prognose Je nach Ursache.

Erkrankungen des peripheren Nervensystems

Otitis interna/media

Häufigkeit Gelegentlich.
Ursache Auslöser bleibt oft unklar.
Klinik Gleichgewichtsstörungen, Kopfschiefhaltung, Kreisbewegungen, Nystagmus, Apathie, Inappetenz.
Radiologische Veränderungen Verschattete Bulla tympanica, verdickte Wände.
Diagnostik Klinik, Röntgen, CT.
Differenzialdiagnosen Hypophysenneoplasie.
Therapie Systemische Antibiose, Analgesie, Infusionen, Medikamente gegen Schwindel (Diphenhydramin 2–5 mg/kg p.o., s.c. BID–QID oder Metoclopramid 0,2–1 mg/kg s.c., p.o. BID), assistierte Fütterung, evtl. Bullaosteotomie; oft bleibt Kopfschiefhaltung erhalten.
Prognose Gut bis zweifelhaft.

Paresen/Paralysen/spinale Ataxie

Häufigkeit Gelegentlich.
Ursache Sehr unterschiedlich, oft bleibt die genaue Ursache unklar, Trauma mit oder ohne Bandscheibenvorfall, Wirbelfraktur, -luxation, Abszesse, Neoplasien (Hypophysenneoplasie, Neoplasien des Rückenmarks), toxisch-metabolische Ursachen, Altersdegeneration des Rückenmarks, nicht-neurologische Erkrankung.
Klinik Im Detail abhängig von Lokalisation, Propriozeptionsdefizite, Parese/Paralyse der Vorder- und/oder Hintergliedmaßen, Kot- und Harnabsatzschwierigkeiten oder -inkontinenz, im Verlauf oft Verschlechte-

rung des Allgemeinbefindens, Apathie, Inappetenz, Dehydrierung, Dekubitus.

Radiologische Veränderungen Eventuell Verengung eines Zwischenwirbelspalts, Verschiebungen, Frakturen von Wirbeln erkennbar; Kallusbildung bei älteren Wirbelfrakturen bzw. Luxationsfrakturen, bei Neoplasien evtl. Osteolysen, -sklerosen.

Diagnostik Klinik, neurologische Untersuchung, Röntgen, CT, Ausschluss anderer Ursachen (s. a. Kap. 1.7.6).

Differenzialdiagnosen Nicht-neurologische Erkrankungen (Herzerkrankung, Schwäche etc.).

Therapie Abhängig von neurologischen Ausfallserscheinungen und Ursache.

- **Verdacht/Nachweis von Bandscheibenvorfall:** konservativ mit Analgesie und Käfigruhe bei geringen bis mittelgradigen Propriozeptionsausfällen und vorhandenem Tiefenschmerz
- **Wirbelfrakturen und -luxationen:** wenn Prognose gegeben (siehe Kriterien aus der Kleintiermedizin), evtl. Ruhigstellung
- **Symptomatische Therapie:** Analgesie, Vitamin-B-Komplex (0,02–0,5 ml/kg p. o., s. c. SID), Infusionen, assistierte Fütterung, Kontrolle/Assistenz bei eingeschränktem Harnabsatz (manuelle Entleerung), Umlagerung

Prognose Je nach Lokalisation und Grad der neurologischen Ausfälle gut bis infaust (bei Verlust von Tiefenschmerz).

9.8.10 Muskel- und Skeletterkrankungen

Frakturen, Luxationen

Häufigkeit Gelegentlich.

Ursache Trauma.

Klinik Je nach Lokalisation Lahmheit unterschiedliches Grades bis zur Paralyse bei Wirbelsäulenbeteiligung, Fehlstellung von Körperteilen.

Diagnostik Klinik, Röntgen, evtl. CT.

Therapie Wenn möglich, chirurgisch (intramedullärer Pin), konservativ; evtl. kann auch eine Amputation der betroffenen Gliedmaße erwogen werden.

Prognose Je nach Ursache gut bis infaust.

Arthritis/Arthrose

Häufigkeit Gelegentlich.

Ursache Oft unklar, evtl. Trauma, Infektion.

Klinik Je nach Lokalisation Lahmheit unterschiedliches Grades, evtl. verdickte Gelenke, Apathie, Bewegungsunlust.
Diagnostik Klinik, Röntgen.
Therapie Analgesie, ggf. systemische Antibiose, ggf. Gewichtsreduktion, Physiotherapie, Kontrolle der anderen Gliedmaßen auf Entstehung einer Pododermatitis durch Überbelastung.
Prognose Meist schlecht hinsichtlich der Funktion, da die Veränderungen im Gelenksbereich oft irreversibel sind.

9.8.11 Vergiftungen

Häufigkeit Sehr selten.
Ursache Vor allem durch Pflanzen möglich.
Klinik Plötzlicher Tod, Durchfall, Inappetenz, Apathie, Krämpfe, Muskelzittern.
Diagnostik Anamnese, Klinik, aufgrund der geringen Größe meist keine Blut- bzw. Harnuntersuchung auf verschiedene Toxine möglich, bleibt häufig die Verdachtsdiagnose, die vermutlich oft falsch ist.
Therapie

- Je nach Zustand und Toxin (Information über Giftzentralen) Sauerstoff; Infusionen; Aktivkohle, um die Resorption zu reduzieren, Diazepam bei Krämpfen
- **Intoxikation mit NSAIDs:** Es muss mit einem akuten Nierenversagen gerechnet werden. Darum sollten die Tiere infundiert und intensiv überwacht werden, Magenschutz (Omeprazol [keine Angaben vorhanden] evtl. 1–5 mg/kg s.c., p.o. BID, Sucralfat 25–100 mg/kg p.o. BID–TID).
- Nachgewiesene Aufnahme von **cumarinhaltigen Rodentiziden:** Vitamin K_1 (5 mg/kg über SID 4–6 Wochen)
- **Symptomatische Therapie:** Infusionen, evtl. forcierte Diurese

Prognose Je nach Ursache, aufgenommener Menge und Zeitpunkt der Diagnose gut bis infaust.

9.8.12 Neoplastische Erkrankungen

Andere bei Heimtiermäusen vorkommende Neoplasien werden bei den Organerkrankungen aufgeführt.

Lymphom (Lymphosarkom)

Häufigkeit Gelegentlich.
Ursache Murines Leukämievirus.
Klinik Abhängig von Lokalisation; Inappetenz, Apathie, Gewichtsverlust, Leber-, Milz-, Lymphknotenschwellung, Hautveränderungen, Dyspnoe bei Thymusveränderung.
Diagnostik Klinik, Röntgen, Ultraschall, Punktion/Biopsie und Zytologie/Histopathologie.
Therapie Bisher keine Therapie beschrieben, evtl. Besserung unter Prednisolon.
Prognose Schlecht.

9.8.13 Abszesse

Beschreibung Können an verschiedenen Stellen des Körpers auftreten.
Häufigkeit Regelmäßig.
Alter Alle Altersklassen, v. a. ältere Tiere.
Ursache Entstehungsgenese nicht immer klar; abszessbildende Bakterien u. a. *Staphylococcus* spp., *Streptococcus* spp., *Corynebacterium kutscheri*, *Pasteurella pneumotropica*, *Pseudomonas aeruginosa* etc.
Klinik Je nach Lokalisation, Umfangsvermehrung, Inappetenz, Apathie, Umfangsvermehrung im Abdomen, Dyspnoe, Exophthalmus etc.
Diagnostik Anamnese, Klinik, je nach Lokalisation Röntgen, Ultraschall, Punktion und zytologische Untersuchung, Laparotomie, bakteriologische Untersuchung mit Antibiogramm, Ursache suchen.
Differenzialdiagnosen Alle Erkrankungen, die mit Umfangsvermehrungen einhergehen.
Therapie Möglichst vollständige chirurgische Entfernung, dann auch keine systemische Antibiose notwendig, ansonsten Drainieren, Analgesie, symptomatische Therapie mit Infusionen, assistierte Fütterung; Antibiose möglichst nach Antibiogramm.
Prognose Gut meist bei Abszessen der Haut/Unterhaut, Entfernung in einigen Bereichen besonders problematisch bzw. nicht möglich (z. B. Gastrointestinaltrakt, Lunge).

Literatur und Dosierungsvorschläge zu diesem Kapitel finden Sie unter www.schattauer.de/3111

10 Mongolische Rennmaus (Gerbil)

10.1 Allgemeines

- Mongolische Rennmäuse (*Meriones unguiculatus*), umgangssprachlich auch Gerbil genannt, gehören in der Ordnung der Nagetiere (Rodentia) und der Familie der Langschwanzmäuse (Muridae) zur Unterfamilie der Rennmäuse (Gerbillinae).[1]
- Sie leben in Familienverbänden, sind **tag- und nachtaktiv** und ernähren sich **herbivor**.

> **!** Bei Mongolischen Rennmäusen (Gerbils) niemals Antibiotika mit grampositivem Wirkspektrum einsetzen (s. a. Tab. 1-3)!

Steckbrief Mongolische Rennmaus (Gerbil)

Lebenserwartung	2–5 Jahre
Körpergewicht	55–100 g
Körpertemperatur	37,0–38,5 °C
Herzfrequenz	260–600/min
Atemfrequenz	100–200/min
Geschlechtsreife	9–12 Wochen
Trächtigkeitsdauer	24–26 Tage
Jungtiertyp	Nesthocker
Säugeperiode	21–24 Tage
Geeignetes Kastrationsalter	w: nicht relevant m: 3–4 Monate
Uterus	Uterus bicornis
Mammakomplexe	4 Paare
Urin-pH	neutral bis alkalisch

10.2 Handling

- Der Umgang mit Mongolischen Rennmäusen sollte **ruhig** und **umsichtig** erfolgen. Die Tiere versuchen sich einer Fixierung meist durch Flucht zu entziehen und sind sehr schnell. Einige Tiere beißen und urinieren.

Tipp

Um das Fell zu schonen, hat es sich bewährt, die Tiere mit **Einmalhandschuhen** anzufassen. Das vermeidet, dass das Fell durch den Schweiß an der Hand des Untersuchers leidet.

- Für die Fixierung kann der **Zangengriff** verwendet werden. Die Tiere können aber auch mithilfe von Zellstoff und zwei Fingern an den **Unterkieferästen** fixiert werden. Eine weitere Möglichkeit ist es, die Tiere im **Nackenfell** zu greifen. Dafür muss aber eine ausreichend große Hautfalte gefasst werden, da die Tiere sich sonst trotzdem umdrehen und beißen können.

10.3 Klinische Untersuchung

- Vor der klinischen Untersuchung sollte das Tier im **Transporter** unauffällig beobachtet werden.
- Zu einer gründlichen klinischen Untersuchung gehören neben der Ermittlung der **Vitalparameter** auch eine sorgfältige **Adspektion, Palpation** und **Auskultation**.
- Die für eine klinische Untersuchung notwendigen Parameter wurden bereits in Kapitel 1.1.3 dargestellt. Die Referenzbereiche der klinischen Parameter werden im Kasten „Steckbrief“ (s. oben) oder unter www.schattauer.de/3111 aufgeführt.
- Die normale **Körpertemperatur** von Mongolischen Rennmäusen liegt bei **37,5–39,0 °C**.[2] Aufgrund der geringen Größe wird die Körpertemperatur meist **nicht** im Verlauf der klinischen Untersuchung gemessen.

Tipp

Bei Tieren in Seitenlage und bei anästhesierten Tieren empfiehlt sich aber eine Messung mit kleinen **Sonden**, um über eine notwendige Wärmezufuhr entscheiden zu können.

- Die **Atemfrequenz** ist bei der klinischen Untersuchung bedingt durch Aufregung meist erhöht. Oft steigt bei krankhaften Veränderungen nicht die Frequenz der Atemzüge, sondern der Typ der Atmung verändert sich von costoabdominal zu abdominal und die Tiefe der Atemzüge erhöht sich.
- Das **Körpergewicht** sollte bei jeder Vorstellung ermittelt werden, da ein schleichender Gewichtsverlust meist nicht erkennbar ist, aber ein wertvoller Hinweis auf eine Erkrankung sein kann. Für die objektive Beurteilung des Ernährungszustands ist immer auch eine Palpation des gesamten Körpers, insbesondere der Wirbelsäule notwendig. Zudem ist das Wissen um das „Normalgewicht" des Patienten ebenfalls sehr hilfreich, um den Allgemeinzustand besser beurteilen zu können.
- Die Beurteilung der **Schleimhaut** und der **KFZ** sind bei munteren Ratten meist schwierig. Oft sind diese Parameter erst bei schwer kranken Ratten deutlich verändert.
- Die **Lymphknoten** sind nicht palpierbar.
- Wie bei allen weiblichen Nagern sollte der **Vaginalbereich** inspiziert werden. Eine offene Vaginalmembran kann Hinweis auf einen Östrus, einen vorher stattgefundenen Deckakt oder eine Geburt sein, aber auch auf eine pathologische Veränderung der Gebärmutter sein.
- Zur Allgemeinuntersuchung von Mongolischen Rennmäusen gehört die Beurteilung der **Inzisivi**. Die Vorderseite der Inzisivi ist gelb gefärbt. Die Unterkiefermandibeln sind nur bindegewebig miteinander verbunden, sodass die Zähne gegeneinander beweglich sind. Dies sollte nicht als pathologisch gewertet werden.

Bei Mongolischen Rennmäusen sollten die **Bauchdrüsen** auf Veränderungen kontrolliert werden. Bauchdrüsen männlicher Tiere sind deutlich ausgeprägter als die Bauchdrüsen weiblicher Tiere.

- Eine **rötlich gefärbte Augen**- und **Nasenumgebung** wird meist durch Porphyrine verursacht und ist nur ein unspezifischer Hinweis auf eine Erkrankung.

MR

Tipp

Zur Differenzierung von Blut kann ein **Harnstick** verwendet werden.

10.3.1 Spezielle Untersuchungen

- Aufgrund ihrer geringen Größe sind weiterführende diagnostische Maßnahmen bei Mongolischen Rennmäusen oft nur bedingt möglich.
- **Röntgen** und **Ultraschall** sind gut möglich, Blutentnahmen dagegen schwierig und werden meist nicht durchgeführt.

10.3.2 Bildgebung

Röntgen

- Die röntgenologische Beurteilung erfolgt in Grundsätzen wie bei den Kleintieren. Für eine vollständige Beurteilung sind immer **zwei Ebenen** notwendig, auf denen der gesamte Körper (außer Kopf) abgebildet sein sollte. Eventuell müssen die Tiere für Röntgenaufnahmen sediert/anästhesiert werden.
- In der laterolateralen Projektion erscheint das craniale **Lungenfeld** etwas röntgendichter als die caudalen Lungenbereiche.
- Das **Herz** von gesunden Mongolischen Rennmäusen hat in der laterolateralen Projektion eine Größe von 2–3 Interkostalräumen.
- Der **Leber**schatten sollte in beiden Projektionen nicht über den Rippenbogen hinausragen.
- Der **Magen** liegt in ventrodorsalen Projektion links.
- Einzelne Bereiche des **Darm**trakts sind bei gesunden Tieren meist nicht zu unterscheiden. Bei Ansammlungen von Gas stellt sich der Blinddarm gelegentlich gut dar.
- Die **Nieren** sind oft nicht erkennbar.
- Die **Harnblase** liegt vor dem Beckeneingang, ist aber oft nicht röntgenologisch identifizierbar.

> Männliche Mongolische Rennmäuse haben einen **Penisknochen**.

- Unveränderte **Uteri** weiblicher Tiere sind röntgenologisch nicht erkennbar.

Ultraschall

- Die Sonografie des **Abdomens** und des **Herzens** ist meist ohne Sedation möglich.

Tipp

Zur Fixierung eignet sich wieder der **Zangengriff**. Dabei sollte das Tier aufrecht mit den Hinterbeinen auf einer Unterlage stehend geschallt werden.

- Für den **Abdomenultraschall** eignen sich Linearsonden, für den Herzultraschall Sektorschallköpfe (7,5–12 MHz).
- Meist sind die **intraabdominalen Organe** bis auf wenige Ausnahmen (verschiedene Bereiche des Magen-Darm-Trakts, Pancreas) gut darstellbar. Tiere, die sehr viel Gas im Magen-Darm-Trakt aufweisen, lassen sich aber oft schlechter untersuchen. Gelegentlich hilft es, gashaltige Darmschlingen wegzuschieben bzw. aus einem anderen Winkel die Zielorgane anzuschallen.
- Die **Leber** ist homogen und ihre Echogenität entspricht der Milz. Die **Gallenblase** liegt rechts.
- Die **Milz** ist klein und liegt dem Magen links an.
- Die **Nierenrinde** und **-mark** sind bei Mongolischen Rennmäusen sonografisch kaum voneinander zu unterscheiden. Mongolische Rennmäuse weisen eine Nierenpapille auf, die in den Ureter ragt.
- Die **Blase** ist gut sonografisch erkennbar.
- Meist sind nur die caudalen Anteile gesunder **Uteri** als kleine hypoechogene Gebilde darstellbar. Die kleinen längsovalen Ovarien liegen caudal der Nieren und sind nicht immer auffindbar.

Computertomografie

- Die Computertomografie eignet sich auch bei Mongolische Rennmäuse sehr gut insbesondere für die Darstellung knöcherner Strukturen in verschiedenen Körperregionen, v. a. der **Wirbelsäule**, des **Beckens** und des **Kopfes**.
- Eine **Narkose** ist notwendig.
- Aus Kostengründen werden wird diese Diagnostik aber selten eingesetzt.

Endoskopie

Nur für die Untersuchung der äußeren Gehörgänge und der Maulhöhle geeignet.

Elektrokardiografie

- Liegen **Arrhythmien** vor, kann versucht werden, ein EKG anzufertigen.

- Das ist bei klinisch munteren Tieren problematisch, da die Tiere oft nicht stillhalten und die Klemmen vergleichsweise groß sind. Die Tiere müssen dafür kurz **sediert** werden.

Untersuchung der Maulhöhle

Da Zahnerkrankungen bei Mongolischen Rennmäusen eine **untergeordnete Rolle** spielen, ist meist nur bei deutlichen Hinweisen auf eine Erkrankung im Maul eine eingehende Untersuchung in Narkose notwendig.

10.3.3 Labordiagnostik

Blutprobenentnahme

> **Tipp**
>
> Eine Blutprobenentnahme wird bei Mongolischen Rennmäusen unter klinischen Bedingungen meist **nicht** durchgeführt.

- Kleinere Blutmengen können mit einem Kapillarröhrchen an der **V. saphena lateralis** gewonnen werden.
- Eventuell müssen die Tiere dafür **sediert** oder **anästhesiert** werden.

Hämatologie

- Referenzbereiche finden sich unter www.schattauer.de/3111.
- Hämatologische Veränderungen werden grundsätzlich wie bei Kleintieren aufgearbeitet.

Blutchemie

Die Aufarbeitung blutchemischer Veränderungen erfolgt grundsätzlich wie bei Kleintieren.

Harnuntersuchung

MR

> Meist ist eine Harnuntersuchung **nicht möglich**, da die Tiere spontan nur selten und wenig Harn absetzen.

- Von einer manuellen Entleerung der Blase sollte aufgrund des potenziellen **Verletzungsrisikos** abgesehen werden. Steht doch ein Tröpfchen Harn zur Verfügung, sollte neben der Bestimmung des **pH-Werts** eine **Nativuntersuchung** unter dem Mikroskop erfolgen.

- Möglichkeiten und Einschränkungen der Harnuntersuchung werden in Kapitel 1.1.5 dargestellt.
- Der physiologische pH-Wert des Harns ist neutral bei alkalisch. Sollte der Harn sauer sein, ist dies meist ein Hinweis auf eine Acidose und eine schwere Erkrankung.

10.4 Prophylaxemaßnahmen

10.4.1 Impfung

Für Mongolische Rennmäuse stehen **keine Impfungen** zur Verfügung.

10.4.2 Endoparasitenprophylaxe

- Eine regelmäßige Prophylaxe gegen Endoparasiten ist bei Mongolischen Rennmäusen **nicht notwendig**.
- Eine Therapie sollte durchgeführt werden, wenn ein konkreter Nachweis vorliegt.

10.4.3 Ektoparasitenprophylaxe

Eine regelmäßige Prophylaxe gegen Ektoparasiten ist nicht notwendig.

10.4.4 Sonstige Prophylaxemaßnahmen

Eine tierartgerechte Fütterung ist eine wichtige Maßnahme, um Adipositas bei Mongolischen Rennmäusen zu vermeiden.

10.5 Medikamenteneingabe

- Medikamente werden bei Mongolischen Rennmäusen wie bei anderen Heimtieren appliziert (Kap. 1.2.1).
- Die Injektion von Medikamenten i.v. oder i.m. ist aufgrund der geringen Größe nicht möglich bzw. nicht empfehlenswert.

10.6 Anästhesie und Analgesie

- Vor jeder Anästhesie sollte eine gründliche **klinische Evaluierung** des Patienten erfolgen. Bei **älteren Tieren** sollte eine **Blut- und Röntgenuntersuchung** erwogen werden, da subklinische Erkrankungen intra- und postoperativ relevant werden können.
- Das zu erwartende **Narkoserisiko** des Patienten (ASA-Gruppe) und die Einschätzung der zu erwartenden **Schmerzen** helfen bei der Wahl der geeigneten Analgesie und Anästhesie.

Da Mongolische Rennmäuse **nicht erbrechen** können, ist ein Wasser- und Nahrungsentzug vor Operationen nicht notwendig. Zudem kommt es bei Nahrungskarenz zu metabolischen Störungen.

10.6.1 Analgesie

Eine Übersicht möglicher Indikationen und der verwendbaren Analgetika findet sich in Tabelle 1-6. Die bei Mongolischen Rennmäusen häufig eingesetzten Analgetika und deren Dosierungen finden sich in Tabelle 10-1.
Opiate sollten bei dieser Tierart vermieden werden, da sie Unruhe hervorrufen können.

10.6.2 Prämedikation, Sedation, Narkoseeinleitung und Operationsvorbereitung

- Eine **Infusion** sowie eine **ausreichende Analgesie** (abhängig vom geplanten Eingriff) sind wichtige präoperative Maßnahmen.

! **Injektionsnarkosen** sind bei Mongolischen Rennmäusen problematisch, da sie schlecht steuerbar sind.

MR

- Schon direkt nach der Narkoseeinleitung sollten Maßnahmen ergriffen werden, die einer **Hypothermie** vorbeugen (Wärmematte etc.). **Scheren** und **Desinfizieren** sollten sparsam, aber ausreichend erfolgen.
- Möglichkeiten zur Sedation und Anästhesie werden in Tabelle 10-2 aufgeführt.

Tab. 10-1 Analgetika für Mongolische Rennmäuse (Gerbils)

Wirkstoff	Dosierung
Buprenorphin	0,1–0,2 mg/kg s. c. TID
Butorphanol	1–5 mg/kg s. c. alle 4 h
Meloxicam	0,5 mg/kg p. o., s. c. SID
Carprofen	5 mg/kg p. o., s. c. SID
Metamizol	100 mg/kg s. c., p. o. TID–QID

Tab. 10-2 Wirkstoffe zur Sedierung und Anästhesie von Mongolischen Rennmäusen

Wirkstoff	Dosis (mg/kg)	Applikationsart	Bemerkungen
Diazepam[2]	5,0–7,0	i. p.	• Sedation • Große Injektionsmenge
Midazolam[2]	5,0–7,0	i. p.	• Sedation • Große Injektionsmenge, nicht für Tiere zugelassen
Medetomidin[2]	0,1–0,2	s. c., i. p.	• Sedation und Analgesie • Reversion mit Atipamezol (gleiches Volumen wie Medetomidin s. c.)[3]
Ketamin/ Medetomidin[2]	75/ 0,5	s. c.	• Anästhesie
Ketamin/ Xylazin[4]	50/ 2	i. p.	
Fentanyl/ Midazolam/ Medetomidin[2]	0,03/ 7,5/ 0,15	s. c.	• Anästhesie • Midazolam für Tiere nicht zugelassen
Antagonisierung:			
Naloxon/ Flumazenil/ Atipamezol	0,5/ 0,4/ 0,375	s. c.	

10.6.3 Intubation

Aufgrund der geringen Größe wird eine Intubation bei Mongolischen Rennmäusen in der Praxis **nicht durchgeführt**.

10.6.4 Narkoseaufrechterhaltung

- Eine reine **Injektionsnarkose** ist bei Mongolischen Rennmäusen aufgrund der geringen Körpergröße problematisch.
- Es sollte möglichst zusätzlich eine **Inhalationsnarkose** (Isofluran oder Sevofluran) zur Verfügung stehen.
- Circa 0,5–2 Vol% **Isofluran** sind für die Aufrechterhaltung einer Narkose je nach Prämedikation oft ausreichend.
- **Sauerstoff** dient meist als Trägergas.
- Offene Systeme benötigen meist einen minimalen **Flow von 1 l/min**, damit ausreichend Narkosegas zum Patienten gelangt. Je höher der Flow, desto höher ist der Wärmeverlust des Patienten.

10.6.5 Narkoseüberwachung

Je nach Möglichkeiten erfolgt eine Überwachung mit **EKG, Pulsoxymetrie** (Ohr, Pfote).

10.7 Wichtige Erkrankungen bei Mongolischen Rennmäusen (Gerbils)

Im Folgenden werden nur die häufigsten Erkrankungen von Mongolischen Rennmäusen aufgeführt. Es gibt sehr viel mehr Erkrankungen. Durch eine systematische Untersuchung und Aufarbeitung sowie Literaturrecherche können diese Erkrankungen diagnostiziert werden.

10.7.1 Erkrankungen der Haut und der Hautanhangsorgane

Die Abklärung von Hauterkrankungen sollte grundsätzlich wie bei Kleintieren erfolgen, damit eine korrekte Diagnose gestellt werden kann.
Die im Folgenden dargestellten Hauterkrankungen sind regelmäßig auftretende Veränderungen. Seltene Erkrankungen sind der weiterführenden Literatur zu entnehmen.[5]

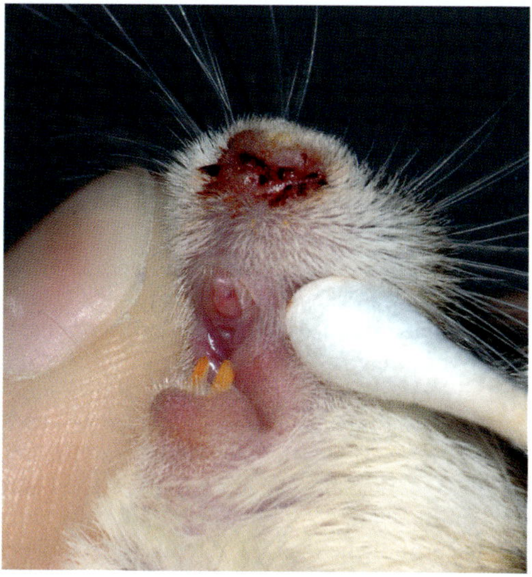

Abb. 10-1
Dermatitis der Nase einer Mongolischen Rennmaus mit fehlenden Oberkieferinzisivi

Dermatitis der Nase (Wunde Nase, Gesichtsexzem, „sore nose")

Häufigkeit Gelegentlich.
Alter Alle Altersklassen, v. a. bei Absetzern.[6]
Ursache Unklar, multifaktoriell (Stress, hohe Luftfeuchtigkeit, kein Sandbad, Technopathie), verstärkte Sekretion von Harderschen Drüse führt zur Dermatitis.
Klinik Entzündung der Haut im Bereich der Nase (Abb. 10-1), später Ausbreitung auf andere Bereiche des Kopfes, der Vordergliedmaßen und des Brustbereichs, Alopezie, Konjunktivitis.
Diagnostik Klinik.
Therapie Analgesie, lokale Desinfektion bei nässenden Dermatitiden, je nach Ausmaß auch systemische Antibiose, Infusionen, assistierte Fütterung; liegt keine nässende Dermatitis vor kann Sand zur Verfügung gestellt werden, Stressreduktion, Optimierung der Haltung.
Prognose Bei geringer Ausprägung gut.
Prophylaxe Zugang zu Sand reduziert das Auftreten der Erkrankung, Stressreduktion beim Absetzen.

Dermatitis

Häufigkeit Regelmäßig.
Alter Alle Altersklassen.
Ursache Sekundär infizierte Wunden; Ektoparasiten (v.a. *Ornithonyssus bacoti, Demodex merioni*), evtl. Dermatophyten.[7] Kontaktdermatitis bei Harninkontinenz, starkem Durchfall, starkem Speicheln.
Klinik Je nach Ursache trockene bis nässende Dermatitis, Alopezie, evtl. schuppend, ggf. schmerzhaft, evtl. Juckreiz.
Diagnostik Systematische dermatologische Aufarbeitung.
Therapie Spezifische Behandlung je nach Ursache.

- **Ausgedehnten Dermatitiden:** ggf. systemische Antibiose nach Antibiogramm, ggf. Analgesie
- **Dermatophytosen:** Systemische Pulstherapie mit Itrakonazol (5–10 mg/kg oral SID, 7 Tage, 7 Tage Pause 6–8 Wochen bzw. bis Kultur negativ); zusätzlich lokale Therapie mit Enilkonazol (0,2 %ige Lösung) alle 3–4 Tage auf die veränderten Stellen auftragen, Umgebungsbehandlung mit Chlorbleiche.[10] Aufgrund des **Zoonoserisikos** sollte eine gründliche Therapie durchgeführt und der Besitzer entsprechend aufgeklärt werden, zusätzlich muss die Haltung verbessert werden.[8] Badesand austauschen!
- **Ektoparasiten:** Ivermectin (0,2–0,4 mg/kg s.c. einmal pro Woche, 3 × wdh.), Moxidectin (1 mg/kg spot on 1–2 × alle 30 Tage), Doramectin (0,5 mg/kg s.c. 3 × im Abstand von 7 Tagen), Selamectin (15–30 mg/kg spot on, wdh. nach 21 Tagen), Fipronil (7,5 mg/kg lokal einmal, wiederholen nach 30–60 Tagen) plus Umgebungstherapie mit entsprechenden Akariziden (z.B. Pyrethroiden) bei *Ornithonyssus-bacoti*-Befall

Prognose Gut, wenn Ursache therapiert werden kann.

> ! **Zoonosegefahr** bei Trichophyten und Befall mit *Ornithonyssus bacoti*!

MR

Bissverletzungen

Häufigkeit Bei korrekter Haltung nur gelegentlich auftretend.
Alter Geschlechtsreife Tiere.
Ursache Auseinandersetzungen bei Paarungsversuchen.
Klinik Verletzungen, die über den gesamten Körper verteilt sein können.
Diagnostik Klinik.

Therapie Wundreinigung, ggf. chirurgische Versorgung, bei Bildung von Abszessen möglichst vollständige Abszessentfernung, ansonsten Abszessspaltung mit Einlegen von Drainage (meist Iodoformdrainage), ggf. Marsupialisation, Analgesie, ggf. Infusionen, assistierte Fütterung, ggf. systemische Antibiose nach Antibiogramm.

> ! Die Progonose hängt vom **Ausmaß der Verletzungen** ab. Diese können auch so schwer sein, dass die Tiere **versterben** oder **euthanasiert** werden müssen.

Verlust der Schwanzhaut

Häufigkeit Selten, nur Problem durch falsches Handling.
Alter Alle Altersklassen.
Ursache Festhalten des Schwanzes.
Klinik Haut über dem Schwanz abgezogen, ggf. Absterben des betroffenen Bereichs.
Diagnostik Klinik.
Therapie Amputation wird empfohlen, da meist der betroffene Bereich des Schwanzes abstirbt.
Prognose Abhängig vom Ausmaß der Verletzungen, die auch so schwer sein können, dass die Tiere versterben oder euthanasiert werden müssen.

> **Tipp**
>
> Tiere **nicht am Schwanz hochheben** (höchstens an der Schwanzbasis), besser mit Zellstoff aufnehmen und mit Zangengriff fixieren.

Neoplasien der Haut

Häufigkeit Abgesehen von Bauchdrüse selten.
Alter Vor allem ältere Tiere.
Tumorarten Plattenepithelkarzinome, Melanome.[6]
Klinik Umfangsvermehrung der Haut.
Diagnostik Klinik, Zytologie, Histopathologie.
Therapie Wenn möglich, chirurgische Entfernung.
Prognose Abhängig von Tumorart, bisher sind keine systematischen Untersuchungen zur Prognose publiziert.

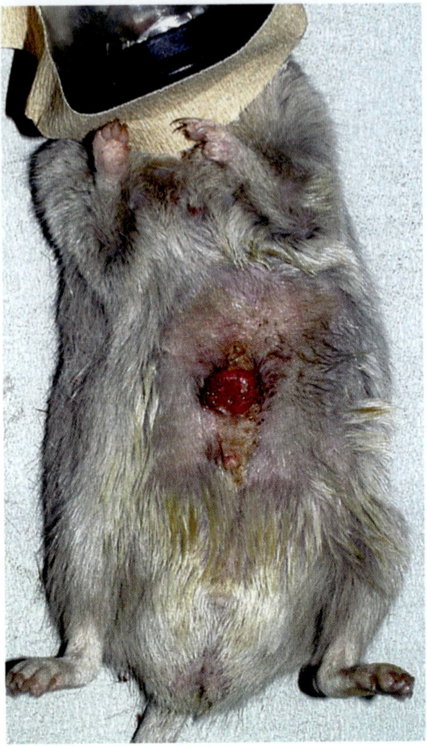

Abb. 10-2
Plattenepithelkarzinom der Bauchdrüse bei einer Mongolischen Rennmaus

Erkrankungen der Bauchdrüse

Häufigkeit Regelmäßig.
Vorkommen Plattenepithelkarzinome (Abb. 10-2), andere Karzinome, Adenome, Epitheliome, seltener Hyperplasie,[9] teilweise mit Ulcera.
Alter Vor allem ältere Tiere (für Neoplasien Median 24,5 Monate).
Geschlecht Vor allem männliche Tiere.
Klinik Umfangsvermehrung, teilweise mit eitrig-ulzerierendem Aussehen im Bereich der Bauchdrüse, bei kleineren Veränderungen Zufallsbefund.
Diagnostik Klinik, Zytologie, Histopathologie.
Therapie Wenn möglich, chirurgische Entfernung.
Prognose Meist gut, wenn vollständig entfernbar, teilweise sehr lange Überlebenszeiten, bei unvollständiger Entfernung schlechte Prognose.

10.7.2 Ohrenerkrankungen

Otitis externa/media/interna

Häufigkeit Gelegentlich.

Ursache Vermutlich meist bakteriell bedingt, bei älteren Tieren in Kombination mit Cholesteatombildung.[6]

Alter: Vor allem ältere Tiere betroffen.

Klinik Subklinisch, Juckreiz, Krusten an den Pinnae und im Gehörgang, eitriges Ohrsekret; Kopfschütteln; bei Entwicklung einer Mittel- und Innenohrentzündung Symptome eines peripheren **Vestibularsyndroms** (Nystagmus, Ataxie, Kopfschiefhaltung, Horner-Syndrom etc.) (Abb. 10-3).

Diagnostik Klinik; Heterophile, Bakterien im Abstrich des Ohrsekrets; bei vestibularen Symptomen Röntgen der Bullae und/oder CT (Verschattung der Bulla, periostale Reaktionen); evtl. Endoskopie des Gehörgangs.

Abb. 10-3 Kopfschiefhaltung einer Mongolischen Rennmaus aufgrund einer Otitis media/interna

Differenzialdiagnosen Cholesteatom, das ebenfalls mit eitrigem Ohrsekret einhergeht (am lebenden Tier vermutlich nur durch CT, Endoskopie einschließlich Pathologie sicher zu differenzieren).

Therapie

- Antibiose nach Antibiogramm (Gewinnung von Material durch Punktion der Bulla möglich), Analgesie, topische Behandlung der Otitis externa (Ohrreinigung, Ohrspülung).
- **Vestibularsyndrom:** Infusionen, Analgesie, H_1-Blocker (Diphenhydramin 1–2 mg/kg p. o., s. c. BID) gegen Schwindel; ggf. Bullaosteotomie

Prognose Vorsichtig; oft ist auch mit Langzeitantibiose, Ohrreinigung, Schmerzmitteln keine endgültige Abheilung der Infektion im Innen-/Mittelohr zu erreichen.

10.7.3 Augenerkrankungen

Untersuchung, Diagnose und Therapie von Augenerkrankungen werden grundsätzlich wie bei Kleintieren vorgenommen. Die Messung der Tränenproduktion muss mit dem **Phenolrot-Test** erfolgen, da der Schirmer-Tränentest zu unzuverlässig ist. Im Folgenden werden die wichtigsten Veränderungen kurz dargestellt.

Chromodakryorrhoe

Häufigkeit Häufig.

Ursache Vermehrte Porphyrinsekretion der Harderschen Drüse durch Stress, Krankheiten oder altersbedingt.

Klinik Rotfärbung des Fells um Augen und Nase, wird nicht selten mit Blutungen verwechselt.

Diagnostik Klinik (Porphyrine fluoreszieren unter Wood-Lampe, Blutfeld des Harnstreifens verfärbt sich nicht).

Therapie Suche nach Grunderkrankung und Behandlung dieser.

Prognose Je nach Ursache gut bis schlecht.

Exophthalmus

Häufigkeit Gelegentlich.

Ursache Meist retrobulbäre raumfordernde Prozesse, v. a. durch Abszess, evtl. Entzündung von Tränendrüse oder Glandula zygomatica, Neoplasie, Hämatom.

Klinik Heraustreten des Augapfels aus der Augenhöhle, Konjunktivitis, Keratitis, Hornhautulzeration.

Diagnostik Klinik, Röntgen/CT, Ultraschall, Punktion und zytologische Untersuchung; bei Abszessen Suche nach Ursache durch Maulhöhlenuntersuchung in Narkose, Röntgen/CT des Schädels.
Differenzialdiagnosen Buphthalmus durch Glaukom.
Therapie Meist Hornhaut irreversibel geschädigt und Enukleation notwendig; ggf. Antibiose nach Antibiogramm bei Abszessen (Anaerobier spielen evtl. auch eine Rolle); Analgesie.
Prognose Abhängig von Beeinträchtigung des Auges und der Ursache; oft Verlust des Auges.

Konjunktivitis

Häufigkeit Regelmäßig.
Ursache Bleibt oft unklar, Fremdkörper (Stroh, Heu, Badesand), Trauma, bakterielle Infektion, Folge von Zahnwurzelabszessen, im Verlauf einer Erkrankung der oberen Atemwege.
Klinik Rötung und Schwellung der Konjunktiva, Epiphora.
Diagnostik Klinik einschließlich sorgfältiger ophthalmologischer Untersuchung, ggf. bakteriologische Untersuchung.
Therapie Je nach Ursache, Fremdkörper entfernen, Abszesse versorgen, antibiotikahaltige Augentropfen (Tetracyclin), Schmerzmittel (lokal und/oder systemisch), Reinigung der Augenumgebung.
Prognose Je nach Ursache gut bis schlecht.

Keratitis/Hornhautulkus

Häufigkeit Gelegentlich.
Ursache Bleibt oft unklar, Trauma, Fremdkörper, Expositionskeratitis (z. B. bei Exophthalmus, Fazialislähmung), unzureichender Hornhautschutz bei Anästhesie, Entropium, Distichiasis, ektopische Zilie, Ausbreitung einer Konjunktivitis auf die Hornhaut etc.
Klinik Fluorescein-positive Trübung der Hornhaut, Konjunktivitis, Miosis, Blepharospasmus, im fortgeschrittenen Stadium Panophthalmie, Gefäßeinsprossung bei älteren Veränderungen, evtl. Exophthalmus.
Diagnostik Klinik, einschließlich sorgfältiger ophthalmologischer Untersuchung, ggf. bakteriologische Untersuchung; bei Exophthalmus Maulhöhlenuntersuchung, Röntgen/CT.
Therapie

- Lokale Antibiose (Tetracyclin) mehrmals täglich, Vitamin-A-haltige Augensalben, lokale Analgesie mit Mydriatikum (Atropin), systemische Analgesie (Metamizol 100 mg/kg s. c., p. o. TID–QID); Débridement/ Keratektomie unter Anästhesie bei nicht-heilenden Ulzerationen

- **Entropium, Distichiasis, ektopische Zilie:** chirurgisch versorgen
- Nachweis von **reduziertem Tränenfluss:** künstlicher Tränenersatz
- Enukleation

Prognose Gut bis infaust.

Katarakt/Linsentrübung

Häufigkeit Gelegentlich.
Ursache Bleibt oft unklar, evtl. altersbedingt, traumatisch, Diabetes mellitus.
Klinik Trübung der Linse.
Diagnostik Klinik, spezielle Augenuntersuchung einschließlich Fluoresceinprobe und Phenolrot-Test; ggf. Glucose- und Fructosaminkonzentrationsbestimmung zum Nachweis eines Diabetes mellitus, wenn Blutentnahme möglich (Kap. 10.7.11).
Differenzialdiagnosen Nukleosklerose.
Therapie Keine, wenn keine linseninduzierten Uveitis auftritt; dann ggf. steroidhaltige Augentropfen; Kontrolle auf Linsenluxation und Glaukomentwicklung.
Prognose Solange keine Uveitis auftritt und die Tiere sich in bekannter Umgebung bewegen, kommen viele Tiere sehr gut zurecht.

10.7.4 Erkrankungen des Respirationstrakts und des Thorax

In der klinischen Situation ist es nicht immer möglich, respiratorische Ursachen von Dyspnoe sicher von anderen Ursachen abzugrenzen. Eine sorgfältige Anamnese und gründliche Untersuchung sowie die Zuordnung der evtl. vorliegenden Dyspnoeart zu inspiratorisch, exspiratorisch und gemischt können wertvolle Hinweise liefern. Röntgen hilft ebenfalls bei der Diagnosestellung.

Rhinitis

Häufigkeit Regelmäßig.
Ursache Bleibt meist unklar, vermutlich v. a. Bakterien, evtl. auch in Kombination mit Pneumonie.
Klinik Nasenausfluss, Niesen, inspiratorisches Atemgeräusch, gemischte Dyspnoe bei Beteiligung der Lunge, Inappetenz, Apathie, Gewichtverlust.
Diagnostik Klinik, Röntgen/CT, mikrobiologische Untersuchung von Nasenspülproben bei Verdacht auf bakterielles Geschehen.
Therapie Ggf. systemische Antibiose, Mukolytika (Acetylcystein 3 mg/kg p. o., s. c. BID oder Bromhexin 0,5–1 mg/kg p. o. BID), Analgesie.

Prognose Gut bei geringgradigen Symptomen und Veränderungen; schlecht bei vollständiger Verlegung der Nasenhöhlen und mittel- bis hochgradigen Symptomen, oder wenn fehlendes Therapieansprechen.

Pneumonie

Häufigkeit Gelegentlich.
Ursache Bleibt meist unklar, evtl. Bakterien (z. B. *Bordetella bronchiseptica*) oder auch Pilze (*Blastomyces dermatitidis*).[7]
Alter Alle Altersklassen.
Klinik Je nach Schweregrad und Ursache, v. a. Niesen, Dyspnoe, Schwäche, Inappetenz, Apathie, Nasen- und Augenausfluss, Konjunktivitis, Sepsis, Hypothermie, Tod.
Radiologische Veränderungen Deutlich erhöhte Röntgendichte des Lungengewebes, evtl. bei chronischem Verlauf sekundär Herzvergrößerung (Rechtsherzvergrößerung).
Diagnostik Anamnese, Klinik, Röntgen, Pathologie.
Differenzialdiagnosen Lungenneoplasien.
Therapie Systemische Antibiose, Infusionen, Bronchodilatatoren (Theophyllin 4 mg/kg s. c., p. o. BID–TID oder Aminophyllin 4 mg/kg p. o. BID), Mukolytika (Acetylcystein 3 mg/kg p. o., s. c. BID oder Bromhexin 0,5–1 mg/kg p. o. BID), Antipyretika (Metamizol 100 mg/kg s. c., p. o. TID–QID), assistierte Fütterung.
Prognose Je nach Ursache gut bis infaust.

10.7.5 Herz-Kreislauf-Erkrankungen

Herzerkrankungen

Häufigkeit Gelegentlich.
Ursache Unbekannt.
Alter Vor allem ältere Tiere.
Vorkommen Vermutlich vergleichbar zu anderen Heimtierarten, Arteriosklerose bei älteren Zuchtweibchen auftretend.
Klinik Je nach Schweregrad asymptomatisch, Tachypnoe, Dyspnoe, Schwäche, Inappetenz, Apathie, Gewichtsverlust, Ödeme, plötzlicher Tod.
Radiologische Veränderungen Eventuell unauffällig, Kardiomegalie, Thoraxerguss, Lungenödem (oft nicht sicher von anderer Lungenpathologie zu unterscheiden), Aszites.
Diagnostik Klinik, Auskultation (Arrhythmien, Herzgeräusche), Röntgen, EKG, Echokardiografie.

Therapie Die Therapien werden von Kleintieren extrapoliert, bisher keine Therapiestudien verfügbar.

- **Akutes Herzversagen:** Sauerstoff, Furosemid (1–4 mg/kg i.m., s.c. BID/TID), bei bestehendem Pleuraerguss Punktion
- Je nach Bedarf Gaben von Furosemid, ACE-Hemmer (Benazepril 0,1 mg/kg p.o. SID oder Enalapril 0,5–1 mg/kg p.o. SID oder Imidapril 0,25 mg/kg p.o. SID oder Ramipril 0,125 mg/kg p.o. SID), Pimobendan (0,2–0,4 mg/kg p.o. BID), Antiarrhythmika (ggf. Digoxin 0,005–0,01 mg/kg p.o. SID–BID oder Diltiazem 0,5–1 mg/kg p.o. SID–BID)

> ! Die **Prognose** hängt von Ursache und Krankheitszustand ab. Sie ist meist schlecht, da die Tiere in **fortgeschrittenem Krankheitszustand** vorgestellt werden.

10.7.6 Erkrankungen des Verdauungstrakts

Zahnerkrankungen

Häufigkeit Selten.

Vorkommen Fehlbiss durch Trauma und nicht tierartgerechte Fütterung; Karies, Zahnwurzelabszesse, Infektionen, altersbedingter Zahnausfall oder als Folge einer Parodontopathie mit sekundärer Zahnlockerung.

Ursache Bleibt oft unklar, u.a. Fehlstellungen der Zähne durch Trauma, Fehlbiss durch Zahnveränderungen, z.B. aufgrund von Alveolitis, Abszessen, Neoplasien.

Klinik Vielfältig, evtl. Nebenbefund bei klinischer Untersuchung, Hypersalivation, selektive Futteraufnahme, teilweise Pseudoinappetenz, später Inappetenz, veränderte Kaubewegungen, Augen- und/oder Nasenausfluss, Exophthalmus etc.

Diagnostik Klinik, Maulhöhlenuntersuchung, Röntgen, CT.

Therapie

- Kürzen überlanger **Schneidezähne** mit Trennscheibe (meist Wiederholung nach 3–6 Wochen notwendig), Extraktion lockerer bzw. stark veränderter schmerzhafter Schneidezähne
- Unter Anästhesie chirurgische Versorgung von **Zahnfachabszessen**
- **Symptomatische Therapie:** je nach Zustand des Tieres mit Infusionen, Analgesie, assistierte Fütterung

Gelegentlich ist ein **lebenslanges Kürzen** eines oder mehrerer Inzisivi notwendig.

Prognose Je nach Ursache gut bis infaust, v.a. bei Erkrankungen der Backenzähne schlecht.
Prophylaxe Fütterung mit adäquatem Futter.

Enteritis/Enterotoxämie („Wet tail disease")

Häufigkeit Selten.
Ursache Faktorenerkrankung (Stress, Futterumstellungen, Antibiotikagaben), Bakterien (z.B. *E. coli*, Pasteurellen, Clostridien, Salmonellen, *Helicobacter* spp. etc.), Endoparasiten (z.B. *Syphacia* spp., *Dentostomella translucida*), seltener extraintestinale Ursachen (z.B. Nieren-, Herzerkrankungen).
Klinik Durchfall, Apathie, Inappetenz, Dehydratation, Rektumprolaps, Gewichtsverlust, plötzlicher Tod.
Diagnostik Klinik, koprologische Untersuchung, zum Ausschluss anderer Durchfallursachen (s.a. Kap. 1.7.7) ggf. Röntgen und ggf. mikrobiologische Untersuchung.
Therapie Behandlung je nach Ursache.

- **Symptomatische Therapie:** je nach Schweregrad mit Infusionen, Analgesie (Metamizol 100 mg/kg s.c., p.o. TID–QID)
- Je nach **parasitologischem Befund:** Behandlung mit entsprechenden Medikamenten gegen Endoparasiten: Fenbendazol (20–50 mg/kg p.o. SID 5 Tage) gegen *Syphacia*; Toltrazuril (10 mg/kg p.o. SID 3 Tage, 5 Tage Pause, 3 Tage) oder Sulfonamide (Sulfadimethoxin 50 mg/kg p.o., einmal, dann 25 mg/kg SID 10 Tage) gegen Kokzidien
- Nachweis einer für Mongolische Rennmäuse pathologischen **bakteriellen Monokultur** (z.B. *E. coli*): Antibiose nach Antibiogramm; bei Verdacht auf übermäßiges Clostridienwachstum (z.B. nach Antibiotikagaben) Metronidazol (20 mg/kg p.o., s.c. BID)
- Probiotika

Prognose Je nach Ursache gut bis infaust.

„Wet tail disease" ist keine spezifische Erkrankung, sondern die Beschreibung eines Symptoms. Neben Durchfall können auch Endometritiden/Pyometra und Zystitiden die Ursache dafür sein.

Obstipation

Häufigkeit Gelegentlich.

Ursache Endoparasiten, bakterielle Darminfektion, Aufnahme von Nestmaterial etc.

Klinik Apathie, Inappetenz, Dehydratation, Rektumprolaps, plötzlicher Tod.

Diagnostik Klinik, koprologische Untersuchung, zum Ausschluss anderer Durchfallursachen (Kap. 1.7.7) ggf. Röntgen, ggf. mikrobiologische Untersuchung. Einige Erreger müssen über spezielle Methoden nachgewiesen werden.

Therapie Infusionen, Spasmoanalgetika (Metamizol 100 mg/kg s.c., p.o. TID–QID), Prokinetika (Metoclopramid 0,2–1 mg/kg s.c., p.o. BID), Lactulose (1–3 ml/kg p.o. BID–TID), ggf. Chirurgie bei Obstipationen, die sich nicht konservativ behandeln lassen; bei Rektumprolaps: Reponierung, Tabaksbeutelnaht für 3–4 Tage, u. U. chirurgische Entfernung von vorgefallenen und nekrotischen Darmteilanteilen; Abstellen der Ursache, ggf. assistierte Fütterung.

Prognose Je nach Ausmaß der Erkrankung gut bis infaust.

Leber- und hepatobiliäre Erkrankungen

Häufigkeit Gelegentlich Leberverfettung.

Ursache Inappetenz.

Klinik Apathie, Anorexie, Gewichtsverlust, Schwäche, Hepatomegalie, bei schweren Lebererkrankungen sind vermutlich auch Hepatoenzephalopathie, Aszites, Ikterus und Koagulationsstörungen möglich.

Radiologische Veränderungen Eventuell Hepatomegalie, Detailverlust im Abdomen.

Diagnostik Klinik, Röntgen, Ultraschall, Laparotomie, Pathologie.

Therapie

- **Symptomatische Therapie:** Infusionen, Analgesie, ggf. Antibiose, assistierte Fütterung
- **Leberlipidose:** Infusionen, assistierte Fütterung, Metoclopramid (0,2–1 mg/kg s.c., p.o. BID), Metamizol (100 mg/kg s.c., p.o. TID–QID), Ursache abstellen.

Prognose Je nach Ursache und Krankheitsstadium gut bis infaust.

> **Tipp**
>
> Um eine Leberlipidose zu vermeiden, sollten inappetente Tiere sofort **adäquat zugefüttert** werden.

10.7.7 Erkrankungen des Harntrakts

Nierenerkrankungen

Häufigkeit Selten.
Alter Vor allem ältere Tiere.
Formen Chronische interstitielle Nephritis bei älteren Tiere beschrieben, sicherlich auch andere Formen möglich.
Ursache Bleibt meist unklar, evtl. längere hypovolämische Phasen (Dehydratation, Narkose) etc.
Klinik Chronisches (CNI) und akutes Nierenversagen (ANI) sind möglich, meist unspezifische Symptome: Inappetenz, Apathie, Schwäche, Gewichtsverlust, bei CNI Polyurie/Polydipsie, bei ANI oft Olig- bzw. Anurie, Krämpfe, Hämaturie, plötzlicher Tod.
Labordiagnostik

> Eine Diagnose am **lebenden Tier** ist schwierig, da meist kein bzw. nicht ausreichend Blut entnommen werden kann.

Zu erwarten sind ein Anstieg von Kreatinin und Harnstoff; Elektrolytveränderungen (wie Hyperkaliämie, Hyperphosphatämie, Hypo-, Hyperkalzämie), Anämie, Hypoglykämie, Hypoproteinämie, spezifisches Gewicht des Harns bei CNI vermutlich ca. 1008–1012; bei akutem Versagen höher (bis 1025); bei Pyelonephritis: Erythrozyten, Leukozyten, Leukozytenzylinder im Harn.
Radiologische Veränderungen Nicht unbedingt auffällig, evtl. Vergrößerung und/oder Verkleinerung einer oder beider Nieren.
Diagnostik Anamnese, Klinik, Labor (Nachweis einer renalen Azotämie, evtl. Elektrolytveränderungen), Röntgen, Ultraschall.
Therapie Oft nur symptomatisch möglich, da Auslöser meist unklar bleibt.

- **Infusionen:** Wenn Tier nicht dehydratisiert ist und Harnproduktion unklar, Start mit dem halben Erhaltungsbedarf (ca. 25 ml/kg/24 h intraossär, intraperitoneal oder subcutan); produziert das Tier unter-Infusionstherapie adäquat Harn (Gewichtsermittlung, Blasenpalpation, Haltung auf Handtuch/Zellstoff, Ultraschall der Blase) (möglichst > 1–2 ml/kg/h), kann mehr Infusionsmenge gegeben werden.

> ! Hinweise auf eine **Überinfusion** beachten: angestrengte abdominale Atmung, Hypothermie, Thoraxerguss, Herzversagen!

- Wird unzureichend Harn produziert, Versuch Nierenstart mit Furosemid und Mannitol i.v.; regelmäßige engmaschige Reevaluierung des Patienten notwendig.
- **Antibiose** bei Verdacht auf Pyelonephritis, bakteriell bedingter Nephritis (möglichst mit Antibiogramm aus Zystozenteseharn) (mindestens 7–10 Tage), Analgesie (Metamizol 100 mg/kg s.c., p.o. TID–QID), Magenschutz (Omeprazol [keine Angaben vorhanden] evtl. 1–5 mg/kg s.c., p.o. BID, Sucralfat 25–100 mg/kg p.o. BID–TID)
- **Chronisches Nierenversagen:** evtl. ACE-Hemmer einsetzen, Erythropoetin (50–00 IE/kg 3 × wöchentlich) evtl. bei nicht-regenerativer Anämie aufgrund einer CNI möglich
- Assistierte Fütterung, Zufütterung bei Bedarf

Prognose Je nach Ursache gut bis infaust.

Prophylaxe Hypovolämische Tiere ausreichend infundieren und bei diesen Tieren NSAIDs vermeiden.

10.7.8 Erkrankungen des Reproduktionstrakts

Erkrankungen der Ovarien

Häufigkeit Gelegentlich.

Vorkommen Vor allem Ovarialzysten, seltener Ovarialneoplasien (Granulosazelltumore) (Abb. 10-4).[6]

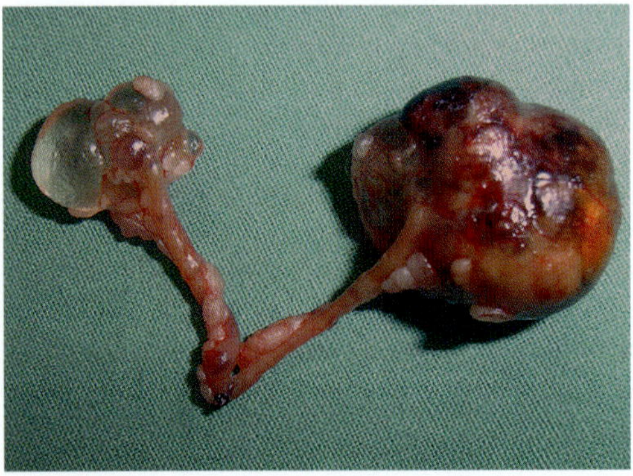

Abb. 10-4 Chirurgisch entfernte Ovarien einer Mongolischen Rennmaus mit Ovarialzysten und Granulosazelltumor

MR

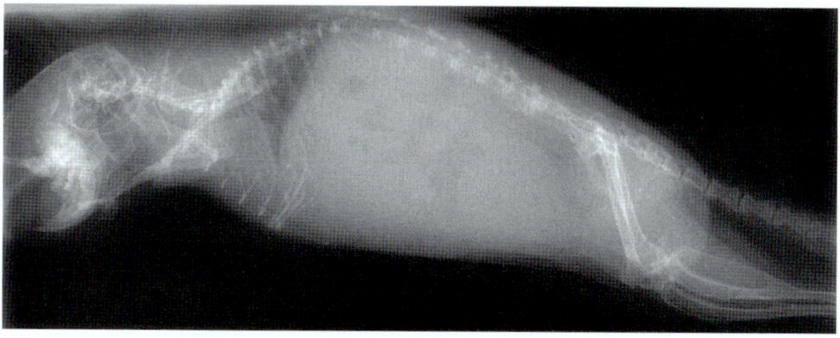

Abb. 10-5 Röntgenbild: laterolaterale Projektion einer weiblichen Mongolischen Rennmaus mit röntgenologisch sichtbarer Weichteilverschattung im mittleren Abdomen, die durch einen Ovarialtumor verursacht wurde.

Alter Zysten v. a. bei Tieren ab einem Jahr, Neoplasien v. a. bei Tieren älter als 3 Jahre.
Klinik Subklinisch; bei Zysten Alopezie; bei großen Zysten und Neoplasien Umfangsvermehrung des Abdomens, Dyspnoe, abdominaler Schmerz, Verdauungsstörungen, Abmagerung bei zunehmendem Bauchumfang.
Diagnostik Klinik, Röntgen (Abb. 10-5), Ultraschall.
Therapie Punktion bei großen Zysten unter Sedation; Ovariohysterektomie.

Erkrankungen des Uterus

Häufigkeit Regelmäßig.
Vorkommen Endometritis, Pyometra (*Pasteurella pneumotropica*, Staphylokokken, Streptokokken, Korynebakterien u. a.); selten Neoplasien (Leiomyom).[6]
Alter Ältere Tiere.
Ursache Genaue Ursache der Entstehung unklar.
Klinik Eventuell Zufallsbefund bei der klinischen Untersuchung (geöffnete Vaginalmembran, Vaginalausfluss), Apathie, Inappetenz, evtl. umfangsvermehrtes Abdomen.
Labordiagnostik Bei fortgeschrittener Erkrankung evtl. Anämie, Leukozytose, Leukopenie, Hypoglykämie (Sepsis).
Radiologische Veränderungen Eventuell vergrößerte Gebärmutter zu sehen.
Diagnostik Anamnese, Klinik (einschließlich Zytologie von Vaginalflüssigkeit), Röntgen, Ultraschall, Labor.

Therapie Ovariohysterektomie als Therapie der Wahl; bei schlechtem Allgemeinzustand zunächst Stabilisierung durch Infusionen, assistierte Fütterung, Analgesie, systemischer Antibiose, Aglepriston (10–20 mg/kg s. c. 2 × im Abstand von 24 h, wdh. nach 8 Tagen) (zur Entleerung des Uterus) bei Endometritis/Pyometra.

> Oft kommt es zu **Rezidiven**, sodass eine Operation bei stabilen und jüngeren Patienten empfehlenswert ist.

Prognose Je nach Ursache gut bis infaust.

Erkrankungen des männlichen Reproduktionstrakts

- Es wurden verschiedene **Prostataveränderungen** (intraepitheliale Prostataneoplasie, Adenoakarzinome) bei 18 Monate alten Mongolischen Rennmäusen beschrieben.[10]
- Inwieweit diese mit klinischen Symptomen einhergehen können, ist unklar, da diese Veränderungen postmortal nachgewiesen wurden.

10.7.9 Neurologische Erkrankungen

Die diagnostische Aufarbeitung, einschließlich einer sorgfältigen neurologischen Untersuchung, muss **systematisch** erfolgen, damit alle relevanten Abweichungen erfasst werden. Mögliche Differenzialdiagnosen für neurologische Symptome sind in Kapitel 1.7.6 aufgeführt.

> **Tipp**
>
> Die Abklärung neurologischer Patienten kann sehr komplex sein und wann immer möglich sollten entsprechend **qualifizierte Kollegen** mit zu Rate gezogen werden.

MR

Krämpfe

Häufigkeit Gelegentlich.
Alter Alle Altersklassen.

> Mongolische Rennmäuse können spontan **epileptische Anfälle**, ausgelöst z. B. durch Stress, Handling, laute Geräusche und neue Umgebung, entwickeln.

Ursache Störung im Bereich der GABA-Rezeptoren im Gehirn.[6] Krämpfe können aber auch **andere Ursachen** haben (Hypoglykämie, Calciummangel, Organkrankheiten etc.).
Klinik Krämpfe, Seitenlage.
Diagnostik Anamnese, Klinik einschließlich ausführlicher neurologischer Untersuchung, ggf. Blutuntersuchung (Glucose), Röntgen (Ganzkörperaufnahmen), evtl. CT.
Therapie Bei Anfällen aufgrund angeborener Epilepsie meist Erholung innerhalb von 30–90 s ohne weitere Therapie. Bei schwerer systemischer Erkrankung, und wenn die Krämpfe nicht innerhalb kurzer Zeit aufhören: orale Glucosegaben (1–2 ml 50 %ige Lösung p. o.), Calciumgaben (50–100 mg/kg p. o., i. m. SID), Infusionen, ggf. Diazepam (1–2 mg/kg s. c., i. m.), wenn möglich Suche nach Ursache.
Prognose Sehr gut bei Krämpfen durch Epilepsie und schneller Erholung, ansonsten schlecht.

Tipp

Das Futter von Mongolischen Rennmäusen sollte um **1,5 g/kg Magnesium** enthalten (Rattenfutter hat meist weniger), ansonsten können die Tiere eine erhöhte Neigung zu Krämpfen sowie Alopezie entwickeln.[6]

Vestibularsyndrom

Häufigkeit Gelegentlich.
Alter Vor allem ältere Tiere.
Ursache Vermutlich meist bakteriell bedingte Mittel- und Innenohrinfektionen, seltener Trauma, Cholesteatome.[6]
Klinik Vor allem Kopfschiefhaltung.
Diagnostik Anamnese, Klinik, einschließlich ausführlicher neurologischer und otoskopischer Untersuchung zur Unterscheidung eines zentralen und peripheren Vestibularsyndroms, Röntgen des Schädels, CT.
Therapie Symptomatische Therapie mit Infusionen, Analgetika, Mittel gegen Schwindel (Diphenhydramin 2–5 mg/kg p. o., s. c. BID–QID oder Metoclopramid 0,2–1 mg/kg s. c., p. o. BID), assistierte Fütterung.
Prognose Je nach Ursache gut bis infaust.

Enzephalitis

Häufigkeit Selten.
Ursache Bleibt meist unklar, evtl. bakterielle Infektion, aufsteigende Otitis interna/media, Viren (LCM),[11,12] Affenpocken.[13]

Alter Alle Altersklassen; lymphozytäre Choriomeningitis (LCM): jüngere Tiere.
Klinik Oft subklinischer Verlauf, Bewusstseinstrübung, ZNS-Ausfälle, Inappetenz, Apathie.
Diagnostik Anamnese, Klinik einschließlich ausführlicher neurologischer und otoskopischer Untersuchung, Röntgen des Schädels, CT, Pathologie.
Differenzialdiagnosen Traumata, metabolisch-toxische Ursachen (Hypoglykämie, Urämie, Hepatitis, Endotoxämie, Intoxikation etc.), Neoplasien, degenerative (Hydrocephalus) oder vaskuläre Veränderungen etc.
Therapie Abhängig von Ursache, meist symptomatisch mit Infusionen, Analgesie, Antibiose, Antikonvulsiva (Diazepam 1–2 mg/kg s. c., i. m.), Medikamente gegen Schwindel (Diphenhydramin 1–2 mg/kg p. o., s. c. BID oder Metoclopramid 0,2–1 mg/kg s. c., p. o. BID), Vitamin-B-Komplex (0,02–0,5 ml/kg p. o., s. c. SID).
Prognose Je nach Ursache.

> **!** LCM und Affenpocken sind eine **Zoonose**.

Erkrankungen des peripheren Nervensystems

Otitis interna/media

Häufigkeit Gelegentlich.
Ursache Auslöser bleibt oft unklar.
Klinik Gleichgewichtsstörungen, Kopfschiefhaltung, Kreisbewegungen, Nystagmus, Apathie, Inappetenz.
Radiologische Veränderungen Verschattete Bulla tympanica, verdickte Wände.
Diagnostik Klinik, Röntgen, CT.
Differenzialdiagnose Cholesteatome.
Therapie Systemische Antibiose, Analgesie, Infusionen, Medikamente gegen Schwindel (Diphenhydramin 1–2 mg/kg p. o., s. c. BID oder Metoclopramid 0,2–1 mg/kg s. c., p. o. BID), assistierte Fütterung, evtl. Bullaosteotomie; oft bleibt Kopfschiefhaltung erhalten.
Prognose Gut bis zweifelhaft.

Paresen/Paralysen/spinale Ataxie

Häufigkeit Gelegentlich.

Ursache Sehr unterschiedlich, oft bleibt genaue Ursache unklar, Trauma mit oder ohne Bandscheibenvorfall, Wirbelfraktur, -luxation, Neoplasie, toxisch-metabolische Ursachen.

Klinik Im Detail abhängig von Lokalisation, Propriozeptionsdefizite, Parese/Paralyse der Vorder- und/oder Hintergliedmaßen, Kot- und Harnabsatzschwierigkeiten oder -inkontinenz, im Verlauf oft Verschlechterung des Allgemeinbefindens, Apathie, Inappetenz, Dehydrierung, Dekubitus.

Radiologische Veränderungen Eventuell Verengung eines Zwischenwirbelspalts, Verschiebungen, Frakturen von Wirbeln erkennbar; Kallusbildung bei älteren Wirbelfrakturen bzw. Luxationsfrakturen, bei Neoplasien evtl. Osteolysen, -sklerosen.

Diagnostik Klinik, neurologische Untersuchung, Röntgen, CT, Ausschluss anderer Ursachen (s. a. Kap. 1.7.6).

Differenzialdiagnosen Nicht-neurologische Erkrankungen (Schwäche etc.).

Therapie Abhängig von neurologischen Ausfallserscheinungen und Ursache.

- Verdacht/Nachweis von **Bandscheibenvorfall:** konservativ mit Analgesie und Käfigruhe bei geringen bis mittelgradigen Propriozeptionsausfällen und vorhandenem Tiefenschmerz
- **Wirbelfrakturen und -luxationen:** Wenn Prognose gegeben (siehe Kriterien aus der Kleintiermedizin), evtl. Ruhigstellung.
- **Symptomatische Therapie:** Analgesie, Vitamin-B-Komplex (0,02–0,5 ml/kg p. o., s. c. SID), Infusionen, assistierte Fütterung, Kontrolle/Assistenz bei eingeschränktem Harnabsatz (manuelle Entleerung oder Harnkatheter), Umlagerung

Prognose Je nach Lokalisation und Grad der neurologischen Ausfälle gut bis infaust (bei Verlust von Tiefenschmerz).

10.7.10 Muskel- und Skeletterkrankungen

Frakturen, Luxationen

Häufigkeit Gelegentlich.

Ursache Trauma.

Klinik Je nach Lokalisation Lahmheit unterschiedliches Grades bis zur Paralyse bei Wirbelsäulenbeteiligung, Fehlstellung von Körperteilen.

Diagnostik Klinik, Röntgen, evtl. CT.

Therapie Wenn möglich, chirurgisch (intramedullärer Pin), konservativ, ggf. auch Amputation erwägen.
Prognose Je nach Ursache gut bis infaust.

Arthritis/Arthrose

Häufigkeit Gelegentlich.
Ursache Oft unklar, evtl. Trauma, Infektion.
Klinik Je nach Lokalisation Lahmheit unterschiedliches Grades, evtl. verdickte Gelenke, Apathie, Bewegungsunlust.
Diagnostik Klinik, Röntgen.
Therapie Analgesie, ggf. systemische Antibiose, ggf. Gewichtsreduktion, Physiotherapie, Kontrolle der anderen Gliedmaßen auf Entstehung einer Pododermatitis durch Überbelastung.
Prognose Meist schlecht hinsichtlich der Funktion, da die Veränderungen im Gelenksbereich oft irreversibel sind.

10.7.11 Endokrine Erkrankungen und Stoffwechselerkrankungen

Diabetes mellitus

Häufigkeit Selten.
Alter Meist mittelalte bis ältere adipöse Tiere.[14]
Ursache Vermutlich meist ernährungsbedingt (Diabetes Typ 2, Entwicklung einer Insulinresistenz); Beeinträchtigung der β-Zellen des Pancreas z. B. durch Neoplasie, Entzündung, Degeneration, Atrophie.
Klinik Kataraktbildung, evtl. Polydipsie, Polyurie, Inappetenz, Apathie.
Labordiagnostik Hyperglykämie, Glucosurie, selten Ketoazidose und Ketonurie.
Diagnostik Meist am lebenden Tier schwer möglich, Bestimmung der Glucosekonzentration **und** der Fructosaminkonzentration.
Therapie Futterumstellung auf kohlenhydratarme, fettarme Kost; Insulingaben für Besitzer nicht möglich.

MR

> **!** Sind die Tiere bereits stark abgemagert und schwer erkrankt, sterben sie oft innerhalb kurzer Zeit. Sind geringgradig Symptome vorhanden, bringt eine **Futterumstellung** oft eine Normalisierung der Blutglucose.

Prophylaxe Vermeidung von Adipositas, Vermeidung von kohlenhydratreichem (z. B. Früchte) und fettreichem Futter (z. B. Sonnenblumensamen).

Hyperadrenokortizismus

Häufigkeit Unklar, bisher nur bei Labortieren beschrieben, bei denen Veränderungen der Nebennieren regelmäßig auftreten.[6]

Alter Meist ältere Tiere.

Ursache Unklar, ein Zusammenhang zwischen erhöhten Cortisolkonzentrationen und dem Auftreten von Nebennierenneoplasien wurde für Mongolische Rennmäuse bisher nicht wissenschaftlich bestätigt.

Klinik Nicht beschrieben.

Labordiagnostik Hyperglykämie, Hyperlipidämie, erhöhte Cortisolkonzentrationen.

Diagnostik Bisher nicht am lebenden Tier beschrieben; vermutlich vergleichbar zu anderen Tierarten. Die Blutgewinnung ist sicherlich das Hauptproblem, evtl. sind andere Substrate zur Cortisolbestimmung zu erwägen (z. B. Speichel).

Therapie Bisher nicht beschrieben, evtl. Trilostane.

Prognose Unbekannt.

Arteriosklerose

Häufigkeit Bei Labortieren beschrieben.[15]

Alter Ältere, männliche und weibliche Zuchttiere.

Ursache Unklar, ein Zusammenhang zwischen erhöhten Cortisolkonzentrationen und dem Auftreten von Nebennierenneoplasien wurde für Mongolische Rennmäuse bisher nicht wissenschaftlich bestätigt.

Klinik Nicht beschrieben.

Labordiagnostik Deutlich erhöhte Konzentrationen an Kreatinkinase, Glucose, Triglyceriden, Cholesterin, Harnstoff, Cortisol.

Diagnostik Bisher nicht am lebenden Tier beschrieben; Pathologie.

Therapie Bisher nicht beschrieben.

Prognose Cholesterinarmes Futter, Vermeidung von Adipositas.

10.7.12 Vergiftungen

Häufigkeit Sehr selten.

Ursache Vor allem durch Pflanzen möglich.

Klinik Plötzlicher Tod, Durchfall, Inappetenz, Apathie, Krämpfe, Muskelzittern.

Diagnostik Anamnese, Klinik, aufgrund der geringen Größe meist keine Blut- bzw. Harnuntersuchung auf verschiedene Toxine möglich, bleibt oft Verdachtsdiagnose, die vermutlich oft falsch ist.

Therapie Je nach Zustand und Toxin (Information über Giftzentralen).

- Sauerstoff; Infusionen; Aktivkohle, um die Resorption zu reduzieren. Diazepam bei Krämpfen
- **Intoxikation mit NSAID:** Es muss mit einem akuten Nierenversagen gerechnet werden. Darum sollten die Tiere infundiert und intensiv überwacht werden, Magenschutz (Omeprazol [keine Angaben vorhanden] evtl. 1–5 mg/kg s. c., p. o. BID, Sucralfat 25–100 mg/kg p. o. BID–TID).
- Nachgewiesene Aufnahme von **cumarinhaltigen Rodentiziden:** Vitamin K_1 (5 mg/kg über SID 4–6 Wochen)
- **Symptomatische Therapie:** Infusionen, evtl. forcierte Diurese

Prognose Je nach Ursache, aufgenommener Menge und Zeitpunkt der Diagnose gut bis infaust.

10.7.13 Neoplastische Erkrankungen

- Verschiedene Neoplasien wurden bei im Labor gehaltenen Mongolischen Rennmäusen, seltener bei als Heimtier gehaltenen Tieren beschrieben.
- Neben den bereits bei den verschiedenen Organsystemen erwähnten auftretenden Neoplasien der Bauchdrüse, der Ovarien und der Prostata kommen gelegentlich auch **Nebennierenrindenneoplasien** (Adenome und Karzinome), **Hämangiome der Milz** und der **Niere** vor.
- Einzelfälle eines **Astrozytoms**, eines **Kraniopharyngeoms**, einer systemischen **Mastozytose** und eines **Lymphoms** wurden beschrieben.[6]
- Je nach Lokalisation werden die Symptome variieren. Die Therapie muss von anderen Tierarten extrapoliert werden.

Literatur und Dosierungsvorschläge zu diesem Kapitel finden Sie unter www.schattauer.de/3111

MR

Anhang

Abkürzungsverzeichnis

ACE-Hemmer	Angiotensin-converting Enzym-Hemmer
AG-Titer	Antigen-Titer
AK	Antikörper
ALT	Alanin-Aminotransferase
ANI	Akute Niereninsuffizienz
AP	Alkalische Phosphatase
AST	Aspartat-Aminotransferase
BID	Zweimal täglich
BW	Brustwirbel
BWS	Brustwirbelsäule
CNI	Chronische Niereninsuffizienz
CT	Computertomographie
D. m.	Diabetes mellitus
DCM	Dilatative Kardiomyopathie
DD	Differenzialdiagnose
DIC	Disseminierte intravasale Koagulopathie
DIM	Disseminierte idiopathische Myofasziitis
ERG	Elektroretinogramm
ETCO2	Endexspiratorischer Kohlendioxid-Partialdruck
FCoV	Felines Coronavirus
FECV	Enterales Coronavirus der Frettchen (identisch mit FRECV)
FFIP	Frettchen Feline Infektiöse Peritonitis; Synonym für Systemische Frettchen Coronaviruserkrankung (FRSCV)
FIP	Feline infektiöse Peritonitis
FNA	Feinnadelaspiration
FRECV	Enterales Coronavirus der Frettchen (identisch mit FECV)
FRSCV	Systemisches Coronavirus der Frettchen
HCM	Hypertrophe Kardiomyopathie
HF	Herzfrequenz
HWS	Halswirbelsäuöe
i. v.	Intravenös
i. o.	Intraossär
i. t.	Intratracheal
IBD	Inflammatory bowel disease
ICR	Interkostalraum
KCS	Keratokonjunktivitis sicca
KFZ	Kapilläre Füllungszeit
KGW	Körpergewicht
LCM	Lymphozytäre Choriomeningitis
LWS	Lendenwirbelsäule
NSAID	Nichtsteroidale Antiphlogistika

p. o.	Per os
PCR	Polymerase-Kettenreaktion
PEK	Plattenepithelkarzinom
PNST	Peripherer Nervenscheidentumor
PT	Prothrombinzeit
QID	Viermal täglich
RT-PCR	Reverse Transkriptase-Polymerase-Kettenreaktion
s. c.	Subkutan
SID	Einmal täglich
TID	Dreimal täglich
UPC	Urin-Protein-Kreatinin-Verhältnis
VHS	Vertebral heart score/scale
h	Stunde/Stunden
d	Tag/Tage/Tagen
UPC	Protein-Kreatinin-Quotient des Urins
GGT	Gamma-Glutamyltransferase
GFR	Glomuläre Filtrationsrate
hCG	Humanes Choriongonadotropin
UCC	Kortisol/Kreatinin-Verhältnis im Urin
M	Männchen
W	Weibchen

(C)	Chinchilla
(D)	Degu
(F)	Frettchen
(H)	Hamster
(K)	Kaninchen
(M)	Maus
(MS)	Meerschweinchen
(MR)	Mongolische Rennmaus (MR)
(R)	Ratte

Sachverzeichnis

A

B

F

G

H

L

M

N

O

P

T

U